国家林业和草原局普通高等教育"十三五"规划教材

葡萄防灾减灾

房玉林　张宗勤　主编

中国林业出版社
China Forestry Publishing House

内 容 提 要

葡萄是世界最古老、最主要的果树之一，既可用于鲜食，还可酿酒、制干、制汁等，已成为我国多地乡村振兴的首位产业，在人民美好生活建设中有重要作用。本教材是在总结编著者多年科研教学经验的基础上，切合我国葡萄与葡萄酒产业发展现状与问题，综合国内外 600 余篇文献资料编著的。首先概括介绍了我国葡萄（包括鲜食和酿酒葡萄）产业的现状以及产区特点，灾害与葡萄生产、葡萄产业的关系，国内外葡萄防灾减灾技术与研究进展；重点介绍了葡萄常见自然灾害、农业气象灾害防减灾的思路及灾害防、减、救常用技术，农业气象监测预警技术；详细介绍了常见的自然灾害（霜冻、寒潮、冻害、冰雹、暴雪、大风、雨涝、干旱、高温等）对葡萄生产的影响及其防护的理论与技术，安全优质高效葡萄园的建设和管理技术，防灾减灾救灾的工程措施；探讨了有关法律法规建设，如农业保险等内容。

本教材既可用于葡萄、果树相关本科、研究生教学，也可供葡萄从业者与相关气象服务、农业部门工作人员的参考。

图书在版编目（CIP）数据

葡萄防灾减灾 / 房玉林，张宗勤主编.—北京：
中国林业出版社，2022.6

国家林业和草原局普通高等教育"十三五"规划教材
ISBN 978-7-5219-1623-2

Ⅰ.①葡…　Ⅱ.①房…②张…　Ⅲ.①葡萄栽培—农业气象灾害—灾害防治—高等学校—教材　Ⅳ.①S42②S663.1

中国版本图书馆CIP数据核字(2022)第052676号

策划、责任编辑：高红岩　段植林　　　责任校对：苏　梅
电　　话：（010）83143554　　　　　传　　真：（010）83143516

出版发行　中国林业出版社（100009　北京市西城区刘海胡同 7 号）
　　　　　E-mail：jiaocaipublic@163.com　电话：（010）83143500
　　　　　http://www.forestry.gov.cn/lycb.html
印　　刷　北京中科印刷有限公司
版　　次　2022 年 6 月第 1 版
印　　次　2022 年 6 月第 1 次印刷
开　　本　787mm×1092mm　1/16
印　　张　17.25　　　　插页　8
字　　数　430 千字
定　　价　55.00 元

未经许可，不得以任何方式复制或抄袭本书之部分或全部内容。

版权所有　侵权必究

《葡萄防灾减灾》编写人员

主　　编　房玉林　张宗勤

编写人员（按姓氏拼音排序）

房玉林（西北农林科技大学）

姜建福（中国农业科学院郑州果树研究所）

鞠延仑（西北农林科技大学）

刘　旭（西北农林科技大学）

刘　园（中国农业科学院农业环境与可持续发展研究所）

刘布春（中国农业科学院农业环境与可持续发展研究所）

刘三军（中国农业科学院郑州果树研究所）

孟江飞（西北农林科技大学）

张克坤（西北农林科技大学）

张宗勤（西北农林科技大学）

前　言

本书立足于使学生们掌握防灾减灾基本理论与技术，达到葡萄减损保产、提质增效、促进葡萄产业发展的目的。本书共分为6章，第一章绪论，概括介绍我国葡萄产业的现状以及我国葡萄产区的特点；第二章葡萄与自然灾害，主要内容包括葡萄自然灾害概述，防灾减灾工作现状，当代防灾减灾工作对策；第三章农业气象监测预警技术，主要内容包括监测预警技术简介、主要灾害的监测预警技术进展；第四章葡萄农业气象灾害及减灾技术，主要内容为霜冻、寒潮、冻害、冰雹、暴雪、大风、雨涝、干旱、高温等灾害及其防护；第五章安全优质高效葡萄园的建设和管理，主要内容包括葡萄优良品种的选择、现代葡萄园的建立、优质高效果园土肥水管理、花果管理、树形及整形修剪、病虫害综合防治、果园防御自然灾害的工程设施；第六章我国防灾减灾法律法规与保障，主要介绍防灾减灾法律法规和农业保险等内容。

本书的编写分工：房玉林编写第一章并统稿，张宗勤编写第二章并统稿，刘园编写第三章，刘三军编写第四章的第1~2节，孟江飞编写第四章的第3~4节，刘旭编写第四章的第5~6节，张克坤编写第四章的第7~8节，姜建福编写第五章的第1~3节，鞠延仑编写第五章的第4~7节，刘布春编写第六章。

本书可作为葡萄与葡萄酒工程专业、果树学专业的"葡萄栽培学""葡萄品种学""葡萄生态学"等主干课程的辅助教材和专业知识拓展课程教材，也可作为葡萄与葡萄酒生产一线工作者实用技术参考资料。

为使本书内容较为全面、系统，编者引用了国内外相关研究成果，在此对文献著作者一并表示谢意。

首次编写出版，必有不够全面系统等诸多不足之处，敬请读者批评指正。

编　者
2021 年 11 月于陕西杨凌

目　录

第一章

绪　论

【内容提要】叙述了世界及我国葡萄产业现状，介绍了各国葡萄栽培面积、产量、品种分布、葡萄制品以及消费、贸易现状。详细介绍了我国鲜食葡萄、酿酒葡萄的主要产区及特点。

【学习目标】准确把握世界及我国葡萄产业的现状，准确定位我国葡萄产业的优势与劣势。

【基本要求】了解世界葡萄产业的发展现状，熟悉我国葡萄与葡萄酒产业的现状。

第一节 葡萄产业现状

一、葡萄产业概况

（一）概述

作为世界大宗水果之一，葡萄在人们的饮食生活中扮演着重要的角色。葡萄果实多汁、美味，并含有大量多酚类物质，尤其是白藜芦醇等有利于防癌、防心血管病、抗衰老的成分，深受全世界消费者喜爱。除供鲜食外，还多用于酿制各种类型的葡萄酒，用于制干和制汁等。

葡萄在世界除南极洲外六大洲均有栽培，其中，欧洲、亚洲、南美洲、北美洲是葡萄及其加工产品的主要产地。根据国际葡萄与葡萄酒组织（International Organization of Vine and Wine，OIV）的数据统计，近年来世界葡萄种植面积基本稳定在740万 hm² 左右。欧洲葡萄种植面积占世界总面积的50%左右，其次是亚洲（28%）和美洲（15%）。欧洲葡萄种植分布在西班牙、法国、意大利、葡萄牙、罗马尼亚、德国和希腊，亚洲葡萄主要分布在中国、印度、土耳其、伊朗和乌兹别克斯坦，美洲葡萄主要分布在美国、阿根廷、智利和巴西，大洋洲葡萄分布在澳大利亚和新西兰，非洲的重要葡萄产地是南非和埃及。欧洲以酿酒葡萄生产为主，亚洲葡萄以鲜食和制干葡萄为主，美洲酿酒葡萄、鲜食葡萄和制干葡萄均有种植，大洋洲以酿酒葡萄为主。

从用途角度出发，由于葡萄品种的多样性，不同特性的品种适宜在特定的环境条件下生长，所产果品用于不同的加工目的。从地理环境来看，具有地中海气候的国家和地区是生产酿酒葡萄的优良产地，从而欧洲多数国家成为世界葡萄酒的主产地；还有部分国家气候条件多样，既是酿酒葡萄产地，又能生产鲜食葡萄和制干葡萄，如美国、中国、智利、阿根廷、南非等；而土耳其则以生产鲜食和制干葡萄为主，伊朗、阿富汗主要生产制干葡萄，印度则主产鲜食葡萄。

在消费领域，鲜食葡萄的主要消费地是中国、美国、欧盟及东南亚地区，是人口数量与经济发展水平的反映。葡萄酒作为葡萄制品，消费数量低于鲜食葡萄，但消费金额很高，在葡萄及制品进出口贸易额中占据首位。葡萄干的消费则与当地的生活习惯有关，如智利国内几乎没有消费需求，葡萄干基本用于出口；土耳其、伊朗也是葡萄干主要出口国，国内消费量低于30%；欧盟各国的葡萄种植面积很大，但主要是酿酒品种，葡萄干的生产量很小，但需求量又很大，所以进口成为满足消费的主要途径。中国与美国较为相似，国内生产量大，同时消费量也大，进出口并存。

（二）世界葡萄产业现状

1.栽培面积

葡萄品种众多，适应性强，广泛地分布于世界各地。据联合国粮食及农业组织（FAO）统计，世界上有93个国家种植葡萄。21世纪以来，世界葡萄收获面积整体呈下降趋势，从2001年的725万 hm² 下降到2017年的693万 hm²，下降4.4%。这期间的2001—2004年间，呈上升趋势；但从2004年以后，基本呈持续下降态势，2013年和2015年有小幅上升之后又开始下降，至2017年达到最低水平，2018年出现回升。OIV的葡萄栽培面积统计数据与 FAO 的统计数据有一些差异，但也呈现出这种趋势。这一时期，欧洲无论收获面积还是产量均出现下降趋势，而其他各大洲均在增长，其中亚洲的产量增加幅度远大于收获面积增加幅度，而美洲产量的增加幅度则低于收获面积增加幅度。

2018 年全球葡萄种植面积为 744.9 万 hm^2，排名前十位的国家依次为：西班牙（96.9 万 hm^2）、中国（87.5 万 hm^2）、法国（78.9 万 hm^2）、意大利（70.5 万 hm^2）、土耳其（44.8 万 hm^2）、美国（43.9 万 hm^2）、阿根廷（21.8 万 hm^2）、智利（21.2 万 hm^2）、葡萄牙（19.2 万 hm^2）、罗马尼亚（19.1 万 hm^2）。

2018 年之后，世界葡萄种植面积基本保持稳定，各种植国的栽培面积互有盈缩。2020 年世界葡萄种植面积，对应于所有用途葡萄种植的总面积（葡萄酒和果汁、食用葡萄和葡萄干），包括尚未生产的新建园，约 730 万 hm^2。

2. 品种分布

根据国际葡萄与葡萄酒组织 2018 年发布的报告，世界上种植面积超过 10 万 hm^2 的十大酿酒葡萄品种依次为：'赤霞珠'（Cabernet Sauvignon）34.1 万 hm^2、'美乐'（Merlot）26.6 万 hm^2、'丹魄'（Tempranillo）23.1 万 hm^2、'阿依伦'（Airen）21.8 万 hm^2、'霞多丽'（Chardonnay）21 万 hm^2、'西拉'（Syrah）19 万 hm^2、'歌海娜'（Grenache）16.3 万 hm^2、'长相思'（Sauvignon Blanc）12.3 万 hm^2、'黑比诺'（Pinot Noir）11.2 万 hm^2、'白玉霓'（Ugni Blanc）11.1 万 hm^2。澳大利亚种植'西拉'最多，以 4 万 hm^2 占到全国种植总面积的 26.8%；德国是'雷司令'，以 2.4 万 hm^2 占到全国种植总面积的 23.3%；西班牙是'阿依伦'，以 21.7 万 hm^2 占到全国种植总面积的 22.3%；智利是'赤霞珠'，以 4.3 万 hm^2 占到全国种植总面积的 20.1%；阿根廷是'马尔贝克'，以 4 万 hm^2 占到全国种植总面积的 17.8%；南非是'白诗南'，以 1.9 万 hm^2 占到全国种植总面积的 14.6%；法国是'美乐'，以 11.2 万 hm^2 占到全国种植总面积的 13.9%。

3. 葡萄产量

全球葡萄产量，虽然在 2017 年出现大幅下滑，但整体呈现持续增加的趋势。全球葡萄种植面积虽然出现萎缩，但减少的部分主要是酿酒葡萄，这主要得益于亚洲国家特别是中国和印度鲜食葡萄的迅速发展。欧洲国家以酿酒葡萄为主，面积的下降伴随着总产量的降低；美洲国家葡萄单产在降低，从 2000 年的 15 t/hm^2 降低到 13.8 t/hm^2，但面积的增加幅度高于产量；亚洲和非洲的葡萄主要以鲜食为主，一般单产较高，所以产量增加幅度较高（表 1-1）。

表 1-1 2014—2018 年部分国家及世界葡萄产量（单位：百万吨）

国家	2014 年	2015 年	2016 年	2017 年	2018 年
中国	12.5	13.2	12.6	13.1	11.7
意大利	6.9	8.2	8.4	6.9	8.6
美国	7.1	6.9	7.0	6.7	6.9
西班牙	6.1	6.0	6.3	5.0	6.9
法国	6.2	6.3	6.3	5.0	6.2
土耳其	4.2	3.7	4.0	4.2	3.9
印度	2.6	2.6	2.6	2.9	2.9
阿根廷	2.7	2.5	1.9	2.1	2.7
智利	2.2	2.7	2.2	2.0	2.5
伊朗	2.3	2.3	2.3	1.9	2.3
全世界	74.3	76.7	75.5	73.0	77.8

来源：OIV. 2019. Statistical Report on World Vitiviniculture.

4. 葡萄制品多元化

（1）葡萄酒

2015—2020 年，全球葡萄酒产量共计约 1332 亿升，2020 年全球葡萄酒产量较 2019 年稍有上升。全球葡萄酒产量集中在欧盟国家，意大利、法国、西班牙三大产酒国的总产量都有提升。美洲国家及大洋洲的澳大利亚葡萄酒产量下降。

2016—2020 年全球葡萄酒消费比较平稳，2020 年因新冠肺炎疫情影响，消费明显下降。2020 年，在消费量区域分布，排名全球前五位的分别是美国、法国、意大利、德国和英国。这些国家 2020 年的葡萄酒消费量均较 2019 年有所增长。

据 OIV 公布的 2020 年统计数据显示，受新冠肺炎疫情的影响，全球葡萄酒贸易量、贸易额双双下滑。其中，全球葡萄酒贸易量为 105.8 亿升、贸易额为 29.6 亿欧元。

从出口市场来看，2020 年，意大利、西班牙、法国、智利和澳大利亚是全球葡萄酒前五大出口市场。按出口量来看，意大利在 2020 年的葡萄酒出口量排名全球首位；按出口金额来看，法国在 2020 年的葡萄酒出口额排名全球首位。

从进口市场来看，2020 年，英国、德国、美国、法国和荷兰是全球葡萄酒前五大进口市场。而中国的葡萄酒进口量排名全球第七、进口金额排名全球第五，且与 2019 年相比，中国葡萄酒进口量、进口金额的下降幅度最大。

从贸易结构来看，2020 年，全球葡萄酒以瓶装型为主，瓶装葡萄酒贸易量占比达 53%，贸易额占比达 70%，这一份额与 2019 年相比波动不大。因受新冠肺炎疫情影响，庆祝活动和社交活动大幅减少，限制了人们对起泡酒的需求。

（2）葡萄干

2014—2020 年，全球葡萄干产量在 130 万 t 上下徘徊。2020 年全球葡萄干产量为 125.27 万 t，同比增长 1.7%。土耳其、美国、中国、伊朗、南非、乌兹别克斯坦、智利、阿根廷等国家是全球葡萄干主要生产国。

全球主要的葡萄干消费国家和地区包括欧盟、美国和中国，亓桂梅等 (2018) 提供 2015/2016—2017/2018 年欧盟的消费量为 66.3 万 t，占全球消费总量的 27.7%；其次是美国和中国，消费量分别是 43.6 万 t 和 39.3 万 t，分别占全球消费总量的 19.6% 和 16.4%。

从人均年消费量来看，2014 年，美国葡萄干人均消费水平最高，是中国最高人均年消费水平的 6.5 倍以上；土耳其葡萄干人均消费水平也相对较高，但是与美国相比人均消费水平不稳定，波动幅度比较大；智利葡萄干人均消费水平比较稳定，高于我国葡萄干平均人均年消费水平，但低于美国和土耳其。

（3）葡萄汁

葡萄汁包括非浓缩葡萄汁和其他葡萄汁两大类。据联合国商品贸易数据库的统计，2013 年全球共出口葡萄汁 74.94 万 t，出口额 11.52 亿美元，同 2012 年相比，出口量减少了 10.14%，出口额增加了 7.19%，分别占全球出口果蔬汁总量和总额的 5.67% 和 6.91%；2013 年全球共进口葡萄汁 71.65 万 t，进口额 11.10 亿美元，同 2012 年相比，进口量减少了 7.73%，进口额增加了 7.53%，分别占全球进口果蔬汁总量和总额的 5.50% 和 6.77%。2013 年出口其他葡萄汁的国家和地区共有 70 多个，仅阿根廷、西班牙、意大利、美国、智利和南非 6 个国家的出口量和出口额，就占全球出口总量和总额的 90%。

2013 年全球共进口其他葡萄汁 40.66 万 t，进口额 8.60 亿美元，同 2012 年相比，进口量减少了 1.77%，进口额增加了 9.63%，分别占全球进口葡萄汁总量和总额的 56.74% 和 77.51%。进口其他葡萄汁的国家和地区共 110 多个，其中，美国、日本、加拿大、法国、德国、韩国、奥地利、英国、俄罗斯、意大利和荷兰等是进口大国。

（三）中国葡萄产业现状

1. 栽培规模逐年扩大

中国幅员辽阔、气候和土壤类型复杂多样，能够满足葡萄品种多样性种植的需要。考古发现、文献记载均表明，中国在葡萄种植、产品加工等领域具有悠久的历史，形成了独具特色的文化底蕴。

现代葡萄产业的发展始于新中国成立。1949—1978 年，国内增加的葡萄面积不足 3 万 hm²，产量只有逾 10 万 t，呈现面积小、产量低的特点，发展缓慢。1978 年，国家实行改革开放，葡萄产业获得迅猛发展。1986 年葡萄栽培面积首次超过 10 万 hm²。1987 年，栽培面积达到 14.3 万 hm²，产量为 64.1 万 t，面积、产量均衡增长，分别是 1978 年的 5.5 倍和 6.2 倍。1988—1997 年，葡萄种植面积突破 15 万 hm²。这一时期葡萄产业有增有减，出现波动，但整体发展较为平稳。葡萄产量在 1992 年突破百万吨，达到 112.5 万 t。到 1997 年，栽培面积达到 15.8 万 hm²，产量为 203.3 万 t。与 1988 年比，1997 年栽培面积增加了 9.5%，产量则猛增了 217%。1999 年中国葡萄种植突破 20 万 hm²，2001 年突破 30 万 hm²，2003 年突破 40 万 hm²。到 2007 年，面积达到 41.5 万 hm²。随着面积的增加，产量也快速增长，1997 年突破 200 万 t，2000 年突破 300 万 t，2002 年跃升到 400 万 t，2003 年达 500 万 t，2006 年站上 600 万 t 的高位。2007 年的栽培面积是 1998 年的 2.36 倍，产量是 1998 年的 2.69 倍，产量的增速超过了栽培面积的增速。栽培面积从 2008 年的 43.3 万 hm² 到 2015 年跃升为 70 万 hm²，近几年保持稳定。而在 2012 年产量就突破千万吨大关。至此，栽培面积大、产量高的格局已经形成，奠定了大宗水果的地位（刘俊等，2020）。

经过 40 余年的发展，葡萄生产正由追求数量向提高质量转变；葡萄品种向大粒、无核、带香气、红色、黄色、酸甜适口方向发展；葡萄种植由露地向保护地和设施栽培发展；葡萄种植区域由北方优势产区向南方、向全国发展；酿酒葡萄由东部产区向西部优势产区发展；葡萄精深加工由研究阶段向产业化方向发展；葡萄贮运由低温物流、贮运保鲜向高科技阶段发展；葡萄酒产业由徘徊不前向快速增长阶段发展。

2. 种植区域遍布全国

经过几十年发展，我国葡萄生产逐渐向资源禀赋优、产业基础好、出口潜力大和比较效益高的区域集中，区域优势进一步显现。目前葡萄生产基本在七大集中栽培区，包括东北中北部产区，西北干旱、半干旱产区，黄土高原产区，环渤海湾产区，黄河故道地区，南方产区和云贵川高原半湿润区。

近 15 年来，葡萄种植呈现出西迁、南移的发展趋势。鲜食葡萄栽培集中于新疆、辽宁、山东、陕西、江苏、浙江、广西、云南等地；酿酒葡萄栽培面积较多的省份主要有河北、甘肃、宁夏、山东和新疆，其酿酒葡萄种植面积占全国酿酒葡萄栽培面积的 60% 以上；制干葡萄主要集中在新疆，占全国葡萄种植总面积的 5%。从我国葡萄分布和发展趋势来看，长江以南地区增加势头强劲，2017 年南方 13 省份（广东、海南除外）葡萄栽培总面积占全国总面积近 40%，产量占全国总产量 36%。

3. 品种选育不断丰富

中国葡萄栽培目前仍以鲜食葡萄为主，占栽培总面积的 80%；酿酒葡萄约占 15%，制干葡萄约占 5%，制汁葡萄极少。近年来，随着国外优良品种的引进和自主知识产权品种的陆续推广，葡萄品种结构逐步改善。欧美种群品种以'巨峰''夏黑''藤稔'等为主，约占栽培总面积的 49%，其中'巨峰'因抗性强，果实风味浓郁，在中国东部环渤海湾地区和南方产区仍然是栽培面积最大的鲜食品种，约占葡萄种植总面积的 44%。欧亚种群品种主要有'红地球（红提）''无核白''玫瑰香''维多利亚''森田尼无核（无核白鸡心）''美人指''泽香''火焰无核（弗雷无核）'和'克瑞森无核'等，约占总面积的 42%，其中'红地球'约占 17.6%，'无核白'约占 10.6%。近年大面积发展的品种是'夏黑''阳光玫瑰''克瑞森无核''火焰无核''魏可（温克）''87-1''瑞都香玉''瑞都翠霞''巨玫瑰''金手指'等。

鲜食葡萄品种中，70% 为国外引进，30% 为国内选育及传统栽培的地方品种。近 10 余年间，我国选育的鲜食葡萄品种种类不断丰富，区域化特点明显。

酿酒葡萄品种以'赤霞珠''蛇龙珠''美乐（梅鹿辄）''霞多丽'和'西拉'等为主，栽培面积约占全国酿酒葡萄的 80%。其中，'赤霞珠'约占 49.6%，'蛇龙珠'约占 9.6%，'梅鹿辄'约占 8.5%，'威代尔'（Vidal）约占 4.3%，'西拉'约占 1.8%，'霞多丽'约占 1.7%。中国原产特色的毛葡萄、刺葡萄、山葡萄及山欧杂种约占 21%，为广西、湖南、吉林及辽宁部分地区种植的主要酿酒葡萄品种。制干葡萄品种主要为'无核白'，栽培面积 2.67 万 hm^2 以上，主要在新疆的南部和东部栽培。

4. 葡萄制品多元化

（1）葡萄酒

自 21 世纪初起，中国葡萄酒的消费量一直在快速增长，早在 2010 年就已跻身于亚洲第一、世界葡萄酒消费大国的行列。据国家统计局数据，2018 年全国葡萄酒产量 6.9 亿升，纳入国家统计局范畴的规模以上葡萄酒企业 212 家，年销售收入 288.51 亿元。

据中国海关的数据显示，中国从法国进口葡萄酒最多。2020 年中国葡萄酒进口金额占比最大为法国，进口金额为 9.87 亿美元，占葡萄酒总进口金额的 98.9%。2020 年中国葡萄酒出口金额最多地区为哈萨克斯坦，出口金额为 1174 万美元，占总葡萄酒出口金额的 31.6%；其次是缅甸，葡萄酒出口金额为 855 万美元，占总葡萄酒出口金额的 23%；再次是法国，出口金额为 496 万美元，占总葡萄酒出口金额的 13.3%。

（2）葡萄干

我国葡萄干产量在 2015/2016 年度达到 19 万 t 左右，随后大幅度下降；到 2016/2017 年度，中国葡萄干产量约为 16.5 万 t；到 2017/2018 年度我国葡萄干产量有所回升，达到 18 万 t 左右；2018/2019 年度回升至 19 万 t。

近年来，我国干果产量和国内市场消费量均不断增长，尤其是以葡萄干为主的干果制品，国内消费总量持续上涨。根据美国农业部（USDA）统计数据，中国葡萄干消费量从 2000 年的 8.49 万 t 上升到 2020 年的 19 万 t，基本保持平稳增长。其中 2010 年和 2011 年两年葡萄干消费量有较大幅度的下滑，分别同比下降 32.27%、10.61%，而其他年份均呈增长趋势，这是由于 2010 年新疆遭受严重的自然灾害影响，导致葡萄干有效供给不足。同时，2000—2014 年国内市场葡萄干消费量占我国葡萄干产量的比例很大，平均占比在

90% 以上，说明我国国内市场葡萄干的消费主要依赖国产葡萄干的生产。

从我国葡萄干人均年消费量来看，消费水平不高，2014 年达到历史最高 0.12 kg/ 人；人均年消费量由 0.07 kg/ 人上升到 0.12 kg/ 人，15 年来增幅约 80%，年均增长 4.30%。

据中国海关的数据显示，2020 年中国葡萄干出口数量为 26691.5 t，同比下降 33.6%；中国葡萄干进口数量为 18804.5 t，同比下降 53.8%。2020 年中国葡萄干进口金额为 2816.5 万美元，同比下降 52.1%；中国葡萄干出口金额为 4511.4 万美元，同比下降 39.2%。其中，2020 年中国葡萄干进口数量占比最高的为乌兹别克斯坦，进口数量占总进口数量的 63%，进口金额占总进口金额的 37%。

据中国海关的数据显示，2020 年中国葡萄干出口金额最多的为德国，为 1044.78 万美元；其次是日本，为 853.42 万美元；再次是英国，为 573.56 万美元。

（3）葡萄汁

葡萄汁是由葡萄果肉榨出的果汁。它经常用来发酵后制取葡萄酒、白兰地，还可制成软饮料。

2019 年，中国葡萄汁消费 902 亿元，占比 15.6%。报告显示，从 2013 年开始，中国市场的果汁消费量呈现逐步下滑的趋势，但 2016 年国内饮料行业呈现了消费转变促进行业转型升级、市场消费需求总体向好、投资增速继续放缓的三大市场特征。

葡萄汁是全球贸易量仅次于橙汁和苹果汁的第三大果汁。据中国海关等部门的统计数据，2015—2019 年中国葡萄汁进口数量为 8768.8 t、10196.7 t、11212.6 t、12800.7 t、10317.8 t，进口金额为 1658.1 万美元、1719.1 万美元、2067.0 万美元、2967.9 万美元、1969.9 万美元；2015—2019 年中国葡萄汁出口数量为 738.4 t、1305.7 t、870.6 t、418.1 t、262.3 t，出口金额为 208.8 万美元、350.8 万美元、252.2 万美元、152.4 万美元、105.6 万美元。

5. 理念创新徐徐践行

学术产生理论，技术引领产业，品种打造品牌，产业对接市场。中国葡萄产业通过 40 余年的发展，在很多研究领域取得了重要突破。减灾栽培技术实现冰雹、大风、鸟害、冻害、沙化等自然灾害的有效防控，为葡萄产业的健康快速发展提供了有力保障。省力节本技术降低劳动强度和果园成本；优质绿色栽培技术提供了市场上好吃好看的优质葡萄产品；智能化、信息化、规模化技术的应用，极大地提高劳动效率。

设施葡萄进行反季节生产和避雨生产，改变了葡萄正常的季节生长规律和种植区域，不仅延长鲜食葡萄的供应期，丰富市场供应，提高品质，而且大幅提高葡萄价格，增加了农民收入。在以葡萄种植为主的第一产业发展的同时，以葡萄精深加工的第二产业和以葡萄休闲观光为主的第三产业异军突起，在葡萄酒的带动下，葡萄汁、葡萄醋、葡萄籽油、葡萄多酚、葡萄色素等产品的研发成效显著；以葡萄为主的主题公园、观光园成为不少地区休闲观光产业的主体，三产融合成效显著，为精准扶贫、实现乡村振兴提供了有效路径。

二、葡萄消费现状

（一）葡萄消费升级意义

1. 消费升级是葡萄产业转型的新经济

消费是民生改善的重要内容，也是经济增长的强劲动能。当葡萄消费场景从线下向线上延伸，消费对象从葡萄实物向服务转变，消费体验从大众化向个性化探索。从曾经在田间上一眼望去的"葡萄熟了，我的心儿醉了"，到如今的"真正的土味葡萄，给你最多的营养，最大的满足"；从"畅享葡萄，感受自然"，到"生态好风光，养生葡萄园"。

人民群众向着美好生活不断奋斗的过程，蕴含着微观生活改善与宏观经济发展的内在联系，葡萄消费已经从数量型开始向质量、安全型转变。尽管由于收入、市场供应等原因，城乡居民健康食物消费的途径有所差异，可以预见，随着收入的增长和认知的不断提高，人民对食物健康和品质的关注度将不断增加，葡萄供给和需求将成为一个新的消费经济。

2. 葡萄营养与功能成为葡萄消费升级的新健康

从葡萄消费看，随着生活水平的提高，大众对葡萄中的主要营养成分葡萄糖、聚合苯酚、白藜芦醇加深了科学认知。葡萄中的糖主要是葡萄糖，能很快被人体吸收，特别是当人体出现低血糖时，若及时饮用葡萄汁，可很快缓解症状。葡萄中含有天然的聚合苯酚，能与病毒或细菌中的蛋白质化合，使之失去传染疾病的能力，尤其对肝炎病毒、脊髓灰质炎病毒等有很好的杀灭作用。葡萄中含有的白藜芦醇，可以防止正常细胞癌变，并能抑制已恶变细胞扩散，有较强的防癌抗癌功能；此外，白藜芦醇还具有预防动脉粥样硬化，调整血脂，抑制血小板凝结，降低血液黏稠度及增强免疫能力等作用。同时，葡萄有防血栓、降胆固醇、治疗烫伤等功效。葡萄能比阿斯匹林，更好地阻止血栓形成，并且能降低人体血清胆固醇水平，降低血小板的凝聚力，对预防心脑血管病有一定作用。将鲜葡萄洗净去籽，捣浆，直接敷于患处，治疗轻度烫伤非常有效，药干即换，通常敷药后即刻止痛，且不易遗留疤痕，一般一至数日即可痊愈。

3. 理性消费成为消费升级的新阶段

1978—1991年，我国经济还处于计划经济阶段，1978年人均国内生产总值仅有381元，1992年达到2311元，人均经济支配能力提高到近6倍，但我国葡萄种植面积比较小，产量尚不足，消费只属于一小部分人群，主要集中在家庭经济较好、有一定收入的人群之中，葡萄消费开始起步。从1992年开始，我国经济转化为社会主义市场经济，2003年人均GDP超过万元大关至10542元，2007年突破2万元至20169元，2010年再次突破3万元大关至30015元，2012年人均GDP达到38420元，扣除价格因素，比1978年增长16.2倍，年均增长8.7%。伴随着我国经济高速发展，人民消费产品质量安全、有营养、无污染需求与日俱增，在这阶段，葡萄无公害、绿色食品、有机食品和地理标志产品从概念到产品，葡萄营养已被消费者逐渐认可，葡萄生产从重视数量开始转变到质量，葡萄消费也开始由家庭转向个人，个性化、品牌化、高端化、体验式消费快速增长，特别是近年来，高质量葡萄与葡萄酒成为个性化、健康消费需求，葡萄消费已经进入大众消费、个性消费、健康消费与理性消费共存的新阶段。

（二）国际消费市场

葡萄因其美味、营养价值高而被全世界广泛接受，消费量在世界果品消费结构中占比大，属于大宗消费水果。2012—2018年，全球葡萄消费数量总体呈现稳步上升的趋势，其中2015/2016年度略有下降（表1-2）。

表 1-2   2012—2018 年全球鲜食葡萄消费量（单位：万 t）

国家或地区	2012/2013 年	2013/2014 年	2014/2015 年	2015/2016 年	2016/2017 年	2017/2018 年
中国	743.6	821.2	889.9	1002.2	1078.0	1122.5
印度	233.5	244.8	275.2	222.0	235.8	248.3
欧盟	213.4	224.1	213.1	228.0	222.2	201.1
土耳其	199.2	199.7	209.4	183.1	217.8	190.1
美国	108.4	111.7	111.3	115.0	118.9	122.5
巴西	142.9	144.3	149.0	95.6	96.0	96.0
俄罗斯	44.4	40.7	38.9	34.6	30.4	42.4
韩国	31.5	32.9	33.4	31.6	31.7	32.8
乌克兰	36.4	35.2	34.2	27.3	29.1	29.5
秘鲁	24.9	27.3	22.2	23.1	28.9	25.0
其他	131.9	124.9	118.6	128.7	132.3	128.9
总计	1910.1	2006.6	2095.1	2091.2	2221.1	2239.1

引自：美国农业部海外农业服务局.2016/2017 年世界苹果、梨、葡萄、桃及樱桃产量、市场及贸易情况.孙平平，王文辉译，2018.

中国人口众多，消费市场巨大，2012—2018 年消费量逐年增加。尽管鲜食葡萄产量世界第一，但每年出口数量较少，依然需要从国外进口逾 20 万 t 以补充不足。印度的情况与中国相似，消费基数较大，以自产自销为主，消费之余每年有 20 万 t 左右的出口量。欧盟的消费量排在第三位，每年基本在 220 万 t 上下徘徊，但该地区鲜食葡萄产量无法满足需求量，缺口在 50 万 t 以上。土耳其也是鲜食葡萄生产大国，每年除满足国内消费之外，还保持着 20 万 t 左右的出口量。美国鲜食葡萄的消费量稍高于产量，每年进出口数量存在顺差。巴西的鲜食葡萄也表现为国内消费，但近些年市场萎缩，消费量一路下滑。

尽管世界鲜食葡萄消费体量在不断提升，但不同国家之间的消费趋势差异明显。中国与美国的消费总量呈现上升态势，巴西和俄罗斯则不断下滑。其他消费大国和地区围绕一个消费数量上下波动，波动幅度不大。这些上、下波动的变化反映出国家整体经济发展状况以及民众的可支配收入水平。

（三）国内消费市场

1. 产品属性决定消费走向

中国葡萄是世界第一大鲜食葡萄生产国与消费国，总产量约 80% 为鲜食。因品种众多，生长周期不尽相同，所以可以实现鲜食葡萄的全年供应。目前，鲜食葡萄的主体流通模式以批发市场为中心，零售商为辅助形成的多中心网状结构。随着电商的兴起，区域性经销商和部分种植农户开始直接面向消费者，流通层级减少，去中心化特征显现。

通过水果批发市场调查数据分析，2016 年葡萄在十一大类水果的销量排名为第七位，销量 29.3 万 t，销售额 25.13 亿元，平均价 8.58 元/kg；2017 年葡萄类销量超过了梨类，销量增加到 37.1 万 t，在十大类水果中葡萄的排名为第六位，平均价为 7.92 元/kg，略高于国产水果平均价的 5.63 元/kg 的价位，属于价格相对较高的水果。在众多水果单品中，葡萄中有 2 个品种挤上十大单品排名榜，'巨峰'位列第九，'红地球'位列第十。

品种的成熟期决定葡萄的上市时间。大宗供应的葡萄品种上市时间5月之前的有云南'夏黑'、大连暖棚'红地球'开始上市；5月河北大棚'玫瑰香'、浙江温岭'巨峰'开始上市；6月云南建水'红地球'、浙江慈溪'巨峰'开始上市；8~10月北方葡萄大面积上市，既有'巨峰''红地球''玫瑰香'等，还有'维多利亚''夏黑''金手指'等。11月以后，鲜葡萄逐渐退市，开始销售冷库贮存葡萄，一直销售到来年的2~3月。

葡萄的耐贮性以及同一品种在不同地区的种植规模，决定葡萄在水果市场上的供货时间。从葡萄成熟的时间看，'巨峰''红地球''玫瑰香'的市销时间最长，可实现全年在售。陕西、云南的'夏黑'供货时间也在不断地延长。'藤稔''红宝石无核''维多利亚''无核白'等品种供货期保持稳定。2015—2018年间，'茉莉香'的市场供货期由20d左右迅速增长到90d以上，成为市售时间增加最明显的品种（表1-3）。

每年葡萄销售价格的最高点出现在4月下旬至5月上旬，最低出现在9月底至10月上旬，此时期是北方露地葡萄大面积成熟集中上市的时间。平均批发价格由高到低的排名为'阳光玫瑰''乍娜''茉莉香''克瑞森无核''藤稔''夏黑''森田尼无核''红宝石无核'。据2018年的统计，葡萄销量前五名的葡萄品种依次为：'红地球''巨峰''玫瑰香''克瑞森无核''无核白'。

2. 多重因素影响消费偏好

通过线下问卷调查，消费者在购买鲜食葡萄中呈现以下特征：①年均消费量以

表1-3　北京新发地批发市场葡萄品种动态及供货期分析（2015—2018年）

2015年		2016年		2017年		2018年	
品种	供货期/d	品种	供货期/d	品种	供货期/d	品种	供货期/d
红地球	260	红地球	287	红地球	306	巨峰	300
巨峰	259	玫瑰香	273	巨峰	293	红地球	288
玫瑰香	190	巨峰	257	玫瑰香	222	玫瑰香	212
夏黑	169	夏黑	173	夏黑	203	红宝石无核	204
维多利亚	154	红宝石无核	158	红宝石无核	188	夏黑	187
红宝石无核	140	维多利亚	153	藤稔	124	无核白	108
藤稔	121	无核白	137	维多利亚	118	藤稔	155
无核白	112	藤稔	136	无核白	116	维多利亚	150
龙眼	78	马奶	92	龙眼	113	森田尼无核	111
马奶	75	京亚	31	马奶	61	茉莉香	94
木纳格	53	龙眼	16	金手指	51	紫甜无核	89
京亚	50	河北140	16	茉莉香	34	龙眼	68
户太8号	22					克瑞森无核	66
茉莉香	22					金手指	58
乍娜	16					京亚	46
						阳光玫瑰	22

引自：张国军，王晓玥，任建成，等.从批发市场品种和价格变化看我国鲜食葡萄产业格局之变换[J].中国果树，2019（6）：13.

5~10kg 最多，其次是 10~15kg。②购买时间以 7~9 月比率最大，其他月份则以 8 月为最高点递减。③消费价格以 10~16 元 /kg 占比最大，低于 6 元 /kg 和高于 30 元 /kg 的葡萄价格接受程度较低。④消费者最喜欢的葡萄单穗重为 0.50~0.75kg，而单穗重大于 1.00kg 的葡萄接受度迅速下降，反映出消费者更喜欢中等大小的葡萄单穗重，这与目前我国家庭平均人口较少，消费者对葡萄的新鲜程度越来越重视，买来的葡萄更倾向于短时间吃完的消费习惯有关。⑤消费者偏好中果粒葡萄，小果粒的偏好度次之，大果粒的接受度最低。⑥消费者偏好适度松散型的葡萄果穗，其次为紧凑型果穗，但松散型果穗的偏好者比较少。⑦紫红色是目前多数消费者最偏好的颜色，其次是紫黑色，而绿色果粒的葡萄偏好度偏低。⑧草莓香型是消费者最喜欢的葡萄香型，其次是玫瑰香型，而消费者对青草香的偏好倾向比较低。⑨消费者对葡萄果肉质地的偏好很明确，普遍偏向于软果肉的品种。⑩超过一半的消费者偏好甜中带酸的口味，1/3 的消费者更喜欢甜味葡萄，而酸味太重的品种不受欢迎。⑪ 大多数消费者都喜欢无籽葡萄。⑫ 消费者对葡萄主要的购买渠道以水果超市、水果商店、水果零售窗口为主，部分消费者曾在观光葡萄园采摘购买，通过网络渠道购买葡萄的消费者最低。

通过对 2018—2019 年电商销售数据的分析，可以部分印证线下问卷的调查结论。在淘宝平台，葡萄月销量从 2019 年 2 月开始逐步提升，8 月达到最高值，之后逐渐下降。最大值出现的时间对应着我国大部分产区鲜食葡萄的集中成熟季。淘宝平台一年中销售量最多的包装是净含量 1.0~2.5kg 的葡萄，其次是 0.5~1.0kg。天猫平台 0.5~1.0kg 的包装占比明显高于淘宝。天猫平台上几乎无人一次性购买 2.5kg 以上的葡萄。

在葡萄价格方面，电商销售统计数据与线下调查结果存在较大差异。2018 年 12 月到 2019 年 12 月间，淘宝销售的鲜食葡萄价格在 1~3 月持续走高，4 月开始国内（主要是云南）葡萄开始上市，价格开始下降。从葡萄集中成熟的 8 月价格稳定在一个比较低的水平，到 12 月葡萄的价格降到最低，大约 30~32 元 /kg。

天猫平台葡萄价格在 2018 年 12 月至 2019 年 2 月，维持在 60 元 /kg 左右；2019 年 3~11 月，价格保持在 100~130 元 /kg，之后回落。天猫和淘宝销售葡萄的价格都远高于线下销售葡萄的价格，这可能是因为销售的是优质精品葡萄，也与快递费有关。

3. 市售时间调控市场布局

从市场角度来看，按照葡萄的主要生产方式和市场供应方式分类，可以把我国的葡萄品种分为促早类、秋后类和冬贮类三种类型。促早类是指通过各种设施或小区域产区调控以提早上市供应为主的品种；秋后类是指无促早或延后等调控成熟期的措施，仅在自然状态下生长成熟的品种，因各地气候早晚不同，多以集中在立秋前后大量上市为主的品种；冬贮类是指一些晚熟且较耐贮运的品种，成熟后即可销售，也可较长时间贮藏以延长供货期，一般供货期可达 8 个月甚至 10 个月以上。

主栽品种市场占有率稳定。从市场供应量及供应期看，我国三大主栽品种分别为'巨峰''红地球''玫瑰香'。在近 5 年的时间内，排在前八位的品种未发生明显变化，表明我国当前大宗葡萄品种结构相对稳定。

葡萄价格呈现周期性波动，未出现大的起伏。每年的 4~6 月为葡萄价格的最高点，8 月价格最低，其余时间为缓慢过渡期，其中以 6~8 月价格下降较快，8 月到来年的 3 月价格升高速度较为缓慢。

促早类主导品种基本稳定，但市场竞争激烈。'夏黑''维多利亚''藤稔'三大促早类品种的市场主导地位基本稳定，'森田尼无核''乍娜'两个品种有下降趋势，'茉莉香'等新品种上升迅速。在一些特定小气候产区，或利用设施等方法调控成熟时间，传统的中晚熟品种也可提前上市，加大了促早类品类间的竞争，导致产品价格会出现较大波动。

（四）中国葡萄消费升级路径

1.建立葡萄消费升级的现代葡萄产业平台

以国内葡萄市场消费为主，以消费来撬动产业的发展，但目前国内的大循环为主的消费主动力还未形成，在新形势下，一定要把整体消费提起来。一是建立以葡萄产区共享公共区域品牌、葡萄酒大单品品牌和企业品牌三级梯队，制定葡萄、葡萄酒等级分级定价分级指导体系，满足不同消费群体以质定价内需需求，加快推进公域线上营销平台。二是支持葡萄酒销售企业及电商平台举办更新葡萄酒消费活动，培育壮大新型消费，促进传统线下葡萄酒业态数字化改造和转型升级，培育丰富的在线品鉴、在线葡萄酒文化培训等线上消费，建设朋友圈、小程序、公众号、APP、视频营销、直播等私域线上平台，建立葡萄专卖店、葡萄园旅游、葡萄酒小酒窖、直销体验中心、葡萄文化体验馆、餐饮酒店等线下网络平台。三是加快建立葡萄产销对接平台。以葡萄大户、葡萄合作社、酒庄为基础，与代理商、经销商对接，畅通葡萄流通渠道为解决卖难问题，深耕葡萄、葡萄干、葡萄酒前端、中端、后端的产销市场体系。四是建立健全葡萄数字化商品流通体系。在县级以上城市、重点乡镇和中西部地区加快布局数字化消费网络，降低物流综合成本。提升葡萄电商、快递进农村综合水平，推动农村商贸流通转型升级。补齐葡萄冷链物流设施短板和葡萄酒酒庄建设，加快葡萄分拨、包装、预冷等集配装备和分拨仓、前置仓等仓储设施建设，加快葡萄酒灌装、包装、贮存等一体化服务。推进供应链创新应用，开展葡萄互联农产品供应链建设，提升葡萄流通现代化水平，全面实现线下线上与流通相结合的产销平台。

2.进一步培育壮大各类葡萄与葡萄酒消费新业态新模式

加快葡萄社会服务在线对接、线上线下深度融合。积极发展葡萄农业智慧服务，创造"互联网＋葡萄＋智慧农业"的新模式，探索建设葡萄水肥一体化智能灌溉、果园生态环境监测及信息报送、温室环境自动控制、果品质量安全可追溯视频信息采集、果园网站及现代化的控制中心等系统，促进葡萄产业由数量扩张型、质量提升型向现代葡萄产业转变，加快生产升级。有序发展葡萄种植、葡萄酒品鉴、葡萄干品鉴、葡萄自酿等在线教育，推广大规模在线开放课程等网络学习模式，推动各类数字教育资源共建共享。大力推进葡萄可视化种植、葡萄采收、压榨、自酿、保存等更高技术格式、更新应用场景、更美视听体验的高新视频新业态，形成多元化的商业模式。建立葡萄酒文化、葡萄酒礼仪、葡萄酒品鉴等网络课程，创新无接触式葡萄与葡萄酒消费模式，探索发展葡萄与葡萄酒智慧超市、智慧商店、智慧餐厅等新零售业态。支持互联网平台葡萄企业向线下延伸拓展，加快传统线下葡萄业态数字化改造和转型升级，发展个性化定制、柔性化生产，推动线上线下消费高效融合、大中小企业协同联动、上下游全链条一体发展。引导葡萄企业更多开发数字化产品和服务，鼓励实体商业通过直播电子商务、社交营销开启"云逛街"等新模式。组织开展形式多样的网络葡萄、葡萄干、葡萄酒促销活动，促进品牌消费、品质消费。

3. 鼓励葡萄、葡萄酒、葡萄干企业拓展国际市场

从国内葡萄供给和需求两侧发力，推动以葡萄消费升级为导向的产业链升级，以全面对外开放持续促进国内市场强大，才能更好发挥巨大市场潜力。推动葡萄、葡萄干、葡萄酒的电子商务、数字服务等企业"走出去"，加快建设国际寄递物流服务体系，统筹推进国际物流供应链建设，开拓国际市场特别是"一带一路"沿线业务，培育一批具有全球资源配置能力的国际一流平台企业和物流供应链企业。充分依托新型葡萄、葡萄酒消费带动传统商品市场拓展对外贸易、促进区域产业集聚。培育葡萄、葡萄酒、葡萄干出口，加快葡萄企业出口备案，持续提高通关便利化水平，优化葡萄、葡萄酒、葡萄干出口申报流程。探索新型消费贸易流通项下逐步推广人民币结算。鼓励企业以多种形式实现境外本土化经营，降低物流成本，构建国际营销渠道，大力推动跨境经济高质量发展。

4. 优化新型消费发展环境

顺应新型消费发展规律，加快出台电子商务、共享经济等领域相关配套规章制度，研究制定分行业分领域的管理办法，有序做好与其他相关政策法规的衔接。从近5年来看，国务院办公厅《关于以新业态新模式引领新型消费加快发展的意见》、国务院办公厅印发《关于加快发展流通促进商业消费的意见》（2019）、国务院办公厅《关于完善促进消费体制机制实施方案（2018—2020年）》、中共中央 国务院《关于完善促进消费体制机制进一步激发居民消费潜力的若干意见》（2018），以及2019年《中华人民共和国消费税法（征求意见稿）》，国务院办公厅印发《消费品标准和质量提升规划(2016—2020年)》、国务院《关于进一步扩大和升级信息消费持续释放内需潜力的指导意见》。对接县级以上政府的文件规章，完善跨部门协同监管机制，加大对销售假冒伪劣商品、侵犯知识产权、虚假宣传、价格欺诈、泄露隐私等行为的打击力度，实现线上线下协调互补、市场监管与行业监管联接互动，推动及时调整不适应新型消费发展的法律法规与政策规定，着力营造安全放心诚信消费环境，促进新型消费健康发展。

三、葡萄贸易现状

葡萄是世界大宗干鲜果品交易门类之一。

（一）葡萄贸易必要性

1. 推进葡萄国际贸易是促进我国葡萄高质量发展的需要

我国是葡萄第一消费大国，有必要研究我国葡萄国内市场规模对出口贸易的促进效应，利用本地市场效应实现国内国际双循环，进而充分开发利用国内市场需求潜力。改革开放以来，我国葡萄国际贸易仍处于起步阶段，到1995年我国葡萄进口5800t，出口6900t，进出口贸易额少之又少，到2001年的6年间增长乏力，甚至陷入停滞阶段。从2002—2006年分析，鲜食葡萄进（出）口贸易虽有增长，但处于平稳发展的阶段，到2007年开始，我国鲜食葡萄的进口量（4.28万t）和进口额开始进入快速增长的阶段，我国鲜食葡萄的出口量（5.58万t）大于进口量，但由于鲜食葡萄的出口价格低于进口价格，因此，鲜食葡萄的贸易逆差一直存在。到2016年进口25.24万t，出口25.45万t，首次出现

了贸易顺差，延续到现在，这体现出我国鲜食葡萄的国际竞争力呈现上升趋势。与此同时，在我国贸易增长阶段积累和遗留下来的贸易低效益、不平衡、不充分问题也日益突显，全球产业链分工格局下的国外需求红利、国内资源要素低成本优势等支撑外贸高速发展的条件逐渐削弱或消失，葡萄果农劳动力投入量大，机械化程度低，葡萄保险覆盖率少，生产成本高，影响葡萄出口质量、结构，迫切建立生态化、机械化、自动化、智能化、信息化、可视化、数字化的现代葡萄产业，这是我国葡萄高质量发展亟需全面建设新业态、新动能。

2. 改变国际贸易结构，是打破欧美长期垄断葡萄市场的时代需要

在水果产业中，鲜食葡萄是国家贸易产品中的主要产品之一。从葡萄产业出口贸易结构来看，穆维松等（2019）出具2016年中国鲜食葡萄、葡萄酒、葡萄干、葡萄汁占出口贸易总额的比率分别为52.23%、42.59%、4.90%、0.28%，鲜食葡萄为出口份额最大的葡萄产品。世界鲜食葡萄出口前十位的国家和地区占世界总出口量的比率为74.18%，其出口贸易额占世界总额的80.58%，显示出世界鲜食葡萄贸易市场集中度较高，欧美也长期垄断葡萄国际市场。从葡萄产业进口贸易结构来看，鲜食葡萄、葡萄酒、葡萄干、葡萄汁占进口贸易总额的在鲜食葡萄贸易中，美洲国家的优势最突出，其次是欧洲。世界鲜食葡萄的主要出口国家和地区有智利、美国、意大利等，葡萄国际贸易结构中以欧美为世界60%以上，参与贸易的各国要想保护自身发展利益，实现葡萄竞争力的持续性特征。这些市场结构就需要依据国际化标准，特别以欧盟、美国标准规则行销世界，如2021年3月1日，中欧地理标志协定正式生效，虽然贺兰山东麓葡萄酒、烟台葡萄酒、沙城葡萄酒、桓仁冰酒首批列入100个地理标志正式获得欧盟保护，获得欧盟的官方标志，代表着可以提升我国产品在欧盟市场的知名度，但这里的规则就是要符合欧盟地理标志保护规定，只有这样，我国葡萄酒才可以出口欧盟市场。也就是说，在国际贸易中，我国葡萄产业尚没有话语权，还没有形成我国葡萄的国际产品结构、市场结构、价格结构，更没有凸显葡萄国际贸易优势，这种间接性比较的出现，会一定程度地刺激我国葡萄产业的发展紧迫性和挑战性，迫切制定我国葡萄质量标准、良好操作规范和贸易规则，以促进葡萄贸易自由化发展为核心，带动农业内部的变革，只有有我国葡萄质量、品牌的底气，才可与欧美等国际知名品牌进行竞争，提高中国葡萄竞争力。

3. 着力畅通国内国际循环，扩宽全球范围配置资源的空间

随着我国经济、科技等方面快速发展，我国成为国际社会普遍认可的"中国制造"和"世界市场"，但部分国家开始鼓吹"中国威胁论"，以2018年中美加征税经贸争端为标志，世界外部环境更趋复杂，主要经济体经贸摩擦在加剧，全球范围配置资源的空间仍需调整。目前，我国葡萄产量整体呈上升走势，2019年葡萄产量达到1419.54万t，同比增长3.87%，但2018年我国葡萄出口额为7.35亿美元。虽说我国是葡萄出口大国，在世界市场上排名第六，但相较于前几年，排名下滑，说明近几年我国出口葡萄没有期望的高。为此，如何充分释放国内葡萄消费市场潜力、优化国内市场环境，是稳外资和稳外贸的重要抓手与支撑，也是葡萄内需旺盛和不断升级、国内葡萄市场强大之源。要聚焦人民群众尚未被满足的基本需要和尚待激发的潜在需要，同步推动葡萄供给和需求双侧的结构性改革，通过绿色、安全、优质的新消

费引领葡萄新供给和塑造新市场，是驱动葡萄总供给与总需求在更高层次和水平上达成新均衡的强劲引擎，也是促成国内国际双循环的重要驱动力。

（二）全球葡萄贸易体系稳定

鲜食葡萄贸易整体上呈现出平稳增长的趋势。在鲜食葡萄贸易中，美洲国家的优势最突出，其次是欧洲。世界鲜食葡萄的主要出口国家和地区有智利、美国、意大利、中国等。智利鲜食葡萄的出口额和出口量长期均为世界第一，出口量和出口额占世界总量的比率均超过15%；美国的出口额居第二位，出口量居第三位，出口额超过世界总额的10%，优势地位稳固；中国出口额与出口量分列世界第四位和第六位，表明我国出口葡萄的单价有一定优势。

通过2012—2018年的统计数据可以看出，世界鲜食葡萄进口数量逐年增长，且呈现出快速增长的趋势。欧盟进口数量除2012—2013年外，均为第一，其次是美国，两者每年进口数量占总进口量的42%左右。在进口量排名前十的国家和地区中，欧盟和中国保持稳定的增长势头，美国出现一定的波动，俄罗斯出现下滑，其他国家进口数量变化不大，反映出经济状况与市场消费能力呈现出一定的正相关（表1-4）。

表 1-4　2012—2018 年全球鲜食葡萄进口统计（单位：万 t）

国家或地区	2012/2013 年	2013/2014 年	2014/2015 年	2015/2016 年	2016/2017 年	2017/2018 年
欧盟	56.0	57.7	60.4	61.5	64.3	64.7
美国	56.7	51.9	54.7	53.0	59.3	62.0
俄罗斯	38.9	34.9	30.2	25.6	21.2	32.5
中国	15.9	23.1	22.6	24.9	23.7	25.0
中国香港	14.4	21.0	21.5	23.2	22.9	22.5
加拿大	17.5	18.0	17.5	17.1	17.6	17.8
泰国	8.5	8.7	8.9	13.1	15.7	14.0
越南	4.5	5.1	5.1	7.6	7.5	9.0
哈萨克斯坦	8.0	2.8	6.7	10.0	8.1	8.0
墨西哥	5.9	7.7	6.9	6.7	7.6	7.5
其他	33.3	34.9	34.3	32.1	38.4	35.2
总计	259.6	265.8	268.8	274.7	286.1	298.2

引自：美国农业部海外农业服务局 .2016/2017 年世界苹果、梨、葡萄、桃及樱桃产量、市场及贸易情况 . 孙平平，王文辉译，2018.

在出口领域，全球鲜食葡萄出口数量保持稳定增长。智利稳居世界出口量第一。美国既是世界第二大鲜食葡萄出口国，也是世界第一大鲜食葡萄进口国。2018 年，秘鲁的出口量首次超过美国。该年度包括中国、美国、南非在内的国家出口量相较前一年出现不同程度的下滑。中国香港的鲜食葡萄进（出）口贸易额和贸易量均较大，这与香港是主要的国际自由贸易港，转口贸易量大等有关（表 1-5）。

表1-5 2012—2018年全球鲜食葡萄出口统计（单位：万t）

国家或地区	2012/2013年	2013/2014年	2014/2015年	2015/2016年	2016/2017年	2017/2018年
智利	85.4	72.8	76.1	68.8	73.0	73.3
秘鲁	14.9	22.8	28.0	29.7	31.0	38.0
美国	35.7	41.6	38.9	32.8	34.7	33.0
印度	15.1	14.2	7.6	16.0	20.0	27.2
南非	23.5	22.6	26.4	25.5	30.4	25.8
中国	12.3	10.4	12.7	22.7	25.7	22.5
土耳其	20.9	20.4	25.7	17.5	17.3	22.0
中国香港	10.5	16.4	17.2	19.0	21.2	20.0
墨西哥	16.8	15.0	15.2	16.4	15.6	19.5
澳大利亚	7.9	8.6	9.1	11.9	11.7	13.0
其他	22.4	19.3	15.7	13.2	12.9	12.8
总计	265.4	264.2	272.6	273.4	293.4	307.1

引自：美国农业部海外农业服务局.2016/2017年世界苹果、梨、葡萄、桃及樱桃产量、市场及贸易情况.孙平平，王文辉译，2018.

（三）我国葡萄贸易稳中有升

1.葡萄出口量价齐升

在世界鲜食葡萄出口国中，我国出口数量一直居于前十名。通过近10年的统计数据分析，我国葡萄出口量呈现出波动的特点，而非一直稳定上升。总体上先下降一年，随后增长两年，之后又减少一年，最后出现稳步增长的趋势。从2013年开始，近6年我国葡萄出口数量呈稳定上升趋势，但增速放缓。我国葡萄出口量从2013年的14.12万t持续增至2018年的30.09万t。其中，增长率在2015年达到最高为49.58%，2017—2018年出口数量同比增长速度分别为3.86%和2.29%，增速放缓并呈逐年下降的趋势。

葡萄出口价格的波动性相比于出口数量更为显著。出口数量基本稳定增加，而葡萄单价则经历了过山车般的变化。其中，2015年是分水岭，在此之前，葡萄单价稳步上扬，并于2015年达到最高。此后，价格下滑，2017年虽有上涨，但涨幅较小，2018年继续回落，葡萄价格甚至低于2013年。总体上，出口价格从2009年的每千克1.07美元上升至2018年的每千克2.44美元，涨幅达128%。

我国葡萄出口总金额的变化与出口价格呈现正相关。其中2015年是转折点。在此之前，出口金额从2009年的1.51亿美元涨至2015年的8.19亿美元，涨幅近90%，2016年受国际市场上产品检验检疫和天然无公害外包装要求的影响，出口金额有所回落。2017年葡萄出口额小幅度增至7.65亿美元，与消费者的消费水平上升、购买种类多样化和中国政府对葡萄出口的大力支持离不开关系。2018年我国葡萄出口额为7.35亿美元，在世界市场上排名第六。但相较于前几年，排名下滑，说明尽管出口量在不断增加，但出口单价对整体出口额的影响更大。

东南亚地区是我国鲜食葡萄主要出口对象。其中，我国对泰国的葡萄出口金额为2.27亿美元，占总出口额的近1/3。对印度尼西亚的出口金额为1.72亿美元，占总出口额的23.43%，位列第二。排在第三位的是越南，金额达到1.56亿美元，占总出口额的1/5。其余出口对象为马来西亚、日本等其他国家和地区。我国鲜食葡萄对东南亚地区的出口约占总出口额的80%。而对欧盟和美国的出口数量较少，一方面是因为距离较远，运输、保鲜等成本会相应增加，我国没有比其他美洲国家更具优势；另一方面出于食品安全的考虑，欧盟和美国的进口标准较高，降低了我国出口的机会。

我国葡萄市场占有率自2014年起总体上有一个先增加后减少，随后缓慢上升的趋势。2014—2015年依靠葡萄种植面积的增加和向国际市场靠拢的趋势，市场占有率从4.45%上升至9.40%。2015—2016年，由于我国葡萄产量的下降以及国际上葡萄进口国对于葡萄品质要求上的提升，让我国的葡萄市场占有率从9.40%跌落至7.73%。2016—2018年我国葡萄出口是一个稳步上升的过程，从7.73%逐渐提升到了7.94%。

在国际出口市场上，通过对比世界主要葡萄出口国家的数据发现，智利是2014—2018年连续5年市场占有率最高的国家，充分反映出该国在国际市场上所拥有的巨大的优势。其次是美国，且与智利的市场占有率间差距正逐步缩小。通过2016—2018年的数据对比可以看出，智利和美国的市场占有率分别从16.16%和13.20%下滑至14.99%和13.04%。我国葡萄出口的市场占有率相比起世界主要葡萄出口国家而言，虽然总体比重较低，但在不断提升，逐步缩小与第二梯队中荷兰与意大利的差距。这反映出我国鲜食葡萄的国际竞争力不断增强。伴随着我国葡萄种植由单纯追求数量向提高品质的转变，市场占有率拥有极大的提升空间。

2. 葡萄进口补充内需

近5年来，我国鲜食葡萄进口量增加、进口额小幅波动，出口量显著增加，2018年进出口量小幅下降，进出口仍保持贸易顺差态势（表1-6）。智利、秘鲁和美国是我国鲜食葡萄主要的进口来源国。2018年，从智利、秘鲁和美国三国进口的鲜食葡萄进口量合计占比75.3%。进口单价为每千克2.5美元，同比增0.3%。

表1-6 2014—2019年中国葡萄进口统计

年份	2014	2015	2016	2017	2018	2019
进口金额（亿美元）	6.02	5.86	6.28	5.88	5.86	6.43
进口数量（万t）	21.1	21.59	25.24	23.39	23.17	25.23

数据来源：中国海关.

（四）我国葡萄贸易发展路径

1. 选准定位、优化结构，打造全方位出口布局

2020年，全国鲜食葡萄出口量虽然同比上升，但葡萄制品出口量微乎其微。随着我国葡萄产业高质量发展，必须制订应对战略。一方面依靠国家政策，理清市场形势，紧跟市场变化，加强同业联络，将主销产品定位于鲜食和酿酒品种并举，将主攻市场定位于"一带一路"沿线发展中国家，既能发挥中国大陆性气候下的生态优势和品质优势，又可避免与中国地理标志的葡萄之间的同质化竞争，同时紧扣国家战略布局，增强可持续性，从根本上夯实国际贸易发展根基。另一方面，为进一步提高出口业务质量，增强出口业务弹性和韧性，积极寻找新的出口品类，加强客户沟通，根据各国的不同偏好改进产品，制定不同的营销策略进行销售。出口结构进一步优化，业务向多元化发展，国际贸易的质量和效益同步提高。

2. 整合资源、加强合作，构建一体化产业格局

随着我国经济发展进入新常态，葡萄产业着力推行供给侧结构性改革。先行整合资源，深化产业化综合体、产业服务联合体的运营模式，优化整合购销渠道，与上游生产商建立战略合作关系，与国内贸易业务实现协同联动，为代理商、批发商、零售商提供葡萄供应、产品销售、运输、仓储、融资等供应链服务，构建出口业务服务业务链，打造中国葡萄品牌。同时，积极打造产供销一体化产业格局，加强与国内物流运输、港口、海关、国际货运等各个环节的沟通合作，形成有效联动，形成规模效应，通过区域代理、战略合作等多种模式，广泛拓展终端渠道，为葡萄种植者、销售者量身打造一套适合自身的产品应用、市场销售体系，实现共同发展，客户黏度大幅提高。此外，注重中国水果国际贸易平台的搭建，协助各类跨境公司开展国际贸易，帮助其开拓国际视野，对接国外客户，为跨境国际贸易铺设畅通、高效的通道，拓展海外市场，搭建国际平台。

3. 坚定信心、跨越发展，把国际贸易产业做强做大

当前，国家正在构建国内大循环为主，国内国际双循环相互促进的新发展格局，"一带一路"倡议稳步推进，加快促进国际市场布局。葡萄国际贸易产业正好抢抓历史机遇，培育壮大产业规模，提升业务质量，为葡萄实现新一轮跨越式发展做出贡献。小葡萄串起大梦想，葡萄产业要有信心做强做大国际贸易产业，大力推进"动力变革"，尽快设立葡萄国际供应链有限公司，加快融资和业务开拓，促进产城融合发展，打造国际贸易发展平台；同时，全力以赴推进海外平台建设，着手建立境外公司，及早完善国际贸易业务链，发挥境外融资及贸易平台优势，构建业务发展平台，并联合速卖通（阿里巴巴）、阿里巴巴国际站、eBay、亚马逊（主流）、Wish（个人可注册）、shopee、Etsy（纯手工）、Lazada等，实现贸易、金融、物流的互联互通，进一步拓展海外市场，扩大出口规模，提高发展质量。

第二节　葡萄产区的特点

一、我国鲜食葡萄主要产区及特点

（一）概况

新中国成立以后我国葡萄栽培产业获得飞速发展，1952 年全国葡萄栽培面积仅 5300 hm²，产量为 2.4 万 t，到 1978 年栽培面积已增加到 3 万 hm²，产量达到 17.5 万 t（刘崇怀等，2014）。改革开放以后我国葡萄产业获得快速发展，特别是 20 世纪 80 年代以后，随着'巨峰''夏黑''阳光玫瑰'等品种推广的带动与发展，以及各类栽培技术与栽培设施的推广与普及，我国主要省份的葡萄栽培面积均有稳步增长，据国家统计局网站数据，截至 2019 年，我国葡萄栽培面积 72.62 万 hm²，葡萄总产量 1419.54 万 t，葡萄的面积与产量均仅次于柑橘、苹果、梨，居全国第四位。葡萄产业已成为振兴我国农业农村经济的重要基础产业。

依据各主要栽培种、品种群、品种对生态条件的要求和表现，以温度和降水为主要气候指标，划分我国葡萄栽培区。我国鲜食葡萄主要可分为西北干旱、半干旱产区，黄土高原产区，黄河故道产区，环渤海湾产区，南方产区，云贵川高原半湿润产区和东北中北部

产区（孔庆山，2004；刘崇怀等，2014）。

（二）主要产区及特点

1. 西北干旱、半干旱产区

西北干旱、半干旱葡萄产区主要包括新疆、甘肃、宁夏等地区，该区域光热资源充足，是我国优质的葡萄生产区。

新疆是我国传统的、最大的优质葡萄产区，栽培面积占全国总面积的20%以上。新疆主栽的鲜食葡萄品种包括'红地球''火焰无核''克瑞森无核''无核白''夏黑'等。目前，新疆的葡萄生产基地已实现规模化建设，鲜食葡萄生产基地主要分布在新疆生产建设兵团的第二师（铁门关市）、第四师（可克达拉市）、第五师（双河市）、第六师（五家渠市）、第七师（胡杨河市）、第八师（石河子市）、第十二师（乌鲁木齐市）和第十三师（新星市）的辖区内。近年来，新疆地区葡萄的栽培面积与品种结构在逐渐调整。根据兵团统计年鉴数据，2015—2019年，'红地球'葡萄面积下降了2110hm²，无核葡萄栽培面积增加了2870hm²，同时随着栽培技术的进步，葡萄单产有所提升，'红地球'和无核葡萄的产量分别从2014年的13.94t/hm²和13.64t/hm²提升到2018年的22.44t/hm²和18.82t/hm²。新疆特殊的气候环境造就了新疆优良的葡萄品质，如吐鲁番地区生产的'无核白'葡萄含糖量高达20%以上。但新疆也是我国自然灾害频发的省份之一，寒潮、大风、沙尘暴、冰雹和霜冻等灾害每年都会对葡萄种植业造成损失（白莹等，2013）。

甘肃是我国葡萄栽培最早的地区之一，鲜食葡萄的生产主要集中在河西走廊产区和陇东南山地产区的敦煌、肃州、金川等县（区），其种植规模在不断扩大。特别是敦煌市，目前已成为全国著名的鲜食葡萄生产基地（刘崇怀等，2014）。在河西产区鲜食葡萄品种以'无核白''红地球''克瑞森无核''皇家秋天'为主。

2. 黄土高原产区

黄土高原产区主要包括陕西、山西及甘肃东部地区。该区域土层深厚、光热充足。

陕西渭北高原雨量适中，日照充足，昼夜温差大，夏不湿热，冬不寒冷，除北缘部分地区外，葡萄不需埋土防寒，植株生长健壮，果实品质佳，是陕西省葡萄产业发展的优势区域（贺普超，1999）。渭南市是陕西省鲜食葡萄产业的主栽地区，近年来渭南市临渭区葡萄产业发展迅速，葡萄种植面积超过1.73万hm²，年总产量超35万t，主栽品种包括'红地球''夏黑''阳光玫瑰''户太8号''克瑞森无核''紫甜无核''新郁'等。除渭南外，陕西省的其他地区如西安、宝鸡、咸阳、汉中等均有大面积鲜食葡萄的栽培。

山西省地处黄土高原东部，地貌以山地、丘陵为主，属暖温带、温带大陆性气候，境内土层深厚，光照、热量充足，适于不同成熟期的葡萄品种生长结果。山西省葡萄栽培历史悠久，晋中盆地及周边是我国历史上四大著名的葡萄产区之一，清徐葡萄早在20世纪四五十年代就已全国闻名。山西省各地均有葡萄栽培，属黄土高原冬季埋土防寒栽培区。从不同区域热量与栽培集中度来看，主要可分为三大区域，包括热量充足的运城、临汾等南部鲜食葡萄优势栽培区，太原、晋中及吕梁部分地区等中部鲜食、酿酒葡萄优质栽培区，忻州、朔州、大同等偏北部地区及晋城、长治等晋东南地区为零散栽培区。山西省葡萄栽培主要分布在运城、临汾、太原等市，约占全省葡萄栽培总面积的70%。目前，山西省鲜食葡萄主栽品种为'巨峰''红地球''维多利亚''克瑞森无核''龙眼''夏黑''户

N

太8号''玫瑰香''森田尼无核''早黑宝''阳光玫瑰'等。

甘肃东部地区的天水市，地处西秦岭北麓、渭河中上游，横跨黄河、长江两大水系。年降水量600mm左右，年平均气温11℃，全年日照时数2800h，无霜期近200d。这种气候条件对发展葡萄产业的优势明显，冬季葡萄不需要埋土越冬，因此生产成本低、效益高，是全国最大的山地鲜食葡萄栽培区，主要栽培品种为'巨峰'和'红地球'（刘崇怀等，2014）。

3. 黄河故道产区

黄河故道产区包含河南及鲁西南、苏北、皖北部分地区。黄河故道产区紧临亚热带的南方产区，属半湿润区，核心产区为河南省，该区除河南南阳盆地属亚热带湿润区外，其余属暖温带半湿润区。无霜期200~220d，活动积温4000~5000℃，7月平均气温27℃左右，年降水量600~900mm。黄河故道地区气候温和，日照充足，雨量适中，生长期长，有利于葡萄的生长和发育。特别是冬季葡萄可以不埋土越冬，使该地区自然成为我国适于发展葡萄生产的不覆盖地区。栽培品种多以欧美杂种为主（刘崇怀等，2014；孔庆山，2004）。

20世纪80年代，河南省葡萄面积超过2.1万hm²，仅次于新疆、山东，成为我国第三大葡萄栽培大省。由于各地市经济发展水平不同，葡萄在河南省的区域分布很不平衡。总体来说，经济发展水平高的地区，葡萄发展规模大，设施化程度也高。如商丘、洛阳等地市葡萄栽培面积和产量一直处于省内前两名。洛阳偃师的葡萄种植规模最大，且较集中。目前，河南省葡萄生产上主栽品种有欧美种'巨峰''夏黑''阳光玫瑰''金手指''巨玫瑰''户太8号''京亚''藤稔''8611'等，欧亚种有'红地球''维多利亚''克瑞森无核''粉红亚都蜜''绯红''摩尔多瓦''美人指''森田尼无核'等。

鲁西南的济宁、枣庄地区，苏北的连云港、宿迁、徐州地区，皖北的萧县、淮北、阜阳地区及河南的周口、漯河、驻马店地区，年降水量多在800mm左右或以上，部分地区达1000mm左右。许昌及豫西山地以北的河南省中部，包括开封、郑州、许昌、洛阳、三门峡等地区，降水量少于苏北、皖北地区，年降水量600~800mm，豫东地区稍多。此区为欧美杂种及部分欧亚种的适宜栽培区，冬季无需埋土防寒，可开垦利用的黄河故道土地面积较大（孔庆山等，2004）。

4. 环渤海湾产区

环渤海湾产区指环渤海湾周围各省（直辖市），包括山东省、河北省和北京、天津地区及辽宁省。该区多为暖温带半湿润区，少数地区为中温带半干旱区和半湿润区。该区为欧美杂种栽植适宜区，部分地区为欧亚种栽培适宜区。主要产区的无霜期在180d以上，活动积温3500~4500℃，7月平均气温23~27℃，年降水量500~800mm，7~8月为降雨高峰，7月多超过150mm。渤海湾地区是我国著名的葡萄产区，如河北省张家口的怀来、涿鹿产区，唐山、秦皇岛产区，山东省烟台、青岛产区，辽宁省大连、北宁产区及北京、天津地区产区（孔庆山，2004）。

河北省地处36°05'~42°37'N，113°11'~119°45'E，位于华北平原，兼跨内蒙古高原。全省内环首都北京和北方重要商埠天津市，东临渤海。地貌复杂多样，高原、山地、丘陵、盆地、平原类型齐全，为不同葡萄品种提供了生存环境。河北省气候为温带大陆性季风气候，四季分明。全年平均气温 –0.5~14.2℃，年极端最高气温多出现在6~7月。年日照时数2355~3062h，年无霜期120~240d，年均降水量300~800mm，主要集中在7~8月。冀西北产区也称怀涿盆地产区，包括张家口市，核心区为怀来、涿鹿、宣化、阳原 4 个县，是冀西北地区葡萄种植聚集地，是龙眼、牛奶葡萄的故乡和长城公司的所在地。冀东北葡萄产区也称燕山南麓产区，包括秦皇岛、唐山、承德，核心区为秦皇岛市抚宁区、昌黎县、卢龙县和唐山市滦州市、乐亭县等，是冀东北地区葡萄种植聚集地，其东临渤海，北依燕山，西南挟滦河，受山、海、河的影响，形成了独特的区域性特点，是玫瑰香葡萄的故乡和优秀的酿酒葡萄产地。冀中南葡萄产区主要包括廊坊、保定、沧州、石家庄、衡水、邢台、邯郸 7 个市。重点区县为饶阳、威县、永清、晋州、柏乡、永年等。设施葡萄占全省的 90% 以上，适宜栽培欧美杂种葡萄。鲜食品种有'巨峰''藤稔''维多利亚''夏黑''白牛奶''玫瑰香''红地球''龙眼'等，集中分布于怀涿盆地、燕山南麓的唐秦地区和冀中南地区。设施葡萄集中分布在滦县和饶阳等地，目前面积达到 1.1 万 hm^2。设施栽培葡萄品种有'绯红''森田尼无核''无核早红''维多利亚''藤稔''夏黑''矢富罗莎''奥古斯特'等。

辽宁省作为我国葡萄生产的主要产区和优势产区之一，在我国葡萄产业中占有举足轻重的地位。辽宁全省 14 个市均有葡萄栽培，主要集中在锦州、营口、铁岭、朝阳、沈阳、大连、葫芦岛和辽阳 8 个地市，产量占全省葡萄总产量的 89%。根据辽宁的气候特点与地理位置，赵文东等（2012）将辽宁葡萄产区划分为 4 个产业带，即环渤海葡萄产业带、辽宁中部葡萄产业带、辽宁北部葡萄产业带和辽西干旱半干旱葡萄产业带。其中，环渤海葡萄产业带是辽宁省中、晚熟葡萄的重要产区，辽宁中部葡萄产业带是辽宁省中熟葡萄的重要产区，辽宁北部葡萄产业带是辽宁省中早熟品种的重要产区，辽西干旱、半干旱葡萄产业带是辽宁省中、早熟及欧亚种葡萄的重要产区。

山东省作为我国葡萄生产的大省，地处暖温带季风气候区，年平均无霜期为 173~250 d，四季分明。夏季盛行偏南风，炎热多雨，全省年平均降水量为 550~950mm。内陆地区冬季多偏北风，寒冷干燥；春季天气多变，干旱少雨多风沙；秋季天气晴爽，冷暖适中。沿海地区冬季气候温和，葡萄可自然越冬。胶东半岛产区的烟台以龙口、海阳、蓬莱、莱阳、栖霞为主产县，主栽品种由原来单一的'巨峰'发展为'巨峰''玫瑰香''红地球''红宝石无核''克瑞森无核''金手指'等多元化品种，胶东半岛产区的青岛以平度、莱西及胶州为主产县，以平度栽培面积为最大，主要以栽培'玫瑰香'和'泽山'系列品种为主。胶莱平原产区主要集中在潍坊的寿光、临朐、青州。寿光和青州以设施促早栽培为主，品种以中、早熟的'巨峰''藤稔''京亚''甬优一号''玫瑰香''森田尼无核''红巴拉多'为主；临朐以露地栽培'巨峰'为主。鲁中南产区集中在临沂、淄博、泰安为主的泰沂山区，其中淄博的沂源以露地栽培的'巨峰'和'红地球'为主；临沂以平邑、临沭、费县、苍山、莒南、沂水、沂南为主产县，品种以'藤稔'为主，总面积在 $2667hm^2$ 以上。鲁西南-鲁西北平原产区包括济宁、聊城、菏泽等黄河故道平原地区，其中以济宁面积为最大，露地和促早设施均有发展，品种以'巨峰''藤稔'为主，近年'红巴拉多''黑巴拉多''夏黑'等品种也有发展；聊城除露地栽培葡萄外，近年在茌平、冠县等地也有一定规模的促早设施葡萄发展。

延怀河谷地处北京西北部约 60~120km 的延（庆）—怀（来）盆岭构造区，由延庆、矾山、怀来、涿鹿 4 个断陷盆地及相间的山岭所组成，区域里太阳辐射强、日照充足、降水较少、昼夜温差大、灌溉水源丰富、地形独特，是优质的葡萄种植区。该地区已成为以

'牛奶''龙眼'及晚熟优质品种'保尔加尔''红地球'等品种的集中栽培区（刘崇怀等，2014）。怀来'牛奶''龙眼'历史上久负盛名，近年来，随着葡萄新品种的推广，'夏黑''阳光玫瑰'等品种在该地区的栽培面积也日渐扩大。

5. 南方产区

南方产区为长江中下游以南的亚热带、热带湿润区，包括上海、江苏、浙江、福建、台湾、江西、安徽、湖北、湖南、广东、广西、海南、四川、重庆、云南、贵州、西藏等省（自治区、直辖市）的部分地区，为美洲种和欧美杂种次适宜区或特殊栽培区。主要产区集中在长江流域各省份，依次为四川、云南、江苏、湖北、台湾、浙江、安徽、湖南。

江苏省位于亚洲大陆东岸中纬度地带，属东亚季风气候区，处于亚热带和暖温带的气候过渡区。受季风影响，江苏省春秋季较短，冬夏季偏长。全省年平均气温为13.6~16.1℃，其中春季平均气温为14.9℃，夏季的平均气温为25.9℃，秋季平均气温为16.4℃，冬季的平均气温为3.0℃，最高气温一般出现在夏季的7~8月，春秋两季气温相对温和。全省年日照时数为1816~2503h，分布呈由北向南逐渐递减趋势。全省年降水量为704~1250mm，其中夏季降水量较为集中，约占全年降水量的50%，冬季降水量较少，仅占全年降水量的10%左右。尤其进入夏季6~7月之后，受东亚季风的影响，淮河以南地区进入梅雨期，高温高湿的气候条件严重制约了江苏省葡萄产业的发展。近年来，随着葡萄避雨栽培技术的逐步发展，以及适宜栽培品种的推广应用，江苏省葡萄产业取得了较大的发展，早、中、晚熟葡萄生产均获得了良好的经济效益。江苏省的葡萄种植历史较为悠久，早在20世纪60年代全省已有多个地区进行葡萄种植。到了80年代初期，随着'巨峰'葡萄的引进，全省开始了葡萄的规模化种植，面积约为730多hm^2。而到了80年代中后期，伴随着'黑奥林''高墨''先锋''京超''红富士''龙宝'等'巨峰'系列品种引进，全省葡萄种植面积的提升达到了一个高峰。到了90年代初期，随着'藤稔'葡萄的引进，全省葡萄种植面积又经历了一次迅速扩大期。1997年，伴随着'森田尼无核''红地球''维多利亚''美人指'等欧亚种葡萄的进一步引入，全省葡萄的种植面积达到了4900hm^2。21世纪初期，伴随着'夏黑''白罗莎里奥''红罗莎里奥''魏可''巨玫瑰''醉金香'等优质葡萄品种的继续引入，江苏省葡萄栽培面积得到迅速扩大，由2000年的6667hm^{2}猛增到1.73万hm^2，增幅达到160%。

由于葡萄设施栽培的推广，浙江省葡萄产业发展迅速，主产区集中在金华、嘉兴、宁波、台州、湖州和绍兴6个市，面积占全省的91.7%，产量占全省的94%。由于浙江省属于沿海葡萄产区，鲜食葡萄产业主要受到台风威胁。

葡萄是湖北的重要果树树种，20世纪90年代，湖北葡萄进入了一个快速发展期，到2000年，面积达0.51万hm^2，产量7.48万t，主栽品种仍然是'巨峰'；进入21世纪后，随着'藤稔''夏黑''阳光玫瑰'等优良品种的推广应用及设施栽培的发展，湖北葡萄产业快速增加。湖北的葡萄产区分为鄂北产区、平原产区、鄂东产区及鄂西南产区。鄂北产区包括随县、钟祥、枣阳等县（市），以露地种植的'巨峰''夏黑'等品种为主，以随县的尚市镇最为集中；平原产区包括公安、潜江、武汉等县（市），设施（避雨、促早）栽培或露地栽培'藤稔''夏黑''红地球'等品种，其中以公安县埠河镇面积最大；鄂东产区包括阳新、通山、红安、麻城等县（市），以设施避雨种植'夏黑'等品种为主；鄂西南产区包括恩施州的建始、恩施、巴东等县（市），以露地种植'关口'葡萄为主。20世纪湖北省葡萄栽培主要分布在鄂北襄阳、随州、孝感等降水量较少的地区。进入21世纪后，湖北省葡萄栽培逐渐向南转移，平原产区荆州、潜江、武汉等发展非常迅速，而鄂北的襄阳、孝感等地葡萄栽培面积逐渐减少。

福建省的葡萄产业自20世纪90年代后发展迅速，闽东、闽北是葡萄的主产区，种植面积最大的是福安，其次是建瓯、建阳（邓丽璇等，2014）。

葡萄是安徽省的重要水果之一，安徽依地理位置形成3个各具特色的葡萄生产集中产区，分别为：①皖北传统葡萄栽培产区。该地区葡萄主产区集中在宿州地区萧县、砀山、埇桥、淮北杜集、亳州、阜阳等地。②皖中高效城郊型观光葡萄产区。该产区以高效城郊型观光葡萄园为主，产品主要供采摘和供应周边城市。主要以合肥地区为中心，辐射周边的淮南、六安、安庆、滁州等地。③沿江地区及皖南高效栽培模式产区。该产区为新产区，栽培模式由露地栽培逐渐向避雨、钢架大棚等设施栽培方向发展，产品由一般性产品向高档精品方向发展。主要分布在芜湖、宣城、马鞍山、黄山、安庆等地区，全部为鲜食葡萄。

湖南葡萄产业经过多年的发展，逐步形成了4个各具特色且区域化明显的集中产区：湘西北（常德、益阳、岳阳、张家界、湘西土家族苗族自治州）优质欧亚种葡萄避雨栽培区，湘南（衡阳、郴州、邵阳、娄底、永州）'巨峰'系列鲜食葡萄栽培区，湘西（怀化）优质特色刺葡萄栽培区，湘中（长沙、湘潭、株洲）城郊高效观光葡萄采摘区。

台湾葡萄生产历史悠久，主要产地集中在台湾中部的彰化、台中及苗栗等县（市）。

6. 云贵川高原半湿润产区

云贵川高原半湿润产区包括四川西部马尔康以南，雅江、小金、茂县、理县、巴塘等西部高原河谷地带，云南省昆明、楚雄、大理、玉溪、曲靖、红河等高原地区及贵州省西北部河谷地区，三省的其他地区均为亚热带湿润区。

由于云南特有的光热资源，可以进行一年两收栽培，上半年一季最早熟，下半年一季收获最晚熟葡萄，尤其以金沙江流域干热河谷区特早熟或一年两收葡萄栽培最为典型。截至2017年年末，云南葡萄栽培总面积4.15万hm^2，其中鲜食葡萄3.62万hm^2，酿酒葡萄0.53万hm^2。2018年相比于往年，由于建水、元谋、宾川等主产区进行品种结构调整，很多企业或农民将原来的'红地球''夏黑'改种或嫁接'阳光玫瑰'，云南葡萄栽培面积增加速度放缓，但设施避雨栽培面积增加，种植水平在逐步提升。云南早熟或一年两收鲜食葡萄在全国葡萄产业发展中的地位越来越突出，经济效益愈加明显。根据鲜食葡萄成熟期可以分为3个产业带：①早熟葡萄栽培产业带。包括金沙江流域的元谋、宾川、永胜、华坪、永善、巧家、东川；红河流域的蒙自、建水、元阳、开远、红河、元江。②中熟葡萄产业带。包括文山州的文山、丘北、砚山；楚雄州的永仁、大姚、南华、禄丰；玉溪市的红塔、通海、江川；大理市的弥渡、祥云；红河州的弥勒、泸西。③晚熟葡萄产业带。包括昆明市的富民、嵩明、石林；曲靖市的麒麟、陆良；昭通市的昭阳、鲁甸，丽江，保山等。云南历史上栽培的主要品种有'黑虎香''水晶''亚历山大'等。自20世纪80年代初期开始，'巨峰''红富士''森田尼无核''红地球'等一系列鲜食品种陆续引入云南，此后从全国各地引进鲜食和酿酒葡萄品种达150个左右。通过试验筛选和淘汰，目前主要鲜食品种为'红地球''夏黑'，少量的'阳光玫瑰''森田尼无核''克瑞森无核''水晶'

等，2017 年统计'红地球'占 42%，'夏黑'占 45%，其他品种为 13%，其中'阳光玫瑰'发展面积逐步增加，达到 670hm² 以上。

7. 东北中北部产区

东北中北部产区含吉林省、黑龙江省，属寒冷半湿润、湿润气候区。该区为欧美杂种次适区或特殊栽培区，山葡萄及山欧杂种适宜区或次适区。

该区年平均气温多数地区 <7℃，活动积温 <3000℃，最热月平均气温 21~23℃，多数地区冬季极端最低气温 –30℃以下，降水量 300~1000mm，由西向东逐渐增高。本区气候冷凉、冬季严寒需重度埋土防寒，或实行保护地栽培，活动积温不足和生育期短限制了葡萄的发展，只能栽培早、中熟品种。吉林省农业科学院、黑龙江省绥棱等地的农林科研部门对抗寒砧木和嫁接繁育技术的研究，推动了寒地葡萄栽培业的发展。

东北中北部产区种植葡萄，必须使用抗寒砧嫁接苗，砧木有山葡萄、山贝、贝达以及部分山欧杂种品种。事实证明，绿枝嫁接苗的抗寒砧段较长，比硬枝嫁接苗的越冬性能更好，逐渐成为嫁接苗的主体。东北的山葡萄种质资源的广泛利用始于 20 世纪 50 年代中后期，吉林省农业科学院果树研究所等单位先后开展了以山葡萄为抗寒亲本与欧亚种品种的杂交育种工作。目前，山葡萄类型品种的栽培面积在吉林省、黑龙江省较大，在辽宁省北部及内蒙古东部地区也有少量种植。除抗寒砧木、抗寒品种外，日光温室等保护地栽培技术的研发也有效促进了当地鲜食葡萄产业的发展（孔庆山，2004）。

二、我国酿酒葡萄主要产区及特点

（一）贺兰山东麓产区

宁夏贺兰山东麓产区是业界公认的世界上最适合种植酿酒葡萄和酿造精品葡萄酒的黄金地带之一。2003 年，宁夏贺兰山东麓葡萄酒产区被确定为国家地理标志产品保护区，总面积 20 万 hm²。在国内外葡萄酒大赛上，宁夏贺兰山东麓产区的葡萄酒获奖占中国葡萄酒获奖总数的 60% 以上。2018 中国品牌价值评价时，宁夏贺兰山东麓葡萄酒产区品牌价值 271.44 亿元，在地理标志产品区域品牌百强榜中排行第 14 位。

宁夏产区还是国内各大葡萄酒产区中政策制度最完善的产区，目前，产区酿酒葡萄种植面积 3.8 万 hm²，占全国种植面积的 1/4，是我国酿酒葡萄集中连片最大的区域。产区已建成酒庄 86 个，年产葡萄酒 1.2 亿瓶，综合产值超过 200 亿元。在宁夏，葡萄酒已成为一张独具特色的"紫色名片"。因其形状呈南北走向的狭长带状，所以被形象地称为"美酒长廊"。游客只需沿着 110 国道一路行驶，就可游览大部分酒庄，品尝到具有宁夏风土特色的葡萄酒，感受宁夏贺兰山东麓"美酒长廊"的独特魅力。

贺兰山东麓属中温带半干旱气候区，年平均气温 8.9℃，日照时数 3029.6h，年降水量 150~200mm。气候干燥，昼夜温差大，光照充足，土壤含砾石，未开垦，土质原始，适宜葡萄的生长，是目前西北较大的酿酒葡萄产区。所产葡萄病虫害少，香气、色素发育好，含糖量高，含酸量适中，产量高，无污染，适于绿色食品生产。种植的主要品种有'赤霞珠''梅鹿辄''蛇龙珠''西拉''霞多丽''玫瑰香'等。

（二）河西走廊产区

甘肃河西走廊是中国酿酒葡萄栽培最早的地区之一，早在 2400 多年前的汉代就种植、加工葡萄酒。截至 2017 年年底，产区酿酒葡萄种植面积已达 2.07 万 hm²，酿酒葡萄挂果面积达到 0.8533 万 hm², 葡萄酒产能达到 13.9 万 t, 初步形成了以武威为龙头, 张掖、嘉峪关、敦煌为链接的产业基地, 培育了莫高、紫轩、威龙、祁连、国风、皇台、腾霖紫玉、石羊河、敦煌阳光、敦煌莫高窟、三十八度、夏博岚、红桥、金塔阳光、天驭、香酩、寿鹿山等 19 家葡萄酒重点生产及产业链相关企业。

甘肃河西走廊地处 36°~40°N 之间, 具有生产葡萄尤其是酿造葡萄的最佳光、热、水、土资源组合状态。1999 年参加全国第五届葡萄科学讨论大会的 33 名高级专家一致认为, 以武威地区为代表的河西走廊, 属我国酿造葡萄发展的最佳产区, 是有机绿色食品理想的种植地区。2010 年 9 月, 美国、法国、澳大利亚、西班牙、意大利、智利和新西兰 7 个国家 11 位从事葡萄酒育种、栽培、加工的专家, 在对武威、张掖、嘉峪关、敦煌酿酒葡萄基地、葡萄酒厂进行考察后也一致认为, 甘肃河西走廊是生产高档葡萄酒的理想产区, 是生产有机葡萄酒的最佳产区。所以有人这样形容: "在中国, 如果是一枚理性的葡萄, 由它来选择自己生长的地方, 那么毫无疑问, 首选是甘肃的河西走廊。"

甘肃河西走廊具有典型的生态特点:

①光照: 河西走廊的日照时数在 3000h 以上, 高出法国波尔多 1000h 多, 比我国河北、山东等地高 200h 多, 生产的葡萄穗大粒大, 着色非常好, 葡萄酒香气浓郁。

②温度: 河西走廊的有效积温高 (1500h 以上), 昼夜温差大 (15℃以上, 高出波尔多 6~9℃, 高出河北、山东 3~6℃), 有利于糖分结晶和积累, 糖酸比处于最佳状态。

③降水: 河西走廊的气候非常干燥, 可抑制葡萄病虫害的发生, 同时, 依靠无污染的祁连山雪水和地下井水灌溉, 进一步保证了葡萄品质。此外, 干燥的气候为采摘后 24h 内榨汁工艺要求提供了保障。

④土地: 河西走廊的葡萄产区都处在沙漠沿线的戈壁荒漠区, 土壤为灰钙土、荒漠土、灰棕土和棕漠土, 矿质元素 (包括微量元素) 非常丰富, 且土壤结构疏松, 空隙度大, 有利于葡萄根系生长。同时, 该地区可供开发种植的沙荒地和戈壁滩面积大, 为发展葡萄产业提供了充足的土地资源。

国家质量监督检验检疫总局 2012 年第 111 号公告宣布, 自 2012 年 8 月 1 日起, 对河西走廊葡萄酒实施地理标志保护, 范围涉及武威、金昌、张掖、酒泉、嘉峪关 5 个市及所属 14 个县 (市、区) 116 个乡镇和农林场, 面积约 6.67 万 hm²。2012 年 10 月, 武威市被中国食品工业协会命名为 "中国葡萄酒城" 称号。

（三）新疆产区

新疆地域辽阔, 山脉与盆地相间排列, 盆地被高山环抱, 被喻为 "三山夹两盆", 北边阿尔泰山, 南边昆仑山, 巍峨壮美的天山横亘中部, 南部是塔里木盆地, 北部是准噶尔盆地, 区内山脉融雪形成众多河流, 绿洲分布于盆地边缘和河流流域, 构建了新疆得天独厚的风土条件和自然生态优势, 使现代年轻的新疆葡萄酒具备了世界一流优质葡萄酒的品质。根据其东西南北地理风貌各异, 不同而独有的气候条件划分出天山北麓产区, 焉耆盆地产区、伊犁河谷及吐哈盆地四大产区 (李华等, 2019)。

1. 天山北麓产区

天山北麓产区位于天山山脉北麓、准噶尔盆地南缘, 地处 43°06′~45°38′N, 属中温带大陆季风性干旱气候, 处于 1990 年被联合国教科文组织设立的博格达人与生物圈自然保护区内。玛纳斯河带来天山冰川融雪的甘冽, 涓涓灌溉这里的葡萄园, 年日照时数

葡萄 防灾 减灾

2800h，土壤富含砾石、钙、磷、铁等矿物质元素，具有良好的通透性和排水性，是酿酒葡萄种植的黄金产区，玛纳斯小产区更是其独具特色的优质核心产区，其生产的葡萄酒干浸物质高，矿物元素含量丰富，在产区内的天池葡园、玛河葡园、昌吉屯河葡园以及石河子区域是其小产区的代表。

天山北麓产区酿酒葡萄种植面积 1.85 万 hm²，以大型葡萄酒生产加工企业为主体，兼具特色酒庄，是高品质的优秀葡萄酒产业集聚区。栽培的主要葡萄品种有'赤霞珠''美乐''马瑟兰''马尔贝克''小维尔多''霞多丽''小芒森'等。

2. 吐哈盆地产区

天山向东是仅次于塔里木和准噶尔的新疆第三大盆地——吐哈盆地。地处 41°12′~43°40′N，海拔最低达到 -155m，是新疆东部天山山系中一个完整的山间断层陷落盆地，大部分为戈壁砾石土，年日照时数 3200h，活动积温在 5300℃以上，极端干燥、少雨，加之昼夜温差，容易积累较高的含糖量。产区酿酒葡萄种植约 800hm²，主要栽培的葡萄品种为'赤霞珠''柔丁香'与'晚红蜜'等，品质优良、独具风格特色的楼兰葡萄酒是该产区的代表企业。

吐哈盆地产区以吐鲁番为中心，布局区域特色甜葡萄酒、干葡萄酒等生产加工型企业，打造特色葡萄酒及鲜食葡萄文化旅游区。

3. 焉耆盆地产区

位于天山南麓，地处 42°06′01″~42°03′03″N，濒临博斯腾湖的和硕和焉耆是该产区的典型代表，属中温带荒漠气候。平均海拔约 1100m，年日照时数 3128.9h。天山雪水融化的开都河与大巴伦渠古河道由西至东南穿过滋养着这片酒庄集群产业带。多个酒庄的葡萄酒近年来屡获国际著名葡萄酒大赛金奖。现有酿酒葡萄种植面积达 1.51 万 hm²，栽培的主要葡萄品种有'赤霞珠''美乐''品丽珠''马瑟兰''霞多丽'和'雷司令'等。

4. 伊犁河谷产区

地处 43°49′~43°53′N，天山山脉西端、南北天山之间的伊犁河谷，以"塞外小江南"著称。属于温带大陆季风性气候。年平均气温 10.4℃，日照时数 2870h，四季分明，秋冬季节气温下降缓慢，为白葡萄酒和甜型葡萄酒的出产带来良好条件。

该产区酿酒葡萄种植面积为 4500hm²，主要品种为'赤霞珠''霞多丽''雷司令'等。伊犁河谷产区以霍城、伊宁为中心，布局区域特色白葡萄酒和甜型葡萄酒酒庄集群。

（四）大香格里拉产区

大香格里拉产区主要是利用特殊地方的小气候进行葡萄栽培与葡萄酒生产。主要地区包括云南、贵州高原地带，四川的攀枝花、西昌、小金等。香格里拉高原位于青藏高原南缘横断山脉，云南、四川、西藏三省（自治区）交接部，地处青藏高原南延部分，最高海拔梅里雪山海拔 6740m，平均海拔 3380m。梅里雪山和白玛雪山挡住来自印度洋季风性气候的影响，形成澜沧江和金沙江河谷小气候特点，酿酒葡萄种植区域海拔 1700~2800m。海拔高，空气清新，太阳辐射强，紫外线强，年降水量 300~600mm，昼夜温差适宜，冬季不用埋土防寒，是中国及世界最具潜力的酿酒葡萄产区。早在 1848 年法国传教士将法国酿酒葡萄与技艺带给了香格里拉，并教会了当地藏民种植和酿酒。

该地区为亚热带高原型季风气候，四季变化不明显；而干湿季分明，11 月至翌年 4 月为旱季，晴天多、日照足、降水量少、日温差大；5~10 月为雨季，降雨多集中在 7~9 月，年降水量 500~2800mm。

（五）东北中、北部及通化地区

1. 桓仁冰酒产区

桓仁地处辽宁东部山区，境内形成了"八山一水一分田"的天然地貌，属中温带大陆性湿润气候。其中桓龙湖周边地区，因具备冰葡萄生长所需"冰雪、阳光、湖泊"三大理想条件，被国内外葡萄酒专家称为"黄金冰谷"。

桓仁冰酒酿造要经过冰葡萄采摘、榨汁、澄清处理、接种酵母、控温发酵、中止发酵、下胶澄清、除菌过滤等十几道工艺流程，全程需在低温状态下进行，发酵主过程近百天。

桓仁葡萄种植加工历史较早，当地农民根据山葡萄的特点，进行嫁接培育山葡萄，并尝试用其酿酒。经过近十几年的发展，桓仁冰酒产区已初具规模，在 2011 年，桓仁冰葡萄酒产业被辽宁省委、省政府列为"一县一业"重点工程。目前，桓仁无论是冰葡萄种植面积还是冰葡萄酒产量都居国内首位，已成为继德国、加拿大、奥地利之外的世界第四个冰葡萄主产区。

2. 通化葡萄酒产区

通化市位于 40°~43°N，长白山西南麓，河流千余条，分归鸭绿江、松花江水系。年均积温达 2950℃，日照时数 2400h，无霜期达 150~170d。年均降水量 870mm，山葡萄生长季节降水充沛，无需灌溉。长白山野生山葡萄是目前发现的最为抗寒的葡萄品种，也是酿造甜型葡萄酒和冰酒的上好原料。通化拥有丰富的山葡萄资源，现有'公酿一号''双优''双红''左优红''公主白''北冰红'等山葡萄品种。'北冰红'被认为是最具有竞争力的中国本土品种，可以直接压榨酿造出酒体为红色的冰酒。通化葡萄酒产区自 1937 年建立通化葡萄酒厂至今已有 80 余年历史。新中国成立之初，通化葡萄酒是开国大典和国庆十周年等国宴上唯一指定用葡萄酒，有着"红色国酒"和"国庆酒"的美誉。

（六）渤海湾产区

渤海湾产区主要包括辽东半岛，河北秦皇岛、唐山，天津，北京以及胶东半岛的烟台、青岛等地区。此产区部分地区属海洋性气候，光照充足，但昼夜温差不大，年降水量 600~800mm，成熟季节降水量偏大，活动积温 3500~4500℃，7~8 月的水热系数（K 值）偏高，9~10 月的 K 值趋于适宜。种植的酿酒葡萄品种以'意斯林''白玉霓''白诗南''霞多丽''雷司令''西拉''赤霞珠''梅鹿特'等为主。

1. 烟台产区

烟台是世界七大葡萄海岸之一，具有优良的产业发展自然环境。充足的光照、较长的生长期，有利于风味物质的积累，酿出的葡萄酒果香浓郁、醇厚优雅、结构均衡、回味悠长。

烟台是中国现代葡萄酒工业的发源地，是全国优质葡萄酒主产区。早在 1892 年，爱国华侨张弼士先生就在烟台投资建设了中国近代第一家新式酿酒公司——张裕酿酒公司，开创了中国工业化酿造葡萄酒的新纪元。经过 120 多年的发展，如今的烟台已经成为全国优质葡萄酒主产区。

在"2018 中国品牌价值评价信息发布"上，烟台葡萄酒以 888.83 亿元的品牌价值荣登地理标志产品区域品牌第三名，连续三年蝉联地理标志产品区域品牌全国葡萄酒类第一名。烟台成为国内外高端葡萄酒品牌的聚集区，君顶酒庄、张裕国际葡萄酒城、罗斯柴尔

德男爵（山东）酒庄等相继建成，烟台成为拉菲在全球第三个、亚洲首个海外生产基地。烟台优良的葡萄酒产业发展环境又一次得到世界一线品牌的认可，标志着烟台葡萄酒产业步入国际化发展的新时代。

2. 蓬莱产区

蓬莱具有悠久的葡萄与葡萄酒生产历史，位于 37° N 附近，处于世界公认的酿酒葡萄尤其是优质海岸葡萄生长的黄金纬度，是世界七大葡萄海岸之一，被称为"中国葡萄酒名城"，不仅聚集了中粮、长城等中国著名的葡萄酒品牌，还吸引了法国著名酒庄拉菲酒庄的入驻。蓬莱完全具备优质酿酒葡萄生产的"3S"法则，即阳光 (sun)、沙砾 (sand)、海洋 (sea)。由于海洋对区域小气候的调节，蓬莱海岸产区形成了"冬无严寒、夏无酷暑"的气候特点，是环渤海唯一不需要埋土防寒的产区，葡萄的生长期达 210d 之久，是我国葡萄生长季最长的产区。产区的优势，既保证了葡萄的充分成熟，也让葡萄中的糖分与酸度达到最佳比例。优质的酿酒原料经过酿酒师们的精工巧做，将敏锐感官与尖端仪器相辅相成，传统工艺与现代酿酒技术共冶一炉，使每一瓶海岸产区葡萄酒在精雕细琢下成为传世佳酿，酒体香气馥郁、口感细腻、富于变化、回味悠长，具有非常明显的"温润柔雅"的海岸葡萄酒特征。

3. 秦皇岛产区

秦皇岛产区是一个古老的葡萄酒产区。有 400 余年的葡萄栽培的历史。至今仍保留着部分 100 多年树龄的老藤。秦皇岛产区也是中国第一瓶干红葡萄酒的诞生地，20 世纪 70 年代末至 80 年代初，由中国食品发酵研究院与秦皇岛企业合作研究，成功酿制了第一批符合国际标准的干型红葡萄酒——北戴河牌干红葡萄酒。2002 年昌黎葡萄酒成为中国葡萄酒第一个地理标识产品。

秦皇岛产区的北面是燕山山脉，东面和南面是渤海，西南面有滦河，形成了独特的区域特点。在冬天，山脉阻挡了来自北方的寒流。使得产区冬天无严寒。延长了无霜期。河流与渤海湾，又调节了产区的温度、湿度和光照，产区的夏天也无酷热。葡萄园的海拔通常在数十米至一百多米。产区的气候类型是大陆性季风气候，但又受到海洋的影响，属于暖温带半湿润季风气候。气候温和，偏凉爽，降水集中，秋季光照时间长。春季少雨干燥，夏季温热无酷暑，秋季凉爽多晴天，冬季漫长无严寒。但像其他北方产区一样，葡萄在冬天也需要埋土防寒。产区的土壤是轻砂质多砾质淋溶褐土，属于花岗岩风化成土。与其他产区偏碱性的石灰石土壤有所不同，这里的土壤偏酸性。葡萄果实质地较为细腻。

秦皇岛葡萄酒有独特的质量风格，既没有高热产区那么高的酒精度和过于浓郁的酒体，也没有那么强壮的单宁。总体来说，秦皇岛葡萄酒果香清新优雅，口感细腻，单宁柔和，酒体活泼愉悦。

产区现有酿酒葡萄种植面积近 2000hm²，年产葡萄酒约 2 万 t。除少量干白和桃红外，主要是干红葡萄酒。主要种植的品种是'赤霞珠'。最近几年，'马瑟兰'种植发展势头良好；产区在白色酿酒品种的试验筛选上也取得了积极的效果，如'小芒森''阿拉耐尔''维欧尼'。相信在不久会涌现出更多更丰富的产品。

4. 沙城产区

沙城产区地处河北省怀来县，位于 40° N 葡萄种植的"黄金地带"，有 1200 年的葡萄栽培历史。年平均日照时数达 3027h，葡萄生长季节昼夜温差平均为 12.5℃，最高可达 15℃，有利于糖分积累；无霜期 120~160d，年降水量 330~413mm。独特的区域性小气候、多样性地形地貌和多类型砂质土壤，十分适宜葡萄的生长。

1979 年，中国第一瓶干型葡萄酒——龙眼干白在怀来问世。2002 年，"沙城葡萄酒"获得国家地理标志保护产品认证。2007 年怀来被评为"葡萄种植标准化示范县"。目前产区葡萄种植面积达到 0.67 万 hm^2，葡萄酒年产销量 5 万 t，打造知名葡萄酒品牌 30 多个，累计获得 700 多项国内外知名葡萄酒奖项。

（七）其他产区

1. 黄河故道产区

黄河故道产区主要包括河南省和安徽省的一部分，是我国葡萄生产的一个老区。具备葡萄生长发育的生态条件，但昼夜温差小，成熟期降水量较大，病害比较严重，果实质量一般。主要栽培品种有'玫瑰香''巨峰'及其他酿酒品种等。

2. 华中、华东、西南、华南产区

华中、华东、西南、华南地区过去很少栽培葡萄的南方各省份，由于选用较耐逆境的葡萄品种和采用适当的栽培技术，鲜食葡萄的生产得到较快的发展，浙江、湖北、四川、云南、上海等省（直辖市）发展尤为迅速，湖南、福建、江西及西南各省不少过去从未栽种过葡萄的地区，也已开始了商品化的葡萄生产。

这些地区年降水量大，一般在 1000mm 以上，湿度高，病害严重，昼夜温差小，水热系数（K 值）高，果实质量一般。巨峰系是该区主栽品种。从 1990 年起，浙江、上海等地引种'藤稔'，取得良好效果。西南地区某些高原、河谷地区独特的小气候也为欧亚种葡萄的生长发育提供了较好的环境条件。

【本章小结】

葡萄在世界范围内广泛栽培，其中，欧洲、亚洲和美洲是葡萄及其加工产品的主要产地。世界葡萄种植面积基本稳定在 740 万 hm^2 左右，欧洲葡萄种植面积占世界总种植面积的1/2 左右，其次是亚洲（28%）和美洲（15%）。欧洲以酿酒葡萄生产为主，亚洲葡萄以鲜食和制干葡萄为主，美洲酿酒葡萄、鲜食葡萄和制干葡萄均有种植，大洋洲以酿酒葡萄为主。

鲜食葡萄主栽品种有'红地球''夏黑''火焰无核''克瑞森无核''无核白''森田尼无核（无核白鸡心）''巨峰''藤稔''玫瑰香''维多利亚'等。鲜食葡萄的主要消费国家和地区是中国、美国、欧盟及东南亚地区。

种植面积超过 10 万 hm^2 的十大酿酒葡萄品种依次为'赤霞珠''美乐''丹魄''阿依伦''霞多丽''西拉''歌海娜''长相思''黑比诺''白玉霓'。全球葡萄酒产量集中在意大利、法国、西班牙，排名全球前五的葡萄酒消费国分别是美国、法国、意大利、德国和英国。

中国葡萄栽培目前仍以鲜食葡萄为主，占栽培总面积的 80%；酿酒葡萄约占 15%，制干葡萄约占 5%，制汁葡萄极少。品种以'巨峰''夏黑''藤稔''京亚''红地球''无核白''玫瑰香''阳光玫瑰''魏可（温克）''维多利亚''森田尼无核''美人指''泽香''火焰无核'和'克瑞森无核'等为主。

中国葡萄生产逐渐向资源禀赋优、产业基础好、出口潜力大和比较效益高的区域集

中，区域优势进一步显现。目前我国鲜食葡萄生产基本在七大集中栽培区，东北中北部产区、西北干旱、半干旱产区、黄土高原产区、环渤海湾产区、黄河故道地区、南方产区、云贵川高原半湿润区；酿酒葡萄主要产区有贺兰山东麓产区、河西走廊产区、新疆产区、大香格里拉产区、东北中北部及通化地区、渤海湾产区、黄河故道等其他产区。各产区有当地的自然地理、气候，以及人文环境，已经初步形成独有特色的产业格局与产品优势。

思考与练习

1. 世界上葡萄种植面积与产量较大的是哪几个国家？各有什么特点？

2. 我国葡萄种植面积与产量较大的是哪几个省份？各有什么特点？

3. 我国鲜食葡萄可以分为哪几个典型区域？各有什么特征？

4. 我国酿酒葡萄可以分为哪几个典型区域？各有什么特征？

5. 结合实际谈谈我国葡萄产业发展的主要问题与对策。

6. 结合实际谈谈我国葡萄酒产业发展的主要问题与对策。

本章推荐阅读书目

1. 葡萄学. 贺普超编著. 中国农业出版社, 1999.

2. 中国葡萄志. 孔庆山主编. 中国农业科学技术出版社, 2004.

3. 中国葡萄酒. 李华, 王华著. 西北农林科技大学出版社, 2019.

4. 葡萄栽培学. 李华主编. 中国农业出版社, 2008.

5. 现代葡萄酒工艺学. 2版. 李华主编. 陕西人民出版社, 2001.

第二章

葡萄与自然灾害

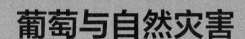

【内容提要】叙述了自然灾害的概念及其类型和成因、自然灾害发生的特点。进而从自然灾害对葡萄产业的影响、葡萄与自然灾害关系、气候气象与葡萄灾害、自然地理与葡萄灾害等方面分析了葡萄自然灾害的发生规律。对国内外防灾减灾工作现状进行了客观分析，提出了葡萄防灾减灾的思路及措施。

【学习目标】掌握葡萄遭受灾害的类型及防灾减灾基本思路与措施。

【基本要求】了解自然灾害基本知识，熟悉葡萄生产与灾害发生的关系，宏观上把握葡萄防灾减灾的技术与方法。

第一节　自然灾害概述

一、自然灾害基本知识

对自然灾害的定义在不同文献中不尽相同。自然灾害的英文表达有 disaster，natural disaster，natural calamity，natural hazard，natural catastrophe 等。

自然灾害：自然环境中对人类生命安全和财产构成危害的自然变异和极端事件（《地理学名词（第二版）》，科学出版社，2006）。

自然灾害：对自然生态环境、人居环境和人类及其生命财产造成破坏和危害的自然现象。如飓风、地震、海啸、干旱、洪水、火山爆发、小行星撞击地球等（《生态学名词》，科学出版社，2006）。

自然灾害：凡一切危及人类生产、生活和生命财产，给人们带来损害和痛苦的自然现象均称为自然灾害。包括灾害性天气，如寒潮、霜冻、台风、暴雨、冰雹等；气候异常造成的干旱、洪涝等；生物带来的病虫害如蝗灾等；地质内外应力造成的地震、滑坡、泥石流、火山爆发、海啸等带来的损害（《中国方志大辞典》，浙江人民出版社，1988）。

在一些文献中，对自然灾害还有不同表述，如自然灾害是指由于自然原因造成的人身、财产及人类赖以生存发展的资源、环境等方面损害的事件；或者自然灾害是指水、旱、霜、雹、雪、病、虫等自然现象对人类的生产生活形成危害性的影响和损失；或自然灾害是指自然变异强度增大到人类难以抗拒以至对人类的生命财产和经济建设产生危害的自然事件；或自然灾害是指因自然原因所引发或由人为因素对生态环境破坏所招致的自然对人类社会的恶性报复。

综上可见，灾害是对所有造成人类生命财产损失或资源破坏的自然和人为现象的总称。所谓灾害包括两个方面：一方面是自然发生的；另一方面是受到人为干扰后发生的。

二、自然灾害的类型和成因

随着社会的进步和科学技术的发展，人类对自然界的影响越来越大，人类一些不合理的经济活动，加剧了各种灾害的发生。如由于乱垦滥牧、不合理采伐所引起的水土流失、土地沙化，已成为一些地区限制农业生产的主要障碍。由于温室气体排放量的增加，使全球平均气温不断上升，在未来的 50~100 年中即使温室气体排放得到不同程度的控制，全球气温也可能会小幅上升，使全球气温达到空前水平；气温上升将对未来的社会经济产生明显的影响，甚至可达到危险的程度（彭珂珊，2000）。

对自然灾害的类型和成因进行科学的划分，掌握各种自然灾害发生的特点，则是有效防御和减轻自然灾害的基础。我国发生的 40 多种灾害按成因可划分为地质灾害、气象灾害、环境污染灾害、火灾、海洋灾害、生物灾害 6 类；按不同表现方式又划分为 44 个种类。按是否有人类活动参加而分为人为诱发灾害和自然灾害，按灾害损失的程度可分为轻度灾害、中度灾害、重大灾害；按发生时间长短可分为突发性灾害及缓发性灾害等。各种灾害分类之间则是互相联系，同一种灾害在不同的分类体系中可互相交叉。

农业是受气象灾害影响最大的产业之一，我国既是农业大国，又是世界上受气象灾害影响严重的国家之一。我国是世界上两条巨型农村气象灾害地带（北半球中纬度重灾带与太平洋重灾带）都涉及的国家，农业气象灾害严重，天气气候复杂，灾害性天气频发，洪涝、干旱、暴雨、强对流、热带气旋、连阴雨、高温、寒潮、冻害、大雪、大雾等灾害性天气每年都有发生，这使我国成为了全世界易灾、多灾、灾情严重的国家之一，而且这些气象灾害所造成的损失主要集中在农村，严重威胁广大农民生命财产的安全，也制约了农村经济的发展；特别是近年来，随着我国经济的快速发展和人口数量的迅速增多，大部分地区对灾害性天气承受能力的脆弱性、对灾害性天气应对和防范能力差等问题日益凸显，农村每年都要遭受不同程度的气象灾害，给农业生产和人民生活造成不同程度的危害，而且这种危害所造成的经济损失随着国民经济的快速发展而加大。影响农业生产的自然灾害非常多，干旱、霜冻、冰雹、暴雨、洪涝、泥石流、山体滑坡、雷电、作物病虫害、森林火灾、大风11种自然灾害中，干旱、霜冻、冰雹、暴雨、作物病虫害选择达到100%。表明这5种自然灾害对农村的影响最为广泛、发生最为频繁，对农村经济的发展、农民增收影响最为严重；其次是洪涝和泥石流，分别为71%和32%；山体滑坡、森林火灾、大风、雷电选择都不足30%，分别为22%、18%、14%和9%。

三、自然灾害发生的特点

（一）灾害种类繁多

世界各国自然灾害的发生大同小异。与世界其他国家相比，我国的自然灾害种类几乎包括了世界所有灾害类型。我国位于亚洲的东部，东临太平洋，大陆海岸线1.8万km，是个海陆兼备的国家，海相灾害与陆相灾害均有发生。我国又是一个农业大国，成灾类型多。我国大部分地区处于地质构造活跃带上，地震活动随处可见。加之我国又是一个受季风影响十分强烈的国家，受夏季风影响，导致寒暖、干湿度变幅很大，年内降水分配不均，年季变幅也大，干旱发生的频率高、范围广、强度大，暴雨、涝灾等重大灾害经常发生；冬季的寒潮大风天气导致低温冷害、冰雪灾害等。在各类灾害中，尤以洪涝、干旱和地震危害最大。

我国现阶段正处在经济快速发展之中，蓬勃发展的乡镇企业为经济发展注入了活力，而由于技术、工艺落后，又产生了较为严重的环境污染灾害。1995年，全国乡镇企业工业废水排放量达59.1亿t，二氧化硫排放量444.1万t，分别占全国排放量的21%和28.2%，烟尘排放量占全国烟尘排放量的52.2%，工业粉尘排放量占到全国粉尘排放量的68.3%，工业废水中化学需氧量占到全国化学需氧量的40.5%，固体废物占到全国固体废物量的38.6%。

（二）灾害链锁出现，多灾并发

我国复杂的生态环境，使各种自然灾害形成了灾害链，一灾发生，同时可引发出各种不同的自然灾害，出现多灾并发的局面，使灾害损失急剧增大。

暴雨是我国常见的一种自然灾害，暴雨在引发洪涝灾害的同时，可进一步触发滑坡、泥石流，形成了暴雨、洪水、滑坡、泥石流多灾并发的灾害链。地震作为一种自然灾害发生的同时，又可造成地裂缝、沙土液化，进一步诱发滑坡和山崩，形成堰塞湖。1886年发生于我国康定—泸定一带的自然灾害，就是一起典型的灾害链锁出现、多灾并发的特大灾害。灾害链由地震、山崩、滑坡、洪水所构成。这次灾害的起因是由于康泸大地震，造成了房屋倒塌，死亡400~500人，但地震所引发的山崩及滑坡造成损失更大，使大渡河截流达10d之久，溃决后造成下游1400km范围内的水灾，死亡10万余人，造成了特别严

重的后果。

（三）灾害发生频繁

各种灾害频繁出现，虽经历年整治，但因自然和人为的原因造成多灾并发，损失惨重。1995年，水、旱、雹、震、火灾相继发生，南涝北旱。我国南方在1996年6月以后，连降暴雨，致使江西湖泊水位猛涨，中小河流发生洪水，仅江西就损失140亿元，北方的陕西、甘肃、宁夏、青海和内蒙古2~8月持续干旱150余天，部分城市因无水而停工，学校也被迫更改上课时间。自1949年以来多年间，全国旱灾平均7.8次/年，洪涝灾害5.85次/年，冻害2.8次/年，干热风2次/年，台风6.9次/年。

（四）灾害时空分布不均

我国自然灾害发生的空间分布及其地域组合与自然条件和社会经济环境的区域差异有很强的相关性，自然灾害横贯东西，纵布南北，或点状、带状集中突发，或面状（或流域）迅速蔓延，空间分布的集聚性和不平衡性，威胁着国土大部分范围。一般来说，旱涝灾害、环境灾害（水土流失、沙化、盐碱化）呈大范围的面状分布；地震则又集中于活动构造带上，滑坡、泥石流、山崩多呈点状突发和带状集群分布；同时自然灾害在空间分布上还具有显著的南北与东西交叉分带的特点。在时间分布上具有周期性，各类自然灾害大体都有2~3年、5~6年、10~12年、20~22年的准周期性。有些自然灾害的波动发展彼此呈现相关关系。我国的自然灾害，特别是等级高、强度大的自然灾害，常常可诱发出一连串次生的与自然衍生的灾害，从而形成灾害链。

（五）灾害分布范围广

全国地震强度在7度以上的地区达312万km²，占国土面积32.5%。海平面上升涉及沿海12个省份，给沿海地区的生态环境和社会经济发展带来了一系列的影响，加剧了风暴潮、海岸侵蚀、海水入侵及低洼地的洪涝灾害发生，上升影响的面积达13万km²，人口超过8000万人。荒漠化（包括沙漠化、水土流失）是由于人为不合理利用水土资源而引发的自然灾害，我国荒漠化面积达492万km²，几乎占到国土面积的一半，而且面积还存在扩大趋势，已经威胁到国民经济的发展。特别是在黄土高原地区，水土流失面积达43万km²，占全区面积的69.9%，其中严重水土流失面积达27.6万km²，约有50%面积的侵蚀量超过5000t/km²，占总面积的44%。在黄土丘陵沟壑区，面蚀沟蚀十分严重，是水土流失最为严重的地区，侵蚀量达1万~3万t/（km²·年）。我国沙化土地面积为262.2万km²，占国土面积27.3%；盐碱化土地面积4408.6万hm²，其中耕地578.4万hm²。噪声严重干扰了城乡居民的正常生活。1996年区域环境噪声等效声级分布在51.5~65.8dB(A)之间，河南开封高达76.3 dB(A)。水资源不足制约着308个城市的经济发展。

我国环境条件多样，具有多种生物灾害的滋生和繁衍条件，加之又是一个农业大国，生产水平不高，农作物、森林和草地极易受到各种有害生物的威胁。如在20世纪五六十年代得到控制的蝗灾，近几年又有所复发。1996年，我国北方几省草地鼠虫害发生面积为3931hm²，其中鼠害面积占78.7%，虫害面积占21.3%。"三废"污染也由城市向乡镇扩展，1996年共发生污染事故753起，渔业经济损失1.7亿元，其中淡水产品损失0.9亿元，海产品损失0.8亿元。

（六）危害升级、面积扩大

各种灾害的发生，不仅产生了直接经济损失，还对生态环境产生了巨大的破坏作用，为下次灾害的发生提供了便利，使灾害的损失增加，面积扩大。如为了满足日益增长的人口对粮食的需求，土地开垦面积不断扩大，森林面积不断缩小，使水蚀面积已由新中国成立初的 150km² 发展到 1996 年的 178 万 km²。人类排放温室气体的增加，使温室效应也随之加剧，由此引发的灾害损失无法估计，使人类的生存面临严重的挑战。

（七）损失重大

多年来，仅气象、海洋、洪水、地质、地震、农作物病虫害、森林灾害等带来的直接经济损失就占我国年国民经济收入的 1/7，而且损失在逐年增加，20 世纪五六十年代平均在 300 亿 ~400 亿元 / 年，七八十年代平均在 400 亿 ~500 亿元 / 年，八九十年代平均在 1000 亿 ~2800 亿元 / 年；一段时间里，灾害损失有递增趋势，1989 年损失为 525 亿元，1990 年损失 616 亿元，1991 年损失 1216 亿元，1992 年为 854 亿元，1993 年为 993 亿元，1994 年为 1876 亿元，1995 年为 1800 亿元，1996 年损失高达 2800 亿元。仅由于黄河的断流，受影响地区在 1992 年粮食减产 10 亿 kg，损失达 13 亿元；1995 年粮食减产达 15 亿 kg，损失超 20 亿元。

（八）人为灾害加重

人口的增加，经济的高速增长，对生态环境的影响越来越大，人为灾害存在加重趋势。如 1996 年淮河流域的废水污染等，使沿淮数千千米河段受到影响，致使居民生活用水紧张。城市、工矿、铁路建设等项目形成大量的弃水弃渣，产生了城市水土流失的危害。氟利昂的大量生产利用，使南极上空的臭氧洞增大，增加了皮肤癌的发病概率等。人为灾害加重的一个重要原因是由于人类只顾眼前利益，不加节制、不合理地进行生产活动所引起。而这类灾害的防治最易取得成效，因此，减轻人为灾害是防灾减灾的重要方面。

四、农业领域灾害

农业生产中常见自然灾害、生物灾害和人为灾害。自然灾害常见的有低温伤害、干旱、冰雹、风害、涝害和雪害等，是防灾减灾关注的重点。还有生物灾害、人为伤害等也常常需要在生产过程中加以关注或控制。灾害有多种类型多种成因，有些灾害是不可避免的，而有些灾害则是可以防治的。一般来说，对人为诱发的各种灾害应该综合防治，杜绝该种灾害的发生，对不可避免的自然灾害，应积极防御，努力将灾害损失减至最小。

（一）自然灾害

1. 低温冷害

低温，特别是剧烈的变温会使树体各部分器官和组织受害。主要有两种类型：一是休眠期绝对低温超出果树所能忍受的低温范围时产生的冻害；二是秋末冬初或冬末早春的早、晚霜危害。冻害主要危害花芽、枝干和根系。花芽受冻表现为中心花、花原始体或整个花芽坏死，出现畸形花等。叶芽受害后表现叶细长、畸形或簇状。根系冻害表现为水渍状、变褐，轻者萌芽晚、生长弱，重者植株死亡。霜害主要危害叶、嫩梢和花果，受冻组织表现为水渍状，严重时变褐，甚至变黑，部分组织不久死亡。

2. 旱害

干旱根据发生的季节可分为春旱、伏旱、秋旱、冬旱和季节连旱 5 种类型。对落叶果树影响最大的是春旱、伏旱和季节连旱。春旱直接影响果树的萌芽、开花坐果、幼果发育及春梢生长。初夏干旱往往导致新梢停长早、叶片少而小，并加剧缩果病、苦痘病

等生理病害发生和白粉病、叶螨等病虫大量危害。伏旱直接影响有机养分的制造积累，进而影响花芽分化和果实膨大。多年季节连旱会造成植株生长发育进程加快，提早成花结果，未老先衰。

3. 雹害

冰雹危害是果树经过冰雹袭击后所造成的危害。轻者叶片成花叶，果成畸形，削弱树势，造成减产降质；重者打烂树叶，击伤果实，损伤枝干，发二次枝，开二次花，树势衰弱，树体贮藏营养减少，抗寒力下降。危害最重的叶、果、树皮全部砸光，果树生长发育减缓，病虫害大量发生流行，整株死亡。

（二）生物灾害

1. 生物灾害的类型

生物对果树造成灾害包括病害、虫害、鸟鼠兔害等动物危害和草害4类。2016—2018年国内主要针对虫害的发生情况及危重程度调查发现，葡萄园常见的蜡蝉类害虫主要有龙眼、蜡蝉、斑衣蜡蝉、八点广翅蜡蝉、白蛾蜡蝉和青蛾蜡蝉，在河北省平山县葡萄园发现黑绒鳃金龟，在博州田间发现白星花金龟、金匠花金龟、疑禾鳃金龟。贵阳地区常见害虫有17种，主要包括葡萄透翅蛾、葡萄天蛾、绿盲蝽、葡萄斑叶蝉、葡萄短须螨等。河南驻马店地区的葡萄主要害虫有19种，发生较多的是绿盲蝽、金龟子、葡萄透翅蛾、斑衣蜡蝉、葡萄二星叶蝉。陕西渭南地区葡萄主要虫害种类有盲蝽象、蓟马、红蜘蛛、斑衣蜡蝉、蜗牛等，盲蝽象对葡萄危害逐年减轻，蓟马和红蜘蛛在2017年的危害最为严重，斑衣蜡蝉在近年的危害呈现不断加重的趋势。葡萄阿小叶蝉在吐鲁番一年发生4代，于5月中下旬、7月上旬、8月中下旬发生量大，危害严重，成虫于10月下旬进入越冬场所。

（1）病虫害

果树生产中常见的病虫害包括早期落叶病、霜霉病、白粉病、腐烂病、轮纹病、炭疽病、疮痂病、螨类、金纹细蛾、桃小食心虫、介壳虫、锈壁虱等。

（2）鸟害

果园中常见的鸟类有山雀、麻雀、喜鹊等20余种。鸟类不但啄食蔷薇科中的仁果类果实，还危害葡萄科、小檗科等果实。着色品种从果实着色期即被啄食，绿色品种果面软化、逸出果品风味即遭啄食。鸟害果园每年产量损失5%~10%，个别果园的损失甚至在30%以上。

（3）杂草危害

果园常见杂草约有40个科150多种，以菊科、禾本科、莎草科、藜科、旋花科为主。杂草危害可使产量减少10%~20%，草荒严重的果园，幼树不能适龄结果，结果后树势衰弱，寿命缩短，果小、色差、质次，病虫多，商品率低，效益差。

2. 生物灾害的防控

农业重大生物灾害防控事关农业生产安全、生态安全和社会稳定，涉及灾变规律、成灾机制、预测预警和综合防控等多个方面，需要加强防灾减灾体系、物质储备制度、科技支撑能力和应急应对机制建设。

首先，要构建农业重大生物灾害防灾减灾体系，农业重大生物灾害防控与气象、地震等灾害一样，是突发公共事件。要将农业重大生物灾害防控纳入社会管理和公共服务范畴。因此，要在省、市、县农业部门整合相关资源，建立健全农业重大生物灾害防控机构，建成以县级以上机构为主导，乡镇人员为纽带，多元化、专业化服务组织为基础的重大生物灾害防灾减灾体系。县级以上机构主要开展重大有害生物监测预报、检疫、风险评估，以及社会化专业防治的组织、管理、监督等工作，切实履行公共管理和服务职能。通过完善基础设施，配备先进设备，形成规范统一的监测、预警、报告等工作机制，健全信息交流和传输网络，提高监测预警的时效性和准确性。积极发展由政府扶持主导、各类服务组织参与、农民自愿参加的重大有害生物统一防控专业服务队，提高防控的组织化、专业化和机械化水平。

其次，要建立重大有害生物应急应对管理制度。针对当前农业生物灾害发生频繁、危害加重的趋势，各级政府对灾变规律和危害性应有充分认识。农业重大有害生物暴发和应急防治已成为社会关注的突发公共事件，灾情公开、封锁和控制已成为履行国际公约、保障公众知情权的基本原则和影响贸易的重要因素。

最后，要加强重大生物灾害防控科技支撑部署。依托省级农业科研单位，建立省级农业重大生物灾害防灾减灾研究中心，通过构建一批有害生物风险分析、监测预警和危机应急应对技术研发平台，针对预警、监测和控制三大科学问题，深入系统地开展理论基础、控制模式与评估体系、遗传分化与变异、寄主互作与系统抵御等方面的研究，揭示外来生物入侵发展机制、高致害变异生物的成灾致灾机制，建立早期预警、风险评估、信息集成、快速检测、野外监测、应急预案、物质储备、生态调控技术等组成的预警防控技术体系，加大农业防治技术，生物多样性控制病虫害技术，性诱、色诱、光诱等"三诱"技术，生态调控技术等绿色防控技术研究及示范推广应用的力度，为农业重大生物灾害防控提供有力的技术支撑（赵西华，2011）。

（三）人为灾害

1. 肥害

肥害是施用化肥量过大或过于集中等原因对树体造成的伤害。由于根系生长的向肥性，诱导大量新根扎入肥堆灼伤致死，同时肥液沿导管上升过程中，也会使枝干细胞脱水而死。轻者个别枝条叶片萎蔫，生理功能紊乱。重者全树枝叶枯萎，3~5d 内死亡。地面撒施没有覆土的肥料会产生有害气体对花、果、叶片造成危害。幼果期滥用膨大剂、着色剂、早熟剂等，也会造成不同程度的落果或叶片伤害。

2. 药害

药害是因误用农药或浓度过大而对树体造成的伤害。农药不同剂型引起药害的程度不同，果树对药液中不同元素的敏感性也不同。用药浓度过高，药剂溶解不好，混用不合理，喷药时期不当等，均易产生药害。急性药害在喷药几小时至数日内表现，如叶片出现斑点、黄化、失绿、枯萎等；慢性药害经过较长时间才会表现出来，如光合作用减弱、花芽形成及果实成熟延迟、果个小、畸形等。轻则造成叶片黄化、焦枯、脱落，重则整株死亡。

3. 环境污染

（1）大气污染

大气污染是指大气中污染物超过了环境所能允许的极限而对果树产生危害。主要的大气污染包括煤粉尘、二氧化硫、二氧化碳、二氧化氮、碳化氢、硫化氢、氯化氢及氟化物、氯气、尿素粉尘和氨气污染。有毒气体通过气孔进入叶片，损害叶片的内部构造，影响气孔关闭、光合作用、蒸腾作用、呼吸作用和酶活性。受污染后果树大量落花落果，生

长势减弱，产量降低，果树抗病虫害能力降低，病虫抗药性增强。

（2）土壤污染

土壤污染是指土壤受到酸雨或富含有毒有害物质的水侵蚀，土壤原有的理化性状恶化，导致生产出的果品对人体产生危害。土壤污染主要来源于工业和城市的废水及固体废弃物、大气中污染物、无机污染物、持久性有机污染物、畜禽的排泄物等。土壤污染会引起树体的吸收和代谢失调，污染物在树体内残留会影响果树的生长发育，引起变异，导致产量减少及果品质量下降。

（3）水质污染

水质污染指排入水体中的污染物超过了环境容量和水体自净能力而对果树造成危害。果树吸收被污染水分后，一些有毒有害污染物在果品中积累，对人类健康造成直接危害。如果污染严重，被浇灌果树不能正常生长发育，将减产甚至绝收。

（4）酸雨污染

酸雨污染是雨、雾、露、霜、雪、雹等与煤、石油等矿物燃料燃烧时排入空中的碳氧化物、硫氧化物、氮氧化物相结合，形成稀释的硫酸、硝酸，使雨雪的酸碱度下降，进而对果树产生的伤害。酸雨会破坏果树叶片表面的蜡质和角质层，使酸性物质通过气孔或表皮扩散进入果树，植物细胞中毒，导致叶、花、枝产生黑斑、衰老斑、枯斑，影响植株的生长。

（5）农药污染

农药或其有害代谢物、降解物对环境和生物产生污染，进而对果树产生伤害。使用高毒、残效期长的有机磷或氨基甲酸酯类农药，必然造成果品中农药残留量超标，轻者果树光合作用减弱，果实成熟延迟；重者叶片、果实出现黄化、失绿、斑点、枯萎、落叶、落果，甚至植株死亡。农药污染降低了果园有益生物的种类和数量，对有害生物的控制作用减弱。同时，农药还通过污染水体、土壤和大气间接对果树造成伤害。

第二节　葡萄自然灾害概述

一、自然灾害对葡萄产业的影响

自然灾害虽然包含诸多种、范围广，但对于葡萄产业与葡萄生产而言，主要是温度、湿度、光照因子，风霜雨雪等农业气象灾害对葡萄生产的影响；地震、泥石流、洪水、海潮、火灾等地质、海洋灾害则居次要位置或某些情况下可不予考虑。

（一）低温

低温对葡萄的伤害常常表现为冷害或冻害。葡萄在不同生育期对温度有不同的要求，在萌芽展叶期和新梢生长期出现强寒潮和低温，葡萄芽叶会受冻，使葡萄萌芽、生长受到影响。开花期温度低，则大多数品种授粉、受精不良，落花落果严重；气温低，开花迟，花期也随之延长。浆果成熟期温度低，果实着色不良，葡萄浆果糖分积累困难，糖少酸多，香味不浓，品质降低。低温导致植株长势弱，葡萄病害容易发生和蔓延。

（二）阴雨

阴雨天气下葡萄枝叶生长茂盛，葡萄叶片薄而黄绿，新梢徒长细弱，叶柄伸长，产生小果穗及造成果粒大小不均。葡萄开花期阴雨天气集中，对葡萄开花授粉影响很大，雨日多，光照少，湿度大又容易诱发葡萄病害，并导致葡萄烂蕾。成熟采摘期连续阴雨，葡萄受雨淋容易造成裂果腐烂，影响质量和产量。阴雨天气造成空气湿度偏高，易滋生白腐病、炭疽病、霜霉病等病害。持续多雨，土壤过湿，不利于提高地温，导致葡萄树体抗性差。

（三）连续高温

高温可使葡萄萌芽过快，不能保证花序继续良好分化和植株地上部与地下部生长协调一致；严重的可造成花芽退化，促使新梢徒长，影响花序各器官的分化质量，进而影响以后的开花坐果，降低后期产量。气温高开花就早，花期也短，开花授粉时间相应较短，不利于坐果。授粉不均，后期果实易出现大小粒现象，严重影响产量和品质。果实膨大期出现连续高温，导致葡萄出现脱水现象，诱发葡萄缩果病，产生黑斑并腐烂。

（四）大风

大风容易吹折新梢，刮断果穗，造成葡萄落果和葡萄大棚、葡萄架的损坏。

（五）暴雨洪涝

暴雨来得快，雨势猛，常伴有大风，容易造成落果。如排水不畅而致积水成涝，土壤孔隙被水充满，造成葡萄根系缺氧，使根系生理活动受到抑制，影响葡萄生长。

（六）干旱

葡萄休眠期间，若枝干水分不足，则树体营养消耗多，造成树体营养不良，影响花芽进一步分化，减弱树势；并容易造成萌芽和开花期提前、开花不整齐、坐果率降低等不良后果。

（七）冰雹

葡萄生育期内遇冰雹，可造成枝蔓或果实受损，影响产量和品质；冰雹还可通过降低地温和导致生理障碍而产生间接危害。

二、葡萄生物学特性与自然灾害

通常把果树在一年中生长发育的规律性变化称为年周期。把果树各器官在一年中因季节气候变化而相应表现的各个动态时期称为生物气候学时期，简称物候期。葡萄在一年中的生长发育是按规律分阶段进行的。每年都有营养生长期和休眠期两个时期，细分葡萄年生长周期，又可分为6个物候期。

（一）伤流期

春季气温逐渐回升，当地温达到6~7℃时，欧美杂种葡萄根系开始吸收水分、养分，达到7~8℃时欧亚种葡萄根系也开始吸收水分、养分，直到萌芽，这段时期称为树液流动期。

一般此时春天日均空气温度上升到10℃左右。根系吸收了水分和无机盐后，树液向上流动，植株生命活动开始运转。此阶段植株的主要特征是伤口开始分泌伤流液，表明根系已开始活动，吸收土壤水分。如果此时葡萄植株地上部形成伤口，如葡萄藤出土上架等农事操作的损伤、机械损伤、人为修剪等，易造成伤流，所以这个时期又称伤流期。

伤流一般从春天树液开始流动到芽萌动展叶为止。一般在发芽展叶后伤流可减少直至停止，有些品种可延迟到嫩枝8~10cm时才停止伤流。树液流动的开始和伤流液的多少取

决于葡萄种和品种以及土壤的温度、湿度等。

伤流液是树体贮存的营养液，伤流过多，则树体损失的水分和营养就多，树体抽干，存在不能正常萌芽、甚至于裂干、死树的可能。春季是个温度不稳定，变化相对剧烈的季节，此现象在北方地区表现尤为明显。为此，栽培管理上，要避免对枝条的剪切与损伤。硬枝嫁接繁殖宜避开伤流期，在伤流期之前完成。此阶段宜保持土壤温度、湿度的稳定。如果土壤墒情差，宜适当及时灌水；土壤含水量大，则土壤温度相对稳定，新根系才能够发生，从而保证水分与营养的吸收，保障树干不缺水，防止或减弱春季天气状况对树体的不良影响。

（二）萌芽与新梢生长期

从萌芽到开始展叶的时期称为萌芽期，从展叶到新梢停止生长的时期称为新梢生长期。

春季当气温上升至日平均气温稳定在10℃左右时，葡萄芽即开始萌发。此时葡萄根系已经发生大量须根，吸收供应足够的水分和营养元素，供给芽萌发和枝条生长。萌芽期虽短，但很重要。此时营养好坏，将影响到以后花序的大小，要及时采取上架、喷药、灌水等管理措施。

芽萌发的过程是芽体先膨大，随之鳞片裂开，接着是芽体开绽、露出绿色。芽内的花序原基继续分化，形成各级分枝和花蕾。新梢的叶腋陆续形成腋芽。芽的萌发除主要取决于气温条件外，还与品种、树势、土壤有关。同一品种在南方萌芽要比在北方的早。

萌芽后，幼嫩新梢出现并开始加长生长，开始时生长缓慢，以后随气温升高而加快，到20℃左右新梢迅速生长，约20d后新梢生长速度最快，每天加长生长量可达5~10cm。开花前后，由于器官间对水分及营养物质的竞争，新梢的生长速度开始减慢。葡萄新梢不形成顶芽，只要气温，水分条件适宜，可一直继续生长。至秋末，一般情况下，一年中单枝生长量可达5~6m。新梢的腋芽也迅速长出副梢。此时如营养、环境条件良好，新梢健壮生长，将对当年果品产量、品质和次年花序分化起到决定性作用。此时必须及时追施复合肥料，还要剪除多余的营养枝及副梢，抹芽定枝。否则，新梢就会长势细弱，花序分化不良，影响生产。

春季温度变化快，冷害、倒春寒、晚霜冻、大风、干旱等极端天气状况时有发生，葡萄萌芽与新梢生长期一般在春季，需要了解葡萄生物学特性，采取相应对策。

（三）开花坐果期

从始花期到终花期，这段时间为开花期，葡萄花授粉受精后，子房膨大、发育成幼果，称为坐果。葡萄盛花期后2~3d开始进入生理落果期。

葡萄萌芽以后，经过40~60d，日平均温度达到18~20℃时，进入开花期，如气温低于15℃或连续阴雨天，开花期将延迟。每天上午8:00~10:00，天气晴好，20~25℃环境下开花最多。葡萄花期的长短，因品种及气候的变化而变化，一般1~2周时间。在同一个结果枝上，基部的花序先开放，依次向上开。在同一花序上，中部花先开放，先端及基部的花后开放。

葡萄大多数品种的花有发育正常的雄蕊和雌蕊，自花授粉多可以结果，能满足生产上的坐果要求。葡萄的自花授粉坐果率因品种不同而有较大差异。

生理落果高峰多在盛花期后2~3d。生理落果的轻重取决于品种的特性、花期气候条件及栽培技术状况。特别像'巨峰''玫瑰香'等品种，如生长过旺会严重落花落果。为提高坐果率，应在花前、花后施肥浇水，对结果枝及时摘心，人工振荡绑蔓钢丝辅助授粉，叶面喷施硼、锌等中微量元素液。

多数葡萄品种的花芽分化开始于开花前后，随着新梢的生长，新梢上的冬芽自下而上逐渐开始花芽分化，因此，开花期也是冬芽花芽分化始期。这一形态分化的全过程有时在当年完成，有时则跨年度于翌年春季完成。只要内外部条件适宜，葡萄也可一年内2次甚至3次花芽分化。第二次分化形成的花芽也可于当年开花结果，这便是生产上培养二次果的生物学基础。

此阶段往往被称为葡萄生长的第一个临界期，栽培管理应围绕保花保果、促进花芽分化，围绕调节营养生长与生殖生长的平衡而展开。此阶段往往存在雷雨、大风、冰雹、连阴雨或连续干旱等自然现象，生产中宜采取相应规避技术措施。

（四）果实发育成熟期

葡萄浆果由子房发育而成，其间大体经历两个阶段，浆果生长期和浆果成熟期。

浆果生长期指子房膨大至果实成熟的一段时期。一般需要60~70d，长的需要100d。子房开始膨大，种子开始发育，浆果生长膨大。此期包括第一阶段是浆果迅速生长期，主要是细胞分裂与增大，历时3~4周；第二阶段是硬核期，主要是种皮开始硬化，胚迅速发育，浆果酸度最高，糖分开始积累，历时2~4周；第三阶段是浆果成熟前增大期，此期葡萄颗粒生长加速、软化、增糖、降酸、转色，历时5~8周；第四阶段是浆果成熟期，果实变软开始成熟至充分成熟的阶段，历时2~8周。

幼果含有叶绿素，可进行光合作用制造养分，有两次生长高峰。当幼果长到绿豆大小（2~4mm）时，部分幼果因授粉不良等原因落果。这时新梢生长渐缓而加粗生长，枝条下部开始成熟，叶腋中形成冬芽。在生产措施上应即行追肥、绑蔓、防治病虫害等。

浆果成熟期与品种有关，分极早熟、早熟、中熟和晚熟品种。此时果皮褪绿，有色品种开始着色；黄绿品种的绿色变淡，逐渐呈乳黄色；绿色品种果皮渐透明。果实变软有弹性，果肉变甜。种子渐变为深褐色，糖酸适宜，浆果完全成熟。

此期要求高温干燥，阳光充足。部分早熟和中熟品种的成熟期正好赶上雨季，园中易涝，果实着色差，不甜不香。管理上应注意排水防涝，疏除老病叶，打掉无用副梢，喷施叶面肥，使果实较好地成熟着色。

此阶段一般在夏秋季，环境温度高、湿度大、雨量多，葡萄生长迅速，是产量形成的关键时期，应防止与避免日灼、气灼、涝灾或旱灾、裂果、霉变等灾害。

（五）采后期

葡萄新梢成熟开始于果实成熟之前。新梢成熟的外部标志是枝梢木质化，皮色由绿色转变为黄色。枝梢成熟情况与抗寒能力及翌年产量有密切关系。枝梢越成熟，其抗寒能力越强；反之，抗寒能力越弱。

此阶段一般在秋季，环境温度尚高、湿度大、雨量多，葡萄虽然已经采收，但葡萄生长发育仍在进行，是枝蔓木质化、冬芽发育的关键时期，应预防病虫害，保护叶片，避免涝灾或旱灾等自然灾害。

（六）落叶休眠期

果实采收至叶片变黄脱落的时期称为落叶期。从落叶到翌年春天根系活动、树液开始流动为止，这段时期称为休眠期（冬眠期）。我国幅员辽阔，各地葡萄休眠不一。

果实采收后，果树体内的营养转向枝蔓和根部贮藏。枝蔓自下而上逐渐成熟，直到早霜冻来临，叶片脱落。此时应加强越冬防寒措施，预防早霜提前出现，保护功能叶片，尽量延长叶片光合积累，为果树安全越冬作好准备。

葡萄休眠期植株体内仍进行着复杂的生理活动，只是微弱地进行着，因此休眠是相对的。休眠期管理主要是施足基肥、修剪、灌水、盖塑料薄膜或埋土防寒等。休眠期可分为自然休眠期和被迫休眠期，两者在外观上不易区分，主要以内部生理活动和变化为标志。休眠期间的葡萄生命活动大大减弱。一般认为落叶是自然休眠开始的标志，但实际上，冬芽在新梢成熟时即由下而上的进入休眠状态，称为前休眠。自然休眠期是植株内部生理障碍引起的休眠，所以即使有适宜生长的温湿度等外界条件，芽眼也不会萌发。完成自然休眠期要求一定的低温（0~7.2℃）和低温持续的时间，也称需冷量，需冷时间的长短因品种而异，一般自然条件经历2~3个月即可度过自然休眠。0℃以下的低温对打破自然休眠无效。设施栽培的葡萄，若通过仔细调节温度，保持每天需冷温度的时间延长，即可大大缩短打破休眠所需的时间。自然休眠期之后，植株即进入被迫休眠期。因为这一时期尽管植株已度过自然休眠期，具备了萌芽生长的内在准备，但外界温度不能满足它开始生长的需要，使植株仍处在休眠状态，当然，如果此时温度、湿度适宜，则可开始正常生长。果园冬季也是重要的管理时期，刮老树皮、清园、降低与减少越冬性病虫源，加强防护保证植株安全越冬。

此阶段可能发生的灾害主要是初冬的早霜冻、冬季的冻害、冷害、干旱，早春的冷害或倒春寒、晚霜冻、大风。

三、葡萄生态学特性与自然灾害

葡萄的生态学特性是葡萄长期适应栽培地环境的结果。气候因素决定葡萄能否在一个地区正常生长与结实，决定葡萄浆果的产量和品质风味。外界环境条件包括气候气象因子（光照、温度、水分）和土壤等条件。生产管理需尽量满足葡萄生态学要求，否则，就会有生长发育不良，乃至受害的风险。

（一）温度

葡萄属的栽培种起源于温带和亚热带，属喜温性果树。温度影响着葡萄生长发育的全过程，直接决定产量和品质。葡萄在不同成长时期对温度的要求不同。根系开始活动的温度为7~10℃，一般早春10℃以上时葡萄开始萌芽，秋季日平均气温降到8℃以下时，叶片黄萎脱落，植株进入休眠期。葡萄新梢生长和花芽分化、生产结果最适宜的气温是25~30℃，低于15℃时影响葡萄的开花坐果；浆果成熟适宜气温为28~32℃，低于14℃对果实成熟不利，超过35℃生长就会受到抑制，38℃以上时浆果发育滞缓，品质变劣，叶、果会出现日灼病。在高温和强光下，叶绿素被破坏，叶片变黄，甚至坏死，浆果变成棕红色并皱缩干枯。

一般认为，冬季-17℃的绝对最低气温等温线、海拔700m是我国葡萄冬季埋土防寒与不埋土防寒露地越冬的分界线。海拔600~700m、冬季绝对最低气温-17~-15℃的地区为可埋可不埋土防寒的地区，如遇极端天气、或低温时间较长、或伴随冬季干旱与多风，往往导致葡萄园遭受冻害。因此，建议在理论上可埋可不埋土防寒的地区，冬季必须采取埋土防寒的技术措施。

葡萄不同生长期对温度的要求也有不同。葡萄萌芽期必须日平均气温在10℃以上才开始萌芽；新梢生长期，20℃以上时新梢生长与花芽分化及发育加快；开花期适宜气温为20~28℃，要求不低于15℃；浆果成熟期必须17℃以上。昼夜温差小，不利于营养物质的积累。浆果的成熟和含糖量与有效积温有很大的关系。有效积温不足，浆果含糖量低，含酸量高，着色差，品质下降。所以，有效积温是划分葡萄气候区的关键性指标。了解某一地区的有效积温和某一品种所需的有效积温，就可以推断该品种在某地区经济栽培的可能性。

温度是葡萄最主要的生存条件之一。葡萄对低温的反应因种类和品种而异。在冬季休眠期间，欧亚种群品种的充实芽眼可忍受短时间 –20~–18℃的低温，充分充实的1年生枝可忍受短时间的 –22℃的低温，多年生蔓在 –20℃左右即受冻害。葡萄的根系不耐低温，欧亚种群品种的根系在 –4℃时即受冻害，在 –6℃时经2d左右即可冻死。欧美杂种的一些品种的根系在 –7~–6℃时受冻害，在 –10~–9℃时可冻死。因此，在北方栽培葡萄时，要特别注意对枝蔓和根系的越冬保护工作。尽管有的地方冬季绝对低温并不低于 –18℃，但埋土植株果枝多，因此，常常把埋土越冬作为丰产措施之一。但有些年份尽管植株埋土了，而根仍然受冻，常有幼龄植株埋土越冬后仍发生死亡的问题，主要是埋土厚度不足使根系受冻致死。山葡萄和美洲葡萄的某些品种耐寒力较强。山葡萄枝蔓可忍受 –50~–40℃的低温，根系可忍受 –16℃以下的低温，其临界温度为 –19~–18℃。'贝达'葡萄的根系可忍耐 –11℃的低温，其临界致死温度为 –14℃。'北醇''北红'葡萄是'玫瑰香'与山葡萄杂交育成，在北京地区不埋土即可安全越冬。

春天，当地温上升到7℃以上时，大多数欧亚种群的葡萄品种树液开始流动，并进入伤流期。当日均气温达到10℃及以上时，欧亚种群的品种开始萌芽，因此，把平均气温10℃称为葡萄的生物学有效温度起点。美洲种葡萄萌芽所需的温度略低些。葡萄的芽眼一旦萌动后，耐寒力即急剧下降，刚萌动的芽可忍受 –4~–3℃的低温，嫩梢和幼叶在 –1℃时，而花序在0℃时即受冻害，因此北方地区防晚霜危害也是栽培上的重要措施之一。春季随着气温的逐渐提高，新梢迅速生长。当气温达到28~32℃时，最适宜新梢的生长和花芽的形成，这时新梢昼夜生长量可达6~10cm。气温达20℃左右时，欧亚种群葡萄即进入开花期。开花期间天气正常时，花期持续5~8d，如遇到低温、阴雨、刮风等，气温低于14℃时不利于开花授粉，花期会延长几天。葡萄果实成熟期间需要28~32℃的较高气温、适当干燥、阳光充足和昼夜温差大的综合环境条件，在这种条件下，浆果成熟快、着色好、糖分积累多、品质可大为提高。相反，低温多湿和阴雨天多，成熟期延迟、品质变差。

葡萄栽培中，常用有效积温作为引种和不同用途栽培的重要参考依据。如某地某品种是否有经济栽培价值，与该地日均气温等于或大于10℃以上的气温累积值有关。

（二）光照

葡萄是喜光植物，对光照非常敏感。光照充足时，植株健壮充实，叶色浓绿而有光泽，光合作用强，花芽分化充分，浆果着色好，产量高，品质佳。如光照不足，则新梢纤细，成熟度差，花芽分化不好，落花落果严重，浆果发育不良，品质低劣，不仅当年产量低，还会严重影响第二年的产量。

光照与地势密切相关，只有光照充足才能顺利地生长发育、花序分化、开花结实。光照不足，光合作用产物少，会使新梢长势减弱、枝蔓不够成熟，最终造成果实着色不良、

品质下降。

不同种类和品种对光照的反应略有差异。美洲种、欧美杂种比欧洲种对光的要求略低一些。葡萄叶片接受光线的能力，上层叶片明显优于下层叶片。

光照问题在设施栽培中尤显突出，日光温室或塑料大棚必要时需开灯以补充光照。光的反射可提高葡萄植株的光照度与温度。

葡萄平均光饱和点 1456.15 μmol/（m^2·s），为自然最大光照强度的 70% 左右；光补偿点 12.792~69.560 μmol/（m^2·s）之间，平均值为 32.33 μmol/（m^2·s）（光饱和点 30000~50000lx，补偿点 1000~2000lx）。自然生长季（4~11 月）露地栽培葡萄中午遮光 30% 左右一般不会影响葡萄生长发育，尤其是夏秋季（6~8 月）晴天适当遮光对葡萄生长发育应该更为有利，可防止日灼病的发生。

光的不同成分对葡萄的结果与品质有不同影响。蓝紫光特别是紫外线能促进花芽分化、果实着色和提高浆果品质。江、河、湖、海的反射光中蓝紫光较多，高山上紫外线丰富，这些生态条件对葡萄的生长发育和提高产量、品质均有良好的影响。

（三）水分

降水对葡萄生长影响很大。在我国大体分 3 种情况，年降水量 300mm 左右的地区属葡萄旱地栽培，如山西榆次、陕西米脂；年降水量 600~800mm 地区适于葡萄生长，如山东半岛、渤海湾、黄河故道等地；年降水量 1000mm 左右的地区，雨水过多，葡萄枝蔓徒长，结实不良，易发生病虫害，宜采用高棚架并注意改善架面光照及通风条件，近年来采用避雨栽培设施与技术，大面积栽培葡萄获得成功，值得进一步完善技术并推广。

葡萄耐旱性比较强，运用旱地栽培技术，即使全年不灌水也能获得相当的产量和较高的质量，但我国北方春季过于干旱，对葡萄的前期生长不利。尤其在新梢迅速生长期和浆果迅速膨大期缺水，会造成新梢短，叶片和花序小，坐果率降低，影响当年产量。浆果成熟期水分过多，常导致品质降低。

葡萄是耐旱植物，在北方大多数地方都可栽培。但水是葡萄生长发育不可缺少的物质，特别是生长前期，要形成营养器官就需要大量水分。如果过于干旱，就会出现叶黄凋落，甚至枯死。葡萄在萌芽期、新梢生长期、幼果膨大期需要充足的水分，一般 7~10d 就应酌情浇水一次，或蓄水保墒。春旱时节尤要注意补水。开花期应减少水分，以促进果实膨大，此时浇水会增加产量，但大棚葡萄必须控制湿度，避免病害发生。浆果成熟期要求水分减少，但这一时期往往多雨，土壤过湿至积水，导致产量、品质降低和病害蔓延，应注意及时控制湿度，尽量不喷农药，以保证果品优质。土壤或空气中的水分不足或过多，对葡萄的生长发育都是不利的。地下水位直接影响土壤的湿度、根系分布和吸水功能。高水位地区如要栽培葡萄，必须设法降低地下水位，如采取深沟高畦，改善排水条件。

（四）土壤

葡萄对土壤的适应范围较广，无论丘陵、山坡、平原均可正常生长，一般土质类型均能栽培，但以较肥沃的砂质土壤最适宜，在这种疏松、通透性好、保水力强的土壤里，葡萄生长良好。黏质土壤通透性差、地温上升慢、肥效来得迟，葡萄表现较差。盐碱地及低洼、地下水位高的地块不宜栽种葡萄。非理想土壤要逐步改良，才能丰产优质。栽植园以土层深厚（80cm 以上），pH 6.5~7.5 为宜。温室或大棚栽培情况下，对土壤要求更高，土质更应肥沃、富含有机质、通风透气。

地势是影响葡萄产量和品质的重要因素。地势高，紫外线充足，通风透光，有利于浆果着色和品质的提高。因此，一般山地葡萄比平地葡萄成熟早、色泽好、含糖量高、品质好。

葡萄适宜的海拔一般在 200~600m，600m 海拔以上地区栽培葡萄时，其茎蔓冬季需要埋土防寒；海拔在 200m 以下的地区，往往沿海分布，雨多、风大，尤其是台风等强对流天气状况，需要采用坚固的设施，或采用早中熟品种，在台风季节来临以前使葡萄成熟上市。

山地不同坡向由于光照、温度、湿度及受风情况等都不尽相同，因此，其小气候也有较大的差异。通常南坡光照足、日照时数长、热量大，其果实品质优于北坡。

葡萄对土壤适应性强，除特别潮湿或盐碱过重外，大部分土壤均可种植。但是生产优质葡萄对土壤的要求却很严格。土壤条件常常是成品酒特异品质的决定因素。许多果树都强调种植在富含有机质的土壤，葡萄则不同，在富含有机质的土壤上虽可丰产，但若作为原料葡萄酿出的酒色泽深、酒质粗糙、风味平淡且不易保存。葡萄最喜欢带砂砾的肥沃土，成土母岩是石灰岩或富含石灰质的土壤最理想（欧美杂种例外）。这种半风化的岩石犹如矿质营养的贮藏库，能不断释放出葡萄需要的各种矿质元素，有利于调理葡萄酒的风味，尤其含钙多，使酒香浓郁，对白葡萄酒和香槟酒的品质有很好的影响，酿出的酒也较易保存。

近年来，采用客土栽培、根域限制、无土栽培、设施栽培等技术，在恶劣土壤（如戈壁、沙漠、盐碱等）地区栽培葡萄获得成功。在我国人均耕地有限、建设开发用地挤占农田的现状下，在恶劣土壤地区，只要有适量灌溉水，均可栽培葡萄，从而为扩大葡萄种植，充分利用国土资源提供了可能。

（五）气体

葡萄对二氧化硫、硫化氢、氟化氢、氯气等相当敏感。开始时叶片边缘枯焦，继而叶片出现油渍状斑，并发展成块状干枯而脱落；同时花序萎缩，幼果僵硬。

四、气候气象与葡萄灾害

强降雪天气对我国葡萄产业影响。灾情表现主要有葡萄植株冻害，设施坍塌（葡萄促成栽培设施、水电基础设施），北方贮藏葡萄销售通路受阻。例如，2008 年 1 月 13 日至 2 月 1 日，湖南遭遇历史罕见暴风雪天气，极端恶劣的气候引发长时间的冰冻（-5.2~-1℃）灾害，全省葡萄受灾面积达 11 200hm²，严重影响了当年葡萄生产，本次冰冻灾害给全省葡萄产业造成经济损失 1.3 亿元以上。受灾范围涉及全省所有葡萄种植县（市），以澧县受灾最为严重。冻害主要表现在 3 个方面。

（一）设施毁损

由于长时间的冰雪积压冰冻，造成大面积葡萄棚架严重毁坏，铁丝、竹片、水泥柱等设施断裂，主支架钢管破裂，棚架倒塌。各葡萄园内滴灌系统和喷灌系统管道、水泵、阀门多处破裂，电力设施损坏严重。

（二）葡萄根系冻害

南方地下水位高，葡萄根系分布土层较浅，较易受气温变化影响，连续多年的暖冬天气使果农缺乏防寒意识。而冻害发生正值葡萄开沟施肥和冬剪时节，开沟施肥后因暴雪和冰冻未能及时覆土，导致裸露在外的根系产生冻害。

（三）新栽苗冻死

葡萄新建园若栽苗晚，则由于植株较小，栽植时间不长，根系没有充分发育，抗寒性

较弱，冰冻发生后新建园葡萄苗全部冻死。

五、自然地理与葡萄灾害

陕西关中及渭北地区是葡萄的适生区，葡萄栽培历史悠久，但也常常受自然灾害的影响。例如，2011年11月中上旬的连阴雨，2013年春季气温变化大，三四天高温后随即降温四五天，反反复复，忽高忽低，导致多地葡萄树大量裂干死树；9月正好是当地主栽品种'红地球'葡萄成熟上市期，2014年9月5~17日12d的连阴雨严重影响葡萄增糖着色及采收上市，造成了巨大损失；2017年6月又出现忽冷忽热天气，7月出现高温、连续干旱，立秋后遭遇45d阴雨，导致葡萄裂果、酸腐病严重；2018年1月3日大雪导致渭南多地葡萄塑料大棚垮塌，成为雪灾；同年2~4月春季大风，4月7日霜冻倒春寒，低洼地块霜冻危害极其严重，导致葡萄萌芽不整体、已萌芽的芽体受冻萎蔫死亡、花穗损伤、叶片大面积黄化等现象。2020年4月24日合阳县出现极晚霜冻，2021年1月7日出现 –23℃极端低温，9月22日傍晚多地发生此时段罕见的大风冰雹。可见，"天有不测风云"的自然地理现象往往对葡萄造成灾害。2020年9月7日晚间，北京顺义区遭受大风、大雨、冰雹自然灾害，李桥、李遂、北务三镇灾情较为严重。

第三节　防灾减灾工作现状

一、防灾减灾工作概述

（一）防灾减灾的概念

防灾减灾是一个词组，它由防灾和减灾构成，防灾减灾不是"防灾""减灾"的简单相加，也不是均衡的二等分，而是一种既相互联系又相互区别、密不可分，既有理论基础又有实践意义的系统概念。它们结合在一起使用，与联合国国际减灾战略 (United Nations International Strategy for Disaster Reduction，UNISDR) 中"减轻灾害风险"相似。"防灾"是灾害发生之前的各种备灾活动，在西方文献中使用的词汇包括了 prevention、preparation、precaution 等，而"减灾"是限制致灾因子的不利影响，减灾的词汇包括了 mitigation，relief 等。在汉语中，与防灾减灾有关的词汇还包括了御灾、备灾、抗灾、救灾、灾后重建等核心词汇。这些概念从灾害过程上分为两大类：灾害发生之前的概念和灾害发生之后的概念。防灾、备灾、御灾、防震、防洪、防火、防旱、防汛等属于灾害发生之前的概念，而减灾、救灾、救火、自救、互救、恢复重建等属于灾害发生之后的概念。"防灾"是灾前措施，"减灾"是最终目的。

1. 防灾减灾研究是灾害研究的重要组成部分

任何学科的灾害研究都涉及防灾减灾问题，或者说，灾害研究的最终目的是为了防灾减灾。防灾减灾在自然科学和社会科学中都得到了深入的研究，自然科学中的防灾减灾研究主要偏重于技术问题，也就是结构性的防灾减灾；而社会科学重视非结构性的防灾减灾研究，通过社会组织、文化、政治、经济等方法来达到预防和减灾的目的。在防灾减灾的社会科学研究中，经济学、社会学、管理学、社会保障学、人类学、发展学等都从不同的角度，对防灾减灾进行过深入的研究，在国际减灾机构中，都有这些学科人员的参与。灾害经济学家认为，防灾减灾就是要寻求灾害损失的最小化，同时维护社会经济的可持续发展。这就需要政府、社会、企业和居民采取行动，实现相应的经济效果。

社会学家认为，防灾减灾的关键是社会文化功能得到保持，当中最为关键的问题是文化系统崩溃与否的问题。灾害之所以是灾害，就是因为文化应对的失败，或者是文化保护功能的崩溃，因此，保护社会文化系统是防灾减灾的关键。

灾害保障学家认为，防灾减灾就是要建立灾害保障体系，也就是要建立一种以政府救灾、灾害社会保险和灾害商业保险为主，灾害互助保障和社会援助为辅的灾害保障方式。

灾害历史学家认为，灾害的历史与人类的历史一样久远，人类在受到灾害打击的同时开始认识灾害，有了防灾、减灾、救灾的思想和实践，这些在实践中产生的意识、措施、制度等，在今天的防灾减灾中起到了资鉴作用。

2. 防灾减灾的理论化

理论化的过程就是基本概念内涵和外延不断延伸的过程，也是探讨基本概念和其他核心概念关系的过程。防灾减灾与灾害研究中的两个关键概念"致灾因子"(hazard) 和"灾害"(disaster) 的关系极其密切。"致灾因子"被定义为"一种危险的现象、物质、人的活动或局面，它们可能造成人员伤亡，或对健康产生影响，造成财产损失，生计和服务设施丧失，社会和经济被搞乱，或环境损坏"。"灾害"被定义为"一个社区或社会功能被严重打乱，涉及广泛的人员、物资、经济或环境的损失和影响，且超出受到影响的社区或社会能够动用自身资源去应对"。联合国国际减灾战略 (UNISDR) 认为，"世界上不存在什么'自然'灾害，只存在自然致灾因子"。研究者在其所发表的《从不同的角度看待灾害：每一种影响背后，都有原因》的文章中写道：灾害绝不是"自然的"。自然提供致灾因子——地震、火山爆发、洪水等，但灾害是在人为因素的帮助下产生的。防灾减灾工作的核心是"防灾"，即"减轻灾害风险"(Disaster Risk Reduction，DRR)，DRR 被定义为"通过系统的努力来分析和控制与灾害有关的不确定因素，从而减轻灾害风险的理念和实践，包括降低暴露于致灾因子的程度，减轻人员和财产的脆弱性，明智地管理土地和环境，以及改进应对不利事件的备灾工作"。在我国，防灾减灾强调综合战略，这是国家减灾委员会基于我国的灾害状况提出来的，即"基于中国灾害问题及其治理现实，立足国家全局与长远发展，从国家战略层面与宏观、综合的视角，探究符合时代发展要求并与中国发展变化中的国情相适应的综合防灾减灾方案"(李永祥，2015)。

（二）防灾减灾工作现状概述

防灾减灾是一项全球性的工作，一直是人类面临的重大问题。而防灾减灾在世界范围内研究时间都不太长。从 20 世纪 80 年代以来，中外学者开始探讨 21 世纪人类将面临的问题，并出版了一系列的书籍，告诫人们不可忽视人类面临的一系列问题，如人口、土地、资源、能源、环境污染、灾害等。这些问题都可能威胁未来社会的可持续发展。其中，灾害问题已成为各国政府和科学家所普遍关心的问题。1987 年，经美国科学院前院长、著名地球物理学家 F. Press 等的提议，第 42 届联合国大会一致通过了 169 号决议，把 1990—2000 年定为"国际减灾十年"(International Decade for Natural Disaster Reduction，IDNDR)，标志着人类在努力减轻自然灾害损失方面达成了共识。其宗旨是通过国际上的一致努力，将世界上各种自然灾害造成的损失，特别是发展中国家因自然灾害造成的损失减轻到最低程度。这种基于共同减灾目的建立起来的广泛协作，简单地说，就是要求各

国政府和科学技术团体、各类非政府组织积极响应联合国大会的号召，并在联合国的统一领导和协调下，广泛开展各种形式的国际合作，推广应用现有的减轻自然灾害的科学技术，以及开展其他各种减轻自然灾害的活动，从而提高各个国家，特别是第三世界国家的防灾、抗灾能力。由于世界各国科技界积极的响应，许多学科领域的优秀科学家都积极参与灾害的研究，使灾害问题的研究成为国际学术界的研究热点。

在经济领域，人们已开始树立起"减灾就是增产"的新的经济观，并重视对减灾经济效益的评估。在管理方面，美国、日本、澳大利亚、意大利等国家都建立了适合本国国情的灾害管理体系，提高了预测、控制和抵御各种灾害的能力。在教育方面，澳大利亚地理教育工作者为贯彻"国际减灾十年"的意图进行了一系列的工作，值得我们借鉴和研究，如编写教材，编印"全球重大自然灾害记录""澳大利亚自然灾害分布图"等资料。在日本、美国等发达国家，小孩在幼儿园就开始接受灾害训练，每半年警察就到幼儿园，教大家怎么逃生，所以，人们很小就有逃生常识，这种灾害教育非常实用。

有关防灾减灾领域的理论研究与人才培养在许多发达国家发展较快，在一些高校开设了相应的专业，设置了较为科学的课程体系，拥有多层次的防灾教育和培训方式，培养了大量的防灾减灾人才，这一方面归功于国家对于防灾人才培养的重视，另一方面也得益于灵活而开放的学科专业设置和多层次的人才培养方式。在防灾减灾领域的人才培养方面，美国应急管理专业本科毕业生，在马里兰大学 (University of Maryland) 被授予科学学士学位 (Bachelor of Science)，而在亚利桑那州立大学 (Arizona State University) 则被授予应用科学学士学位 (Bachelor of Applied Science)。英国考文垂大学（Coventry University）与灾害学有关的 3 个授予荣誉学士学位的专业，分别是灾害管理 (Disaster Management)、地理学 (Geography)、自然灾害 (Natural Disasters)。自然灾害专业毕业生，既可追求更高层次的学习机会，也有较宽泛的就业领域和良好的就业前景；相比国外情况，我国的防灾减灾教育及人才培养状况尚不够完备，灾害学学科地位不高，研究尚不深入，相关专业的设置分布零散而不成系统，新兴交叉学科的发展和人才培养体系的形成长期以来受限，不能满足我国经济社会发展的需要。随着我国高校管理制度的不断改革，高校将被赋予更多的办学自主权，防灾减灾教育与人才培养也必将迎来更大的机遇与挑战（秦琴，2014）。

近年来，科技在美国国家防灾减灾体系建设中的含金量日益加大。在气象监测方面，美国利用先进的专业技术和现代信息技术，包括"3S"系统［地理信息系统（GIS）、遥感系统（RS）、全球卫星定位系统（GPS）］、极轨卫星、大地同步卫星、多普勒雷达，先进的大气运动分析处理系统以及地面观测系统等，建立了具有世界领先水平的国家天气服务系统（National Weather System），对干旱、洪水、龙卷风等气象灾害进行及时、准确的监测预测。旱灾是美国多发的气象灾害，平均每年给美国造成的经济损失多达 60 亿～80 亿美元。美国政府从 1970 年起公布了《国家干旱政策法》等法律，为防御旱灾提供了法律依据。美国应对旱灾的指导原则是"预防重于保险，保险重于救灾，经济手段重于行政措施"。旱灾管理的三大要素是监测和早期预警、风险分析以及减灾和应变。一旦发生旱灾，从美国联邦政府到相关各州政府均会按照相关法律进入抗旱状态。美国旱灾国家信息综合系统结合气象数据、旱灾预报及其他信息，对潜在的旱灾发展进行预报和评估，提出通过发展喷灌、滴灌等措施，提高灌溉效率；还利用生物抗旱，已经培育出能够在极端干旱条件下存活并生长的转基因作物。

洪涝灾害是美国最严重的气象灾害，国土面积的 7% 受到洪水威胁。在 20 世纪 60 年代以前，美国的防洪工作主要是工程措施，但效果不理想，非工程措施逐渐引起了人们的高度重视，加强了洪泛区管理，制止洪泛区无序开发；组织制作了洪水风险图，为民众指明了危险区和安全区。洪水预警是美国防洪减灾非工程措施的核心之一。做法是把全国划分为 13 个流域，每个流域均建立了洪水预警系统，每天进行一次洪水预报，最长的洪水预报是 3 个月。短期预报由美国国家海洋和大气管理局（NOAA）向社会发布，中长期预报一般不向社会发布，仅限于联邦政府内部公布。在全美 2 万多个洪水多发区域中，其中 3000 个在 NOAA 的预报范围内，1000 个由当地的洪水预警系统预报，其余由县一级系统预报。此外，美国还利用先进的专业技术和现代信息技术，对洪水可能造成的灾害进行及时、准确的预测，发布预警，并逐步建立以 GIS、RS、GPS 为核心的"3S"洪水预警系统。近几十年来，美国重点大力推行雨水直接回收工程措施，一些州新开发区实行强制性的"就地滞洪蓄水"。

印度 4 亿 hm^2 土地中约有 73.7% 受到旱灾影响，给农业生产造成巨大的损失。如何应对旱灾是摆在印度政府面前的一道无法回避的问题。2009 年印度政府出台了《干旱管理战略》和《干旱管理手册》，从宏观战略到具体措施，提出了旱灾应对战略、防御机制、管理政策、防灾措施，为长期防御旱灾打下坚实基础。为具体指导抗旱救灾工作，中央政府还出台了"12 点防御旱灾方案"。对于旱灾，印度政府十分重视调水的灌溉系统建设，从 20 世纪 60 年代中期开始在继续发挥管井、渠、塘小型灌溉作用的同时，加速大中型灌溉工程建设，发展传统的蓄水池塘和开发地下水资源。与此同时，在新开垦的耕地上，实施水土保持计划。

国际上针对灾害研究和决策支撑的智库为相关工作提供了强有力的政策咨询、理论指导和技术支持，同时开展相关的科学研究，也一直受到人们的重视。美国、日本等发达国家在长期的发展过程中已经建立了一些颇具特色的灾害研究和咨询机构。

国外典型防灾减灾智库具有一些共同特点：①普遍具有由政府、国际组织或公益组织资助和非营利的特点；②根据各国自身灾害特点成立专门机构；③具有跨学科、跨领域、高水平的综合型研究队伍；④普遍具有较为系统全面的灾害理论研究基础，形成一整套成熟的研究和决策咨询体系；⑤经费充足、资助来源广泛、多元化；⑥重视灾害研究成果向防灾减灾决策的转化，同时强调防灾减灾的科学普及工作。我国现有防灾减灾智库体系庞大，其中有隶属于政府的智库群体，有高校下属的咨询机构，也有民间独立智库，这些组织各具特色和优势，构成了我国灾害智库的基本体系。

1989 年，联合国经济及社会理事会将每年 10 月的第二个星期三确定为"国际减灾日"，旨在唤起国际社会对防灾减灾工作的重视，敦促各国政府把减轻自然灾害列入经济社会发展规划。在设立"国际减灾日"的同时，世界上许多国家也都设立本国的防灾减灾主题日，有针对性地推进本国的防灾减灾宣传教育工作。如日本将每年的 9 月 1 日定为"防灾日"，8 月 30 日到 9 月 5 日定为"防灾周"；韩国政府自 1994 年起将每年的 5 月 25 日定为"防灾日"；印度洋海啸以后，泰国和马来西亚将每年的 12 月 26 日确定为"国家防灾日"；2005 年 10 月 8 日，巴基斯坦发生 7.6 级地震后，巴基斯坦政府将每年 10 月 8 日定为"地震纪念日"等。

　　我国是世界上自然灾害最严重的少数国家之一，具有灾害种类多，发生频率高，分布地域广，造成损失大等特点。其中最主要的是气象灾害、地震灾害、地质灾害、农业生物灾害、海洋灾害和森林火灾。新中国成立以后，党和政府领导全国人民，先后在根治海河、根治淮河、治理黄河等方面取得了重大进展，并且在全国范围内开展了兴修水利等农田基本建设，使越来越多的农田实现旱能灌、涝能排，逐步改变了几千年旧中国农业靠天吃饭的状况；建立了三北防护林，并且在全国范围内推广农田林网化建设；同时大力推广农业科学技术，提高广大群众防灾减灾的意识和能力，在减少农业灾害方面取得了举世瞩目的成就。改革开放以来，我国农业又迎来了第二个春天。粮食产量逐年增加，蔬菜等农副产品的产量更是成倍增长，农民收入大幅度提高。

　　在 1989 年 4 月成立了中国国际减灾十年委员会。为了了解我国的灾情总况，研究我国自然灾害的总体特点和规律，提出我国宏观减灾对策，国家科学技术委员会社会发展科技司组织国家地震局、国家气象局、国家海洋局、水利部、地矿部、农业部、林业部的专家对严重危害我国的地震、气象、海洋、洪涝、地质、农业及森林等重大自然灾害的灾情、特点、规律、对策进行了综合的、系统的、全面的调查研究，并在此基础上成立了国家科学技术委员会、国家发展计划委员会、国家经济贸易委员会自然灾害综合研究组。在三委的组织领导和有关部门的大力支持下，经过了十多年的努力，该组已取得了很大的进展和显著成果：1989—1998 年，该组按照由单类而综合的思路，组织多部门、多学科的数十位专家，对我国七大类 25 种自然灾害进行了大规模调查和资料整理、分析、综合、研究，编写出版了《中国重大自然灾害及减灾对策（总论）》《中国重大自然灾害及减灾对策（分论）》《中国重大自然灾害及减灾对策（年表）》及全国性挂图 7 幅，第一次对我国自然灾害的总况从文字、数据、图象等角度进行了全面的反映；同时撰写了大量有关的论文和宣传材料，利用期刊、电台、电视、讲座、培训班、知识竞赛等形式进行广泛的宣传，为提高全社会的灾害知识和减灾意识做出了贡献。该组成员主笔编写了《中国减灾重大问题研究》《基建优化与减灾》《自然灾害与减灾 600 问答》《灾害管理》，参与编写了《应急自救指南》《灾害事件的预防和自救》等论著和大量论文及科普材料，目的在于唤醒社会，减少人为致灾因素，发动社会，共同减灾，使减灾工作走向社会化。

　　近 40 年来，每年由气象、海洋、洪涝、地震、地质、农业、林业等自然灾害造成的直接经济损失占全国国民生产总值的 3%~5%，平均每年因灾死亡数万人。灾害成为影响我国经济发展和社会安定的重要因素，依靠科技进步来提高全国防灾减灾的综合能力已成为防灾减灾工作的重要内容之一。

　　2005 年年初，中国国际减灾委员会更名为国家减灾委员会，负责制定国家减灾工作的方针、政策和规划，协调开展重大减灾活动，综合协调重大自然灾害应急及抗灾救灾等工作。2005 年 9 月，中国政府主办第一届亚洲部长级减灾大会；2008 年 12 月，举办加强亚洲国家应对巨灾能力建设研讨会。2007 年 8 月，《国家综合减灾"十一五"规划》等文件明确提出了我国"十一五"期间及中长期国家综合减灾战略目标。2009 年 3 月 2 日起，国家减灾委员会、民政部发布消息，经国务院批准，自 2009 年起，每年 5 月 12 日为全国"防灾减灾日"。一方面顺应社会各界对防灾减灾关注的诉求；另一方面提醒国民前事不忘、后事之师，更加重视防灾减灾，努力减少灾害损失。

　　"全国防灾减灾日"图标以彩虹、伞、人为基本构图元素（图 2-1）。其中，雨后天晴的彩虹寓意美好、未来和希望；伞是人们防雨的最常用工具，其弧形形象代表着保护、呵护之意；两个人代表着一男一女、一老一少，两人相握之手与下面的两个人的腿共同构成一个"众"字，寓意大家携手，众志成城，共同防灾减灾。整个标识体现出积极向上的思想和保障人民群众生命财产安全之意。

图2-1 "全国防灾减灾日"图标

设立"全国防灾减灾日"，以纪念之名警醒，以灾难之伤行动。每年5月12日，全国各地通过开展演练、展示展板、发放传单等方式，广泛开展各项防灾减灾宣传活动，推动了全民防灾减灾意识的提升和知识技能的掌握。

除2009年首个"全国防灾减灾日"没有确定主题之外，自2010年起，每年"全国防灾减灾日"都设立不同的主题，分别是"减灾从社区做起""防灾减灾，从我做起""弘扬防灾减灾文化，提高防灾减灾意识""识别灾害风险，掌握减灾技能""城镇化与减灾""科学减灾，依法应对""减少灾害风险，建设安全城市""减轻社区灾害风险，提升基层减灾能力"，2018年"行动起来，减轻身边的灾害风险"；2019年"提高灾害防治能力，构筑生命安全防线"；2020年"提升基层应急能力，筑牢防灾减灾救灾的人民防线"；2021年5月12日是我国第13个全国防灾减灾日，主题是"防范化解灾害风险，筑牢安全发展基础"，5月8~14日为防灾减灾宣传周。

2009年5月11日，中国政府发布首个关于防灾减灾工作的白皮书《中国的减灾行动》。《中华人民共和国突发事件应对法》《中华人民共和国防震减灾法》《中华人民共和国防洪法》《中华人民共和国防沙治沙法》《中华人民共和国水污染防治法》等30多部法律、法规，形成了全方位、多层级、宽领域的防灾减灾法律体系。《国家突发公共事件总体应急预案》《国家自然灾害救助应急预案》等，对灾害应对、抢险救灾和灾后恢复重建事项做了规范；《汶川地震灾后恢复重建条例》为汶川灾区灾后恢复重建提供法制保障。

目前，我国已建立起了较为完善、广为覆盖的气象、海洋、地震、水文、森林火灾和病虫害等地面监测和观测网，建立了气象卫星、海洋卫星、陆地卫星系列，并正在建设减灾小卫星星座系统。在防治农林病虫害方面，我国建成了草原虫鼠害监测预报网、农作物和森林病虫害测报网及农业生物灾害预测预警和防治体系，已将遥感技术与地理信息系统(GIS)技术广泛应用在农作物病虫害监测中。在森林防火方面，在全国重点林区建成了防火站，修建了防火专用公路，营造了防火林带，注重利用"3S"技术开展森林火灾防治。

二、我国自然灾害与防灾减灾工作

（一）我国自然灾害状况

我国经济社会发展取得了举世瞩目成就。同时，自然灾害呈多发频发态势，异常性和反常性更加突出，各种自然灾害均有不同程度发生，如"十二五"期间，2012年京津冀特大暴雨、2013年四川芦山地震和甘肃岷县漳县地震、2014年云南鲁甸地震和海南"威马逊"超强台风、2015年尼泊尔强烈地震波及我国西藏日喀则地区等重特大自然灾害，给人民群众生命财产造成重大损失，对灾区经济社会发展造成严重影响。据统计，

"十二五"期间全国各类自然灾害年均造成 3.4 亿人次受灾，因灾死亡失踪 1500 余人，紧急转移安置 900 多万人次，倒塌房屋近 70 万间，农作物受灾面积逾 2700 万 hm²，直接经济损失 3800 多亿元。与"十一五"期间相比，"十二五"期间因灾死亡失踪人口数量、紧急转移安置人口数量、倒塌房屋数量、农作物受灾面积、直接经济损失显著下降。这固然与"十二五"重特大自然灾害少于"十一五"有关，但更得益于国家综合减灾能力的明显增强。表现为灾害管理体制机制逐步健全，法律法规和政策体系不断完善，多种防灾减灾规划稳步实施，灾害监测预警体系基本建立，重特大自然灾害应对高效有序。灾后恢复重建科学规范，基层综合减灾能力日益增强，科技支撑能力逐步提升，全民防灾减灾意识明显增强，国际交流与合作深入推进。

中华人民共和国应急管理部国家减灾中心（National Disaster Reduction Center of China）主办国家减灾网，权威报道防灾减灾政策法规、预警预报、科普教育等。该中心每年都会发布年度全国自然灾害基本情况。

2020 年 1 月 17 日应急管理部官网发布了 2019 年全国自然灾害基本情况。2019 年，我国自然灾害以洪涝、台风、干旱、地震、地质灾害为主，森林草原火灾和风雹、低温冷冻、雪灾等灾害也有不同程度发生。全年相继发生青海玉树雪灾、四川木里森林火灾、山西乡宁和贵州水城山体滑坡、四川长宁 6.0 级地震、超强台风"利奇马"、主汛期南方多省暴雨洪涝、南方地区夏秋冬连旱等重大自然灾害。经应急管理部会同工业和信息化部、自然资源部、住房和城乡建设部、交通运输部、水利部、农业农村部、国家卫生健康委员会、统计局、气象局、中国银行保险监督管理委员会、国家粮食和物资储备局、中央军委联合参谋部和政治工作部、红十字会总会、中国国家铁路集团有限公司等国家减灾委成员单位会商核定，全年各种自然灾害共造成 1.3 亿人次受灾，909 人死亡失踪，528.6 万人次紧急转移安置；12.6 万间房屋倒塌，28.4 万间严重损坏，98.4 万间一般损坏；农作物受灾面积 1925.69 万 hm²，其中绝收 280.2 万 hm²；直接经济损失 3270.9 亿元。

近 5 年我国防灾减灾工作效果显著。2019 年全国自然灾害导致的死亡失踪人数、倒塌房屋数量、直接经济损失占 GDP 比重较近 5 年均值分别下降 25%、57% 和 24%。全国预警信息立体传播网络累计服务超过 10 亿人次，公众覆盖率达 87.3%。气象灾害造成的经济损失占 GDP 比例从 20 世纪 90 年代 3.4% 下降到 0.6%。全国年均因气象灾害造成的死亡人口下降至 2000 人以下。建成四级突发事件预警信息发布系统汇集了 16 个部门 76 类预警信息。预警信息 1min 内直达应急责任人 10min 内有效覆盖公众和社会媒体。全国 2090 个县制定了气象灾害防御规划，15.5 个村（屯）制定了气象灾害应急行动计划。全国有 76.6 万名信息员，村（屯）覆盖率达 99.7%。建成亚洲区域多灾种预警系统，预警信息与 60 个世界气象组织成员互联互通。

（二）我国历代防灾减灾工作进展

我国是世界上自然灾害最为严重的国家之一。在以农为本的古代社会和科学技术欠发达的近代社会，地震灾害严重威胁着人民群众的生存和发展，人们逐渐意识到灾前预防能力的欠缺和灾后救援措施的不足是地震灾害严重的主要原因，防灾减灾的相关理念应运而生。

1. 先秦萌芽阶段的防灾减灾思想理念

减灾救灾思想早在先秦时期就开始萌芽。此阶段的救灾思想为后世防灾减灾体系的建立奠定了基本框架，主要体现在技术层面的减灾思想和社会层面的救灾思想。受制于当时的社会生产力和人们的认知水平，先秦是唯物主义灾害观和唯心主义灾害观并存的时期，在宣扬"天降灾异"思想的同时又积极防震减灾，如《周易·既济》记载："水在火上，既济；君子以思患而预防之。"先秦时期的防灾减灾理念更多地体现在防灾工作上："三年耕，必有一年之食；九年耕，必有三年之食；以三十年之通。虽有凶旱水溢，民无菜色。"在先秦阶段，人们多储备剩余的粮食以防灾害的发生。另外，人们也通过对星象的研究来发现灾害发生的征兆。在此阶段，初步的灾害环境治理思想形成：一是发展农业生产不允许违背农时，要合理地安排农事活动，否则将会导致灾害的发生，这也是先秦灾害环境治理思想的核心；二是发展水利工程防止水害的发生，如整修河道，对防治水旱起到了重要作用。在灾后救助方面，先秦倡导"赈济于民"，即通过调粟和移民解决粮食荒欠问题。在这一时期，减灾救灾的任务完全归于国家，不管是因为春荒还是其他灾害，国家需首先解决的就是粮食缺乏的问题。正因为如此，唯心主义的灾害观在当时并没有发挥出其设想的作用。

2. 春秋战国时期的防灾减灾思想理念

春秋战国时期的防灾减灾思想是在继承先秦时期思想基础上进行的一个再发展。在灾前预防方面，储粮备荒的思想流于天下。魏国李悝主张"尽地力之教"，即积极进行粮食生产以达到储备粮食的目的。在灾害预报方面，春秋战国时期，根据灾害发生的前兆预测灾害以指导农业生产，并辅以专门的官员负责灾害的预报。这一时期，当政者更是认识到水利设施对于防治灾害的重要作用，兴修水利设施。春秋战国时期，防灾减灾思想呈现出多样化的发展态势，但农业生产仍然是第一位的，救灾措施将减灾思想和救灾思想有机结合在一起。同时，春秋时期加强政府职能建设，对官吏进行整治，也为救灾的有序进行创造了良好的社会秩序条件。

3. 秦汉魏晋时期的防灾减灾思想理念

秦汉魏晋时期，防灾思想得到了进一步重视，该时期的防灾减灾思想为"防灾大于救灾"，在灾害的预报方面，出现了一批载有灾害预防思想内容的农书，如西晋杨泉的《物理论》、北魏贾思勰的《齐民要术》等。这一时期将储粮备荒措施上升到了统治层面。在防震减灾基础设施方面，设立了常设的水利监管机构，同时，有关水利方面的法律法规也开始发展，以保障减灾基础设施建设。在灾害救助方面，主要是基于儒家"富国安民"思想来展开社会活动，还出现了一种较具代表性的灾荒赈济思想，即灾后劝赈。

秦汉魏晋时期防灾减灾思想的转变主要体现在两个方面：一是利用农业技术措施来实现减灾；二是构建人与自然的和谐状态以达到防灾目的。这一时期发生的革命性变化就是人们逐渐运用农业技术措施来代替以往的经验主义。

4. 隋唐时期的防灾减灾思想理念

隋唐时期，在灾害预防方面主要集中在发展农业生产储备粮食、修建河道等基础设施，以及对星象进行观测研究，开创了以义仓、社仓为代表的"仓储备荒"思想，义仓制度发展至唐朝初期逐渐趋于务实。这一时期，随着人们对于灾害认识的不断深入，打破了以往"天人感应""天灾""天谴"等唯心主义观点。随着佛教融入中国传统文化，救灾思想中也不可避免地掺杂了相关内容，如利用佛教宣扬慈善观念，寺院和僧众们经常对灾荒时期的民众进行赈济粮食、医疗救治、提供住所等救济活动。

5. 宋元时期的防灾减灾思想理念

宋元时期的防灾减灾思想理念在继承的基础上更加鼓励粮仓的建设。一些政治家、思想家将仓储制度和社会安定联系在一起，将仓储思想不断地完善充实。这一时期，形成了两大减灾思想派别：一是以董仲舒等为代表的唯心主义天灾观，主张"天人相与"和"天变可畏"；二是以王充等为代表的唯物主义灾害观，主张"天人相分"和"人定胜天"。王安石在继承前人的思想基础上，提出了具有朴素唯物主义色彩的减灾思想。

宋元时期自然灾害多发，通过政府进行干预和救助已不足以应对灾害。随着商品经济的发展，商人开始形成一个独立的特殊阶层，由商人参与救灾的思想应运而生，政府对于商人参与救灾也进行了相应的监管，防止商人在救灾中谋取利益。因此，政府一方面大量购进粮食，保证市场货源的充足；另一方面也利用"纳票出官"等手段吸引富户出粮以稳定灾区秩序，这一措施起到了很好的作用。

6. 明清时期的防灾减灾思想理念

明清时期的防灾减灾理念又有了延续和发展。仓储和水利思想进一步趋于完善。同时，在气象灾害方面也有了新的发展，如重视气象观测，建立气象观测网，奏报气象变化等。为了防治水土流失，导致河道堵塞而引发的水旱灾害，明清时期侧重于保护生态平衡、植树造林。此外，其保护生态环境、实现减灾的思想中还涉及气候变化、环境污染、土地沙漠化问题。

洋务运动的兴起影响和改变了人们的思想，具有近代科学意义的减灾思想呈现出"经世致用"和"注重民生"的特点。此外，慈善事业广泛兴起，救助手段不断深化，灾害保险思想在减灾救灾的思想理念中也产生了深远的影响。近代思想家王韬在《弢园文录外编》中指出，保险是为了应对灾害和意外而设立的。

综上，在中国古代社会，农业生产占据很大的比重，受生产力和人们认知水平的限制，防灾减灾思想在萌芽阶段多呈现出经验主义。但随着生产力的提高和对自然界认知的改变，人们逐渐用技术措施代替了以往的经验主义。

中国古代减灾体系具有以下几大特点：首先，儒学是减灾体系中重要的思想理论支柱，任何时期的防灾减灾思想无不涉及儒学思想的内容，重视以人为本；其次，历代封建政府均十分重视减灾管理，强调从防灾减灾体系内部对减灾的行为进行组织、协调；再次，政府在灾后积极投入资金赈灾的同时，也提倡节俭、廉洁，这一点在现今防灾减灾理念中多有体现；最后，封建政府在防灾减灾同时，也强调对生态环境的保护（方印等，2017）。

（三）我国现代防灾减灾工作进展

1. 现代防灾减灾理念

从新中国成立至今，从改革开放前重视农业生产，积极准备救灾物资，积极生产自救的理念，到现在的国家总体安全观的提出，防灾减灾工程的建设和法律法规制度方面的发展，以及在防灾减灾中科技和数据分析能力的运用，这些理念都是人们在与灾害斗争中不断发展所形成的。防灾减灾思想理念的发展，不仅丰富了理论宝库，同时也体现出防灾减灾理念先行的原则。

"理念优于制度，制度优于技术"是我国在改革与发展进程所得到的一个基本结论。其基本含义是：只有在先进的理念指导下，才能设计或选择出科学的制度安排；只有在科学的制度安排下，才能使合理的技术方案发挥正常的功效，进而达到预期的改革与发展目标。反之，理念不当，制度设计必定会出现偏差，制度设计一旦出现偏差，再合理的技术方案也不可能取得预期的成效。最高明的战术是不战而屈人之兵，最有效的防灾减灾是避免与防止灾害或灾害后果的发生。

2. 气象与防灾减灾

当前我国综合气象防灾减灾取得了重要进展。各级气象灾害风险治理部门秉承法制、规范化、现代化的气象防灾减灾体系，着力提升气象灾害监测预报能力、气象灾害预警发布能力、气象灾害风险治理能力、气象灾害应急救援保障能力、气象灾害统筹管理职能和气象灾害国际减灾示范，在气象灾害监测预报预警体系、气象灾害预警信息发布体系、气象灾害风险防范体系、气象灾害组织责任体系和气象灾害法规标准体系取得了显著进展，极大地提高了气象灾害监测预报水平和风险治理水平。

2017 年 12 月 29 日，中国气象局印发《关于加强气象防灾减灾救灾工作的意见》（气发〔2017〕89 号）指出，气象防灾减灾救灾是气象工作的重中之重，是国家综合防灾减灾救灾不可替代的重要力量，是国家公共安全体系的重要组成部分。坚持以防为主、防抗救相结合，坚持常态减灾和非常态救灾相统一，努力实现从注重灾后救助向注重灾前预防转变，从应对单一灾种向综合减灾转变，从减少灾害损失向减轻灾害风险转变，全面提升全社会抵御自然灾害的综合防范能力。基本原则是坚持以人民为中心，协调发展。牢固树立以人民为中心发展理念，增强全民气象灾害意识，提升公众自救互救技能，切实减少人员伤亡和财产损失。统筹城市、乡村、海洋、重点区域气象防灾减灾救灾，提高全社会抵御气象灾害综合能力。

坚持预防优先，综合减灾。高度重视减轻气象灾害风险，充分发挥监测、预报、预警、风险评估和科普宣传等工作在减轻气象灾害风险中的作用。综合运用各类资源和多种手段，强化统筹协调，推进气象防灾减灾救灾工作。加强政府主导、社会参与，坚持依法履职，科学减灾，坚持开放合作，共建共享。推进国际气象防灾减灾救灾合作，开展全球监测、全球预报和全球服务，共商、共建、共享"一带一路"气象防灾减灾救灾体系，参与全球气象灾害治理。建设新时代气象防灾减灾救灾体系，包括气象灾害监测预报预警体系、突发事件预警信息发布体制机制、气象灾害风险防范体系、气象防灾减灾救灾组织责任体系、气象防灾减灾救灾法规标准体系。

我国气象灾害预警信号一般分为 2~4 级（图 2-2、彩图 1）。

霜冻	冰雹	干旱	高温	大风
寒潮	暴雪	暴雨	雷电	大雾
台风	沙尘暴	道路结冰		

图 2-2　预警信号示意图

关于不同取向预警的含义与发布指南都有明确规定（表2-1）。

表2-1 不同级别预警的含义与防御指南

气象灾害	等级	含 义	防 御 指 南
霜冻	蓝色预警	48h内地面最低温度将要下降到0℃以下，对农业将产生影响，或者已经降到0℃以下，对农业已经产生影响，并可能持续	1. 政府及农林主管部门按照职责做好防霜冻准备工作； 2. 对农作物、蔬菜、花卉、瓜果、林业育种要采取一定的防护措施； 3. 农村基层组织和农户要关注当地霜冻预警信息，以便采取措施加强防护
	黄色预警	24h内地面最低温度将要下降到-3℃以下，对农业将产生严重影响，或者已经降到-3℃以下，对农业已经产生严重影响，并可能持续	1. 政府及农林主管部门按照职责做好防霜冻应急工作； 2. 农村基层组织要广泛发动群众，防灾抗灾； 3. 对农作物、林业育种要积极采取田间灌溉等防霜冻、冰冻措施，尽量减少损失； 4. 对蔬菜、花卉、瓜果要采取覆盖、喷洒防冻液等措施，减轻冻害
	橙色预警	24h内地面最低温度将要下降到-5℃以下，对农业将产生严重影响，或者已经降到-5℃以下，对农业已经产生严重影响，并将持续	1. 政府及农林主管部门按照职责做好防霜冻应急工作； 2. 农村基层组织要广泛发动群众，防灾抗灾； 3. 对农作物、蔬菜、花卉、瓜果、林业育种要采取积极的应对措施，尽量减少损失
冰雹	橙色预警	6h内可能出现冰雹天气，并可能造成雹灾	1. 政府及相关部门按照职责做好防冰雹的应急工作； 2. 气象部门做好人工防雹作业准备并择机进行作业； 3. 户外行人立即到安全的地方暂避； 4. 驱赶家禽、牲畜进入有顶篷的场所，妥善保护易受冰雹袭击的汽车等室外物品或者设备； 5. 注意防御冰雹天气伴随的雷电灾害
	红色预警	2h内出现冰雹可能性极大，并可能造成重雹灾	1. 政府及相关部门按照职责做好防冰雹的应急和抢险工作； 2. 气象部门适时开展人工防雹作业； 3. 户外行人立即到安全的地方暂避； 4. 驱赶家禽、牲畜进入有顶篷的场所，妥善保护易受冰雹袭击的汽车等室外物品或者设备； 5. 注意防御冰雹天气伴随的雷电灾害
干旱	橙色预警	预计未来1周综合气象干旱指数达到重旱（气象干旱为25～50年一遇），或者某一县（区）有40%以上的农作物受旱	1. 有关部门和单位按照职责做好防御干旱的应急工作； 2. 有关部门启用应急备用水源，调度辖区内一切可用水源，优先保障城乡居民生活用水和牲畜饮水； 3. 压减城镇供水指标，优先经济作物灌溉用水，限制大量农业灌溉用水； 4. 限制非生产性高耗水及服务业用水，限制排放工业污水； 5. 气象部门适时进行人工增雨作业

（续）

气象灾害	等级	含　义	防　御　指　南
干旱	红色预警	预计未来1周综合气象干旱指数达到特旱（气象干旱为50年以上一遇），或者某一县（区）有60%以上的农作物受旱	1. 有关部门和单位按照职责做好防御干旱的应急和救灾工作； 2. 各级政府和有关部门启动远距离调水等应急供水方案，采取提外水、打深井、车载送水等多种手段，确保城乡居民生活和牲畜饮水； 3. 限时或者限量供应城镇居民生活用水，缩小或者阶段性停止农业灌溉供水； 4. 严禁非生产性高耗水及服务业用水，暂停排放工业污水； 5. 气象部门适时加大人工增雨作业力度
高温	黄色预警	连续3d日最高气温将在35℃以上	1. 有关部门和单位按照职责做好防暑降温准备工作； 2. 午后尽量减少户外活动； 3. 对老、弱、病、幼人群提供防暑降温指导； 4. 高温条件下作业和白天需要长时间进行户外露天作业的人员应当采取必要的防护措施
	橙色预警	24h内最高气温将升至37℃以上	1. 有关部门和单位按照职责落实防暑降温保障措施； 2. 尽量避免在高温时段进行户外活动，高温条件下作业的人员应当缩短连续工作时间； 3. 对老、弱、病、幼人群提供防暑降温指导，并采取必要的防护措施； 4. 有关部门和单位应当注意防范因用电量过高，以及电线、变压器等电力负载过大而引发的火灾
	红色预警	24h内最高气温将升至40℃以上	1. 有关部门和单位按照职责采取防暑降温应急措施； 2. 停止户外露天作业（除特殊行业外）； 3. 对老、弱、病、幼人群采取保护措施； 4. 有关部门和单位要特别注意防火
大风	蓝色预警	24h内可能受大风影响，平均风力可达6级以上，或者阵风7级以上；或者已经受大风影响，平均风力为6~7级，或者阵风7~8级并可能持续	1. 政府及相关部门按照职责做好防大风工作； 2. 关好门窗，加固围板、棚架、广告牌等易被风吹动的搭建物，妥善安置易受大风影响的室外物品，遮盖建筑物资； 3. 相关水域水上作业和过往船舶采取积极的应对措施，如回港避风或者绕道航行等； 4. 行人注意尽量少骑自行车，刮风时不要在广告牌、临时搭建物等下面逗留； 5. 有关部门和单位注意森林、草原等防火

（续）

气象灾害	等级	含 义	防 御 指 南
大风	黄色预警	12h内可能受大风影响，平均风力可达8级以上，或者阵风9级以上；或者已经受大风影响，平均风力为8~9级，或者阵风9~10级并可能持续	1. 政府及相关部门按照职责做好防大风工作； 2. 停止露天活动和高空等户外危险作业，危险地带人员和危房居民尽量转到避风场所避风； 3. 相关水域水上作业和过往船舶采取积极的应对措施，加固港口设施，防止船舶走锚、搁浅和碰撞； 4. 切断户外危险电源，妥善安置易受大风影响的室外物品，遮盖建筑物资； 5. 机场、高速公路等单位应当采取保障交通安全的措施，有关部门和单位注意森林、草原等防火
	橙色预警	6h内可能受大风影响，平均风力可达10级以上，或者阵风11级以上；或者已经受大风影响，平均风力为10~11级，或者阵风11~12级并可能持续	1. 政府及相关部门按照职责做好防大风应急工作； 2. 房屋抗风能力较弱的中小学校和单位应当停课、停业，人员减少外出； 3. 相关水域水上作业和过往船舶应当回港避风，加固港口设施，防止船舶走锚、搁浅和碰撞； 4. 切断危险电源，妥善安置易受大风影响的室外物品，遮盖建筑物资； 5. 机场、铁路、高速公路、水上交通等单位应当采取保障交通安全的措施，有关部门和单位注意森林、草原等防火
	红色预警	6h内可能受大风影响，平均风力可达12级以上，或者阵风13级以上；或者已经受大风影响，平均风力为12级以上，或者阵风13级以上并可能持续	1. 政府及相关部门按照职责做好防大风应急和抢险工作； 2. 人员应当尽可能停留在防风安全的地方，不要随意外出； 3. 回港避风的船舶要视情况采取积极措施，妥善安排人员留守或者转移到安全地带； 4. 切断危险电源，妥善安置易受大风影响的室外物品，遮盖建筑物资； 5. 机场、铁路、高速公路、水上交通等单位应当采取保障交通安全的措施，有关部门和单位注意森林、草原等防火
寒潮	蓝色预警	48h内最低气温将要下降8℃以上，最低气温≤4℃，陆地平均风力可达5级以上；或者已经下降8℃以上，最低气温≤4℃，平均风力达5级以上，并可能持续	1. 政府及有关部门按照职责做好防寒潮准备工作； 2. 注意添衣保暖； 3. 对热带作物、水产品采取一定的防护措施； 4. 做好防风准备工作
	黄色预警	24h内最低气温将要下降10℃以上，最低气温≤4℃，陆地平均风力可达6级以上；或者已经下降10℃以上，最低气温≤4℃，平均风力达6级以上，并可能持续	1. 政府及有关部门按照职责做好防寒潮工作； 2. 注意添衣保暖，照顾好老、弱、病人； 3. 对牲畜、家禽和热带、亚热带水果及有关水产品、农作物等采取防寒措施； 4. 做好防风工作

（续）

气象灾害	等级	含　义	防　御　指　南
寒潮	橙色预警	24h 内最低气温将要下降 12℃以上，最低气温 ≤ 0℃，陆地平均风力可达 6 级以上；或者已经下降 12℃以上，最低气温 ≤ 0℃，平均风力达 6 级以上，并可能持续	1. 政府及有关部门按照职责做好防寒潮应急工作； 2. 注意防寒保暖； 3. 农业、水产业、畜牧业等要积极采取防霜冻、冰冻等防寒措施，尽量减少损失； 4. 做好防风工作
	红色预警	24h 内最低气温将要下降 16℃以上，最低气温 ≤ 0℃，陆地平均风力可达 6 级以上；或者已经下降 16℃以上，最低气温 ≤ 0℃，平均风力达 6 级以上，并可能持续	1. 政府及相关部门按照职责做好防寒潮的应急和抢险工作； 2. 注意防寒保暖； 3. 农业、水产业、畜牧业等要积极采取防霜冻、冰冻等防寒措施，尽量减少损失； 4. 做好防风工作
暴雪	蓝色预警	12h 内降雪量将达 4mm 以上，或者已达 4mm 以上且降雪持续，可能对交通或者农牧业有影响	1. 政府及有关部门按照职责做好防雪灾和防冻害准备工作； 2. 交通、铁路、电力、通信等部门应当进行道路、铁路、线路巡查维护，做好道路清扫和积雪融化工作； 3. 行人注意防寒防滑，驾驶人员小心驾驶，车辆应当采取防滑措施； 4. 农牧区和种养殖业要储备饲料，做好防雪灾和防冻害准备； 5. 加固棚架等易被雪压的临时搭建物
	黄色预警	12h 内降雪量将达 6mm 以上，或者已达 6mm 以上且降雪持续，可能对交通或者农牧业有影响	1. 政府及相关部门按照职责落实防雪灾和防冻害措施； 2. 交通、铁路、电力、通信等部门应当加强道路、铁路、线路巡查维护，做好道路清扫和积雪融化工作； 3. 行人注意防寒防滑，驾驶人员小心驾驶，车辆应当采取防滑措施； 4. 农牧区和种养殖业要备足饲料，做好防雪灾和防冻害准备； 5. 加固棚架等易被雪压的临时搭建物
	橙色预警	6h 内降雪量将达 10mm 以上，或者已达 10mm 以上且降雪持续，可能或者已经对交通或者农牧业有较大影响	1. 政府及相关部门按照职责做好防雪灾和防冻害的应急工作； 2. 交通、铁路、电力、通信等部门应当加强道路、铁路、线路巡查维护，做好道路清扫和积雪融化工作； 3. 减少不必要的户外活动； 4. 加固棚架等易被雪压的临时搭建物，将户外牲畜赶入棚圈喂养
	红色预警	6h 内降雪量将达 15mm 以上，或者已达 15mm 以上且降雪持续，可能或者已经对交通或者农牧业有较大影响	1. 政府及相关部门按照职责做好防雪灾和防冻害的应急和抢险工作； 2. 必要时停课、停业（除特殊行业外）； 3. 必要时飞机暂停起降，火车暂停运行，高速公路暂时封闭； 4. 做好牧区等救灾救济工作

（续）

气象灾害	等级	含　义	防　御　指　南
暴雨	蓝色预警	12h 内降水量将达 50mm 以上，或者已达 50mm 以上且降雨可能持续	1. 政府及相关部门按照职责做好防暴雨准备工作； 2. 学校、幼儿园采取适当措施，保证学生和幼儿安全； 3. 驾驶人员应当注意道路积水和交通阻塞，确保安全； 4. 检查城市、农田、鱼塘排水系统，做好排涝准备
	黄色预警	6h 内降水量将达 50mm 以上，或者已达 50mm 以上且降雨可能持续	1. 政府及相关部门按照职责做好防暴雨工作； 2. 交通管理部门应当根据路况在强降雨路段采取交通管制措施，在积水路段实行交通引导； 3. 切断低洼地带有危险的室外电源，暂停在空旷地方的户外作业，转移危险地带人员和危房居民到安全场所避雨； 4. 检查城市、农田、鱼塘排水系统，采取必要的排涝措施
	橙色预警	3h 内降水量将达 50mm 以上，或者已达 50mm 以上且降雨可能持续	1. 政府及相关部门按照职责做好防暴雨应急工作； 2. 切断有危险的室外电源，暂停户外作业； 3. 处于危险地带的单位应当停课、停业，采取专门措施保护已到校学生、幼儿和其他上班人员的安全； 4. 做好城市、农田的排涝，注意防范可能引发的山洪、滑坡、泥石流等灾害
	红色预警	3h 内降水量将达 100mm 以上，或者已达 100mm 以上且降雨可能持续	1. 政府及相关部门按照职责做好防暴雨应急和抢险工作； 2. 停止集会、停课、停业（除特殊行业外）； 3. 做好山洪、滑坡、泥石流等灾害的防御和抢险工作
雷电	黄色预警	6h 内可能发生雷电活动，可能会造成雷电灾害事故	1. 政府及相关部门按照职责做好防雷工作； 2. 密切关注天气，尽量避免户外活动
	橙色预警	2h 内发生雷电活动的可能性很大，或者已经受雷电活动影响，且可能持续，出现雷电灾害事故的可能性比较大	1. 政府及相关部门按照职责落实防雷应急措施； 2. 人员应当留在室内，并关好门窗； 3. 户外人员应当躲入有防雷设施的建筑物或者汽车内； 4. 切断危险电源，不要在树下、电杆下、塔吊下避雨； 5. 在空旷场地不要打伞，不要把农具、羽毛球拍、高尔夫球杆等扛在肩上
	红色预警	2h 内发生雷电活动的可能性非常大，或者已经有强烈的雷电活动发生，且可能持续，出现雷电灾害事故的可能性非常大	1. 政府及相关部门按照职责做好防雷应急抢险工作； 2. 人员应当尽量躲入有防雷设施的建筑物或者汽车内，并关好门窗； 3. 切勿接触天线、水管、铁丝网、金属门窗、建筑物外墙，远离电线等带电设备和其他类似金属装置； 4. 尽量不要使用无防雷装置或者防雷装置不完备的电视、电话等电器； 5. 密切注意雷电预警信息的发布

（续）

气象灾害	等级	含　义	防　御　指　南
大雾	黄色预警	12h 内可能出现能见度 <500m 的雾，或者已经出现能见度 <500m、≥200m 的雾并将持续	1. 有关部门和单位按照职责做好防雾准备工作； 2. 机场、高速公路、轮渡码头等单位加强交通管理，保障安全； 3. 驾驶人员注意雾的变化，小心驾驶； 4. 户外活动注意安全
	橙色预警	6h 内可能出现能见度 <200m 的雾，或者已经出现能见度 <200m、≥50m 的雾并将持续	1. 有关部门和单位按照职责做好防雾工作； 2. 机场、高速公路、轮渡码头等单位加强调度指挥； 3. 驾驶人员必须严格控制车、船的行进速度； 4. 减少户外活动
	红色预警	2h 内可能出现能见度 <50m 的雾，或者已经出现能见度 <50m 的雾并将持续	1. 有关部门和单位按照职责做好防雾应急工作； 2. 有关单位按照行业规定适时采取交通安全管制措施，如机场暂停飞机起降，高速公路暂时封闭，轮渡暂时停航等； 3. 驾驶人员根据雾天行驶规定，采取雾天预防措施，根据环境条件采取合理行驶方式，并尽快寻找安全停放区域停靠； 4. 不要进行户外活动
沙尘暴	黄色预警	12h 内可能出现沙尘暴天气（能见度 <1000m），或者已经出现沙尘暴天气并可能持续	1. 政府及相关部门按照职责做好防沙尘暴工作； 2. 关好门窗，加固围板、棚架、广告牌等易被风吹动的搭建物，妥善安置易受大风影响的室外物品，遮盖建筑物资，做好精密仪器的密封工作； 3. 注意携带口罩、纱巾等防尘用品，以免沙尘对眼睛和呼吸道造成损伤； 4. 呼吸道疾病患者、对风沙较敏感人员不要到室外活动
	橙色预警	6h 内可能出现强沙尘暴天气（能见度 <500m），或者已经出现强沙尘暴天气并可能持续	1. 政府及相关部门按照职责做好防沙尘暴应急工作； 2. 停止露天活动和高空、水上等户外危险作业； 3. 机场、铁路、高速公路等单位做好交通安全的防护措施，驾驶人员注意沙尘暴变化，小心驾驶； 4. 行人注意尽量少骑自行车，户外人员应当戴好口罩、纱巾等防尘用品，注意交通安全
	红色预警	6h 内可能出现特强沙尘暴天气（能见度 <50m），或者已经出现特强沙尘暴天气并可能持续	1. 政府及相关部门按照职责做好防沙尘暴应急抢险工作； 2. 人员应当留在防风、防尘的地方，不要在户外活动； 3. 学校、幼儿园推迟上学或者放学，直至特强沙尘暴结束； 4. 飞机暂停起降，火车暂停运行，高速公路暂时封闭
台风	蓝色预警	24h 内可能或者已经受热带气旋影响，沿海或者陆地平均风力达 6 级以上，或者阵风 8 级以上并可能持续	1. 政府及相关部门按照职责做好防台风准备工作； 2. 停止露天集体活动和高空等户外危险作业； 3. 相关水域水上作业和过往船舶采取积极的应对措施，如回港避风或者绕道航行等； 4. 加固门窗、围板、棚架、广告牌等易被风吹动的搭建物，切断危险的室外电源

（续）

气象灾害	等级	含 义	防 御 指 南
台风	黄色预警	24h内可能或者已经受热带气旋影响，沿海或者陆地平均风力达8级以上，或者阵风10级以上并可能持续	1. 政府及相关部门按照职责做好防台风应急准备工作； 2. 停止室内外大型集会和高空等户外危险作业； 3. 相关水域水上作业和过往船舶采取积极的应对措施，加固港口设施，防止船舶走锚、搁浅和碰撞； 4. 加固或者拆除易被风吹动的搭建物，人员切勿随意外出，确保老人小孩留在家中最安全的地方，危房人员及时转移
	橙色预警	12h内可能或者已经受热带气旋影响，沿海或者陆地平均风力达10级以上，或者阵风12级以上并可能持续	1. 政府及相关部门按照职责做好防台风抢险应急工作； 2. 停止室内外大型集会、停课、停业（除特殊行业外）； 3. 相关应急处置部门和抢险单位加强值班，密切监视灾情，落实应对措施； 4. 相关水域水上作业和过往船舶应当回港避风，加固港口设施，防止船舶走锚、搁浅和碰撞； 5. 加固或者拆除易被风吹动的搭建物，人员应当尽可能待在防风安全的地方，当台风中心经过时风力会减小或者静止一段时间，切记强风将会突然吹袭，应当继续留在安全处避风，危房人员及时转移； 6. 相关地区应当注意防范强降水可能引发的山洪、地质灾害
	红色预警	6h内可能或者已经受热带气旋影响，沿海或者陆地平均风力达12级以上，或者阵风达14级以上并可能持续	1. 政府及相关部门按照职责做好防台风应急和抢险工作； 2. 停止集会、停课、停业（除特殊行业外）； 3. 回港避风的船舶要视情况采取积极措施，妥善安排人员留守或者转移到安全地带； 4. 加固或者拆除易被风吹动的搭建物，人员应当待在防风安全的地方，当台风中心经过时风力会减小或者静止一段时间，切记强风将会突然吹袭，应当继续留在安全处避风，危房人员及时转移； 5. 相关地区应当注意防范强降水可能引发的山洪、地质灾害
道路结冰	黄色预警	当路表温度低于0℃，出现降水，12h内可能出现对交通有影响的道路结冰	1. 交通、公安等部门要按照职责做好道路结冰应对准备工作； 2. 驾驶人员应当注意路况，安全行驶； 3. 行人外出尽量少骑自行车，注意防滑
	橙色预警	当路表温度低于0℃，出现降水，6h内可能出现对交通有较大影响的道路结冰	1. 交通、公安等部门要按照职责做好道路结冰应急工作； 2. 驾驶人员必须采取防滑措施，听从指挥，慢速行驶； 3. 行人出门注意防滑
	红色预警	当路表温度低于0℃，出现降水，2h内可能出现或者已经出现对交通有很大影响的道路结冰	1. 交通、公安等部门做好道路结冰应急和抢险工作； 2. 交通、公安等部门注意指挥和疏导行驶车辆，必要时关闭结冰道路交通； 3. 人员尽量减少外出

3. 气象服务与农业防灾减灾

气象服务在农业防灾减灾中有重要的作用。因农业生产过程中受天气和气候的影响较大，现如今农民仍旧没有摆脱"靠天吃饭"的局面，农业防御气象灾害的能力仍旧较弱，各级气象部门应不断提高气象服务质量，充分发挥出其在农业防灾减灾中的作用。农民可结合天气预报内容适时调整现有的耕作制度，并选择抗寒、抗旱、耐高温的农作物品种进行播种，进而提升农作物产量和品质，提高农民经济收入水平。

气象防灾减灾的重点是构建灾害预报体系，提升气象预报精确度水平是保证预警时效性、采取可行性防御对策的关键，关系农业防灾减灾成效。应从现代化农业发展和新型农村建设的角度出发，做好特色农业、高效农业的灾害预测预警工作。

应加快现代化农业发展观测站网建设。结合近年来农业发展规划、农业产业结构和种植结构调整对农业生产布局和气象防灾减灾服务的需求，对现有的区域性观测网络加大调整力度，使其不断趋于完善。为准时、准确、高效地监测区域内的气象要素数据信息，应开展加密采集，做好综合数据库的构建和相关数据的监测，将气象灾害对农业生产的影响降到最低，推动农业可持续健康发展。

应做好气象灾害知识宣传。首先，气象部门应向政府和有关职能部门加大气象灾害知识宣传力度，确保各级政府和职能部门正确认识农业气象防灾减灾工作，政府部门可将农业气象灾害防灾减灾划至日常工作范畴，尽快制定出科学规范的农业气象防灾减灾政策和规划；其次，积极创建由电视、网络、微博、微信等新媒体平台组成的科普宣传网络，政府、气象、农业等各职能部门可借助科普宣传网络定期向社会大众普及农业气象防灾减灾知识，提升社会大众防灾减灾意识，确保每位社会大众都能了解到正确的避灾抗灾知识。开拓新媒体传播渠道，开展互动性应急演练。

4. 农业保险

占全国人口不到 2% 的美国农民，养活了 3 亿多美国人。美国农民之所以有这样大的"本事"，除了与美国农业体制、科技进步等因素有关外，一个非常重要的因素就是美国政府长期以来实施的农业补贴政策。美国的联邦农作物保险公司为商业保险机构提供再保险，降低商业保险机构参与农业保险的风险，调动其积极性。政府还对投保的农场主给予相当于保费 50%~80% 的补贴，使农场主只需支付很少的保费就能参加农业保险。西欧一些国家如法国、西班牙等，农业保险体系不仅多样化，有政府保险机构、合股保险公司、大小型互助合作组织等，政府还对农民所交保险费补贴 50%~80%。在推动农业保险业发展的同时，这些发达国家的政府还十分重视对农业给予灾害补贴。美国通过"灾害援助计划"对因遭受自然灾害而造成收入损失的农户进行补贴，以帮助受灾对象稳定收入以及恢复生产。法国、日本等国家向农户发放长期低息贷款，政府负责补贴利息差额。为吸引商业银行增加对农业的信贷投入，日本政府还为一部分贷款提供担保。

我国经济已经进入新的发展阶段，应该借鉴发达国家的经验，探讨适合国情的农业保险与补贴的新模式，建立由政府补贴扶持的农业保险政策。发达地区已经在探索中起步，如上海市出台的农业保险实施办法，规定农民在养殖业及蔬菜、水稻等种植业方面投保，可获政府 25%~45% 的保险费用补贴。浙江省也出台了一系列政策，杭州市萧山区粮食局、财政局、太平洋保险公司于 2004 年 3 月 11 日联合发文，对种粮大户的粮食作物实施保险。保险的条款规定：保险费由区财政承担 2/3，种粮大户自己负担 1/3；衢州市对

早稻种植 1.3hm^2 以上或订单 1000kg 以上的种粮大户发放 20% 的"预定金";杭州市富阳区对农户种养业给予短期小额贷款担保。农业补贴和保险对农业起到双重保护作用,对于增加农民收入、调动农民积极性、化解农业灾害风险、稳定农业生产等发挥了积极的推动作用。

（四）当前防灾减灾救灾工作面临的主要问题

1. 防灾减灾与应急救灾关系不够平衡

一是"重救灾、轻减灾",常态减灾工作乏力。救灾突出应急性,易见成效;减灾体现日常性、长效性,工作成效是隐性的。在工作实践中,一些地方和部门往往出于关注度、紧迫性和激励机制的原因,对减灾工作的重视和投入都不够,重灾后救援与重建、轻灾前防范,重工程措施、轻非工程措施等。另外,由于地区间经济发展的不平衡,造成区域上发展不平衡,中西部减灾工作不如东部地区。

二是城市高风险、农村不设防的状况短期内难以改变,救灾成本随之增加。城市地下排涝和防洪基础设施薄弱,局地性强降水容易导致严重内涝、城市运行受到较大影响。我国农村防灾抗灾力量弱,许多农村防灾抗灾基础设施建设有待加强,不少农村灾害监测预警预报体系不健全,绝大多数民房建筑质量标准不高,缺少应急避难场所,抵御自然灾害的能力有限。特别是对农业生产防灾救灾重视程度不够。

三是防灾减灾宣传教育不够普及,防灾减灾长效机制建设存在诸多困难。目前,受制于人员编制、资金投入等,一些地方的防灾减灾宣传教育活动只集中在"全国防灾减灾日""国际减灾日"等特定时段,形式单一,不接地气,群众参与度不高,效果有限。

2. 防灾减灾法律法规体系有待健全

一是缺乏防灾减灾综合立法。世界很多国家都有灾害管理的基本法(如美国《斯塔福德法案》、日本《灾害对策基本法》等),并以此作为制定其他专项法律法规的基础,形成以基本法为基础、由各单项法律构成的有机法律体系。我国现有的涉灾法律法规多达 30 多部,但至今尚不完善。

二是现有立法侧重灾前预防,按灾种分立,部门色彩较重,过程立法滞后。我国针对自然灾害的立法思路是"一事一法",即针对一个灾种制定一部法律,各项法律法规之间缺乏有效衔接,灾害应对的全过程和各环节工作没有完全兼顾。而西方主要发达国家遵循过程立法,确保应对流程的科学性和衔接性,明晰各阶段处置工作的主体责任。

三是有的法律法规较宏观和原则,与之配套的灾后处置立法缺项较多。应对法执法主体不明确,削弱了执行效力;没有制订实施细则,处理具体问题依据不充分;侧重事后处置,对事前防范规范不够;有关配套的专项法律法规尚未制订,如重特大自然灾害综合损失评估、社会动员、灾后恢复重建等。

四是各部门应急预案缺乏有效衔接。专项预案的启动标准不统一,制约部门应急联动的协调性和有效性,国家专项预案、部门预案和地方预案、基层单位预案之间缺乏有机衔接,预案宣传演练不够(来红州,2018)。

三、防灾减灾科学研究

（一）有关学术期刊

灾害学的创设,包括各类灾害的研究,着重对各类灾害的成因、过程、规律性、后果、预防原理与方法、预防对策以及有关措施等的研究。《灾害学》《中国减灾报》《中国减灾》《自然灾害学报》《火灾科学》等报刊的面世，以及政府鼓励把有关防灾的内容纳入正规教学过程中等，都从不同的方面为开展防灾减灾教育创设了良好的氛围。减灾教育在我国得到了高度重视，近10多年来我国广泛开展了多学科、多层次的减灾教育，一批高校开设了防灾工程、安全防范、灾害风险评价、灾害管理等专业，其中有30多个专业能培养减灾专业的本科生、硕士研究生和博士研究生。

1.《自然灾害学报》

《自然灾害学报》（*Journal of Natural Disasters*）是中国灾害防御协会和中国地震局工程力学研究所共同主办的灾害科学的综合性学术期刊，也是国内灾害科学界推许为我国灾害科学方面的权威性刊物。其以反映自然灾害的孕育和发生机理、灾害的预测和预防、灾害的危险性评估、灾害与人类社会的关系及其影响以及其他防灾减灾系统工程方面研究成果，促进国内外学术交流为办刊宗旨。主要刊载灾害防御研究；灾害的预测；灾害的危险性评估；农业减灾；气象减灾；城市减灾；减灾方针和管理体制；自然灾害的社会因素；国内外地震灾害；增强减灾意识；防灾减灾系统工程等方面的问题。

2.《防灾减灾工程学报》

《防灾减灾工程学报》（*Journal of Disaster Prevention and Mitigation Engineering*），1981年创刊，江苏省地震局、中国灾害防御协会主办，是防灾减灾工程类综合性学术期刊。刊载以防御和减轻自然灾害为主的各类灾害的基础性学术研究论文和应用性科研成果，内容包括：地震与地质灾害、气象灾害、爆炸与火灾、植物灾变以及其他对人类生存和社会发展造成危害的各类灾害。开展多种灾害学间的学术和科技成果交流，加强自然科学与社会科学在灾害科学方面的结合，推动防灾减灾工程领域的科学研究，促进有效减灾，为可持续发展战略服务；为从事防灾减灾研究的科学工作者、政府和企事业部门的防灾减灾专业技术人员及大专院校有关专业的师生提供学术交流的园地。

3.《防灾减灾学报》

原名《东北地震研究》，1985年创刊后于2010年正式更名为《防灾减灾学报》（*Journal of Disaster Prevention and Reduction*）。由辽宁省地震局主管主办，中国灾害防御协会、吉林省地震局、黑龙江省地震局、宁夏回族自治区地震局和黑龙江省气象台联合承办的学术性期刊。以防震减灾为核心，以减轻自然灾害为目的，反映当今防灾减灾领域的最新研究成果、学术动态及实践经验。

4.《防灾科技学院学报》

《防灾科技学院学报》（*Journal of Institute of Disaster-prevention Science and Technology*），由中国地震局主管，防灾技术高等专科学校主办的科技类学术期刊，面向国内外公开发行。主要栏目有：院士专家论坛、防震减灾科普、防震减灾一线、防震科技动态、数学台网建设、高校建设发展、专业建设改革、课程建设改革、教育教学研究、思想政治工作等。

5.《中国减灾》

1991年创刊的《中国减灾》（半月刊，*Disaster Reduction in China*），由民政部国家减灾中心主办。旨在宣传党和国家减灾工作方针，指导全国减灾工作，进行减灾学术研究，提供国内外减灾信息，普及减灾知识，提高全民减灾意识，宣传我国减灾工作成绩，进行国际交流。

6.《国际减少灾害风险》

《国际减少灾害风险》(*International Journal of Disaster Risk Reduction*),最新影响因子:2.896。该杂志是一本面向不同学科的研究人员、决策者和实践者的期刊。主要涉及地球科学及其影响,环境科学,工程,城市研究,地理位置以及社会科学。该杂志出版基础和应用研究、批判性评论、政策论文和案例研究,特别侧重于旨在减少自然、技术、社会和故意灾害影响的多学科研究;鼓励在所有地理尺度(地方、国家和国际)就灾害研究、减轻、适应、预防和减少风险交换意见和知识转让。关键问题:多面灾害和级联灾害,制定减灾战略和技术,讨论和发展各级有效的风险管理预警和教育系统与气候变化有关的灾害,脆弱性分析和脆弱性趋势,新兴风险,弹性与灾害。鼓励从多学科角度研究风险的论文。

7.《灾害学》

《灾害学》(*Journal of Catastrophology*)主办单位为陕西省地震局。创刊于 1986 年,是我国灾害科学领域创刊最早的杂志。把灾害作为一门独立的学科体系,主要刊登研究成果、觅求科学有效的防灾减灾对策等。由于其属于自然科学的范畴,所以,刊登各种有关自然灾害内容的稿件;又由于其冠名《灾害学》,因此,其他非自然因素造成的灾害的稿件,也是登载的主要内容。《灾害学》辟有"理论·思路与争鸣""预测·防治与对策""灾例·经验与教训""资料·综述与信息""应急·风险与管理""探索·青年与灾害"等栏目。

《灾害学》的办刊宗旨是:对各种灾害(自然灾害和人文灾害)进行综合系统地探讨研究;通过对各种灾害事件的分析讨论,总结经验,吸取教训;广泛交流灾害科学的学术思想、研究方法、研究成果;报道国内外关于灾害问题的研究动态和防灾抗灾对策;揭示和探索各种灾害发生演化的客观规律;目的是提高人类抗御灾害的科技水平和能力,最大限度地减轻灾害造成的人员伤亡和财产损失。

8. *International Journal of Disaster Risk Science*

《国际灾害风险科学学报(英文版)》影响因子为 2.048。在地球科学(Geoscience)、气象和大气科学(Meteorology & Atmospheric Sciences)、水资源(Water Resources)三个学科类目均进入 Q2 区。该刊于 2010 年 9 月由北京师范大学自主创办,地理科学学部减灾与应急管理研究院承办。现主办单位为北京师范大学、应急管理部国家减灾中心。史培军教授和 Carlo Jaeger 教授任期刊主编,李颖博士任编辑部主任,杜鹃博士任责任编辑,来自全球 12 个国家的地球科学领域学者担任编委。期刊由德国斯普林格出版商和北京师范大学出版社联合出版(开放获取)。该刊 2015 年被 SCI 数据库收录,目前已被包含 SCI、Scopus、Geobase、GeoRef、OCLC、CSCD 等国际、国内 23 个检索引文系统收录。

9. 相关的主要外刊

包括 *Progress in Disaster Science*(灾害科学进展),*Climate Risk Management*(气候风险管理),*DISASTERS*(灾害),*Disaster Prevention and Management*(灾害预防和管理)和 *Risk Management-Journal of Risk Crisis and Disaster*(风险管理——风险危机和灾害杂志)等。

(二)科普教育

1. 国外防灾减灾科普介绍

目前国外很多发达国家都出版发行了各式各样的防灾减灾知识读本和教材,以进行防灾减灾科普宣传。如美国联邦紧急事务管理局(FEMA)以社区和家庭为单位进行防灾减灾宣传教育，通过发放宣传册、播放宣传短片等各种方式指导社区和家庭制订防灾计划，使民众掌握防灾知识和技能。其中，《准备好了吗？》一书通过基本准备、自然灾害、技术灾难、恐怖袭击和灾后恢复等部分，详细介绍了相关基础知识和防灾方法，在美国家喻户晓，已成为美国减灾知识宣传的经典素材。日本非常注重从小培养公民的防灾意识，重视中小学乃至幼儿园的减灾宣传。日本文部科学省以及各都道府县教育委员会基本都编写了《危机管理和应对手册》等教材，指导各类中小学开展灾害预防和应对教育。此外，日本特别擅长用通俗易懂的形式进行防灾减灾宣传，如《思考我们的生命和安全传递幸福》《回到一天前，你应该怎么做？》《稻田之火》和《防灾小鸭子》等教材和影像短片。其中《稻田之火》曾经在联合国防灾大会上由时任首相小泉纯一郎向来自各国的与会者讲述，借此传达平时积累防灾减灾知识、提高防灾减灾技能的重要性。澳大利亚以自然灾害管理为主要任务的应急管理中心(EMA)，编写了大量的应急管理相关的技术手册和指南。其中的《应急技术参考手册》分为5个系列：①基本原理，内容涉及灾害应急管理的概念、原则等；②应急管理方法，包含减灾规划和应急方案的实施；③应急管理实践，涉及灾害救助、恢复、医疗和心理服务、社区应急规划及社区服务等；④应急服务的技术，内容涉及应急组织领导、操作管理、营救、通信、地图等；⑤培训管理。

2. 国内防灾减灾科普介绍

（1）现状

防灾减灾科普宣传是一项专门而系统的工作，任重而道远。需要我们从身边基础工作做起，循序渐进，努力不断改进科普宣传工作，创新多种科普宣传形式。最终在面对灾害时，能够从容不迫，有效应对，从而最大限度地减轻灾害给人们带来的损失和影响，保障人民的安全、社会的稳定。

我国的防灾减灾工作相对起步较晚。近年来，特别是自2008年的南方冰冻雨雪灾害和汶川地震后，国内社会各界对灾害的关注程度与日俱增，各类防灾减灾科普宣传读物也开始大量出现。按照编制者主题不同，大致可分为3类：①由民政部和国家减灾委员会办公室等组织编制的各类防灾减灾读本和手册；②地方政府根据其区域特征而编制的市民应急手册和其他宣传手册；③有关研究机构或个人编著出版的各类防灾减灾书籍。

目前，这类读本内容主要包括各类自然灾害的基础知识和小常识，面对自然灾害或安全事故危险时的紧急应对方法和自救互救、逃生避险措施等。其中，避灾自救手册根据自然灾害和安全事故的不同种类有地震、滑坡与泥石流、风灾、寒潮雪灾低温冷冻、火灾、传染病、交通事故、环境污染等分册；安全教育知识读本根据受众的不同分别有适用于6~8岁的小学生、9~12岁的小学生和初中生等分册。此外，还有针对全体民众的防灾应急手册等。这些读本和手册基本涵盖了日常生活中可能面临的各类主要自然灾害和安全事故，从不同角度和不同方面详细介绍了遇到这些危险时的应对方法。该类读本和手册图文并茂，理论性较强，但实际操作性则相对较弱。文字缺乏一定的生动性，尤其是对于小学生阅读群体，读本中具有较多深奥且缺乏趣味性的文字内容，不利于小学生对知识的理解和掌握。

地方政府编制的市民应急手册充分考虑到了本地区的实际情况，具有较强的针对性。

如北京市的《首都市民防灾应急手册》，主要包括紧急呼救，家用电、气、水事故，火灾事故，中毒事故，交通事故等内容；天津市的《市民应急避险手册》分为应急常识篇、自然灾害篇、事故灾难篇、公共卫生事件篇、社会安全事件篇5个部分；海南省减灾委员会办公室针对海南省台风灾害频发的现状，在编制《海南省自然灾害基本知识与公众应急手册》时着重介绍了台风、龙卷风、雷电、冰雹等气象灾害的特点、危害、防范及自救互救措施等知识。除应急手册外，各地还编制了许多其他方面的宣传手册，如北京市红十字会和北京市卫生局编制了针对家庭的急救手册，包括急危重症的救护、常见损伤的救护等内容；北京市卫生局还组织编写了《首都市民预防传染病手册》，分为应知篇、预防篇、应对篇及常见传染病篇等，向居民宣传正确的防治传染病方法；宁波市针对当地的中小学生群体编制了《安全常识读本》，内容包括交通安全、消防安全、卫生安全、网络安全、用电安全等方面。地方编制的手册实用性较高，但科学性和系统性略有欠缺。各类出版发行的防灾减灾书籍种类多样，内容丰富，但结构较为类似，多是针对各类自然灾害和安全事故编制的自救互救手册。尤其是2008年汶川地震发生之后，出版了一大批自救互救手册，对提高普通民众的防灾减灾意识和技能起到了一定作用，但这些书籍多以文字为主，可读性欠佳，宣传教育效果有限。

目前编制的防灾减灾手册往往侧重于某几类比较常见的自然灾害（如地震、洪水等）或某些人为灾害（如火灾、交通事故等），覆盖面较窄，普遍缺乏系统性和全面性，尤其偏重于城市社区可能遇到的危险，对农村社区、农业生产所特有的自然灾害和人为灾害相关问题关注不够。

（2）防灾减灾科普宣传工作存在的问题

①过分依赖"图文宣传"，科普内容形式陈旧单一，且创新不足。当前防灾减灾科普在"图文宣传"方面的重点主要是"5·12""科技周"等重点时段的现场宣传，以及与之配合的平面媒体宣传和广播电影电视宣传。这种宣传方式在"造势"方面具有很好的效果，也能起到加强宏观防灾减灾意识的作用，但真正在"传播防灾减灾知识，增加防灾减灾技能"方面能起的作用要大打折扣。以广播电影电视宣传为例，近年来，在有关防灾减灾管理部门和媒体管理部门的努力下，广播电影电视媒体在防灾减灾宣传方面的力度不断增加，但为公众普遍感知的大多是集中在重点时段对防灾减灾科普行动的新闻式的报道，而真正科普性质的内容较少，关于农业生产相关防灾减灾几乎没有。

②重理论轻实践。这是我国传统教育的通病，灾害科普教育也不例外。区别于其他的教育，灾害教育的实践演习比理论知识更重要，因为灾害往往都具有突发性和偶然性，不是日常生活常见的情景，所以模拟环境下的演习很重要。在有关灾害科普知识的学习上，重视"图文展示类"理论知识的宣传，而在"课堂教学训练类"中的强化训练和集体演练等落实的情况欠佳。导致学到的知识无法应用，现有的应急设备不懂使用，最后的结果是科普宣传没有达到想要的效果，知识的学习不能转化为能力的应用，灾害的应急能力、灾害综合素质没有得到有效提高。不管是灾害教育课程资源、灾害教育专业科技研究资源，还是灾害教育配套设施物质资源，都还有待充分挖掘。

③重视程度不够，人力、物力、财力投入相对不足。

（3）防灾减灾科普工作对策建议

①主动开展多样化的防灾减灾科普工作，鼓励不同科普形式融合创新。融合传统与现

代教育、媒体手段，把防灾减灾的认知与技能落实到人们的反应习惯中去。

②增加投入。充分发挥各单位和各行业的优势，通过联办、赞助等方法多方筹措资金。制定政策，吸纳社会投入进入防灾减灾科普领域，如建立社会防灾减灾科普基金（或者在有关防灾减灾基金中明确防灾减灾科普专项），吸引企业、社会团体、公民及海外人士对防灾减灾的捐赠，按比例将部分基金用于引导防灾减灾科普作品创作、公共防灾减灾科普设备维护等用途。有了经费保障，才能保障防灾减灾科普工作的有效开展。

③鼓励高素质人员加入防灾减灾科普工作队伍。对各防灾减灾相关部门的科普工作力量进行梳理，明确岗位目标，充实岗位力量，加大科普工作人员投入及培训提升，稳定防灾减灾科普工作队伍，并形成一定的行业交流制度。建立完善的科普宣传教育工作人才体系，特别是农村农业科普人员的培训。

④加强防灾减灾网络公益广告发展：我国的防灾减灾教育的主要宣传渠道是开展防灾减灾主题教育活动、主题摄影展、电视宣传、举办主题征文、知识竞赛、科普讲座等活动，这些活动对提高公众对防灾减灾的认识程度起到了一定效果，但是，这些传播渠道形式的覆盖面窄、普及性差以及宣传力度弱，主动接受程度还不够深入，时效性也不强，极大地妨碍了防灾减灾知识的普及和传播。如何将这些信息快速、有效地传递给公众，成为摆在每一位防灾减灾知识宣传工作者面前急需解决的问题。2000 年 9 月，国际 Webmaster 协会（中国）率先提出网络公益广告的理念，此举开创了网络公益广告的先河，同时也开启了防灾减灾主题公益广告发展探索的一个新方向。防灾减灾主题的网络公益广告将是我国公益广告发展的一个新方向。

（三）基础研究进展

基于信息技术支撑的农业风险管理体系研究，借鉴国内外研究成果，提出建立我国农业防灾减灾宏观风险管理体系的构想。面向农业防灾减灾和农业风险管理，加强农业风险应急管理，提出以信息技术为支撑，以协同论为理论指导，实现管理协同、信息协同，有效提升灾害监测预警、防灾备灾、应急处置、灾害救助、恢复重建等能力，为提高我国农业防灾和抵御风险的能力构建一个基本研究框架。

金菊良等（2016）综合论述了旱灾风险评估与调控，系统论述了旱灾风险的基本概念、识别、评估和调控 4 个方面关键技术的研究进展以及存在的问题，阐明了旱灾风险及旱灾风险系统的定义，归纳了旱灾风险评估的 3 类主要方法，简述了旱灾风险调控的主要内容，并探讨了未来旱灾风险评估与调控关键技术的主要发展方向，可为制定旱灾风险防控措施提供科学依据。冯磊等根据黄土高原生态环境特点和水土流失现状，选择水源涵养、土壤保持、蓄水保水、防风固沙、防灾减灾以及农田防护等水土保持功能进行评价。在此基础上进行黄土高原水土保持功能重要性综合评价，评价结果表明，黄土高原地区水土保持功能均处于中等重要以上；其中极重要地区比例最大，占全区面积的 80.03%；中等重要地区较少，占全区面积的 19.97%。最后根据 6 个单因子功能重要性评价结果，利用 ArcGIS 中的空间分析叠加功能，确定黄土高原水土保持功能区划的基本界线，将黄土高原划分为 9 个水土保持功能区，并提出黄土高原各区的生态保护方向，促使自然生态系统更有效地支持社会和经济的发展，为改善黄土高原生态环境质量奠定基础。

莫建飞等（2012）以自然灾害风险评估理论和方法为指导，遥感本底数据、气象数据、基础地理信息数据、社会经济数据为基础数据，构建广西农业暴雨洪涝灾害风险评

估指标体系，采用层次分析及加权综合法建立农业暴雨洪涝灾害风险评估模型；借助 GIS（地理信息系统）技术，计算广西农业暴雨洪涝灾害致灾因子危险性、孕灾环境敏感性、承灾体易损性、防灾减灾能力及综合风险指数，并对广西农业暴雨洪涝灾害进行风险区划，采用相关分析法将广西农业暴雨洪涝灾害风险结果与广西历史暴雨洪涝灾情数据进行对比验证。

（四）标准化研究

近年来，防灾减灾标准化工作陆续展开。由浙江省安吉县气象局牵头，中国气象局气象干部培训学院、浙江省气象局、湖州市气象局、安吉县中国美丽乡村标准化研究中心、浙江省标准化研究院共同起草的 GB/T 37926—2019《美丽乡村气象防灾减灾指南》经国家市场监督管理总局、国家标准化管理委员会批准，于 2020 年 3 月 1 日发布实施。该指南的实施可以使美丽乡村气象防灾减灾建设的经验、成果在全国得到有效推广；积极促进基层气象防灾减灾工作统一化、规范化和科学化；提升广大基层抵御台风、暴雨（雪）、寒潮、大风、低温、高温、干旱等气象灾害造成的影响，最大限度减轻损失，为实现乡村振兴提供有力的气象保障支撑。

我国已制定颁布实施了一系列有关标准。

全国气象防灾减灾标准化技术委员会 QX/T 356—2016《气象防灾减灾示范社区建设导则》

全国减灾救灾标准化技术委员会 GB/T 26376—2010《自然灾害管理基本术语》

中国标准化研究院 GB/T 32000—2015《美丽乡村建设指南》

GB/T 30746—2014《风暴潮防灾减灾技术导则》

GB/T 39632—2020《海洋防灾减灾术语》

榆林市 DB 6108/T 08.11—2019《榆林山地苹果防灾减灾技术规程》

威海市 DB 3710/T 110—2020《威海苹果防灾减灾技术规范》

甘肃省 DB 62/T 2860—2018《乡村气象防灾减灾网络建设规范》

安徽省 DB 34/T 2722—2016《棉花主要气象灾害防灾减灾技术规程》

青海省 DB 63/T 1579—2017《乡（镇）气象防灾减灾能力建设规范》

浙江省 DB 33/T 2016—2016《乡村气象防灾减灾建设规范》

安吉县 DB 330523/T 001—2014《美丽乡村气象防灾减灾建设规范》

江苏省 DB 32/T 3120—2016《平原海岸滩涂围垦区海洋防灾减灾技术规程》

上海市 DB 31/T 906—2015《城镇社区防灾减灾指南》

江苏省 DB 32/T 2746—2015《气象防灾减灾示范县（市、区）建设与评价规范》

云南省 DB 53/T 607.28—2014《烤烟生产 第 28 部分：防灾减灾管理》

安徽省 DB 34/T 1569—2011《沿淮低洼地小麦防灾减灾高效生产技术规程》

山西省 DB 14/T 1646—2018《葡萄冻害气象等级划分》

（五）学术研究进展

酿酒葡萄种植地的气候条件和地理环境对酒型、酒质有着巨大的影响，因此种植地对酿酒葡萄酒质量的形成和影响备受葡萄酒行业的重视，国内主要酿酒葡萄种植地相继开展过产地适应性评价和区划工作。王蕾等以我国 2294 个气象站点 1982—2011 年 30 年平均气象数据和我国全境 90m 分辨率数字高程模型数据为基础，建立了无霜期和活动积温的多元逐步回归模型，并在此基础上绘制了高精度的中国酿酒葡萄气候区划图和品种区域化图，将酿酒葡萄适宜栽培划分为 4 区 12 亚区。

宁夏贺兰山东麓是宁夏葡萄种植的适宜区，是我国酿酒葡萄生产的最佳生态区之一，被葡萄专家称为"中国的波尔多"。但由于冻害问题的存在，宁夏酿酒葡萄产业一直受到制约，尤其是冬季的葡萄根系冻害发生频繁，几乎每年都有不同程度的发生。冻害风险作为防灾减灾的重要部分，也备受研究者的重视。霜冻是制约葡萄产业发展的主要灾害之一，张磊等（2018）对影响宁夏酿酒葡萄种植区霜冻灾害的气象因子进行分析，综合评价了各地的霜冻气候风险。根据宁夏的气候、地形以及灌溉条件等因素，对宁夏酿酒葡萄种植区域进行气候精细区划，得到作物农业气候区划空间数据集合，并划分出葡萄种植优质区。研究结果对推动我国酿酒葡萄产业的发展起到很大的促进作用。

秦文思等（2019）根据宁夏 24 个站点 1961—2006 年越冬期气象数据、1∶250000 的地理信息数据、社会经济数据以及宁夏区域土壤资料，采用层次分析法以及加权综合评价法，从孕灾环境敏感性、致灾因子危险性、承灾体脆弱性以及防灾减灾能力 4 个方面对宁夏酿酒葡萄冻害风险进行分析，以此构建冻害综合风险评估模型。同时结合 GIS 技术对宁夏酿酒葡萄冻害风险进行区划。结果表明，宁夏酿酒葡萄冻害风险分布自西南向东北呈高—低—高的趋势，其中青铜峡市、中宁县、吴忠市、同心县等区域属于酿酒葡萄种植适宜区。该研究结果可为宁夏酿酒葡萄种植区划提供科学参考依据。

杨文军等（2018）收集宁夏贺兰山东麓 9 个气象站 1961—2015 年 4~5 月的日最低气温观测资料，运用数理统计和 GIS 空间分析法，从气候致灾角度研究了酿酒葡萄晚霜冻日数和频率变化规律以及霜冻灾害致灾危险性。结果表明，近 55 年来，宁夏贺兰山东麓晚霜冻发生日数在 78~233d，轻霜冻发生日数明显多于中霜冻和重霜冻，随年代变化整体呈下降趋势，且轻霜冻发生日数下降速度大于中霜冻和重霜冻；霜冻频率除北部大武口外呈现自北向南辐射递减的规律，各等级霜冻频率最大出现在陶乐，最小出现在大武口，随年代变化总体呈下降趋势。霜冻频率除惠农持续下降外，其他各站在下降过程中均出现 2 个或 3 个跃升阶段；各站酿酒葡萄晚霜冻致灾危险性大部处于中度偏低水平，且随着气候变化，霜冻致灾危险性有变小的趋势，中、低等致灾危险范围明显增大，截至 2015 年，高危险性区域基本消失，次高和中等危险区域范围也大大缩小。该研究在分析宁夏贺兰山东麓酿酒葡萄晚霜冻发生范围、强度和频率的基础上，以霜冻强度和发生频率作为致灾因子危险性指标，建立霜冻致灾因子危险性指数，对贺兰山东麓晚霜冻致灾因子危险性进行区划，从而明确晚霜冻重点防御区域，可为提高酿酒葡萄种植产区防灾减灾能力提供有效依据。

干旱灾害风险评估是干旱灾害风险管理的重要内容，是防旱抗旱工作的非工程性措施。王莺等（2015）研究我国南方干旱灾害风险，从不同方面展示了我国南方地区干旱灾害的危险性、脆弱性、暴露性和防灾减灾能力。认为干旱致灾因子的高危险区主要位于云南省的中东部以及与四川的交界处，川西高山高原区和东部盆地的遂宁、宜宾市，以及广东东部沿海地区；孕灾环境的高脆弱区主要分布在云南中东部、四川东部盆地以及贵州西北部；承灾体的高暴露区主要位于广东东部、雷州半岛和沿海地区，广西南部以及四川盆地的大部分地区；防灾减灾能力较高的区域主要位于重庆西部、四川西部、云南东北部、贵州中部、广西南部以及广东中东部地区；干旱灾害的高风险区主要位于四川东部盆地、四川与云南交界处、云南东北大部分地区、广西西南部以及广东东北部和雷州半岛；干旱

灾害的低风险区主要位于四川北部山区以及广东和广西的北部。

（六）"互联网+"防灾减灾

近年来，全球范围内信息技术创新不断加快，互联网、物联网、云计算、移动互联网、"互联网+"、大数据等新理念、新技术递进涌现，促进了电子政务、电子商务和各行各业信息化水平的持续提升，促进了生产生活便捷化，新一代信息技术也将成为国家防灾减灾创新发展的新动力。以移动互联网、"互联网+"和大数据为特征的新一代信息技术，成为促进防灾减灾更加深度与国家经济社会发展相协调、与城乡区域建设相结合、与应对气候变化相适应、与重大战略相融合的新动能（范一大，2016）。

第四节　当代防灾减灾工作对策

一、进一步提高认识，高度重视

我国的自然地理、生态环境和气候条件具有复杂、多样等特点，是各种气象灾害频发的国家之一，每年都可能在不同地域发生霜冻、寒潮、低温冻害、冰雹、雨涝、大风、干旱等自然灾害。我国自然灾害种类多、分布地域广、发生频率高、造成损失重，这是一个基本国情。而气象灾害占各类自然灾害的70%以上。我国葡萄种植产区分布广泛，经常面临各种自然灾害的威胁，特别是近年来，受全球气候变暖的影响，各种气象灾害（如晚霜冻、冰雹等）发生的频度和强度不断加剧，给不同产区的葡萄生产造成重大经济损失，严重影响了我国葡萄产业高质量可持续发展，各类自然灾害交织发生、影响叠加，增加了防灾减灾救灾工作的复杂性与艰巨性。因此，葡萄产业防灾减灾已成为政府主管部门、科技和产业界人士及广大果树种植者高度关注和亟需解决的重大科技和产业课题。

果树防灾减灾、避灾抗灾是一项复杂的社会系统工程。在果树生产中，应当坚持"以防为主，防救并重"的指导思想，"以防为主，防抗结合，综合治理"的防灾减灾方针，做到避灾抗灾兼顾、防灾减灾并举，把防减自然灾害与人为灾害结合起来，通过采取政策保障，各级各类防灾减灾规划编制与实施，综合运用以工程措施和栽培措施相结合的技术保障体系，健全防灾减灾救灾体制，构建可持续防灾减灾长效机制，完善自然灾害监测预警体系，提升防灾减灾科技支撑能力，并深入开展防灾减灾宣传教育活动，深化防灾减灾国际交流与务实合作，提升综合风险防范水平，最大限度地减少果树生产因灾损失。

在全球变暖大背景下，我国已基本建成中国特色气象防灾减灾救灾体系，为保障经济社会发展和人民福祉安康提供了强有力支撑。但面对复杂严峻的气象灾害形势，应清醒认识到，当前仍存在能力建设、协调机制、平衡发展等诸多不相适应的问题。应充分发挥我国体制优势，发挥资源统筹、应急联动优势。

二、树立当代防灾减灾理念

（一）人本价值理念

防灾减灾，理念先行。当前我国的防灾减灾理念既有本土化的传统内容，也有对西方先进理念的接纳与吸收。软件重于硬件、平时重于灾时、地方重于中央。

"以人为本"是当代社会共同遵循的价值取向，同样适用于防灾减灾。"人本"首先着眼于自身，关注个体的生命。中国传统哲学强调"身体发肤受之父母""天地之性，人为贵"；古人把天地人称为"三才"，认为"三才相通，灾害不生"；魏晋南北朝时期的思想家强调自然为本、名教为末，与现在的"人本"思想有相通之处。由以人为本延伸出人与自然的关系、人与人之间的关系、人与社会的关系，既尊重人的权利，也尊重自然的权利。随着全球化时代的到来，来自西方的人本主义思潮与中国的传统人本思想产生了激烈的碰撞，在交锋过程中，对人本理念的解读变得更加深刻、完整起来。一方面，西方的人本关注个体存在的价值与尊严，使人认识到"人性"的丰富，认识到主体的本能、欲望、意志、情感等内在非智力因素对人的存在的价值和意义；另一方面，对科学理性及科学技术的负面效应进行深刻地批判和反思，揭示科学给人类带来的痛苦和危机，从而促使人类反思自己的行为。如果说传统的思想还停留在对"何以为生"的探讨上，那么现实的讨论则转变为"为何为生"，这一理念的转变启发人们再次思考与体会生命的深层意义，确定生命存在的价值。

（二）安全防范理念

随着自然灾害的频繁发生，人们越来越清醒地认识到安全意识对于人类建设实践和减灾实践的重要性。古人云："灾异之生，常出于人之所不意，诚素有其备，虽甚灾不足为忧也。"因此，要树立安全防范理念，建立"预防为主"的人生观、世界观、价值观，形成安全防范的文化氛围，进而达到公众化、社会化。进入 21 世纪以后，随着国内外形势的深刻变化，安全的内涵和主体要素也发生了改变。从小范围而言，安全隐患就在身边，生产事故、交通事故等时有发生；从大范围而言，军事安全、恐怖主义、民族分裂、社会不公正等直接影响着社会的安全与稳定。现实社会中的安全防范不再仅局限于个人的生存、生活安全与健康安全，国家安全、工程安全、网络安全等也先后被纳入进来。《21 世纪国家安全文化建议纲要》规定："21 世纪我国安全事业应提高全民的安全文化素质，建立大安全体系（安全减灾防灾体系），从生产安全扩展到生活、生存安全；加强安全减灾防灾基础性科学研究，包括安全基础理论、安全宏观决策智能化、实用安全技术和现代安全管理机制等研究，以及建立重大事故应急计划体系等。"这就将大安全观、全面预防与可持续发展相结合，将防灾减灾理念提升到了新的高度。

（三）科学防灾理念

人与自然的相处是一项宏大的社会实践活动，广泛涉及自然灾害、人为灾害、环境公害等诸多领域，因此，科学的防灾减灾理念显得非常重要。科学的研究、科学的预防、科学的应对、科学的管理应逐渐被人们所关注与运用，并纳入国家法律法规中。例如《中华人民共和国防震减灾法》第十一条规定："国家鼓励、支持防震减灾的科学技术研究，逐步提高防震减灾科学技术研究经费投入，推广先进的科学研究成果，加强国际合作与交流，提高防震减灾工作水平。"防灾减灾处处需要科学，汶川地震的调查资料告诉我们，凡是严格按照抗震设防要求和抗震设计规范进行设计，并严格按照设计进行施工的工程，抗震能力都明显高于未经抗震设计的工程；凡是接受灾害预防教育并经常进行避害演练的学校，抗灾害能力明显高于未接受任何灾害教育的学校。这充分说明，防灾减灾离不开科学，科学能让人的实践减少更多的盲目性，树立科学的减灾理念比灾难来临时盼望奇迹降临更有实际意义。

三、做好预报预警与服务体系

当前要健全公共安全体系，提升防灾减灾救灾能力。两个坚持、三个转变即坚持"以防为主、防抗救相结合""常态减灾和非常态救灾相统一"，努力实现"注重灾后救助向注重灾前预防转变""应对单一灾种向综合减灾转变""减少灾害损失向减轻灾害风险转变"，成为国家防灾减灾救灾体制机制改革的重点。防灾减灾重在预防，预警与预案非常重要。只有提前建立科学合理防治方案，做好准备，并建立健全预警机制，才能够有预案、有措施、有备而无患。

虽然这些防灾减灾的理念、政策、措施等多是基于地震等大型毁灭性灾害，也同样适用于葡萄生产与葡萄产业，适用于葡萄防灾减灾。首先应该从思想上重视，警钟长鸣；正确认识灾害与灾害可能引发的损失；采取必要的防灾减灾机制，做好预警，并在建园规划与生产过程充分考虑防灾减灾。

2010年中央一号文件中就提出了要"健全农业气象服务体系和农村气象灾害防御体系，充分发挥出气象服务'三农'的重要作用"，至此在各级气象部门中掀起了农业气象服务体系和农村气象灾害防御体系建设的浪潮。2021年12月24日，农业农村部发布2021年第6号令，《农作物病虫害监测与预报管理办法》颁布，自2022年1月24日起施行，其目的是为了规范相关监测与预报工作，有效防治病虫害，保障国家粮食安全和重要农产品的有效供给。

重视加强短期、中长期等天气预测预报能力建设，提高极端灾害性天气预测预报的超前性、准确性；进一步完善政府主导、部门负责的灾害预警发布机制，加强高风险区的预警体系建设，充分利用大数据处理技术，整合信息资源，完善预警平台，提高预警水平，做到科学监测、及时预报、主动预警、有效防范。建立健全农村信息网络，推动气象、生产技术等信息在农村、农民之间的传播与交流。

充分借助现代科学技术，如电子信息技术、闪电定位技术、激光技术、地理信息系统、卫星遥感技术、航空航天技术、核技术等，把雷达资料、卫星资料、探空资料、自动气象站等资料与短期气候预测、中期预报和中尺度数值预报相结合，科学地综合分析，对自然灾害和生物灾害进行实时动态监测和准确及时的灾害预警，为相关部门和果农提供防灾减灾气象信息及病虫害最佳防治时机，给果树生产组织抗灾自救争取更多的时间和空间。建立防灾减灾信息服务体系，完善以现代通信技术为基础的全方位防灾减灾信息专业服务网络系统，利用电视、广播电台、网站、咨询电话、手机短信、电子显示屏等多种渠道，与果农建立互动式的信息服务体系，及时发布防灾减灾信息，为防灾减灾争取时间。

为了建立果树灾害紧急救助体系，提高防灾、减灾、避灾、救灾应急反应能力，应当建立防灾减灾应急预案，切实规范预警、响应、处置程序和办法，增强可操作性，为防灾减灾提供有力的组织保障，做好果树重大灾害的预防、应急处置和灾后生产恢复工作。

四、编制防灾减灾规划

尽管我国综合防灾减灾救灾事业不断向前推进，取得了有目共睹的成绩和进步。新的时期，我国的自然灾害形势仍不容乐观，受全球气候变化影响，灾害时空分布可能出现新变化，更具突发性、异常性和难以预见性。面对严峻的灾害形势，要进一步提高综合防灾减灾能力，最大程度保障人民群众生命财产安全，必须组织开展综合防灾减灾规划编制工作。农业产业与葡萄生产也要做好类似综合防灾减灾规划编制工作。

首先，要明确规划编制背景，一是严峻的灾害形势是编制综合防灾减灾规划现实需求；二是加强综合防灾减灾能力建设符合国家安全战略需求；三是编制实施规划是综合防灾减灾能力建设的工作需求。其次，要程序化规划编制过程，一是规划编制准备与工作方案制定；二是规划立项申报与专题论证研究；三是规划草案起草与征求修改意见；四是规划专家论证与定稿报送审批。最后，规划着眼国家防灾减灾救灾全局，立足解决防灾减灾救灾综合问题，注重与相关规划的衔接与协调，重点加强多灾种应对、多部门协同、跨区域合作、全社会参与的防灾减灾救灾能力建设，突出对国家、区域、地方综合防灾减灾工作的引领与指导。基本思路体现在多个方面：一是与国家总体规划纲要相衔接，加快提升国家综合防灾减灾能力；二是以深化改革为动力，不断完善防灾减灾救灾体制机制；三是以减轻灾害风险为重点，增强综合风险防范能力；四是以基层能力建设为落脚点，夯实综合减灾工作基础；五是以科技创新为支撑，强化防灾减灾救灾科技服务水平。

五、采取措施，综合治理

霜冻是一种自然灾害，每年都会有不同地区发生或发生程度不同。2016 年 11 月 22 日河南省灵宝市突降大雪，气温骤降，一夜之间温度从 10℃ 下降至 0℃ 以下，最低温度为 -3℃，11 月 23 日温度甚至降至 -6℃。在接下来 1 周之内，最低气温均在 0℃ 以下。低温来临早，气温低，葡萄尚未完全落叶进入休眠期，造成大量葡萄地面浅层根系死亡，从而导致葡萄冻害严重。2018 年 4 月 7 日凌晨，全国多地发生大面积霜冻，葡萄、苹果、猕猴桃等多种果树受到不同程度伤害，这是近 50 年一遇的灾害。2020 年 4 月 24 日凌晨陕西渭北地区发生严重晚霜冻。葡萄受冻害的原因除了天气状况外，还与上年田间管理不当、树势弱、植株抗性差；当年春季管理措施偏颇，对植株保护不够、根系弱、吸收能力差，伤流严重，植株水分含量少；树体受病虫害影响而不够健康，甚至有裂干现象；人为过早促萌芽；地势低洼、田间土壤持水量低等有关。尽管人们对于天气状况几乎无能为力，但可以采取必要措施预防冻害。加强田间管理，强壮树势。关注天气预报，寒流降温来临前采取临时预防措施。少量补水：在霜冻发生前 2~3d 进行小量灌水，可提高土壤湿度，增加热容量，待夜温下降后，将热量缓慢释放。喷水：在低温冻害来临前几个小时进行，注意喷水必须将树干全面淋湿。树干涂白。覆膜：避雨棚、冷棚覆膜。喷布防冻剂：冻害来临前 2~7d，均匀喷施 0.1% 的生理盐水、0.1% 尿素水溶液、200~500 倍氨基酸/腐殖酸/海藻酸/壳聚糖等防冻剂，可以提高树体自身的抗冻能力。熏烟：虽然基于环保，不宜熏烟，但是，当严重霜冻来临时，对露地栽培的葡萄熏烟也是无奈之举。如何平衡好环保与发展保障生产的关系是值得探讨的问题。

受冻害的葡萄园，果农往往反应不一。有少数果农采取过激行动，或者放弃管理，或者平茬，甚至砍树毁园，其实这些都不可取。霜冻后葡萄园管理的总体目标应该是加强管理，以保树为主，科学采用土肥水管理、病虫害防治、摘心等技术措施，尽量保留果，或适当利用副梢结果，尽力减少损失，以便于保证今年的产量与收益，继续管好树，以保证来年产量与收益。当年葡萄园管理应采取"一等二保三舍四管"的策略。一等：观察一两天，等受害症状充分表现出来；二保：叶片受损不严重的枝芽摘掉叶片保芽保花序；三

舍：剪掉完全枯萎的枝芽诱发新芽；四管：加强病虫害防治、叶面喷施杀虫剂和杀菌剂，并起到补充树体水分的作用、诱发新芽确保叶果比。再耐心等待几天，尚未萌芽的植株会逐渐萌芽，过 10d 左右仍然不能萌发的树可能失水过多了难以恢复了。萌芽稍晚对开花结果及果实成熟影响不大。主茎花序尚好的摘除受伤叶片，保留果穗，待新叶发生。留枝量以单位面积计量，每亩①枝量够 2500 的葡萄园可适时剪除枯枝。已经确定冻死不能够恢复的果枝暂时不用处理，结果母枝基部芽萌发可能带穗。基部副芽现已开始萌出，等副芽长长后剪除受冻枝芽，保护并促进新芽生长，这类枝往往带有花序。无论是否带有花穗，结果母枝每节保留一枝，尽量保留带花序的枝。如果结果母枝上萌芽不足，主干上的萌蘖可保留作为营养枝。保留枝叶的多少以全园能够充分利用阳光为宜。为促进萌芽，可以土壤冲施腐殖酸肥、海藻酸或黄腐酸肥。

严重冻害后可以合理发展"林下经济"补救增收，果农抓住春耕之机，结合当地种植传统，因地制宜，全力做好林下经济发展，降低灾后损失，弥补果农收入。林下经济主要可采取的模式有 6 种：一是果菜模式。在果园行间选择种植旱地西红柿、辣椒、土豆、南瓜、甜瓜、西瓜等。二是果粮模式。在果园行间选择种植红薯、土豆、绿豆等杂粮。三是果油模式。在果园行间选择种植花生、黄豆。四是果药模式。在果园行间选择种植板蓝根、蒲公英、雪菊、西红花等。五是果菌模式。在果园行间选择种植香菇、平菇、栗蘑、羊肚菌等。六是果禽模式。对果园进行围栏，林下养殖山鸡、柴鸡、乌鸡、旱鹅等。

大风的危害除了沿海的台风，还有内陆地区的大风危害。如新疆吐鲁番市托克逊县的大风对葡萄生产的危害就较为典型。2009 年 12 月的一场大风把全县 200 多座温室大棚棉被掀掉、棚膜刮破，温室内种植的葡萄遭受损失。2010 年 4 月 23 日，12 级大风将赛尔墩乡设施农业示范园内温室棉被掀掉、8 号铁丝压膜线拉断、棚膜刮破、棉被甚至被撕碎、卷帘机管轴拉弯变形，损失严重。2011 年 3 月 16 至 17 日，托克逊县城区出现 8 级西北风，阵风 12 级（瞬间极大风速 33.6m/s）；4 个乡出现 9 级（瞬间风速 ≥ 20.8m/s）西北风，阵风 13 级（瞬间最大风速 39.8m/s），致使 177 座温室棚膜损，325 条棉被吹毁，14 座连栋大棚受损，5 座温室蔬菜受损。2011 年 4 月 2 至 5 日，大风刮破部分温室棚膜，造成葡萄叶片损伤。2011 年 5 月，大风刮破部分温室棚膜，叶片吹焦，果穗吹干枯死，造成减产。

栽培葡萄常常受到冰雹的危害，架设防雹网是有效的防雹措施。经研究发现，网线粗 0.5mm，网眼规格 1.0cm×1.0cm、1.2cm×1.2cm、1.5cm×1.5cm 的白色聚乙烯网是葡萄生产用防雹网的最佳选择。刘俊等发现聚乙烯编制方法不同、网眼规格不同，效益不同，但差异不明显，在几十元之间，六根线因使用年限长，效益更佳，三根线次之。防雹网的网眼规格不同，其降温保湿的效果也不同，网眼越小，则效果越好。网眼规格为 1.0cm×1.0cm 的防雹网可降温 4℃以上，园内湿度增加 6%以上。为防止风化和老化，以延长使用年限，在葡萄下架埋土后要及时收网，将网拉到一端捆绑或将网取下收回存放。防雹网一般可用 3~10 年，如果破旧严重可换新防雹网。架杆及其他设施可用 15~20 年。如架网的架杆及其他设施有部分损坏，应立即进行修复。

---

① 1 亩 ≈ 0.067hm²。

六、建立完善的灾害保障体制

建立果树灾害的物资储备制度和救灾专项基金，建立受灾补贴的长效机制，以应对突发性灾害，减少果农损失。健全果树灾害保险机制，鼓励果农参加农业灾害保险。设立果树产业建设的风险基金，预留一定资金作为风险抵押，提高果树产业建设的抗风险能力。湖北省曾设立专项课题研究农业防灾减灾，以荆州、襄樊、黄冈、咸宁四市的实际，从财政的角度，探讨财政支持农业减灾防灾体系建设的有关问题，研究农业防灾减灾体系建设的财政对策，并提出具体举措：一要不断加强农业防灾减灾资金的筹措力度；二要增加农业基础设施和生态农业建设的资金投放，不断提高防灾减灾的能力；三要加大对灾害多发地区的扶持力度；四要支持农业结构调整优化，发展避灾减灾农业，促进农民增收；五要加强防灾救灾资金的监督管理；六要支持建立健全农业保险补贴政策，滚动发展，积累资金；七要建立完善的防灾减灾服务机构；八要加强科技防灾减灾意识，支持综合防治技术的发展。

完善葡萄农业保险制度。政策性农业保险是市场经济下国家扶持农业发展的通行做法。中国是农业大国，"三农"问题是关系国民经济发展的全局性、根本性问题，乡村振兴、惠农强农是我的长期国策。建立完善具有中国特色的政策性葡萄、果业、农业保险制度，帮助企业、合作社和广大果农防范和化解自然灾害对葡萄生产造成的经营风险，提高生产信心，对促进葡萄产业健康稳定和可持续发展具有重要意义。为建立和完善葡萄、水果保险制度，需要做好以下工作：①完善相关政策法规，建立政策性农业保险保障服务机制。②建立相应组织机构，完善运行体系，鼓励多元化的发展。③建立国家、省、市、县等农业保险准备金，设立政策性农业保险监管机构。④因地制宜，针对不同地区葡萄等主栽果树实行政策性农业保险。⑤加大政府宣传力度，提高广大果民对政策性农业保险的认识。⑥引导商业保险全方位参与农业保险。

【本章小结】

灾害是对所有造成人类生命财产损失或资源破坏的自然和人为现象的总称。所谓灾害包括两个方面，一方面是自然发生的，另一方面是受到人为干扰后发生的。

农业是受气象灾害影响最大的产业之一，我国既是农业大国，又是世界上受气象灾害影响严重的国家之一。影响农业生产的自然灾害非常多，干旱、霜冻、冰雹、暴雨、作物病虫害5种自然灾害影响最为广泛、发生最为频繁。对自然灾害的类型和成因进行科学的划分，掌握各种自然灾害发生的特点，则是有效防御和减轻自然灾害的基础。

自然灾害发生具有种类繁多、连锁出现、多灾并发、发生频繁、时空分布不均、分布范围广、危害升级、面积扩大、损失重大、人为灾害加重等特点。

农业生产中常见自然灾害、生物灾害和人为灾害。自然灾害常见的有低温伤害、干旱、冰雹、风害、涝害和雪害等，是防灾减灾关注的重点。生物对果树造成灾害包括病害、虫害、鸟害、鼠害、兔害等动物危害和草害。人为灾害包括肥害、药害、环境污染等。

葡萄不同物候期容易遭受的主要灾害不同。生产管理需尽量满足葡萄生态学要求，否

则就会有生长发育不良，乃至于受害的风险。

防灾是灾害发生之前的各种备灾活动，减灾是限制致灾因子的不利影响。防灾是灾前措施，减灾是最终目的。只有在先进的理念指导下，才能设计或选择出科学的制度安排；只有在科学的制度安排下，才能使合理的技术方案发挥正常的功效，进而达到预期的改革与发展目标。防灾减灾要重视制度建设、科学研究、科普教育。

新时代我国坚持预防优先，综合减灾。在基础研究、标准化研究、学术研究、"互联网＋防灾减灾"等方面取得了较大进展与广泛应用。今后仍需要进一步提高认识，高度重视，树立当代防灾减灾理念、安全防范与科学防灾理念，做好预报预警与服务体系，编制科学的防灾减灾规划，采取综合措施治理，建立完善的灾害保障体制，完善葡萄农业保险制度。

思考与练习

1. 简述自然灾害的概念。

2. 简述防灾减灾的概念。

3. 自然灾害的发生有哪些特点？

4. 试述 3 种影响葡萄产业与葡萄生产的自然灾害类型及其特点。

5. 论述葡萄生物学特性与自然灾害的关系。

6. 论述葡萄生态学与自然灾害的关系。

7. 论述气候气象因子可能对葡萄生产产生哪些灾害？

8. 简述我国历代防灾减灾思想理念与实践。

9. 试分析当前我国防灾减灾救灾工作面临的主要问题。

10. 论述防灾减灾的思路及减灾措施。

本章推荐阅读书目

1. 灾害科学研究. 傅志军主编. 陕西人民教育出版社，1997.

2. 葡萄学. 贺普超编著. 中国农业出版社，1999.

3. 中国葡萄志. 孔庆山主编. 中国农业科学技术出版社，2004.

4. 北方葡萄减灾栽培技术. 刘俊主编. 河北科学技术出版社，2012.

5. 气候变化国家评估报告. 气候变化国家评估报告编写委员会编. 科学出版社，2007.

第三章

农业气象监测预警技术

【内容提要】叙述农业气象灾害常用监测预警的概念与方法，分别介绍寒潮、霜冻、冻害、干旱、高温、雨涝、暴雪、冰雹、大风等主要农业气象灾害的概念及其发生特点，介绍各种主要农业气象灾害监测预警技术及其进展。

【学习目标】掌握不同农业气象灾害常用的监测预警技术与方法。

【基本要求】了解农业气象灾害监测预警工作现状、研究进展与发展趋势。熟悉主要农业气象灾害的概念、发生特点及监测预警技术。

第一节　监测预警技术简介

农业是国民经济的基础。我国是农业气象灾害最为严重的国家之一。频繁发生的农业气象灾害制约着农业经济的发展和农业产量的提高。构建农业监测预警是农业气象灾害研究的重点。在全球气候异常多变的背景下，葡萄高产高效的田间管理、农业气象灾害的智能化监测预警等方面均面临着严峻的挑战。自 20 世纪 90 年代，气象监测预警技术研究逐步规范化、精细化、定量化；监测指标的完善和各类机理模型的引入，使得监测更加智能化，随着 GIS 的深入应用和数值天气预报技术的进一步完善，预警信号发布也更加完善和规范。对于农业气象监测预警，是一项长期而艰巨的工作，也是我国农业高产稳产和粮食安全的基本保障，是提升国家农业防灾减灾能力建设的重要途径。目前，中国针对葡萄气象灾害的监测预警研究尚未建立一套完整的技术方法，研究建立适用于葡萄农业气象灾害监测预警技术，对及时掌握农业气象灾害的发生发展，提高葡萄产业应对自然灾害的能力意义重大。

随着监测研究的不断深入、监测技术的进步，我国在农业监测方面已初步构建了"天地空"三维立体监测系统，从宏观到微观角度全面监测农业气象灾害的发生、发展过程；针对干旱、高温、暴雪等灾害，构建了基于地面观测、卫星遥感、作物模型耦合的立体、实时监测的技术服务平台；利用不同气候模式预测、遥感监测、农业气象模型、数理统计预报方法等技术的结合，建立了一套从宏观到微观的预测预警技术平台（王春乙等，2005），服务于灾害的监测预警系统，具有定位、定性、定量数据能力的综合性技术系统，为防灾减灾提供系统的科学数据和信息服务。

一、常用监测预警方法

常用的监测预警方法主要有 5 种，分别是实际调查测算法、历史统计相似分析法、遥感监测评估法、农业气象灾害指标法和作物模型模拟分析法。

实际调查测算法适用于灾害发生中和灾害发生后，通过调查当地农户等了解受灾情况，再综合分析灾害的影响。该方法具有快速、客观等优点，也是最为客观准确的方法，但工作量大，且时效滞后，不适用于灾前预警。

历史统计相似分析法适用于灾害发生的各个阶段，利用历史气象数据和灾情资料，通过分析历史相似气象条件下发生灾害的频次及产生的结果，评估当前发生灾害的影响。该方法简单易行，但对于新品种的引进及农业管理化措施的提高容易造成偏差。

遥感监测评估法适用灾害发生中和灾害发生后，在作物、卫星遥感、气象资料的基础上，根据已有的监测指数对其进行评估。该方法具有准确智能化及监测尺度大等优点，但易受遥感资料限制，因此可结合实地调查法开展灾害的监测预警工作。

农业气象灾害指标法适用于灾害发生的各个阶段，针对不同作物的不同发育阶段和生长状况等，明确农业气象灾害对作物的影响而制定的指标，进而对灾害进行监测预警。该方法针对性较强，能准确反映作物不同发育阶段对灾害的敏感程度，但指标不宜获得且具有区域性。

作物模型模拟分析法始于 20 世纪 60 年代，主要从数理公式对作物生长发育过程进行动态模拟。该方法可模拟不同作物、灾情等情景下的作物可能出现的结果，但对于极端天气的动态模拟过程准确性略低。根据灾害发生的不同阶段，单独或结合使用不同的监测预警方法可以达到更好的监测预警效果。

二、地面站网监测预警

地面站网监测预警是农业气象灾害监测预警研究的基础。其他各类先进的监测技术仍需依托地面监测来校核，自"七五"开始，我国专家学者依托于气象地面站网获取的监测数据做了大量工作，为构建灾害的立体监测预警等提供基础的数据保障。通过全国气象、水文地面气象观测站的实时地面观测要素数据，先后开展了干旱常规监测（庄立伟等，2008）；与气象卫星遥感资料反演，精准地研究干旱区域、强度，进而建立了干旱监测预警模型；结合 KC-1000 大型流量采样器测量（PM10），定点观测沙尘暴的发生、发展和动态变化过程，获取沙尘暴发生及变化相关参数，为沙尘暴灾害监测预警、灾情评估和应急管理提供依据；近年来，还加测 PM2.5 日平均浓度数据，定量分析 PM2.5 的污染程度和时空分布特征，为 PM2.5 灾害监测预警等提供依据。农业大面积遥感监测已开始广泛应用，受地形多样，农户种植结构复杂，长时观测监测作物长势相对困难、高分辨率监测经济成本较高等问题，目前，我国仍需建立密集化的地面观测网，加以补充监测。

三、高新技术监测预警

"3S"技术是空间技术、传感器技术、卫星定位与导航技术和计算机技术、通信技术相结合，多学科高度集成的对空间信息进行采集、处理、管理、分析、表达、传播和应用的现代信息技术。随着空间技术的发展，"3S"技术显示出快速准确的优点，成为监测预警技术发展的重要工具，也是监测预警工作者们研究的重点内容。监测研究主要利用现代观测技术和分析处理方法，结合数学、物理等知识模拟灾害孕育发生的过程，实现灾害形成的三维空间示意图。同时，将计算机智能系统与"3S"技术相结合，帮助农业气象灾害监测预警系统的建立起到了很大的作用。

目前，"3S"技术已广泛应用于干旱、洪涝、冻害、寒害等农业气象灾害的监测中，建立了较为完善且能够实时监测的灾害监测系统。在干旱灾害监测方面，利用不同分辨率的遥感影像资料可大范围监测不同地区、不同植被生长状况、土壤含水量等指标。在洪涝灾害监测方面，利用高分辨率遥感卫星对不同时间、不同空间尺度进行大范围监测预警。马玉平等（1994）在适宜水分水平下模拟华北冬小麦潜在生产，初步建立区域遥感—生长模拟框架模型，验证该模型精度满足华北地区冬小麦对水分的需求。冯锐等（2010）利用 VB6 开发环境和 ArcGIS Engine 开发工具包，以 EOS / MODIS 等气象卫星资料和地面常规观测资料为主要信息源，依托水分平衡方程和农田实际蒸散量模型，建立农田土壤含水量的预报模型，同时利用作物系数、农田土壤水分供应系数、气象要素预报数据凋萎湿度等数据，通过栅格数据转换及数据空间分析，实现大面积干旱灾害的监测预警。张乐平（2014）建设了一个基于 WebGIS 可以在空间上对陕西省的冷冻害和干旱情况进行各种尺度上的可视化监测的系统。孙云（2014）在 GIS、RS 支持下，充分利用历史气象信息、实时气象监测网络及小麦灾情等数据，采用空间统计分析、基于 GIS 的农业信息分析和农业灾害区域影响分析等方法，开展冬小麦生产风险智能分析与预警模型、数据库建设和专题制图，研发基于 GIS 的小麦气象灾害监测预警系统。莫建飞等（2012）基于 GIS 结构和 GIS 组件开发技术，利用不同作物、不同生育期的农业气象灾害监测指标与灾害评估模型，研发了广西主要农业气象灾害监测预警系统，实现了不同作物的灾害监测、预警与评估产品的快速制作，并进行了业务试验与应用，结果表明该系统技术较为成熟，应用效果良好。林瑞坤等（2012）基于 GIS 技术并结合福州市部分农作物低温灾害气象指标，建立福州市农作物低温灾害监测预警系统，并且进行测试和应用，表明该系统自动生成的监测、预警分布图及预警信息，对最终形成的决策服务产品具有很大的指导作用，在灾害监测预警中具有较好的应用前景。闫娜（2009）以"3S"技术为基础，利用 MODIS 合成产品数据 MODIS11C3 和 MODIS13C2 获取的归一化植被指数 NDVI、增强型植被指数 EVI 和陆地表面温度 LST 分别构建 LST-NDVI 特征空间，同时结合数理统计的方法对旱情进行监测和预警。黎贞发等（2013）基于物联网技术，集成开发了一套包括日光温室小气候与生态环境监测网络、数据实时采集与无线传输、低温灾害监测与预警发布、远程加温控制于一体的技术方法，该方法通过构建具有统一入口的分布式信息管理系统，实现对不同传感器生产厂家设备的兼容及多个监测站的组网；以嵌入式 GIS 组件库作为开发平台，使数据接收软件有较强的空间显示与分析功能。基于对典型日光温室小气候观测数据与作物生长临界指标，利用逐步回归及神经网络建模，获得土围护和砖维护结构日光温室低温预警指标。利用手机短信、电子显示屏、网站等多媒体发布低温预警服务，并采用远程智能控制方式实现对温室定时加温。

在农业气象灾害监测当中，地理信息系统技术的发展为农业气象灾害的监测提供了先进的方法及工具，在"3S"及计算机技术的支持下，我国多个区域都能将实时的地面气象观测资料与互联网动态监测下的农业气象灾害结合，对灾害时空分布进行综合分析，这对农业决策者及生产者具有十分重要的意义。

第二节　主要灾害的监测预警技术进展

近年来，我国专家学者通过对农业气候资源的高效利用、主要灾害监测与预警技术等进行了综合研究，建立了重大自然灾害历史数据库，从全国范围宏观地研究了自然灾害的危险程度分区和成灾规律，对重大灾种进行了详细的监测评价技术方法与应对突发性灾情的研究，建立了相应的遥感—地理信息系统，实现了经常性和突发性自然灾害的监测评价功能。另外，除粮食作物外，对果树气象灾害监测也有了较大的进步。农业气象灾害监测指标也有所改进，将气候模式与农业模式的结合进行了初步的尝试，并取得了一定的效果。在灾害预警方面，由最初的统计模式逐步深化为数值模式集成研究，并在此基础上研制了葡萄主要发育期农业干旱、低温冷害等农业气象灾害的预测预警模型(陈德亮，2012)。

一、寒潮灾害

（一）寒潮的概念及发生特点

寒潮是指北方强冷空气大规模向南侵袭，经过的地区出现大风、降温、降水等天气现象引起葡萄寒害。依据国家标准《寒潮等级》（GB/T 21987—2017），寒潮强度等级划分为

表 3-1　寒潮类型及定义

类型	定　　义
寒潮	某地日最低（或日平均）气温 24h 内降温幅度 ≥ 8℃，或 48h 内降温幅度 ≥ 10℃，或 72h 内降温幅度 ≥ 12℃，且日最低气温 ≤ 4℃ 的过程
强寒潮	某地的日最低（或日平均）气温 24h 内降温幅度 ≥ 10℃，或 48h 内降温幅度 ≥ 12℃，或 72h 内降温幅度 ≥ 14℃，且日最低气温 ≤ 2℃ 的过程
特强寒潮	某地的日最低（或日平均）气温 24h 内降温幅度 ≥ 12℃，或 48h 内降温幅度 ≥ 14℃，或 72h 内降温幅度 ≥ 16℃，且日最低气温 ≤ 0℃ 的过程

3 个等级：寒潮、强寒潮、特强寒潮（表 3-1）。

冬季是寒潮暴发的高峰期，自高纬度向中低纬度发展直至消失。按中短期天气形势可分为小槽发展型、低槽东移型及横槽型 3 种类型；按中期发展过程可分为倒"Ω"流型、极涡偏心型及大型槽脊东移型 3 种类型；寒潮发生时间可分为秋末冬初、深冬、冬末春初 3 个阶段，在秋末冬初阶段，多以冬初为主，极端条件下可提前至 10 月上中旬或拖后至 12 月中旬，特点是降温迅猛，此时正值北方果树越冬期，剧烈降温容易造成果树寒害，给来年生产造成重大损失；深冬阶段的寒潮大致发生在 12 月中旬至翌年 2 月上旬，主要特点是低温强度大，持续时间长，容易造成果树树体枝干冻害；冬末春初阶段多发生在 3 月底至 4 月，俗称"倒春寒"，主要特点是气温变化剧烈，春季气温快速回升后，又快速下降，尤其是在日平均气温稳定通过 0℃ 以后，再出现较长时间日最低气温低于 -3℃ 或 -5℃ 的天气，极易造成果树冻害，以果树花器官受冻为主（王金政等，2014）。总体来讲，寒潮可引起葡萄寒害，因剧烈降温导致葡萄树体、花芽、幼果等组织受损，授粉不良或嫩叶幼果受冻，生长发育受阻碍，局部枝条、树体枝干死亡，影响葡萄的产量和质量，从而造成经济损失。

（二）寒潮的监测预警技术进展

寒潮的监测预警研究主要包括数值预报及预警信号。陈静等（1996）针对中期寒潮天气预报过程，分析寒潮与降温的物理学过程规律，建立中期寒潮监测预报的概念模型，结合数值预报产品建立冬半年寒潮自动预报寒潮开始时间及降温幅度预报；雍朝吉等（2001）从春季 3~4 月寒潮环流形势开始，应用数值预报产品，分析环流形势下冷空气的变化并建立气温预报回归方程，更好地监测预报春季寒潮；叶永恒（2002）在数值产品的基础上，设计了温度三级编码方案，监测预报强冷空气、寒潮，该方法对寒潮预警信号的发布有较好的参考作用；沈跃琴等（2006）以 T123 数值产品为基础，研发预报寒潮及逐站要素预报方法；车怀敏等（2006）从利用数值预报模式在不同次输出同一时刻预报产品的稳定性出发，建立逐日平均气温预报模型，预报 24h 变化制作寒潮预警；徐凤梅等（2006）通过对寒潮天气过程分析，寒潮出现前期回暖现象，利用经验预报指标与数值产品相结合制作寒潮天气预报，可提高寒潮天气预警准确率；脱宇峰等（2007）基于欧洲中心数值产品，设计开发了单站寒潮自动预警系统，该系统可自动提取和计算单站相关数值预报产品，并根据单站寒潮标准，自动发布 168h 内寒潮及降雨（雪）、大风等预警信息；陈杰（2016）利用 EC 细网格产品和区域自动站等气象观测资料对寒潮进行预报，提高寒

潮预警信号的准确性；唐沛等（2019）利用地面实况资料、高空观测资料、观测站地面气象要素数据结合欧洲中心数值预报产品，建立寒潮客观监测预报方法，发现该方法能够明显提高欧洲中心温度预报的准确率，并且降低欧洲中心预报寒潮过程的空报率和漏报率，对该地区寒潮和降温天气过程的监测预警具有较好的指导作用。但是，我国尚未有针对果树的寒潮预警信号，当前均采用气象局 2012 年发布的 4 级预警，即蓝色、黄色、橙色和红色预警，各预警级别的含义见第二章第三节列表介绍。

二、霜冻灾害

（一）霜冻的概念及发生特点

霜冻是指作物生长季，气温突然下降到 0℃ 或 0℃ 以下，使作物植株 / 树体或器官发生结冰而遭受伤害，甚至致死的农业气象灾害。霜冻的发生极为复杂，不仅与当地天气条件、地形条件、土壤状况等有关，而且与植物类型、品种、器官、生育阶段和长势息息相关。霜冻因发生时间，可分为晚霜冻害和早霜冻害两种。晚霜冻害发生在春季，早霜冻害发生在冬季。霜冻对果树的影响主要是晚霜冻（春霜冻）。霜冻对果树开花及坐果危害甚大。果树花器官抗寒力较差，在花芽期和花芽膨大期遇到剧烈降温，会导致开花延迟，或雌雄蕊发育不正常，影响受精及坐果。严冬过后，果树已解除休眠，逐渐进入生长发育期，果树花器官抗寒能力较差，如在花芽期和花芽膨大期遭遇霜冻，会导致开花延迟，或雄雌蕊发育不正常，影响受精和坐果。霜冻发生严重时花芽基部形成离层脱落，花期发生霜冻时，轻者表现为花瓣组织变硬、回暖后花瓣变成灰褐色，逐渐干枯、脱落，受冻稍微严重些的，花丝、花药和雌蕊变成褐色和黑色，最后干缩，再严重些的，子房受冻、变成淡褐色，横切面的中央、心室和胚珠变成黑色，最严重的是整个子房皱缩，花梗基部产生离层而脱落。幼果期遇霜冻后轻者果面留下冻痕，虽然果实能膨大，但往往变成畸形小果；重者幼果停止膨大，变成僵果；严重者果柄冻伤而落果；有些高寒地区，果实采收前也会发生霜冻，即早霜冻危害。轻者能够恢复，对品质影响不大；重者整个果实冻结，融化后呈水渍状，则失去商品价值 (王金政等，2014)。

（二）霜冻的监测预警技术进展

目前，国内外关于霜冻的监测预警研究主要有大尺度遥感和地面光谱监测，主要采用气象指标判别法、地面温度反演法、植被指数插值法等。

气象指标判别法主要是依据各地面观测网站的温度资料，结合霜冻调查资料，分析历年霜冻灾害发生发展规律，找出不同生育期阶段指示霜冻发生的指标，利用卫星反演及作物分布情况，直接监测霜冻受害的程度和面积。张晓煜等（2001）利用 NOAA 卫星、温度和霜冻调查资料，采用温度指示法和冷谷面积法监测预警宁夏不同类型的霜冻；牛新赞（2013）构建一套基于风云系列卫星（主要包括风云 2 号和风云 3 号）的霜冻监测系统，实现了霜冻灾害的遥感监测。但因作物各发育期霜冻指标资料较少，反演最低气温的精度尚未达到 0.5℃，影响了监测的实际效果。该方法适用于地形较为平坦、面积较大的地区。

地面最低温度反演法主要利用遥感数据监测，目前应用较为广泛。国外在利用遥感数据反演地表温度起步较早，如 Price（1984）基于先进的高分辨率辐射计在 10.8m 和 11.9m 的 "分裂窗口" 通道中获取 1km 空间分辨率数据，用于估计地表温度和大气对地表辐射的矫正；江东等（2001）利用热红外遥感资料反演地表温度场，得出两种常用的基于气象卫星 NOAA-AVHRR 数据的计算公式，总结出了计算地面温度场的常用方法；刘晨晨（2013）以第二代极轨气象卫星风云 3 号可见光红外扫描辐射计为主要的研究对象，分析了成熟地表温度反演算法和风云 3 号可见光红外扫描辐射计通道特征，验证风云卫星霜冻监测因子可很好反映霜冻前后温度变化并有效抓取到霜冻当日低温。

植被指数插值法利用极轨气象卫星监测冬小麦冻害，霜冻发生后造成叶片损伤，冬小麦归一化植被指数（NDVI）随着冻害程度而下降，通过计算霜冻前后 NDVI 差值，就能够判断冻害的程度和体积，理论上该方法简单易行，生物学意义明显，但 NDVI 的异常变化常存在滞后性，且霜冻 NDVI 变化不明显，导致 NDVI 在霜冻害发生前后没有明显变化，但作物成熟时却会造成减产，因此，该方法监测略有差异需人为订正。钟仕全等（2018）利用遥感数据，结合中分辨率成像光谱数据和野外调查数据，制定霜冻分级指标，通过多时相归一化植被指数变化差异进行监测预警。

霜冻监测预警系统的研究较多。胥正德等（1997）对 1985—1995 年历史天气资料和本地预报经验综合诊断分析，分型建立霜冻预报推理模式，在 586 微机上实现业务自动化流程且预报效果良好；王敏等（2008）根据霜冻特点及监测需求，结合无线传感器网络监测技术，从能量消耗和实际应用角度，实现了霜冻监测无线传感器监测预警系统；黎惠金等（2002）通过对出现的大尺度环流背景、成因和规律分析，确定产生霜冻的天气学条件和影响系统关键区，在量化分析基础上，利用 ECMWF 和 T106 数值预报产品，建立了一个相对稳定的霜冻中、短期预报系统，并制作了霜冻预报监测图，效果良好；罗晓丹等（2008）建立观测站的日最低气温和日最低地温的短期预报方程，做定量预报，并根据霜冻与气温和地温的关系判别预报区内有无霜冻，建立了低温霜冻监测预报系统。

对于霜冻的预警信号主要采用三级系统，分别以蓝色预警、黄色预警和橙色预警。

三、干旱灾害

（一）干旱的概念及发生特点

干旱是指因长期降水偏少，导致空气干燥，土壤缺水，影响作物生长、人的生存和经济发展的气候现象。干旱从古至今都是人类面临的主要自然灾害。根据干旱的成因，通常将干旱分为 3 种类型：土壤干旱、大气干旱和生理干旱。土壤干旱是指在长期无雨或少雨的情况下，土壤含水量少，土壤颗粒对水分的吸力加大，植物根系难以从土壤中吸收到足够的水分来补偿蒸腾消耗，造成植株体内水分收支不平衡，从而影响植物正常生理活动，以致生长受到抑制，甚至枯死的现象。大气干旱是指土壤并不干旱，但由于太阳辐射强、温度高、湿度低和伴有一定风力的天气条件，使植物蒸腾消耗大量水分，当根系吸收的水分不足以补偿蒸腾失水时，植物体内水分状况恶化，甚至死亡的现象。生理干旱是指由于土壤环境条件不良，使根系生理活动遇到障碍，导致植物体内水分失去平衡而发生的危害。如早春气温迅速上升，植物蒸腾较强，需水量增加，而土壤温度比较低，根系吸水作用较弱，使植物因水分亏缺而受害。此外，土壤温度过高、通气不良、土壤溶液浓度过高及土壤重金属元素等有毒物质含量过高，都会降低植物根系吸水能力而发生生理干旱。

根据连续无降雨天数将干旱分为 4 级：小旱、中旱、大旱、特大旱。小旱：连续无降雨天数，春季达 16~30d、夏季 16~25d、秋冬季 31~50d，特点为降水较常年偏少，地表

空气干燥，土壤出现水分轻度不足，对农作物有轻微影响，损失小；中旱：连续无降雨天数，春季达 31~45d、夏季 26~35d、秋冬季 51~70d，损失较小；大旱：连续无降雨天数，春季达 46~60d、夏季 36~45d、秋冬季 71~90d，损失较大；特大旱：连续无降雨天数，春季在 61d 以上、夏季在 46d 以上、秋冬季在 91d 以上，损失大。

我国大部分地区属于亚洲季风气候区，降水受海陆分布、地形等因素影响，区域降水变率大，季节分配不均，干旱灾害的空间分布和发生季节有一定的规律性。从时间上看，干旱有春旱、初夏旱、伏旱和秋旱，以春旱最为频繁。从空间上看，我国干旱灾害具有一定的地域性，各地均有干旱发生，只是发生频率和程度不同，我国明显干旱中心有：东北干旱区，主要集中在 4~8 月的春夏季节；黄淮海干旱旱区，经常出现春夏长江流域连旱，甚至春夏秋连旱，是全国受旱面积最大的区域；长江流域地区，以 7~9 月出现干旱概率最大；华南地区，干旱主要出现在秋末、冬季及初春；西南地区，范围较小，主要出现在冬春季节；西北部地区，常年降水量稀少且蒸发量大，农业灌溉依靠山区融雪或河流，秦岭—淮河以北地区春旱突出（刘俊，2012）。

（二）干旱的监测预警技术进展

国内外关于干旱监测预警已开展了大量的研究，取得了一定的成果。干旱监测传统的方法相对较多，各指数各有优势。将气象类干旱指数分为两类：第一类是通过统计分析降水量的分布，反映干旱持续时间及发生强度的监测指数，数据易获取，计算简单，但不能够全方位反映区域干旱形成的复杂性；第二类是干旱形成机理的指数，又分为简单和复杂多因素综合监测指数。简单多因素综合监测指数一般考虑降水量与蒸发量或作物需水量等，容易获得，但这类指数针对性及区域性较强，而复杂多因素综合监测指数一般考虑区域气候、土壤等多方面因素，对数据要求高，模型复杂，因此，应将多种干旱监测指标结合应用，发展基于多源数据的干旱监测预警技术（SMAKHTIN et al，2007）。在实际应用中常见干旱指数有：①月降水量距平百分率：这是传统的干旱监测指标之一，是某时段降水量与常年同期降水量之差再同常年同期降水量的百分率，能直观反映降水异常引起的干旱；在日常业务中多用于评估月、季、年发生的干旱事件。杨绍锷等（2010）利用 Tropical Rainfall Measuring Mission 月降水速率产品求取降水总量，进而估算传统干旱监测指标，发现月降水量距平百分率可作为旱情监测的有效手段。②标准化降水指数（SPI）：是表征某时段降水量出现的概率多少的指标，该指标适合于月以上尺度相对于当地气候状况的干旱监测与评估，SPI 采用概率分布函数来描述降水量的变化，最终用标准化降水累积频率分布来划分干旱等级。黄晚华等（2010）选择采用 SPI 为干旱指标，分析全年及各季节干旱的站次比和干旱强度的年际变化，表明 SPI 能很好地体现季节性干旱的年际变化特征。③相对湿润指数：是综合考虑降水与作物需水信息，适用于旬以上尺度干旱监测研究，强皓凡等（2018）基于逐日气象数据，计算相对湿润度指数，很好地监测该地区干湿变化特征。④基于遥感数据的干旱监测指标：植被供水指数、植被水分指数、遥感蒸散指数模型等。植被供水指数为植被指数与冠层温度的比值，由于叶绿素吸收在蓝色和红色波段最敏感，两个可见光波段反射能量很低，而近红外辐射吸收率少，反射和散射率高，红光和近红外波段的比值组合可以很好地反映植被绿度变化。通常情况下，当作物缺水时，作物的生长将受到影响，植被指数将会降低。因此，根据植物的光谱反射特性进行波段组合，计算出各种植被指数，可实现对土壤旱情的监测。

但目前应用广泛的基于气象卫星 NOAA-AVHRR 数据的植被指数 NDVI 仍有一定缺陷，主要表现在对原始数据大气噪声处理有限，被迫采用可以部分消除大气噪声但有明显缺陷的比值算式，NDVI 在高植被覆盖区容易饱和。这些缺陷可能使某些定量研究的质量受到一定影响，因此选择对 NDVI 继承和改进后的增强型植被指数（MODIS-EVI），对原始数据经过较好的大气校正，利用蓝光和红光对气溶胶的差异，采用"抗大气植被指数"进一步减小了气溶胶的影响，采用"土壤调节植被指数"减少土壤背景的影响，EVI 在这些方面的改进，为遥感定量监测干旱研究提供了更好的基础。遥感蒸散指数模拟 SEBS 利用地表辐射温度估算作物水分胁迫指数或地表平衡指数，得到潜热通量从而定义干旱程度指数（DSI），该方法优于其他遥感通量估算模型中多采用固定值的做法，更适用于大区域尺度的地表能量通量估算。何延波等（2006）对 SEBS 模型的有关参数进行订正，利用 MODIS 遥感数据结合地表气象观测数据，对黄淮海地区地表能量通量进行了估算，且改进后的 SEBS 模型估算的黄淮海地区地表能量通量具有一定的精度，可以获得更为精准的 DSI。单一类型的干旱监测指数不能全面反映某些地区的干旱状况，气象类干旱监测指数主要通过降水量、蒸散量、地表温度等因素监测干旱，而遥感类干旱监测指数主要是通过植被生长状况监测干旱，二者相辅相成，因此，将气象类干旱监测指数与遥感类干旱监测指数综合应用可避免单一类型的干旱监测指数缺陷，从而提高监测干旱精度，使得干旱监测更具有稳定性。

农业干旱预警系统由区域气候模式、数值模式、陆面水文过程模式和作物生长模式组成。陆面水文过程模式方面，已经获取了相关的数据资料，对黄河花园口以上流域进行了模拟试验，取得了理想的模拟效果。区域气候模式改进方面，进行计算的新一代区域气候模式 RegCM3，模式采用 Grell 方案中的 Arakawa-Schubert 和 Fritsc-Chappell 两种闭合假设。数值预报模式研制与改进方面，对我国自主开发的 GRAPES 模式进行了改进，针对作物生长模式的需要，对 GRAPES 的后处理系统进行了改造，增加了更多气象要素的加工与输出，并进行了输出试验。作物生长模式研制方面，改进了模式的中心控制模块，使模式可以更为方便地对特定区域农业干旱进行有效预警，此外，对参数区域化进行了较为深入的系统研究，提高了模式对发育期的模拟能力。非洲利用农作物季节平均得到的高分辨率辐射计（AVHRR）的每像素植被健康指数（VHI）作为主要干旱指标，采用基于 NDVI 的物候模型来进行干旱灾害的早期预警。加拿大草原上春小麦的试验研究表明蒸散量（ET）和水平衡的干旱指数对于预测干旱向决策者和谷物商人提供预警信息为潜在的干旱状况做准备。

干旱预警信号采用二级系统，分别以橙色预警和红色预警。

四、高温灾害

（一）高温的概念及发生特点

日最高气温达到或超过 35℃时称为高温，连续数天（3d 以上）的高温天气过程称为高温热浪（也称为高温酷暑）。异常高温对农业来说归根结底是水源的问题，高温使得地面水分蒸发，土壤中水分降低，致使农作物的生长受到严重影响。主要分为干热型和闷热型。气温极高、太阳辐射强而且空气湿度小的高温天气，被称为干热型高温。在夏季，我国北方地区（如新疆、甘肃、宁夏、内蒙古、北京、天津、河北石家庄、山东聊城等地）

经常出现。由于夏季水汽丰富，空气湿度大，此类天气称为闷热型高温。在我国沿海及长江中下游，以及华南等地经常出现。

（二）高温的监测预警技术进展

随着气候变暖，高温热害频繁发生。加强高温热害监测和预警技术研究是十分必要的。目前，气温资料主要由气象观测站进行收集。由于植被、海拔、土壤、水体等条件都会对气温产生较大的影响，单一气象站观测的温度所能代表的区域范围也因此受到限制，且在人烟稀少、条件苛刻的地区很少有气象站点的分布，使用空间插值方法往往很难获取高精度空间分布信息，迫切需要高精度气温估算方法。遥感数据相比于气象观测数据而言具有更好的空间覆盖度，从区域能量平衡上来看，遥感获取的陆地表面温度（LST）数据与气温数据之间存在着一种能量平衡的关系。除此之外，遥感图像还可以获取地表植被、水体、大气等信息，所以通过 LST 估算晴空下的气温是可能的。目前学术界已经有了大量针对气温遥感估算方法的学术研究，主要包括单因子统计法、多因子统计法、神经网络方法、地表温度 - 植被指数法和地表能量平衡法。随着研究的深入，对上述模型进行如下的完善：①加入新的数据源提高气温反演的精度；②在监测和评估结果图像中增加水稻高温热害不同等级发生次数统计结果。阳园燕等（2013）从水稻遭遇高温热害的生物学角度出发，筛选影响气象的主要因子（日最高气温、日平均气温、空气相对湿度等），建立水稻高温热害累积危害指数，结合天气预报，在动态监测水稻高温热害危害的同时，发布水稻的高温热害累积危害指数预警，对水稻防御高温热害有一定的指导意义。潘敖大等（2010）采用灰色系统 GM（1，1）模型，利用相关分析原理，通过计算高温热害指标与海温之间的相关系数，利用逐步回归方法，建立了江苏省水稻高温热害指标的预警模型。目前基于统计的高温预测模型一般是建立在大空间尺度的基础上，在具体应用中对于区域的空间分布特征不能很好表达，基于短中期天气预报开展高温的预测预警虽然在时效性上不如前者，但能更好地体现空间分布特征。基于无线传感网络的环境监测系统在设施作物有初步应用，利用该系统进行作物温度监测理论上是可行的，但由于作物环境空间变异较大，大范围的监测网络需要大量的资金投入，因此，该系统目前在葡萄生产中还没有广泛应用。

高温预警信号采用三级系统，分别以黄色、橙色、红色表示。

五、雨涝灾害

（一）雨涝的概念及发生特点

"涝"即雨涝，是因连日降雨渍水、淹没造成的灾害。雨涝频发会导致部分农田、果园被淹，水利设施被冲毁、禽畜圈舍坍塌损毁，葡萄等经济林果生长发育遭受不利影响。按照水分多少，雨涝可分为湿害（渍害）和涝害，连阴雨时间过长，雨水过多，或洪水、涝害之后，排水不良长期阴雨，土壤水分长时间处于饱和状态，使果树根系因缺氧而发生伤害，称为湿害（渍害）。雨水过多，地面积水长期不退，使果树受淹，称为涝害。

果树对水的需求是有一定限度的，水分过多或过少，都对果树不利。水分亏缺产生旱害，抑制植株生长；土壤水分过多产生涝害或湿害，造成高温、高湿的环境，使病害猖獗，早期落叶和果实病害（烂果）严重。雨多果树生长旺盛，花芽分化不良，影响第二年产量。如果雨多沥涝，土壤中氧气匮乏，果树缺铁症状突出（黄叶病），严重时烂根，可造成死树。

土壤过湿，水分处于饱和状态，土壤含水量超过田间最大持水量，根系完全生长在沼泽化泥浆中，这种涝害叫湿害。湿害能使作物生长不良，原因一是土壤全部空隙充满水分，根部呼吸困难，根系吸水吸肥能力都受到抑制。二是由于土壤缺乏氧气，使土壤中的好气性细菌（如氨化细菌、硝化细菌和硫细菌等）的正常活动受阻，影响矿质的供应；而嫌气性细菌（如丁酸细菌等）特别活跃，使土壤溶液的酸度增加，影响植物对矿物质的吸收。与此同时，还产生一些有毒的还原产物，如硫化氢和氨等，能直接毒害根部。湿害虽不是典型的涝害，但实际上也是涝害的一种类型。土壤水分过多对果树产生的伤害称为涝害。水分过多的危害并不在于水分本身，而是由于水分过多引起缺氧，从而产生系列危害。在低湿地、沼泽地带和湖边，发生洪水或暴雨后，常有涝害发生。其广义的涝害包括湿害，指因土壤过湿，土壤含水量超过田间最大持水量时植物受到的伤害。狭义的涝害指因地面积水，淹没了作物的部分或全部，使其受到伤害。涝害会影响果树的生长发育，但涝害对果树的危害主要原因不在水自身，而是由水分过多诱导的次生胁迫造成的，这些危害包括对植物细胞膜的损害、对物质代谢的影响、对呼吸作用的抑制、矿质营养元素吸收的减少、根际缺氧对植物激素合成和代谢平衡的影响等。我国的雨涝灾害主要分布在我国东南部，在长江和黄淮河流域地区尤其集中，西北部受灾、成灾面积很小。

（二）雨涝的监测预警技术进展

我国利用 NOAA 气象卫星数据，对雨涝情况进行大范围监测；利用星载雷达遥感数据（SAR）系统进行全天候实时监测；利用低空飞行的无人机，高空间分辨率的机载装置、GPS 数据、极轨卫星资料等，通过不同遥感数据的融合、遥感数据与非遥感数据的融合，多种光学、数字传感器获取灾情数据和图像，完成了对重大雨涝灾害粗、中、细三级遥感监测（杨克检等，1998），对雨涝灾害进行动态监测并提出预警建议。随着信息化的飞速发展，雨量站的密度增加速度加快，但还是未能实现地面雨量观测站的网格化，非网格化的雨量监测难以保证暴雨灾害的精确监测和预警，因此，结合地面雨量观测站，采用空间插值实现网格化雨量的监测和预警是实现精确监测预警的有效方式。赵冰雪等（2017）以气象站点降水量和逐日气温数据为基础，选取反距离权重加权法（IDW）、径向基函数法（RBF）、普通克里金法（OK）和协同克里金法（CK）对降水和气温数据分别进行了空间插值，并对模拟结果进行交叉验证。杨永利等（2016）改变传统插值方法仅考虑单一要素的片面性，引入协同克里金模型对降水进行空间插值，发现在年尺度和月尺度内，协同克里金模型在降水量相对误差上分别减少 12.7% 和 10.9%。但是传统降水空间插值方法大多只考虑了降水插值点之间的距离影响而不能反映出暴雨落区的真实分布，因此，多普勒雷达逐步在区域降水估测中得到应用，雷达定量测量降水的实质是根据雷达基本反射率的回波强度反演推算高时空分辨率降水量和降水强度，降水量和降水强度的准确估测可以提高目标地区内的面雨量，可以反映该地区降水情况。王云等（2016）通过对不同地区新一代多普勒雷达的雷达反射率因子资料进行格点化、一致性标定等处理，形成雷达拼图，进而利用 Z-I 关系估测降水。王湘玉等（2019）观测到的回波强度无法准确反映强降水的强度及位置；而使用双偏振多普勒雷达对回波强度进行观测时，着重分析 X 波段双偏振多普勒雷达降水观测，对发生强对流降水天气过程的具体位置可以进行监测，双偏振多普勒雷达作为先进的探测工具，能够使雷达估算降雨的精确度得到明显提高。

近年来，气象部门综合利用遥感、气象雷达、数值模拟等技术，开展了大量基础性和应用性的研究，提高了气象预警水平。结合多普勒雷达回波数据，通过提取区域雷达回波反射率，来矫正降水空间插值对预警信号进行指导。根据多普勒雷达反射率因子、自动站雨量资料，运用降水量法、最优插值法、交叉相关法计算矫正降水估测及预警信号发布。将自动气象站与雷达进行点面结合，采用一定的数学方法和 GIS 技术，得到能够代表某特定区域平均降水情况的雨量，从而发布预警信号。叶青等充分利用 GIS 和数据库技术，结合暴雨内涝数值模型，气象监测与天气预报业务，建立起城市内涝气象监测预警系统。系统通过对降雨、城市地形地貌、城市下水道排水管网等信息的综合分析，对暴雨内涝演变过程进行模拟与演示，实现了城市降水量、积水的空间分布的图形显示，可提前 24h、0~3h，实时、直观显示内涝和降水情况，系统基于 C/S 和 B/S 相结合的系统结构，利用 SQL Server2000 数据库平台建立内涝应急数据库，通过建立内涝预警信息发布系统，实现内涝分级预警信息以及相关信息的网络发布，为各部门制定防灾减灾措施提供依据。构建了一个通过气象、水文、水利等多部门间观测资料与预警信息共享。李薇等（2019）利用高精度降雨雷达设备以较高的时空分辨率，获取较大面积的测量数据，并能迅速更新降水的三维结构，将逐步成为广泛应用的高新技术设备。徐双柱等（2015）利用风云 2 号和风云 3 号气象卫星资料，然后，结合雷达资料、常规观测资料和数值预报产品等，利用多阈值法、面积重叠法进行了暴雨云团的识别跟踪方法研究，利用配料法进行了 6h 暴雨短时预报方法研究，建立了风云系列卫星资料的暴雨监测预报业务系统，定量监测和预报暴雨的发生、发展，检验结果表明该系统对于暴雨的监测和预警有指导作用。林树刚（2017）引入卡尔曼滤波算法对雷达降水数据进行同化，使得雷达降水数据在年尺度和季节尺度与雨量实测数据具有较好的相关性，可以更好地监测暴雨。陈兆林等根据 GPS 反演的 0.5h 时间分辨率的大气水汽含量与武汉自动气象台站监测的逐时降水量对比分析，大气中的水汽总量与降水过程之间关系密切。在强降水发生前，大气水汽含量有一个逐渐增加的过程，降水发生前 2~3h 内水汽含量急剧增加，降水发生后水汽含量则急剧下降，水汽增减幅度越大，则对应时间段内的降水量也越大。潘江等（2000）使用垂直积分含水量估测降水，发现该方法能够反映降水回波的三维状况和适当弥补地物阻挡的缺欠，能够提高探测精度，使得测量结果更为客观。

暴雨预警信号采用 4 级系统，分别以蓝色预警、黄色预警、橙色预警和红色预警。

六、暴雪灾害

（一）暴雪的概念及发生特点

雪灾是由于长时间大量降雪造成大范围积雪，降雪量 ≥ 10mm 称为暴雪，暴雪的出现往往伴随大风、降温等天气。暴风雪对农业不利影响表现为 3 种：①冷害和冻害，低温使农作物生长受到影响甚至组织结冰进而死亡。②长时间低温阴雨使得光照不足，植物体无法合成和积累养分。③湿度增加使病害发生概率增加。暴雪主要分布在我国东北地区，内蒙古大兴安岭以西和阴山以北的地区，祁连山、新疆部分山区，藏北高原至青南高原一带，川南高原的西部等地区。在内蒙古，暴雪灾害主要发生在内蒙古中部的巴彦淖尔、乌兰察布、锡林郭勒及赤峰和通辽的北部一带，发生频率在 30% 以上，其中以阴山地区雪灾最重、最频繁。西部因冬季异常干燥，几乎不会发生暴雪。在新疆，暴雪主要集中在北疆准噶尔盆地四周降水多的地区，南疆除西部山区外，其余地区雪灾很少发生。在青海，暴雪也主要集中在南部的海南、果洛、玉树、黄南和海西5个冬季降水较多的州。在西藏，暴雪主要集中在念青唐古拉山以东、巴颜喀拉山系及其以南的高原主体东北部地区和藏南边缘的喜马拉雅南坡一带的一些地区，在冬春时节的时候，雪下得较大，积雪会覆盖高山，且在地面形成一层冰壳，使得积雪长期不融化而形成雪灾。

暴雪发生的时段一般集中在10月至翌年4月，危害较重的，一般是秋末冬初形成的所谓"坐冬雪"，暴雪发生地区和频率与降水分布有密切关系。暴雪引起降温，使得果树遭受冻害，尤其在冬初时节，树体缺乏抗寒锻炼，遭遇暴雪，气温骤降，灾情严重时或伴有雪崩、风吹雪，在冰雪消融期，由于融冻交替，冷热不均，果树枝干部位阴阳面受热不均，昼夜温差大，因此在枝干的阴阳交界处，容易造成树皮暴裂，从而导致来年腐烂病、粗皮病和干腐病严重发生。同时，暴雪对未进行保护的剪锯口也会造成不同程度的冻害，加剧腐烂病的发生。对未清理的果园，残枝落叶被暴雪覆道，温度高、湿度大，很容易导致来年以褐斑病为主的早期落叶病严重发生；害虫危害加重：秋末冬初如降暴雪，地面尚未冻结，使地温偏高，有利于地下越冬害虫安全越冬，以致来年虫害严重；影响来年产量和品质：如果秋末冬初气温偏高，之后又突遇暴雪，气温随之大幅下降，冷热天气的急剧变化不利于果树花芽的进一步分化形成，对来年果树的产量和品质会有影响；暴雪造成交通中断，严重影响果树运输和销售。另外，因运输成本增加，会导致前期果蔬市场价格上涨，直接影响消费者的购买，后期交通运输恢复，果蔬的销售压力骤增，有可能导致降价，直接损害广大果农的利益。

（二）暴雪的监测预警技术进展

20世纪90年代，中国科学院兰州冰川冻土研究所和西藏、青海、内蒙古等省（自治区）气象局突破了雪盖信息提取与复合技术，建立了积雪或"白度"值遥感监测系统。之后，气象部门的积雪遥感监测向业务化、精细化和个性化方向发展。一些牧业大省，如新疆、内蒙古等气象局已经实现了NOAA卫星20cm以下不同等级积雪深度的定量检测分析，并纳入业务工作中。西藏气象局也正在积极结合地理行政信息搞技术开发，建立历史数据库、雪灾背景资料库，建设地、县、乡及冬牧场的遥感积雪监测分析综合系统。建立有效的业务化雪灾监测评估系统将有力地提高雪灾预防的预警能力和时效，有利于及时进行救灾工作。

多普勒天气雷达和激光雨滴谱仪对降雪有一定的监测能力。苗爱梅等（2007）利用太原C波段多普勒天气雷达基数据资料和自动雨量站资料，应用改进的EVAD技术，定量计算垂直高度层的平均散度和平均垂直速度，并分析平均散度和平均垂直速度随时间和高度的变化以及与降雪的对应关系，这对预报降雪的生消、雪强的增大与减小提供了一定的理论依据，对短时间的临近（一般2~7d）预警是十分有意义的。裴宇杰等（2012）利用CINRAD/SA雷达资料，加密自动站资料和四维变分同化风场反演资料，分析了特大暴雪天气过程，指出对流性降雪回波的垂直结构与盛夏暴雨回波结构类似，是产生极端降雪的重要原因。易笑园等（2010）利用多普勒雷达、地面加密自动站监测资料、常规观测资料、4DVAR雷达风场反演和中尺度数值模式WRF模拟结果，对华北东部一次 β 中尺度暴风雪的成因和影响天气系统的热力、动力结构及演变进行了分析，指出暴雪的回波形态呈"人"字形和具带状结构，其回波顶高3~4km，回波强度35~40dBZ，具有短时弱对流等特征；但冬季降水回波较弱，有时会受融化层影响，导致多普勒雷达对降雪的监测能力不足，辅以激光雨滴谱仪。蒋年冲等（2010）通过激光降水粒子测量系统所获得的资料，对不同降水类型的粒子数浓度及其谱分布、下落速度及其谱分布进行监测预警。杨祖祥等（2019）则使用双偏振雷达，结合常规观测资料分析该过程特大暴雪实况，判断融化层高度和降水粒子相态，结果表明，在合适区域（距离雷达站30~150km范围内）对冬季降水属性的探测和判定基本准确，给降雪天气监测预警提供了更多有价值的信息；在常规夜间观测业务取消后，使用仪器确定降水相态非常关键，其对短临预报监测和预警业务具有重要作用。程周杰等（2009）也使用双偏振雷达对水凝物相态的演变情况进行了分析，实时对空中的降水粒子进行观测和分类，从而提供了一种研究云微物理结构研究的思路。卢秉红等（2016）利用常规天气资料和雷达资料对两次不同影响系统暴雪过程的雷达回波特征进行分析指出，倒槽暴雪和蒙古气旋暴雪的雷达回波特征存在明显差异，倒槽暴雪速度零线总体呈直线经过气象观测站，风廓线上偏北风冷垫厚，强冷空气南下形成的强动力和持续降温作用触发降雪，虽然低层强冷空气下沉不利于降雪维持，但中层西南风增强和南北风径向辐合造成的辐合上升运动使得降雪维持并产生暴雪；在倒槽暴雪中，冷垫最厚、中低层西南风速最大提前于强降雪5h，对暴雪预报预警有先兆意义。廖晓农等（2013）利用常规探测资料以及时间和垂直方向上分辨率较高的微波辐射仪温度廓线及基于雷达探测和中尺度模式的反演资料研究指出，降水阶段的0℃层高度相对于云底的高度与降水相态密切相关，对降雪短临预报预警有重要意义。

我国在许多地区建设了强对流天气观测气象台，使准确性与实时性得到了有效提高。强对流天气监测预报的种类在不断增多，随着气象业务的现代化，我国气象业务水平也在不断提高，有些地区可以每6min实现一次观测，分钟雨量、辐射计等在强对流天气预报业务中的地位越来越高。气象局不仅发布天气预报信息，还发布一些对流天气种类与影响范围等预警信息。

暴雪预警信号采用四级系统，分别以蓝色预警、黄色预警、橙色预警和红色预警。

七、冰雹灾害

（一）冰雹的概念及发生特点

冰雹是一种降水过程，其特点是具有突发性，局部性，历时短，难预测，受地形影响显著，灾情重，损失大，区域广，难预防。由于冰雹的发展规律复杂，较高精度的预报还不能准确地被人类预测。一场10min中密度冰雹可造成局部农作物绝收，是毁灭性极强的自然灾害，损失十分惨重。

冰雹是人工影响天气重点关注的一种强对流天气，是从发展旺盛的积雨云中降落的一种固态降水，常常伴随着雷暴、大风等灾害性天气，冰雹具有发生时间短、局地性强等特点，且多发生在春末夏初，此阶段暖空气逐渐活跃起来，带来了大量的水汽，而冷空气活动也很频繁，这时候构成了冰雹形成最有利的气候条件，在夏秋过渡时期冰雹也常常发生，但到冬季就很少降雹。降雹的日变化一般也比较规律，我国大部分地区降雹开始时间多出现在午后或傍晚时间段，因为这时候近地层对流最旺盛，但湖南西部、湖北西南部、重庆、贵州东部等地区降雹开始时间多发生在夜间，这可能与上述地区白天多云、地层太阳辐射增温少、对流较弱，而夜间云顶辐射冷却使上下对流加强有关。冰雹云的范围不大，多数不到20km，移动速度可达50km/h，所以降雹的持续时间比较短，一般在

5~15min，也有长达 1h 以上者，但为数极少。我国冰雹的地理分布特点是山地多于平原，高原多于盆地，中纬度地区多于高纬度和低纬度地区，内陆多于沿海，北方多于南方，全国有 3 个多雹区，即青藏高原、北方和南方多雹区，易发生冰雹的地形是山脉的向阳坡和迎风坡、山麓和平原交界地带、山谷山间盆地、马蹄形地形区，冰雹源地多出于山区或山脉附近 10~20km 的地带，果树遭受冰雹砸击会因损叶、折枝使葡萄叶片、茎秆和果实遭受机械损伤，从而引起葡萄发生严重的落花落果，还会引发各种生理障碍及诱发病虫害，雹块内的温度在 0℃以下，还会导致葡萄遭受冻害，给农业生产带来较为严重的经济损失，甚至会危及人民的生命财产安全。

（二）冰雹的监测预警技术进展

冰雹灾害监测预警技术是将天气系统作为主要监测对象，监测内容包括常规观测、重要天气预报、灾情直报、自动气象站观测和发布预警信号等，这些监测预警大多数是依靠轨道气象卫星和地面监测站来实现的，常见的地面监测站的监测结果准确可信，但却无法正确分析强对流天气灾情现象；而轨道气象卫星监测作为当前最重要一种气象监测技术，其监测范围广阔、分辨率远远高于地面监测技术，并且其监测技术的发展还将直接影响强对流天气分析技术。

卫星遥感技术发展于 20 世纪 60 年代，具有获取信息量大、时效性好、周期短、数据连续性强等特征，适用于灾害预警，利用卫星进行导航结合计算机技术，对灾害进行监测预警。近几年来，卫星遥感技术进步较大，高时像分辨率、多平台传感器等也在逐渐发展完善。卫星遥感技术精细化定量在监测当中起着积极作用，如大气环境、生态环境和水环境。理论上说，使用遥感技术对冰雹灾害的监测是可行的。一般来说，单次冰雹灾害发生的时间约为 10min，虽然持续时间较短，但是对植被及生态环境的破坏性较大，并且在不同的季节内对农作物会造成不一样的损失。秋天发生冰雹灾害会造成作物产量收成减少，春天发生冰雹灾害会使得幼苗大量夭折，夏天发生冰雹灾害会对长势旺盛的作物造成毁灭性的伤害。通过卫星遥感技术监测数据，对监测到的数据进行处理得出冰雹灾前灾后的植被指数，进行全面分析可以检测出作物受灾程度，这就是卫星遥感技术应用于冰雹灾害监测的原理。近年来，自主卫星遥感高分辨率技术也在不断地进步发展，技术流程更加成熟，国家相关部门相继发射了多个卫星系统，建立了专门应对灾害的监测，这些卫星系统的卫星监测分辨率的空间距离由原来的 30m 逐步提高到 1m 左右，被广泛应用于大气环境以及生态环境、水环境的等领域精细化定量，卫星遥感技术的进步极大地提高了监测精度。除此之外，天气雷达也是识别冰雹云的重要手段，冰雹云的基本反射率和回波顶高度是判断冰雹发生的依据，因此，主要分析反射率因子图和径向速度图，从而能够了解对流云团的结构及形态等特征，促进人们对冰雹等强对流天气的特点及其演变规律的认识；通过天气雷达，得到雷达回波的图像数据，研究冰雹暴雨天气回波的特点，进而实现对冰雹暴雨等强对流天气的识别，这就是天气雷达应用于冰雹灾害监测的原理；同时，多普勒雷达监测技术对降水分子形态具有很强的辨识能力，对冰雹等情况的分析十分精准。

天气雷达监测获取的冰雹云强度和移动路径对冰雹灾害农作物损失程度和冰雹灾害影响范围具有指示作用。耿德祥等（2010）采用冰雹等强天气落区综合多指标叠套预报方法，建立冰雹预报模型，预报命中率高效果良好；郑飒飒等（2019）利用多普勒雷达、地基微波辐射计、激光雨滴谱仪等资料，分析了冰雹天气形成的水汽特征、不稳定层结、雷波回波、雨滴谱特征，探讨新型资料在冰雹天气监测预警中的应用；刘小艳等（2020）基于 CPAS 系统统计分析了冰雹个例的云顶高度、云顶温度、云有效粒子半径、云光学厚度、黑体亮温等卫星云监测产品的特征参数及其时间变化。当发生冰雹时回波云顶高度均在 9km 以上，云顶温度均在 -25℃以下，液水含量均在 800mm 以上，云光学厚度均在 40km 以上，对流云团对应的区域即将发生降雹，可作为即将出现降雹的卫星监测指标判据；由于具有高时空分辨率的特点，风廓线雷达和地基微波辐射仪探测资料在局地冰雹等应用越来越受到重视。黄治勇等（2015）利用风廓线雷达和地基微波辐射计观测资料追踪降雹前中低中尺度系统演变以及冷暖平流的变化、垂直风切边随时间演变、垂直速度大小随高度变化、相对湿度和水汽含量的垂直廓线等更精准地对冰雹天气监测和预警。卫星遥感技术对冰雹发生后的影像监测，发现地面反射比率在成像中发生了明显的变化，导致植被指数变化明显，通过冰雹灾害灾前和灾后植被指数的对比，可获取冰雹灾害的发生范围；同时根据指数的数值确定冰雹灾害对农作物的损失等级。朝鲁门（2018）指出可以通过卫星遥感技术收集冰雹灾害预警资料，卫星遥感监测技术针对灾害程度比较严重的区域可真实反映出受灾损失情况，对于受灾区域比较小或受灾程度比较新的地区，分辨率则存在一定的不确定性，因此，该项技术的使用也具有一定的局限。刘丹等（2012）利用环境减灾卫星遥感数据（2009—2011 年），分析了冰雹灾害前后归一化植被指数（NDVI）的变化，发现植物遭受冰雹灾害后的一段时间内，NDVI 出现异常下降的现象，与未遭受冰雹灾害的区域差别明显，说明利用 NDVI 来判别遭受冰雹灾害的区域是可行的；遥感监测结果显示冰雹灾害区域准确率可达 86.67%，利用环境减灾卫星对冰雹灾害进行遥感监测和预警是可行的。张杰等（2004）根据气象台站的冰雹观测记录，选取 NOAA 卫星过境的 AVHRR 资料，对冰雹云和其他云的光谱特征进行对比分析，根据雹云的光谱特征，确定雹暴指数及其模型阈值 >0.35 的冰雹监测方法，多普勒雷达回波和气象站观测结果说明，雹暴指数等多参数结合判别冰雹云效果显著。

冰雹预警指令下达的主要依据包括高空温压场相似法和影响系统指标法，其中高空温压场相似法主要是依据气象台站所统计的冰雹日个例和无雹日个例，分月确定不同海拔高度的温度场及高度场相似预报指标，从而确定有无区域性降雹天气发生；影响系统指标法主要是在分析 5 种冰雹天气过程影响系统（南北槽配合型、北支低槽型、南支低槽型、高原冷槽型、槽前脊后型）基础上，客观量化分析地面压温湿气象资料建立单站短期冰雹天气预测指标。近些年来，用于制作冰雹预警的信息资料大量增加，尤其是运用了数值天气预报形势场产品和物理量产品，对于改进原冰雹短期预报方法提供了更加有利的条件。相似法和指标法两种方法在多年来的运行过程中，预报订正准确率越来越高，在实际工作中有较好的实用价值，因此，进一步完善冰雹预警方法仍然具有实际意义。

冰雹预警信号采用三级系统，分别以黄色预警、橙色预警和红色预警。

八、大风灾害

（一）大风的概念及发生特点

风沙灾害是我国北方的自然灾害之一，尤其在旱季宜出现沙尘天气，持续时间短、突发性强、破坏力大。

由于不同地区种植着不同农作物，且农作物受到灾害性大风的指标也不尽相同，气象学专家指出平均风力达 6 级或以上（即风速 10.8m/s），瞬时风力达 8 级或以上（风速＞17.0m/s），给农业生产造成危害。

大风是在一定的环流天气形势下形成的。根据大风形成的原因，可把大风分为：冷锋后偏北大风、高压后部的偏南大风和温带气旋（东北低压、江淮气旋等）发展时的大风。以春季出现最多，夏季最少。从地理分布看，沿海多于内陆，北方多于南方。松辽平原、内蒙古平原、辽东半岛、青藏高原、华北平原以及台湾海峡一带是经常出现大风的地区，大风对果树可能造成的影响包括：①影响授粉受精和产量。如果在花期遇上大风，风速过大时，易使空气相对湿度降低，使果树花器的柱头干燥，影响授粉受精，同时大风还会妨碍许多昆虫的飞翔活动，影响花期传粉，降低坐果率，风力过大时，不仅能吹落大量花朵，而且还容易引起温度陡降，发生平流冻霜，造成大量减产。②影响树形和丰产稳产。果树如在新梢旺长期遇上风灾天气，幼嫩的新梢经强风连续吹拂，会逐渐向一边倾倒，致使树体形成偏冠形，习惯上称为"旗形树"，这样的树修剪困难，光照不易调整，也影响丰产稳产。③影响果实生长。生长季遇风灾，会使枝条来回摇曳，叶片蒸腾量增大，叶温降低，严重时可使叶片气孔关闭，降低光合作用，不利于生长结实；雨后大风，还容易吹歪树冠，甚至使树体倾倒，风速过大还会抽伤叶片，使叶片残破不全，既影响当年产量，又妨碍翌年花芽的形成，秋季风灾还容易引起落果，果实在长至一定大小后，遇风极易脱落。对于采前落果较重的品种，这种危害是极严重的，有时可使优质果品产量减少 60% 以上，风灾还可加重果实在树上的碰伤，降低优质果率。④造成越冬抽条。冬季风灾是引起苹果树"抽条"的重要原因，枝条在经较长时间干寒风的吹袭之后，会因水分过度损失而逐渐皱缩、干枯，这对树体的生长发育和成花结实都是极为不利的。⑤引起土壤养分流失。在采用清耕的果园里，大风能吹走地表细土，通常被称为"风蚀"。在季风显著的园区，风蚀常常是引起土壤养分流失、逐渐变瘠的重要原因之一。总的来说，大风的直接危害是在灾害性大风的强劲撕扯下所受的机械损伤及土壤风蚀和沙化，这种损伤具有不可逆性且致命的威胁；大风的间接危害是加速农作物蒸腾增加水分消耗，影响农事活动，破坏农业设施，传播植物病虫害和输送污染物质等，同时大风还常常伴随沙尘、降温、雨雪天气诱发复合灾情，对工农业生产、交通运输和人民生活造成极大危害及损失。

（二）大风的监测预警技术进展

对流风暴属于中小尺度天气系统，具有局地性强和生命史短等特征，常常伴随产生灾害性大风，准确、及时的实况监测资料是大风预警预报的基础。然而，现有的基础气象监测能力远远不能满足其需要。因此，多年来专家主要在天气雷达、卫星等工具的监测基础上开展预警服务，在充分利用地面气象观测站、自动气象站、卫星地面接收站、多普勒天气雷达的基础上借助高性能计算机等信息化技术开发监测预警职能系统，自动气象站观测风场能够在一定程度上监测大风天气，常规天气雷达观测要素包括基本反射率、回波形态学特征、风暴尺度和中小尺度天气（如超级单体、多单体、飑线等对流系统），新一代多普勒天气雷达可观测大气运动多普勒速度，地球静止气象卫星和自动气压站可观测变压、变温等，也能够辅助监测大风天气，快速更新或者集合高时空分辨率数值模式预报是这类天气短时预报的主要途径。大风是由于强烈下沉气流（下击暴流）所导致，通常观测对流层中层、干层、对流层中下层大气较大垂直减温率的环境条件下导致的对流风暴的强下沉气流，计算下沉对流有效位能（DCAPE）较大，但大风发生发展还需要多个方面的物理

条件。因此，其发生发展所需环境条件的气候分布特征是制作分类监测预警的必要基础工作型。刘小红等（1996）对北京地区出现的一次特大强风过程的边界层结构（风、温、风切变及阵风特征）进行了分析，随着该次大风的过境，边界层内风场出现数个风速高值中心，高度位于 200~300m，时间间隔 1~3h；大风过程中，在空间上塔层可分成上下两个区域，上层（150m 以上）为风速高值中心区，该区域风切变较小，下层存在很强的风切变和风速阵性，并与上层的风速高值中心相呼应；获取遥感数据，用于风灾提取。李国翠等（2013）用雷达三维组网数据和地面加密自动站风场资料，统计分析了对流性地面大风的 6 个主要雷达识别指标：风暴最大反射率因子、风暴最大垂直积分液态水含量、垂直积分液态水含量随时间变率、风暴最大反射率因子下降高度、风暴体移动速度和垂直积分液态水含量密度等参数。根据雷达识别指标和地面大风的相关程度，给出了识别指标的隶属函数和权重系数；采用不等权重法，建立了具有模糊逻辑的对流性地面大风识别方法。刁秀广等（2009）利用 CINRAD/SA 多普勒雷达资料探测灾害大风天气过程中风暴单体结构演变趋势，发现有些对流单体的单体垂直累积液态水含量和单体强中心高度具有同步增长和同步下降现象，对地面大风天气临近预警具有较好的指示意义。王凤娇等（2006）利用多普勒雷达资料，探讨了低层辐合带与飑线雷雨大风之间的关系，分析其尺度大小、最大出流速度及相对影响地的方位可应用于大风临近预警。王珏等（2009）研究表明，多普勒雷达速度图上灾害性大风有两个基本特征：一是存在于相对孤立的风暴内的小尺度大风核，下击暴流尺度相近，是下击暴流在地面附近的反映；二是弓状回波后的大风区或尾入流急流，强垂直切变环境中发展起来的强风暴，如超级单体等伴有中气旋。

　　由于风灾一般发生在局地区域，且时间较短，常常不能被现有常规的气象台站所观测到或得不到当时的天气实况，另外，由于风灾局地性强，易发生在山区丘陵地带，交通不便，灾情资料收集较难或者不全，因此，可以结合自动气象站观测资料，分析风灾发生过程中对作物产量损失影响显著的气象因子，最终确定选取作物受灾过程中的最大风速的最大值、持续时间内的最大风速的平均值、最大风速持续时间和过程降水量 4 个气象因子，还需考虑到作物不同生育期抗风能力的不同，增加作物生育期影响因子，利用这些要素，运用统计学方法建立作物风灾监测模型。郭小芹等（2016）立足研究区域设施农业发展背景，在风灾指标设计中同时引入极大风速和最大风速，用双条件约束定义轻度、中度、重度、特大 4 个等级指标以实现区域风灾的精细化区分，进行了风灾监测，同时也为风灾预报预警奠定了前提和基础。东高红等（2007）利用垂直积分液态水含量资料，发现垂直积分液态水含量值达到 30kg/m² 是地面灾害性大风出现的阈值，垂直积分液态水含量值达到或超过 40kg/m² 则可以看作是大风的一个预警指标，垂直积分液态水含量值达到最大后的快速减小意味着将出现地面灾害性大风，垂直积分液态水含量值快速减小后的突然跃增则是地面灾害性大风开始的标志。应用评分系统命中率、误警率、临界成功指数检验了上述预警指标，结果表明垂直积分液态水含量产品预警地面灾害性大风是可行的，而且随时间调整阈值大小，可大大提高地面灾害性大风预警的命中率和临界成功指数；地面灾害大风出现前预报员有 12~18min 的时间用于发布短时、临界大风天气预报和大风预警。苗爱梅等（2019）以江西省为例在建立强对流天气特征物理量指标体系的基础上，分月、分型建立了冰雹、大风概念模型，采用轮廓识别技术在计算机实现了自动运行，提升了其对强对流天气预警准确率；温舟等（2019）根据现在气象业务的实际情况，利用 Visual Basic 语言，开发了海上大风监测报警平台，该平台可实现自动站数据显示、客观预报方法数据显示、大风预警信号发布情况显示及达到大风预警级别时自动报警功能。林伟等（2005）根据舟山群岛的地理地形条件，选取适合的设备、通信系统、数据实时采集和监控系统研究规划了舟山群岛大风实时监测预报网的建设；实现大风资料监测，具有分布性、共享性强，维护简单方便，业务扩展简单特点，通过 Web 浏览器可以随时地进行大风监测、查询浏览等操作，可以通过地理信息数据的支撑，直观地监测大风信息，能更好地为各级政府及气象部门组织防灾减灾，防台抗台等决策提供重要的依据，是气象部门加强为防灾抗灾服务的重要手段。杨明等（2018）采用 Silverlight 技术在大风监测系统开发设计中的应用进行研究，介绍基于 Silverlight 技术的大风监测系统的系统框架和功能设计，实现基于 Silverlight 的大风监测系统。应用效果表明，系统不仅实现大风实时监测可视化，还提供可用的大风监测数据和丰富的功能。Silverlight 技术的运用使得大风监测系统响应更快、表现元素更加生动，操作和用户体验更加友好，具有较好的应用效果。

大风预警信号采用四级系统，分别以蓝色预警、黄色预警、橙色预警和红色预警。

【本章小结】

农业气象灾害常用的监测预警方法主要有 5 种：实际调查测算法、历史统计相似分析法、遥感监测评估法、农业气象灾害指标法和作物模型模拟分析法。地面站网监测预警是农业气象灾害监测预警研究的基础，其他各类先进的监测技术仍需依托地面监测来校核，"3S" 技术及计算机技术的应用使得预测预警更为准确。

思考与练习

1. 监测预警技术能否更加广泛地用于农业服务？

2. 高新的监测预警方法相比于传统的监测预警方法优势是什么？

3. 制约监测预警方法的因素有哪些？

4. 对于葡萄产业，监测预警技术应在哪些方面有所突破？

5. 适用于葡萄生长发育的作物模型还需哪些必备条件？

本章推荐阅读书目

1. 灾害科学研究. 傅志军主编. 陕西人民教育出版社，1997.

2. 气象学（北方本）(非气象专业用). 刘江，许秀娟主编. 中国农业出版社，2002.

3. 灾害对策学. 庞德谦，周旗，方修琦主编. 中国环境出版社，1996.

4. 灾害大百科全书·生态灾害卷. 彭珂珊，张俊飚主编. 山西人民出版社，1996.

5. 气候变化国家评估报告. 气候变化国家评估报告编写委员会编. 科学出版社，2007.

6. 农林气象灾害监测预警与防控关键技术研究. 王春乙著. 科学出版社，2015.

7. 苹果产业防灾减灾关键技术. 王金政，韩明玉，李丙智主编. 山东科学技术出版社，2014.

8. 气象防灾减灾. 许小峰主编. 气象出版社，2012.

9. 农业重大气象灾害综合服务系统开发技术研究. 庄立伟，何延波，侯英雨编著. 气象出版社，2008.

第四章

葡萄农业气象灾害及减灾技术

【内容提要】主要介绍了葡萄园霜冻、寒潮、越冬冻害、冰雹、暴雪、大风、雨涝、干旱、高温等灾害的发生、类型、成因、分级指标和预警、预防技术措施，同时对几种灾害造成的生理病变和衍生的其他种类的危害，如葡萄园真菌性病害、生理性病害、虫害等进行了描述。

【学习目标】掌握葡萄园常见自然灾害的成因、发生发展规律与防灾减灾技术。

【基本要求】熟悉葡萄园自然灾害的发生和成因；了解及时、准确预警、预防自然灾害的判断、发布方法规程；灾后积极应对，采取正确的补救方法。

第一节　霜冻灾害的防护

霜冻灾害（frost disaster）指果树在生长期，由于日最低气温下降，使植株茎、叶表面温度短时降至0℃或0℃以下，引起果树幼嫩部分遭受伤害的现象（郗荣庭，1997）。葡萄作为全球广泛栽培的果树，尽管适应性强，但在葡萄产区晚霜是葡萄生产的重大风险。关于晚霜对葡萄的危害，许多国家如法国（Giovanni Sgubin et al, 2018）、美国（Lipe W N et al, 1992）、澳大利亚（J E Jones et al, 2010）、巴西（Filho J et al, 2016）等都有研究报道，国内也有较多报道（郝燕等，2010；王正平等，2004；张振文和陈武，2011；杨江山，2016）。随着全球气候变暖，春季气温升高，葡萄萌芽提前，晚霜冻害的风险增加。霜冻作为一种常见的农业气象灾害，多发生在晚秋、早春季节。相对来讲，葡萄秋霜冻害较为轻微，早春霜冻害严重得多。早春气候逐渐转暖，突然因寒潮降温，导致作物发生冻害，常称为"倒春寒"。

一、霜冻类型

根据霜冻的发生时期，分为早霜冻（winter foster）和晚霜冻（spring frost）。早霜冻也称秋霜冻，葡萄植株由秋季向冬季寒冷季节过渡期间发生。晚霜冻也称春霜冻、倒春寒，是在由寒冷季节向温暖季节过渡期间发生。根据霜冻发生的原因，可以将霜冻分为3个类型。

①平流型霜冻（advection frost）：由强冷空气入侵引起剧烈降温而发生的霜冻，这种霜冻发生时，常伴随强风，所以也有"风霜"之称。

②辐射型霜冻（radiation frost）：一般多是受冷高压控制，在晴朗无风的早晨或夜间，地面强烈辐射而发生的霜冻。一般低洼地较容易发生，山坡地北部易发生霜冻。

③平流辐射型霜冻（advection radiation frost）：由受到冷空气和地面辐射双重作用下而产生的霜冻类型。通常先有冷空气侵入，气温明显下降，到夜间，地面有效辐射加强，地面温度下降而造成霜冻。

二、霜冻灾害成因

（一）与芽生长程度的关系

处于绒球期的芽受害较轻，芽长超过2cm者，受害最为严重。就一个枝条上来看，由于剪口下1~2芽发芽更早、更易遭受晚霜冻害，受害更为严重，而下部芽受害较轻。根据被调查地区晚霜冻害发生情况及当地气象资料综合分析，一般情况下，幼叶和新梢在-1℃左右时即开始表现症状，而此时刚刚萌动的芽一般能忍受这一短时低温，当温度下降到-3℃以下时才有发生冻害的可能。近年来国内外有关研究表明，植物体上广泛存在的具有冰核活性的细菌是植物发生霜冻的关键因素（孙福在和赵廷昌，2002；冯玉香，1990）。

（二）与地势的关系

在地势较低的地块，其枝芽受晚霜冻害更重。究其原因，在夜晚，地面一方面辐射热而损失热量，另一方面吸收大气对地面的辐射热而增加热量。天气晴朗时，地面有效辐射值较大，地面温度降低幅度大，容易出现霜冻，所以，霜冻多发生在晴天的凌晨。夜间有风时，地面有效辐射值减小，风能把近地面冷空气带走，代之以温度较高的空气（刘江和许秀娟，2002）。地势较高的地块夜晚风偏大，温度往往偏高。地势较低的地块由于上述因素的影响，加之冷空气下沉的原因，低洼处气温总是更低，因此受害也更严重。在山西稷山县调查中发现海拔相差 160m 的两个果园冻害差别十分显著，海拔 375m 的'红地球'葡萄园，嫩梢及萌动芽冻死率 80% 以上，而海拔在 537m 的'红地球'葡萄园，仅见叶片被少量冻伤，而未见嫩梢及萌动芽冻死。

（三）与土壤质地的关系

砂质土壤受害较重，而黏土地受害较轻。砂质土壤春季回温快、白天温度偏高、植株发芽早、生长快、芽生长较长而抗寒力偏弱，夜晚土壤温度偏低，因此，植株更易受害。

（四）与土壤含水量的关系

同一地块，土壤含水量越高受晚霜冻害越轻。由于水的热容量较大，当土壤含水量较高时，白天地温升高幅度受到一定限制，地温回升慢，葡萄发芽推迟。含水量较大的地块夜晚地温下降幅度也受到一定限制，地温及近地面小范围气温较干燥地块相对偏高，因此其受害也偏轻。

（五）与 1 年生枝条发育程度的关系

树体偏旺或偏弱者，晚霜冻害发生严重，而生长中庸、健壮的树发生较轻。旺树和弱树树体营养贮存不均衡、枝条发育不充实、抵抗力差、内部髓心组织不紧密。如施用氮肥过多、负载量过大、秋季霜霉病严重、夏季摘心去副梢不及时等，均会使枝条发育不充实而降低抵抗力。调查发现，秋施基肥的地块，大多受晚霜冻害较轻。

（六）与浇水时间的关系

在山西稷山县、临猗县的调查发现，在临近早晨寒流到来的前一天晚上浇水者受害较轻，而在此之前 10d 左右浇水者受害较重。原因是临近寒流来临时浇水，其土壤含水量增大，水温较高，晚上散热量更大。

（七）与周围环境的关系

局部小气候对晚霜冻害有一定的缓冲作用。生长在建筑物附近的葡萄植株受害较轻，而空旷地的受害较重。建筑物在夜晚时一可释放一定热量，二可挡风，气温相对较高。

（八）与出土上架时间的关系

为使葡萄植株能安全越冬，我国北方大部分地区均采取冬季埋土，葡萄植株一般于春季 3 月中下旬出土上架。按技术要求埋土的地块，出土上架晚的植株发芽偏晚、受害较轻。

（九）与覆盖物的关系

相同的地块在葡萄发芽之前行内覆盖地膜者，其晚霜害发生严重。原因是地膜覆盖后，一是提高了地温，加速了植株生长，芽生长量更大，更易遭受害；二是地膜覆盖在夜晚阻止了地面热量对空气的散发，造成凌晨气温偏低。

（十）冰核细菌的影响

冰核细菌（ice nucleation bacteria，INA）能够提高植物的结冰温度，是诱发和加重植物霜冻的重要因素（Lindow S E，1987）。INA 的存在提高了作物的冻结温度，更容易遭受霜冻危害，Richards 方程能够在各种 INA 密度下很好地描述玉米霜冻害程度与低温

强度和冰核细菌密度的关系（冯玉香等，1995）。霜冻危害程度受低温和INA的交互作用，可以通过减少INA或使INA失去冰核活性的途径减轻霜冻对作物的危害。在低温胁迫下，INA能够较大幅度提高果皮的相对电导率，增大细胞原生质膜的渗透性（杨文渊等，2007）。赵荣艳（2005）认为INA会加重杏花遭受晚霜冻害。孙福在等（2003）指出INA能够诱发植物体内过冷却水能够在较高温度下结冰，是诱发和加重农作物霜冻的重要因素，而且INA密度越大，细胞结冰温度越高。培养INA的最佳温度为20℃，0~4℃处理数小时能显著提高成冰活性，超过25℃冰核活性明显下降，37℃处理24h INA完全丧失冰核活性（H Obata et al，1990）。异质核成核温度较高，自然界中水的结冰都是异质核诱发引起的（Karl E Z and Erlend K，2000）；细菌冰蛋白是细菌冰核活性物质的主要组成部分，高冰核活性物质的形成还需要脂类、糖类和胺类物质的参与。目前细菌冰蛋白一级结构清楚，二级分歧结构存在争议，没有直接的实验方法来研究细菌冰蛋白的三级结构（A R Edwards et al，1994）。研究表明，INA基因属水平传播基因，磷脂水解酶类（PLD）参与低温胁迫反应；利用基因工程手段将抗寒基因导入的定向育种，提高植物抗寒性。PLDγ被反义抑制后，拟南芥抗霜力明显提高（Lemmon M A and Ferguson K M，2000）。

三、霜冻的危害

霜冻对葡萄生产影响很大，特别是我国北方葡萄产区，如西北黄土高原产区、新疆产区、东北产区，由于秋冬交替、冬春交替等季节性变化，温度变化剧烈，产生霜冻的可能性较大，并且近年来霜冻发生频繁，严重影响葡萄生产，如我国黄土高原产区、黄淮平原、长江中下游地区等，特别是地处黄土高原的山西、陕西、宁夏、甘肃等省份，以及地处我国南北气候交界过渡区（即0℃、有霜区和无霜区的过渡），历史发生晚霜冻的频次30%~40%。因霜冻而减产、减收的年份高达40%以上，某些年份甚至造成颗粒无收。我国东北地区和华北地区因霜冻造成减产也属多见。

葡萄遭受霜冻危害后，受害程度轻时会导致萌发推迟，萌芽后叶芽发育不完全或畸形，受害程度重的会造成不发芽，呈现出僵芽、干瘪状；幼叶冻害后大多变成黄褐色，叶脉干枯，失水失绿，进而干缩，类似开水烫灼状，受害严重时幼嫩叶全部枯死；枝条冻害受伤部位由表皮至木质部逐步失水，皮层腐烂干枯（图4-1）。

图4-1 葡萄晚霜冻害症状（新梢）（刘三军图）

（一）植株表型

冷平流是造成春季霜冻的主要原因。新疆北疆地区霜冻一般以平流霜冻为主导，在发生霜冻前的1~2d，由于强冷空气活动引起雨雪天气，造成温度急剧下降，发生霜冻灾害；在天气转晴后，由于地面的辐射冷却作用，使霜冻强度增大，时间延长，作物受灾程度随地形不同而有差异。霜冻最明显的表现是地面温度快速下降到农作物临界温度以下，对农作物造成危害。终霜冻对酿酒葡萄的危害主要表现为刚萌发的幼芽、嫩梢、叶片和新长出的幼嫩器官褐变，严重时造成2年生枝条死亡直至葡萄地上部分死亡，造成葡萄当年减产；如果霜冻发生后田间管理不当，葡萄浆果质量降低，树势衰弱，影响下一年产量。即使气温在0℃以上，如果温度大幅度下降，也会因寒害对葡萄花穗造成危害。

我国北方春季随气温上升，葡萄解除休眠并进入生长期。葡萄植株一旦发芽，抗霜冻能力迅速下降。此时，即使短暂的低温（0℃以下）也会给葡萄幼嫩组织产生致死伤害。因此，我国葡萄霜冻主要以春季晚霜冻为主。

早春萌芽时遭受霜冻，嫩芽或嫩梢初期变褐，随后水浸状并枯焦。花序展露期受冻，葡萄新梢枯死，严重影响葡萄的产量（图4-2）。

图4-2　葡萄园受害症状（新梢和花序）（刘三军图）

春季低温胁迫能致使树体内部出现脱水、结冰现象，引起韧皮部和木质部等组织变褐、坏死，后期容易造成树体脱水形成生理干旱，导致组织皱缩干枯。叶片等幼嫩组织遇到低温胁迫出现水渍状，花序褐化或幼果出现斑点，受损部位极易受病原微生物的侵染，严重者会造成局部或整株的坏死，致使后期植株长势较弱，开花坐果率下降，进而影响到作物后期的产量和品质。

（二）低温霜冻害造成膜脂相变

当植物受到低温冻害胁迫时，细胞膜系统是低温冻害作用的首要部位，进而导致进一步的生理生化变化，植株损伤甚至死亡（简令成，1992）。植物受到低温损伤与膜脂相变有关，一定程度的低温使细胞由液晶状态变为凝胶状态，膜上结合蛋白结构被破坏而透性增大，维持细胞的生命物质外渗，造成代谢紊乱，影响正常生命活动（Lyons J M，1973）。已有研究表明，膜脂中的类脂和脂肪酸成分明显影响着膜脂的相变温度；增加膜脂中的不饱和类脂或脂肪酸含量能降低膜脂的相变温度，加大膜的流动性。一般是膜脂上的不饱和脂肪酸成分越大，该植物的相变温度越低，抗寒性也越强。不饱和脂肪酸含量越高，葡萄的抗寒性越强（牛锦凤等，2006）；对葡萄的枝条膜脂成分研究表明，抗寒性强的品种亚

油酸 / 亚麻酸的比值高（邓令毅和王洪春，1982）。

（三）低温霜冻害造成膜脂过氧化

植物在低温冻害胁迫时发生的膜脂过氧化作用，丙二醛（MDA）是其产物之一，它能与蛋白质的氨基酸或核酸反应生成 Shiff 碱，MDA 的积累可对膜和细胞造成进一步的伤害，进而引起一系列的生理生化变化。MDA 含量高低与植物所受逆境程度呈负相关关系，即 MDA 含量越高，细胞膜功能越弱，植物抗冻能力也就越弱。葡萄枝条的抗寒性和 MDA 显著相关。低温胁迫越重 MDA 含量越高，同等胁迫下抗寒性越弱的品种 MDA 含量越高（牛锦凤等，2006）；对根系抗寒性的研究同样表明，MDA 与抗寒性呈负相关（艾琳，2003）。活性氧是细胞正常代谢产物，正常情况下，细胞内活性氧的生成和分解保持平衡，当细胞受到低温灾害时，植物体内积累活性氧自由基含量增加，促发抗氧化酶类如过氧化物酶（POD）、过氧化氢酶（CAT）和超氧化物歧化酶（SOD）的合成来维持活性氧平衡并防止活性氧氧化作用的发生。花器官各部分保护酶（SOD、POD 和 CAT）活性在低温胁迫前期均逐渐升高，当达到一定临界温度后，呈现下降的趋势，表明花器官内保护酶的存在和活性的升高减轻了由膜脂过氧化引起的伤害，是植物组织提高抗寒性、免遭低温伤害的重要原因。

（四）低温霜冻害与果树细胞中渗透调节物质

大多数果树遭受低温冻害胁迫时，常通过自身的防御网络来调控相关的代谢途径，在体内积累可溶性溶质（如可溶性蛋白和可溶性糖等），从而提高渗透调节势，保护植物细胞在各种胁迫下的渗透失衡，稳定亚细胞组织（如细胞膜和蛋白质），清除抗氧化系统。可溶性蛋白代谢是反映植物抗冻性的一个重要指标，植物受到低温灾害时，植株本身可通过增加可溶性蛋白的含量来增强细胞的保护力，增加束缚水含量和原生质弹性，提高细胞持水力，保护原生质膜结构，提高细胞液浓度，从而降低冰点，减少低温条件下原生质因结冰而受伤害致死的机会，提高植物抗寒性。抗寒性强的葡萄品种可溶性蛋白含量相对较高。脯氨酸是水溶性最大的氨基酸，具有易于水合的趋势和较强的水合能力，是理想的有机渗透调节物质，植物在低温胁迫下细胞失水，通过提高体内脯氨酸含量，增加了细胞液的浓度，对细胞起保护作用；当温度进一步降低时，可作为细胞冰冻保护剂而对原生质体表面起保护作用，以保持细胞膜的稳定。利用人工气候室低温处理香蕉叶片，表明随着温度的降低脯氨酸的含量呈上升趋势；对杏花和幼果的抗寒性研究发现脯氨酸含量随温度的降低而增加（王飞等，1995）。

（五）果树内源激素对低温霜冻害的响应

ABA 是一种胁迫激素，也是一种信号因子，它会对逆境产生响应，可以促进休眠、降低冬芽和枝条的含水量，主要通过关闭气孔、降低叶片蒸腾速率来保持组织内水分平衡，以及促进根系吸收水与溢泌速率等提高植物的抗逆性。ABA 对植物抗寒性作用明显（孟庆瑞等，2002）。多数诱导剂施用后增强植物抗寒性的作用机理是促进 ABA 生物合成，诱导活性氧清除功能增强，利于糖类、可溶性蛋白等渗透调节物质的积累，调节植物的生长发育。通常抗寒性强的杏树品种 GA₃ 含量低于抗寒性弱的品种，外施 ABA 可以诱导内源 ABA 水平的提高，使 ABA/GA₃ 值增大、SOD 和 POD 的活性增强、MDA 含量降低，导致细胞膜通透性减小、膜结构的完整性得到保护从而提高仁用杏花坐果期的抗寒性。低温胁迫下葡萄叶片中 ABA 含量呈现先升高后降低的趋势，而 GA、IAA 和 IPA 的比值呈现出先降低后升高的变化，并且抗寒性强的品种'贝达'叶片中的 ABA/GA 和 ABA/IAA 大于抗寒性差的品种'美乐'（曲凌慧，2009）。

（六）低温霜冻害对叶片光合荧光的影响

光合作用是作物干物质积累和产量形成的基础，植物干重的 90% 来自光合作用，而光合作用对低温最为敏感。低温对光合作用的影响是多方面的，首先，低温影响光合器官的结构和活性，致使叶绿体类囊体膜的流动性下降，叶绿素含量降低；叶绿素含量是评定逆境因素对光合作用器官造成伤害的重要指标，对叶绿素荧光参数进行研究分析有助于分析受影响的光合部位；其次，低温下气孔对 CO_2 的阻力增大，致使光合产物运输变慢，光合产物积累增多，间接地抑制植物的光合作用；同时，低温冷害会导致植物的光合酶活性、光合电子传递速率下降，几乎所有的植物都停止吸收 CO_2，从而削弱植物利用光能的能力，抑制叶黄素循环参与的非光化能量耗散或抑制蛋白修复循环，引起光抑制现象。叶绿素荧光参数能反映果树叶片对光能的吸收强度、电子传递能力及光能的利用效率。

四、霜冻程度的判断指标

（一）作物霜冻等级

《作物霜冻害等级》（QX/T 88—2008）于 2008 年 3 月 22 日发布，同年 8 月 1 日正式实施。该标准是我国第一项关于作物霜冻害的行业标准，它的实施标志着我国作物霜冻害的相关定义和气象等级指标有了可遵循的统一标准，在作物霜冻害监测、灾情评估和霜冻害防御等方面发挥重要作用。

霜冻害分级的主要依据：一是历年各地作物霜冻害损失情况，主要是受害率和减产幅度；二是作物受害的外部症状，是轻微的叶尖受冻，还是整株受冻，甚至死亡；三是天气降温幅度及低温强度；四是考虑到霜冻害发生的时间，不同时期的霜冻害损失是有较大区别的；五是考虑到使用方便，便于接受，易达成共识。

根据植株霜冻害受害株率和霜冻害症状将植物霜冻害分为 3 个级别，分别是：轻霜冻、中霜冻、重霜冻。该标准对主要果树霜冻害等级标准（表 4-1）划分对葡萄霜冻害等级有参考意义。

轻霜冻：低温下降比较明显，日最低气温比较低；植物顶部、叶尖或少部分叶片受冻，部分受冻部位可以恢复；受害株率应少于 30%；粮食作物减产幅度应在 5% 以内。

中霜冻：低温下降很明显，日最低气温很低；植株上半部叶片大部分受冻，且不能恢复；幼苗部分被冻死；受害株率应在 30%~70%；粮食作物减产幅度应在 5%~15%。

重霜冻：低温下降特别明显，日最低气温特别低；植株冠层大部分叶片受冻死亡或作物幼苗大部分被冻死；受害株率应大于 70%；粮食作物减产幅度应在 15% 以上。

表 4-1　主要果树霜冻害等级指标（日最低气温）（单位：℃）

霜冻害等级		苹果	梨	桃	樱桃	草莓	杏	李子
轻霜冻	花芽膨大	−3.0~−2.0	−3.0~−2.0	−4.0~−2.0	−2.0~−1.0	−6.0~−4.0	−4.0~−3.0	−4.0~−2.5
	花蕾期	−2.0~−1.0	−2.0~−1.0	−2.5~−1.0	−2.0~−1.0	−4.0~−2.0	−2.0~−1.0	−2.5~−1.5
	初花期	−2.0~−1.0	−1.5~−1.0	−2.0~−1.0	−1.5~−0.5	−3.0~−1.5	−2.0~−1.0	−2.0~−1.0
	盛花期	−1.5~−0.5	−1.0~0.0	−2.2~−1.0	−1.0~0.0	−3.0~−1.0	−2.0~−1.0	−2.0~−1.0

（续）

霜冻害等级		苹果	梨	桃	樱桃	草莓	杏	李子
	初果期	−1.0~−0.5	−1.0~0.0	−2.0~−1.0	−1.0~0.0	−3.0~−1.0	−2.5~−1.5	−2.0~−1.0
中霜冻	花芽膨大	−4.0~−3.0	−3.8~−3.0	−6.0~−4.0	−3.5~−2.0	−7.5~−6.0	−6.0~−4.0	−5.0~−4.0
	花蕾期	−3.0~−2.0	−2.7~−2.0	−3.5~−2.5	−3.0~−2.0	−6.0~−4.0	−4.0~−2.0	−3.5~−2.5
	初花期	−2.7~−2.0	−2.2~−1.5	−3.0~−2.0	−2.3~−1.5	−5.0~−3.0	−3.2~−2.0	−3.0~−2.0
	盛花期	−2.5~−1.5	−2.0~−1.0	−3.2~−2.2	−2.0~−1.0	−4.0~−3.0	−3.0~−2.0	−2.5~−2.0
	初果期	−2.0~−1.0	−1.8~−1.0	−2.8~−2.0	−1.8~−1.0	−5.0~−3.0	−3.5~−2.5	−2.8~−2.0
重霜冻	花芽膨大	<−4.0	<−3.8	<−6.0	<−3.5	<−7.5	<−6.0	<−5.0
	花蕾期	<−3.0	<−2.7	<−3.5	<−3.0	<−6.0	<−4.0	<−3.5
	初花期	<−2.7	<−2.2	<−3.0	<−2.3	<−5.0	<−3.2	<−3.0
	盛花期	<−2.5	<−2.0	<−3.2	<−2.0	<−4.0	<−3.0	<−2.5
	初果期	<−2.0	<−1.8	<−2.8	<−1.8	<−5.0	<−3.5	<−2.8

（二）葡萄霜冻害的判断指标

关于葡萄受晚霜冻害的程度尚无具体的分级，一些研究者以芽或新梢的受冻率作为评价指标（郝燕等，2011；张振文和陈武，2011），所研究的葡萄材料均为生产上栽培的鲜食和酿酒品种，未见有对葡萄种质资源进行抗晚霜冻害的系统评价。

葡萄由于品种、树体健壮程度、树体不同部位和节位的差异，芽的发育进程有较大差别，萌芽后遭受霜冻，通过加强管理，利用树体自身恢复能力，可以有效减轻灾害程度。

为准确判断霜冻对酿酒葡萄造成的危害和产量损失，可以将霜冻危害程度分为5级：0级：无明显症状；1级：展叶期嫩枝、叶片及花序褐变死亡，产量损失20%以下；2级：绿尖期幼芽褐变死亡，产量损失30%~50%；3级：绒球期褐变死亡，产量损失50%~70%；4级：2年生枝和未萌发芽眼褐变死亡，产量损失80%以上。

张剑侠（2019）在晚霜发生后3d（2018年4月9日）对田间自然鉴定81份葡萄种质资源的抗晚霜表现。每株系或品种调查3株。调查每株树萌发的全部新梢数（包括绒球期的芽）、受害新梢数（包括绒球期的芽），计算受害率。受害率（%）=受害新梢数/全部新梢数。每株系或品种的受害率取3株树的平均值。按照受害率大小将葡萄受害程度分为4级：1级：受害率为0，极抗（high resistance，HR）；2级：受害率≤25%，抗（resistance，R）；3级：25%<受害率≤50%，不抗（susceptibility，S）；4级：受害率>50%，极不抗（high susceptibility，HS）。对中国野生葡萄17种或变种的56个株系、美国野生葡萄6种的8个株系及17个栽培品种（系）共81份葡萄种质资源抗晚霜冻害表现进行自然鉴定。结果表明，中国野生葡萄、栽培品种抗晚霜表现具丰富多样性，美国野生葡萄表现出较强的抗性。葡萄种质资源对晚霜抗性表现与冬季抗寒性表现不完全一致。

五、霜冻的预防

根据气象规律，越是暖冬，来年春季越容易发生倒春寒。北方地区的倒春寒，在时间上，一般在3月下旬至5月初，农谚"清明断雪不断雪，谷雨断霜不断霜"，说的就是这个意思。为了避免倒春寒等恶劣天气带来的损失再次发生，最好的办法还是做好预防，灾后补救只能挽回部分损失。

针对晚霜危害，研究者们提出了一些预防措施及补救办法，如建立防护林、延迟葡萄冬季修剪（Brighenti A F et al，2017）、喷保护剂（M Centinari et al，2018）、灌水推迟发芽（王正平等，2004）、葡萄园喷水、应用植物生长调节剂、熏烟（杨江山，2016）、延迟春季出土（张振文和陈武，2011）等，这些栽培措施在一定程度上可减轻晚霜危害和损失，但从根本上还是要培育抗霜冻性强的品种和砧木。葡萄品种萌芽越早，生长量越大，冻害越重，选择萌芽迟的品种依然是避免晚霜危害更为可靠的方法（Centinari M et al，2018）。

采取多种措施可起到预防葡萄霜冻的作用，但这些措施仅能缓解霜冻危害，都不能彻底防止霜冻特别是 0 ℃以下的低温冻害。

（一）重视天气变化，提高防范意识

要充分认识寒流发生的客观性，霜冻发生的可能性和灾害性，提高防患意识，必要时在园内设立自己的气温、地温实况观测记录站，并及时关注天气变化和天气预报，预知霜冻发生时间和强度，及时采取应急防范措施。

（二）延迟萌芽，躲避霜冻

在晚霜频繁发生的地区，利用树干涂白、铺黑地膜等措施，减缓树体温度上升，延迟葡萄萌芽，尽量躲避晚霜冻害。

（三）霜冻前果园灌水、施肥

露地栽培的葡萄在霜冻来临前 3~5d，对园区进行灌水、施肥，可改善土壤结构，增强其吸热保暖的性能，从而提高树体抗冻能力。霜冻来临前 1d 至当天根颈部培土保护根颈部，以免根颈及根部整体受冻。另外，霜冻来临前 2~3d，整株喷施氨基酸、海藻酸、壳聚糖等，以提高细胞液浓度，增大细胞膜韧性，增强树体的抗冻性。

（四）熏烟防霜

霜冻发生前，在葡萄园上风口进行烟熏，熏烟材料可用作物秸秆、杂草、锯末等能产生大量烟雾的易燃材料，其产生的烟雾能够阻挡地面热量散失，从而起到保温作用，熏烟效果好的果园温度可提高 2℃左右。但此方法污染大气、作用有限，不适用于大面积推广，仅适用于短时局部果园的霜冻预防。

（五）设施栽培增温保温

霜冻来临前，大棚栽培的葡萄可使用电油汀、白炽灯、煤气灯、点蜡烛或专用加热设备等方法进行加温。棚外加盖草毡或保温被，另外在草毡或保温被上增加压帘线，以避免被强风吹起，同时还要注意卷帘机和电机的安全防护。

（六）杀灭冰核细菌

采取除冰核法即通过降低 INA 菌的密度来防御霜冻，使用提高作物自身耐结冰能力的方法（如温室秧苗定植前低温炼苗、人工向植物渗入可溶性糖、喷施有机液肥使细胞液浓度升高等）也能有效防御霜冻。减少 INA，提高植物抗性。利用发泡剂、涂料、低共融盐等喷施在植物表面形成保护膜，使农作物与外界环境隔离开，可起到减轻霜冻的目的。利用拮抗菌、生物工程菌和噬菌体等生物方法，能够杀灭植物体内冰核细菌或抑制冰核细菌的活性。使用杀灭冰核细菌，抑制冰核活性的药剂防霜是一条重要途径，目前有些国家已经试验使用，此类药剂在果蔬上使用效果明显，生产上推广尚需时间。

六、葡萄遭受霜冻后的应急措施

对于遭受霜冻危害的葡萄园，可采取一些补救措施，供受害园区参考。

（一）思想高度重视

果农们从思想上高度重视应对突发霜冻的应急措施，不要过度消沉，要乐观应对不可抵挡的各种自然灾害，不放弃果园管理，多跟有经验的果农交流以提高管理技术水平，多学习果树防冻科普知识，以便应急，多尝试、多摸索、多创新以便战胜灾害。

（二）快速有效行动

1. 及时查看分析灾情，积极采取应对措施

受害较轻的（新梢顶部幼叶轻微受冻，花序尚完好），在霜冻后，将新梢顶部受害死亡的梢尖连同幼叶剪除，促使剪口下的芽尽快萌发；受害中等的（新梢上部50%左右的嫩梢及叶片受冻，花序基本完好），在霜冻后，将新梢受冻死亡的部分剪除；新梢中下部未受冻仅叶片受冻的，剪除受冻叶片，促使剪口下节位的芽尽快萌发，上部萌发的副梢保持延长生长，中下部保留2~3片叶摘心；受害严重的（整个新梢、叶片及花序几乎全部受冻），在霜冻后，将新梢从基部全部剪除，促使剪口下结果母枝原芽眼副芽或隐芽尽快萌发。

2. 加强肥水管理

霜冻后为尽快恢复树势，应加强肥水管理，补充树体营养，增强树势。可喷施氨基酸、海藻酸、壳聚糖等功能性叶面肥，以恢复树势，保护幼小及受伤的叶片，促进花序的生长发育，增加坐果率，挽救葡萄园损失。

3. 重视根系管理

冻害发生后可及时中耕松土，减少土壤板结，增加土壤的透气性。同时追施葡萄专用肥、土壤调理肥、腐殖酸肥等，增强葡萄根系活力。

4. 防治病虫再危害

冻害发生后还需注重病虫害的防治，由于受冻树体的树势较弱，抗病能力降低，极易遭病虫害侵袭，生产中要加强病虫害防控，尤其是病害的防治，及时喷施杀虫杀菌剂。

（三）酌情培养二茬果

受灾严重、近乎绝产的葡萄园，如果生长时间充分，可采取以下措施培养二茬果。①将所有当年生枝条留1~2节或从基部平茬、清园。全园喷施一次杀虫杀菌剂。②及时施肥、中耕松土，增强葡萄根系活力，让树体尽快恢复生长、重新萌芽。③在新生枝条第六张叶片长至正常叶片1/3大小时，留6片叶摘心。摘心后，视品种特性和植株长势，分批抹除枝条下部发生的所有副梢，保留顶端1~2个副梢，防止枝条基部冬芽萌发。④对顶端保留的1~2个副梢每长2~3片叶摘心一次，持续摘心25~30d，促使这两个节位的冬芽完成花芽分化。然后，将保留的顶端1~2个副梢从基部疏除，逼迫枝条顶端冬芽萌发。这样，枝条顶端节位的部分冬芽萌发会带花序，生产出一定数量的二茬果。

二茬果量的多少，取决于树体营养积累的多少以及品种特性，树势恢复良好、生长健壮的情况下，早、中熟品种一般花序较多，并能在霜降之前成熟，可酌情培养二茬果弥补损失，同时对来年产量不会造成大的影响。

七、霜冻引发病虫害的防控技术

晚霜冻害对葡萄生产危害较大，除引起葡萄植株冻害症状外，还能对植株造成机体损伤，进而导致生理活动能力下降，引发多种地上部位病虫害及生理性病害的发生。如葡萄霜霉病、葡萄白腐病、葡萄生理性失调症等。

（一）真菌性病害

1. 霜霉病

（1）症状

葡萄霜霉病是由葡萄霜霉病菌（*Plasmopara viticola*）引起的病害，其可以侵染葡萄的各个绿色组织。病菌侵染嫩叶时，病叶正面出现浅黄色不规则斑点，并快速发展，形成近似圆形或多边形黄色病斑，发病严重时，整个病斑连在一起，叶片焦枯、脱落。对应病斑部位的叶片背面有白色霉层，如同白霜，即是葡萄霜霉菌的孢子囊及孢囊梗。葡萄嫩枝、叶柄、花序、卷须、果梗受到病菌危害后，最初形成浅黄色水浸状斑点，之后发展为形状不规则的病斑，颜色变深，为黄褐色或褐色。天气潮湿时，会在病斑上出现白色霜状霉层；空气干燥时，病部凹陷、干缩，造成扭曲或枯死。幼果感病初期，病斑颜色浅，为浅绿色，之后变深、变硬，随果粒增大形成凹陷病斑，天气潮湿时，也会出现白色霜状霉层；天气干旱、干燥时，病粒凹陷、僵化、皱缩脱落（彩图2）。

（2）发病规律

果园高湿环境，植株表面的水分持续时间长和适宜温度范围，有利于霜霉病的发生与流行。潮湿的冬天，紧接着为多雨、潮湿的春天，连接上夏天的雨水，霜霉病发生早且重。因为潮湿的冬天卵孢子越冬基数（成活率）高；多雨潮湿的春天导致发生早；夏季的雨水不但提供了暴发的条件，而且会刺激新梢、幼叶的生长和组织含水量的增加，使植株抗病性降低（更加感病），从而导致病害流行和大暴发。温度对霜霉病的影响不是决定因素，霜霉病发生的最适宜气温为22~25℃，一般在10~30℃，高于30℃或低于10℃都会抑制霜霉病的发生。

（3）防治方法

发生霜霉病后，首先及时人工摘除病叶，再用80%波尔多液600倍液加50%烯酰吗啉3000倍液整园喷施；用药3d后，在用80%霜脲氰2500倍液或25%精甲霜灵2000倍液喷施第二次；第二次打药4d后用90%三乙膦酸铝800倍液加80%波尔多液600倍液（或42%代森锰锌400倍液）。连续使用3次农药后，一般可以控制严重的霜霉病危害。然而，还是要强调预防为主、综合防治，强调统防统治或群防群治。在发病初期用药会起到事半功倍的效果。

2. 黑痘病

（1）症状

黑痘病是由葡萄痂圆孢（*Sphaceloma ampelimum* de Bary）侵染引起的病害，主要危害葡萄的新梢、幼叶和幼果等幼嫩绿色组织。新梢、蔓、叶柄、叶脉、卷须及果柄受害时，病斑呈长椭圆形，边缘紫褐色且稍隆起，中央呈暗色的不规则凹陷斑，病斑可联合成片，形成溃疡，环切而使上部枯死。所以，对于葡萄黑痘病的防治可以通过定期观察植株发育状态来判定，如果不加处理会使叶片的叶脉损伤而停止生长，在叶片中央形成灰白色病斑

造成叶片畸形，随着病害加重，中央灰白色似鸟眼状病斑开裂且病果小而味酸，有时病斑也可连片使表面形成硬化，最终导致整个植株的萎蔫变黑至干枯脱落。

（2）发病规律

病菌主要通过植株间的近距离传播，通过病叶、病蔓、病梢中的分生孢子实现近距离传播。一般在4~5月葡萄幼嫩组织生长时发病最重，多雨高湿气候是黑痘病传播的适宜环境。从黑痘病的传播季节来看，5月上旬至6月中下旬为发病高峰期，此时南北方高温多雨的环境为其病菌传播提供了便利，而且此时葡萄植株正处于新梢、枝条、叶、果的旺盛生长发育阶段，植物的呼吸作用也为病菌入侵提供了便利。到7~8月之后植株组织进入老化阶段，这时的病菌侵染会受到一定抑制，8月之后秋凉多雨会使黑痘病传播出现一个小幅提升，但在落叶结束前都不会有太大影响。

（3）防治方法

加强栽培管理，增强树势，合理负载提高抗病能力。加强枝条管理改善葡萄园的通风条件，降低葡萄园湿度减轻病菌危害。冬季修剪后及时彻底清园，清除病叶和病枝、刮除老翘皮并烧毁，减少翌年的初侵染源。在黑痘病每年都严重发生的地区应进行避雨栽培。在黑痘病的发生初期，叶面喷施50%嘧菌酯3000倍液、42%代森锰锌800倍液剂2000倍液，20%苯醚甲环唑3000倍液，每隔7d一次。

3. 白腐病

（1）症状

葡萄白腐病的病原菌是白腐垫壳孢 [*Coniella diplodiella*（Speg.）Petrak & Sydow]，属半知菌亚门腔孢纲球壳孢科垫壳孢属。主要为害果穗和嫩枝，初期葡萄果穗的穗轴、果梗产生浅褐色、边缘不规则、水浸状病斑，并慢慢扩大腐烂，逐渐向果粒蔓延。病菌从果蒂部位开始侵染果粒，果粒表皮初期淡褐色，并扩展整个果粒，呈灰白色、软化、腐烂、果粒凹陷皱缩。后期果面上布满灰白色小颗粒。嫩枝在发病初期，发病部位呈污绿色或淡褐色、水浸状病斑，被害部位木质部易破损，随后病斑部位表面变暗并且出现灰白色小颗粒，后期在病斑周围，有愈伤组织形成，会看到病斑周围有"肿胀"，这种枝条易折断。

（2）发病规律

病菌以分生孢子器、菌丝体和分生孢子随病残体在地表和土壤中越冬，也能在树上僵果和病梢处越冬，可存活2~5年。散落在土壤表层的病组织及留在枝蔓上的病组织，在春季条件适宜时可产生大量分生孢子。分生孢子借风雨传播，由伤口、蜜腺、气孔等部位侵入，经5~7d潜育期即可发病，并多次重复侵染。病菌适宜在28~30℃、湿度90%以上环境中生存。发病盛期一般在7~8月，果实着色期多发。高温高湿多雨季节易发病，雨后出现发病高峰。地势低洼、排水不良、土壤贫瘠、管理粗放、枝叶过于密闭的果园容易发生白腐病。

（3）防治方法

通过清除菌源、加强果园栽培管理、阻止分生孢子传播等农业措施进行防治。对重病果园，发病前将50%福美双粉剂、硫黄粉、碳酸钙混匀后撒在葡萄园地面上，每亩用量1~2kg，或用200倍液五氯酚钠、退菌特喷洒地面。开花前后，喷波尔多液、科博类（波尔多粉＋代森锰锌）保护剂预防病害。从病害始发期（一般在6月中旬）开始，每隔7~10d喷一次药，连喷3~5次，直至采果前15~20d。喷药须仔细周到，重点保护果穗。喷药后遇雨，应于雨后及时补喷。可选择药剂有 43% 戊唑醇悬浮剂 2500~3000 倍液、80% 代森锰锌可湿性粉剂 600~800 倍液、70% 甲基硫菌灵可湿性粉剂 1000 倍液、50% 福美双可湿性粉剂 500~600 倍液、50% 异菌脲（扑海因）可湿性粉剂 1000~1500 倍液等。

4. 溃疡病

（1）症状

葡萄溃疡病主要是由葡萄座腔菌真菌（*Botryosphaeria* sp.）引起的，为害果实、枝条。果实在转色期开始出现症状，首先穗轴出现黑褐色病斑，向下发展引起果梗干枯，致使果实腐烂脱落；有时果实不脱落，逐渐干缩。枝条受害，当年生枝条出现灰白色梭形病斑，病斑上着生许多黑色小点；横切病枝条维管束变褐。枝条症状在枝条分支处和节间处的症状比较常见。溃疡病造成枝蔓上的溃疡斑，易引起树势衰弱甚至植株死亡，尤其是酿酒葡萄品种。

（2）发病规律

引起葡萄溃疡病的原因是葡萄座腔菌属真菌侵染。这种病菌具有抗寒性，可以在葡萄的枝叶上过冬，等待天气暖和时，可以通过风雨传播，使得大面积的植株都染病，一旦长势衰弱的植株染病就会发病严重。

（3）防治方法

加强管理，合理肥水，提高树势，增强植株抗病能力，并严格控制产量。棚室栽培的要及时覆盖薄膜，避免葡萄植株淋雨。在重病区建园，要优先选用抗病品种。开花前、果实生长期、封穗套袋前及转色成熟期是关键防治时期。发病时再用药，治疗难度大，成本高，而且有毁园的风险。有溃疡斑的枝条尽量剪除，然后用 40% 氟硅唑乳油 8000 倍液处理剪口或发病部位。果穗发病，解袋后剪除烂果及发病部位，用抑霉唑处理伤口，药液干后换新袋子套上。对枝干病斑进行刮治，使用 50% 福美双 + 有机硅均匀涂抹，涂抹范围要大出刮治范围 2~3cm，严重的间隔 7d 补抹一次；使用 50% 福美双 30~60 倍液 + 有机硅进行枝干喷雾或涂刷。

5. 穗轴褐枯病

（1）症状

葡萄穗轴褐枯病病原菌属于半知菌亚门葡萄生链格孢霉（*Alternaria viticola* Brun）。主要发生在葡萄幼穗的穗轴上，发病初期，幼穗的分枝、穗轴变为褐色，并逐渐枯死，不久即失水干枯，变为黑褐色。天气潮湿时，在病部表面产生黑色霉状物。该病一般很少向主穗轴扩展，发病后期，干枯的小穗轴易在分枝处被风折断脱落。幼小果粒染病，仅在表皮上着生直径约 2mm 大小的圆形深褐色小斑，随果粒不断膨大，病斑表面呈疮痂状，果粒长到中等大小时，疮痂脱落，对果实发育无明显的影响。该病在花朵开放时，也可侵染花冠。

（2）发病规律

葡萄穗轴褐枯病属真菌性病害。病原菌以菌丝体在病残组织内或以分生孢子附着在枝蔓表皮越冬。第二年，当花序展露至开花前后，分生孢子借气流及风雨传播。5 月上旬至 6 月上中旬出现低温多雨，有利于病原的侵染蔓延；开花期遇低温多雨天气有利于该病的发生蔓延，高湿是葡萄穗轴褐枯病流行的主要原因。地势低洼、浇水过多、偏施氮肥、通风透光不良、管理不善的果园以及老树、弱树发病重。管理精细、地势较高的果园及幼树发病较轻。当果粒达到黄豆粒大小时，病害则停止蔓延。

（3）防治方法

春季，葡萄萌芽前彻底清理枯枝落叶，清园后，可用24%甲硫·乙唑醇1500倍液全园喷雾，彻底铲除病原菌，减少初侵染病原，保护芽鳞。花序分离至开花前后是防治葡萄穗轴褐枯病的关键时期，此期为葡萄穗轴褐枯病入侵的主要时期，可用40%苯醚甲环唑4000倍液均匀喷雾，也可用250g/L嘧菌酯+40%苯醚甲环唑1500倍液重点喷施发病部位，彻底防治该病。可供选择的防治药剂还有65%苯醚·醚菌酯1500倍液、40%多菌灵600倍液等，均有良好的防治效果。需要注意的是，花前花后要交替使用农药进行防治。

6. 炭疽病

（1）症状

葡萄炭疽病病原菌有两种：一种是胶孢炭疽菌（*Colletotrichum gloeosporioides* Cav）；另一种是尖孢炭疽菌（*Colletotrichum acutatum*）。枝蔓呈现深褐色椭圆形或条形凹陷病斑。潮湿时，病斑表面也会产生粉红色黏稠物质。叶片叶缘呈现近圆形或椭圆形的深褐色病斑，具有同心轮纹，并导致穿孔，病斑多的叶片萎蔫干枯。花穗自顶端起，沿花穗轴，出现淡褐色病斑，逐渐变黑腐烂。果实初期中下部产生针尖大小水渍状褐色圆形病斑，后逐渐扩大凹陷呈同心轮纹型，后期变为黑褐色，影响整个果面，产生排列规整的小黑点，果实出现萎蔫、僵果、落果等现象。

（2）发病规律

病菌主要以菌丝体在一年生枝蔓表皮、病果或在叶痕处、穗梗及节部等处越冬，尤以近节处的皮层较多。翌春降雨时枝条湿润，如气温高于15℃，则形成分生孢子。分生孢子通过风、雨、昆虫等传到果穗上，萌发后直接侵入果皮、皮孔或伤口，引起初浸染。炭疽病菌有潜伏侵染的特性，幼果被侵染后，潜育期长达10~30d，到近成熟时才表现明显的症状，但在近成熟果上侵染的潜育期仅有3~5d。一年中病菌可多次再侵染。果穗发病以第一穗为多，且具有集中发病的特征。病菌也可侵入叶片、新梢、卷须等组织内，但不表现病斑，外观看不出异常，这种带菌的新梢将成为下一年的侵染源。

（3）防治方法

及时清园，消除越冬菌源。春季葡萄发芽前喷、3°~5°Bé石硫合剂，以铲除枝蔓上潜伏病菌，清除初侵染源。提高果园的通风透光性，注意中耕排水，尽可能降低园中湿度。科学合理施肥，以增强树势提高抵抗能力。以病菌孢子最早出现的日期，作为首次喷药的依据。一般从落花后半个月左右开始喷药，前期10~15d喷一次，果粒开始转色后或从膨大后期10d左右喷一次，直到果实采收。对炭疽病预防效果好的保护性杀菌剂有：25%苯醚甲环唑6000倍液、77%氢氧化铜800倍液、1.5%噻霉酮600倍液、50%福美胂或75%百菌清500~800倍液等，进行喷药治疗。

7. 酸腐病

（1）症状

酸腐病是后期病害，基本上是果实成熟期的病害。为害最早的时期是在封穗期之后。有烂果，即发现有腐烂的果粒；套袋葡萄，如果在果袋的下方有一片深色湿润（习惯称为"尿袋"），就表明该果穗上有酸腐病；有粉红色的小蝇子（醋蝇），长4mm左右，出现在烂果穗周围；有醋酸味；正在腐烂的果粒，在烂果内，可以见到灰白色的小蛆；果粒腐烂后，腐烂的汁液流出，会造成汁液经过的地方（果实、果梗、穗轴等）腐烂；果粒腐烂后干枯，干枯的果粒只是果实的果皮和种子。

（2）发病规律

酸腐病是真菌、细菌和醋蝇联合为害。酸腐属于二次侵染病害。首先是由于伤口的存在，从而成为真菌和细菌的存活和繁殖的初始因素，并且引诱醋蝇来产卵。醋蝇爬行、产卵的过程中传播细菌。

（3）防治方法

避免果皮伤害和裂果；避免果穗过紧，造成的果粒挤压破裂；合理施用肥料，尤其避免过量使用氮肥；合适的水分管理，避免水分的供应不平衡造成裂果等。发现酸腐病要立即进行紧急处理：剪除病果粒，用 80% 水胆矾石膏 WP400 倍液 +10% 高效氯氰菊酯 2000 倍液浸蘸病果穗。对于套袋葡萄，处理果穗后套新袋，而后整体果园使用一次触杀性杀菌剂。

8. 白粉病

（1）症状

葡萄白粉病菌分有性型和无性型两种：有性型是葡萄钩丝壳菌 [*Uncinula necator* (Schw.) Burr.]，属于子囊菌亚门钩丝壳属；无性型为托氏葡萄粉孢霉（*Oidium tuckeri* Berk.）。病菌可以侵染叶片、果实、枝蔓等所有绿色部分；幼嫩组织比较容易受到侵染和为害，老叶也会受害。幼叶受害后，叶片产生没有明显边缘的"油性"病斑，迎着太阳光看病斑呈半透明，逐步发展后上面覆盖有灰白色的粉状物。花序发病，花序梗受害部位颜色开始变黄，而后花序梗发脆，容易折断。穗轴、果梗和枝条发病后先是白色粉末覆盖，以后出现不规则的褐色或黑褐色斑，羽纹状向外延伸，表面依然覆盖白色粉状物。果实发病时，表面产生灰白色粉状霉层，用手擦去白色粉状物，能看到在果实的皮层上有褐色或紫褐色的网状花纹。

（2）发病规律

葡萄白粉病为真菌性病害。该病害近年来发生范围广泛，无论鲜食葡萄还是酿酒葡萄均严重受害。

葡萄白粉病的生物学特征是喜高温、耐干旱，发育最适气温为 9~25℃。当春季气温达 20~25℃时，地表面保持湿润，闭囊壳随即可吸湿膨胀，弹放出子囊孢子，随气流携带至易感病的葡萄组织上萌发致病。葡萄白粉病分生孢子在相对湿度 30%~50% 的条件下均可以正常发育和萌发侵入。干旱、多云、闷热天气特别有利于白粉病发生。

（3）防治方法

清洁果园，加强栽培管理。增施有机肥料，增强树势，增强植株抗病力，尤其是葡萄着色期增施钾肥可以提高葡萄的抗病能力。疏剪过密枝叶，及时绑蔓，保持通风透光良好。在葡萄芽膨大而未发芽前，用石硫合剂、25% 粉锈宁（三唑酮）1000 倍液、70% 甲基硫菌灵可湿性粉剂 1000 倍液、0.3% 苦参碱 500 倍液进行喷雾。隔 7~10d 连续喷 3 次。喷药时注意轮换用药与安全间隔期。

（二）虫害

1. 葡萄叶蝉类

（1）症状

叶蝉在葡萄的整个生长期都能为害，以成虫、若虫群集于叶片背面刺吸汁液为害。一

般喜在郁闭处活动取食，故为害时先从枝蔓中下部老叶和内膛开始逐渐向上部和外围蔓延。叶片受害后，正面呈现密集的白色失绿斑点，严重时叶片苍白、焦枯，严重影响叶片的光合作用、枝条的生长和花芽分化，造成葡萄早期落叶，树势衰退。所排出的虫粪污染叶片和果实，造成黑褐色粪斑，影响当年以至第二年果实的质量和产量。

（2）发病规律

冬季气温偏暖对其越冬存活较为有利，春季开春早，气温回升快，夏季高温、干旱，极利于该虫繁殖。但葡萄园环境过于干旱，或植株叶片老化，可促使其迁飞扩散，种群数量下降。葡萄园内或周围种植杏树、桑树、杨树、榆树等，对其越冬及早春及时补充养分提供了有利条件，有利其种群发生。

（3）防治方法

合理修剪避免果园郁闭，果园内部和周围不种桃、梨、苹果、樱桃、山楂等果树及桑树、杨树、榆树等林木，以减少生长季节和越冬期的中间寄主，清洁田园。该虫对黄色有趋性，可设置黄板诱杀。防治葡萄斑叶蝉全年要抓住两个关键时期，即发芽后，是越冬代成虫防治关键期；开花前后是第一代若虫防治关键期。另外，幼果期根据虫口密度使用药剂，落叶前一个半月左右注意防控越冬成虫。可选用噻虫嗪、吡虫啉、多杀菌素、甲氰菊酯、溴氰菊酯、高效氯氰菊酯等药剂喷雾。要注意喷雾均匀、周到、全面。

2. 绿盲蝽

（1）症状

绿盲蝽以成虫、若虫刺吸为害葡萄的幼芽、嫩叶、花蕾和幼果，刺的过程分泌毒汁，吸的过程吸食植物汁液，造成为害部位细胞坏死或畸形生长。葡萄嫩叶被害后，先出现枯死小点，随叶芽伸展，小点变成不规则的多角形孔洞，俗称"破叶疯"；花蕾受害后即停止发育，枯萎脱落；受害幼果粒初期表面呈现不很明显的黄褐色小斑点，随果粒生长，小斑点逐渐扩大，呈黑色，受害皮下组织发育受阻，渐趋凹陷，严重的受害部位发生龟裂，严重影响葡萄的产量和品质。

（2）发病规律

绿盲蝽发生与气候条件密切相关，其喜温暖、潮湿环境，高湿条件下，若虫活跃，生长发育快，雨多的年份，发生较重。气温20~30℃、相对湿度80%~90%最易发生为害。近年来5月上中旬气温、湿度条件适合，是造成绿盲蝽发生严重的主要原因之一。葡萄园内或周围种植棉花、牧草、枣树、豆科作物等喜食植物，对其早春食物衔接、养分补充提供了有利条件，有利其种群发生。

（3）防治方法

清洁果园，消灭其中潜伏的若虫和卵。果园悬挂一台频振式杀虫灯，利用绿盲蝽成虫的趋光性进行诱杀。早春葡萄芽前，全树喷施一遍3°Bé石硫合剂，消灭越冬卵及初孵若虫。越冬卵孵化后，抓住越冬代低龄若虫期，适时进行药剂防治。常用药剂有：吡虫啉、啶虫脒、溴氰菊酯、高效氯氰菊酯等。连喷2~3次，间隔7~10d。喷药一定要细致、周到，对树干、地上杂草及行间作物全面喷药，做到树上、树下，喷严、喷全，以达到较好的防治效果。

3. 蓟马

（1）症状

若虫和成虫锉吸葡萄幼果、嫩叶、枝蔓和新梢的汁液进行为害。幼果受害初期，果面上形成纵向的黑斑，使整穗果粒呈黑色。后期果面形成纵向木栓化褐色锈斑，严重时会引起裂果，降低果实的商品价值。叶片受害后先出现褪绿黄斑，后变小，发生卷曲，甚至干枯，有时还出现穿孔。

（2）发病规律

一年发生6~10代，多以成虫和若虫在葡萄、杂草和死株上越冬，少数以蛹在土中越冬。来年，葱、蒜返青开始恢复活动，为害一段时间后，便飞到果树、棉等作物上为害繁殖。在葡萄初花期开始发现有蓟马为害幼果的症状，6月下旬至7月上旬，在副梢二次花序上发现有若虫和成虫为害。5~8月，几种虫态同时为害花蕾和幼果。至9月虫口逐渐减少。10月早霜来临之前，大量蓟马迁往果园附近的葱、蒜、白菜、萝卜等蔬菜上进行为害。

（3）防治方法

清理葡萄园保持园内整洁。蓟马危害严重的葡萄园需要药剂防治，喷药的关键时期应在开花前1~2d或初花期。可使用的药剂有吡虫啉、菊酯等药剂。

4. 螨类

（1）症状

螨类主要为害葡萄叶片，严重时为害嫩梢、幼果、卷须及花梗。以成螨和若螨在叶背部位吸食汁液，叶片受害后，初期叶面凸起，叶背产生白色斑点。随着虫斑处叶面过度生长形成绿色瘤状凸起。在叶背片出现较深的凹陷，其内充满白色茸毛似毛毡状，故称"毛毡病"，毛毡状物为葡萄叶片上的表皮组织受瘿螨刺激后肥大而变成，以后颜色逐渐加深，最后呈铁锈色。严重时，许多斑块连成一片，造成叶片干枯脱落。

（2）发病规律

春天随着气温上升，5月上旬葡萄展叶时瘿螨开始，吸取叶片汁液，刺激叶片产生绒毛，成螨在被害部绒毛里产卵繁殖。此后成、若螨在整个生长季同时为害，一般喜在新梢先端嫩叶上为害，严重时扩展到幼果、卷须、花梗上，全年以5~6月及9月受害较重，秋后成螨陆续潜入芽内越冬。适宜气温范围为22~25℃，空气相对湿度为40%。

（3）防治方法

建园时将苗木或枝条先放入30~40℃温水中浸3~5min，然后再移入50℃温水中浸5~7min或经杀螨剂并加入有机硅助剂处理后再定植。定植的葡萄苗长出30cm左右时，连续喷2遍杀螨剂，防止苗木处理时遗留的瘿螨繁殖危害，同时也阻止瘿螨传播到其他健康植株上引起再传播。冬季彻底清园消灭越冬虫源。早春葡萄芽绒球期喷石硫合剂，消灭越冬成虫。发现有被害叶后，立即摘除，并喷可喷施15%哒螨灵2000倍液，或1.8%阿维菌素3000倍液，或20%三磷锡2000倍液。

（三）生理性失调

1. 氮素失衡症

（1）症状

氮供应充足时，可以大大促进植株或群体的光合总产量；但若过量施氮，可使叶片生长和发育过速，叶片内的含氮量"稀释"，并增加其他元素相对缺乏的可能性；同时枝叶旺长导致相互遮阴，光合效率下降，且枝叶旺长消耗大量营养，果实成熟期推迟、果实着色差、风味淡，不利于贮藏养分积累等，产生众多副作用。

（2）发病规律

氮素缺乏常表现植株生长受阻、叶片失绿黄化、叶柄和穗轴呈粉红色或红色等，氮在植物体内移动性强，可从老龄组织中转移至幼嫩组织中，因此，老叶通常相对于幼叶会较早表现出缺素症状。

（3）防治方法

在增施有机肥提高土壤肥力的基础上，葡萄生产上一般可在3个时期补充氮素化肥，即萌芽期、末花期后、果实采收后。每亩施尿素30~40kg或相当氮素含量的其他氮素化肥。对于氮素过量的葡萄园，首先在施肥时对肥料严格选择，避免施入含有氮素的肥料。另外，可以在葡萄园行间种植非豆科类一年生矮秆作物，利用这些作物吸收走土壤中多余氮素，并转化为有机物。

2. 钙素失衡症

（1）症状

钙在植物体内移动性差，缺钙时新梢嫩叶上形成褪绿斑，叶尖及叶缘向下卷曲，几天后褪绿部分变成暗褐色，并形成枯斑。缺钙可使浆果硬度下降，贮藏性变差等。

（2）发病规律

葡萄缺钙常发生在酸度较高的土壤上，同时过多的钾、氮、镁供应也可以使植株出现缺钙症状。

（3）防治方法

可增施有机肥，调节土壤pH值，土壤施入硝酸钙或氧化钙，控制钾肥施入量，调节葡萄树体钾/钙比例。根据叶柄营养分析，使钾钙比在1.2~1.5，如果高于此值，减少钾或增加钙。钙也可通过叶面喷肥加以补充，缺钙严重的果园，一般可于葡萄生长前期、幼果膨大期和采前1个月叶面喷布钙肥，如糖醇钙、螯合钙、氯化钙、硝酸钙等，浓度以小于0.3%为宜。钙在葡萄体内移动性差，因此，以小量多次喷布效果为佳。

3. 镁素失衡症

（1）症状

葡萄缺镁常于夏季中、后期在老龄叶片上表现出叶脉间黄化、失绿症状，一般叶片中部失绿症状表现相对叶缘重，临近叶主脉的叶组织保持深绿色，随着症状加重，失绿黄化部分会逐渐变褐坏死。

（2）发病规律

镁的缺乏多发生在镁含量低的酸性土壤中，含较高钾元素的砂壤中和石灰土壤中，大量应用铵态氮肥和钾肥也易导致缺镁现象发生。当叶柄中钾与镁比例高于5：1时，即使土壤中镁供应量充足，葡萄也常表现缺镁症状。

（3）防治方法

葡萄缺镁可由叶面喷肥或土壤施肥方式补充。镁缺乏不严重或短期、快速补充时可用叶面喷肥，在谢花后每两周喷施0.2%硫酸镁水溶液，连续喷3次。此方法比夏季中、后期叶片出现缺镁症状时再防治更有效。长期镁缺乏的补充宜用土施镁肥方法，中性及碱性土壤，用速效的生理酸性镁肥，每亩施用15~20kg硫酸镁；酸性土壤，选用缓效性的镁肥，每亩施2~4kg氧化镁或80~120kg白云石。土施镁肥时尽量施在树盘内距树干30~40cm处，不宜撒施在整个园区。

4. 锌素失衡症

（1）症状

缺锌时植株生长异常，新梢顶部叶片狭小，呈小叶状，枝条纤细，节间短。叶片叶绿素含量低，叶脉间失绿黄化，呈花叶状。果粒发育不整齐，无籽小果多，果穗大小粒现象严重，果实产量、品质下降。

（2）发病规律

锌在土壤中移动性很差，在植物体内，当锌充足时，可以从老组织向新组织移动，但当锌缺乏时，则很难移动。葡萄树栽植在砂质土壤、高 pH 值土壤、含磷元素较多的土壤上，易发生缺锌现象。

（3）防治方法

防治缺锌症可从增施有机肥等措施做起。补充树体锌元素有效方法是叶面喷施 0.3% 硫酸锌。茎尖分析结果表明，补充锌的效果可持续 20d，因此，锌应用的适宜时期为盛花期前 2 周到坐果期。可应用锌钙氨基酸、硫酸锌等。另外，在剪口上涂抹 150g/L 硫酸锌溶液对缺锌株可以起到增加果穗重、增强新梢生长势和提高叶柄中锌元素水平的作用。落叶前使用锌肥，可以增加锌营养的贮藏，对于解决锌缺乏问题非常重要和显著；落叶前补锌，开始成为重要的补锌形式。

5. 硼素失衡症

（1）症状

葡萄缺硼时可抑制根尖和茎尖细胞分裂，生长受阻，表现为植株矮小，枝蔓节间变短，副梢生长弱；叶片小、增厚、发脆、皱缩、向外弯曲，叶缘出现失绿黄斑，叶柄短、粗。根短、粗、肿胀并形成结，可出现纵裂。硼元素对花粉管伸长具有重要作用，缺乏时可导致开花时花冠不脱落或落花严重，花序干缩、枯萎，坐果率低，无种子的小粒果实增加。

（2）发病规律

硼的吸收与灌溉有关，干旱条件下不利于硼的吸收。另外，雨水过多或灌溉过量易造成硼离子淋失，尤其是对于沙滩地葡萄园，由此造成的缺硼现象较为严重。

（3）防治方法

硼缺素症的防治可在增施有机肥、改善土壤结构、注意适时适量灌水的基础上，在花前 1 周进行叶面喷硼，可喷 0.3% 硼酸（或硼砂），在幼果期可以增喷一次。在秋季叶面喷硼效果更佳，一是可以增加芽中硼元素含量，有利于消除早春缺硼症状，二是此时叶片耐性较强，可以适当增加喷施浓度而不易发生药害。在叶面喷肥的同时应注意土壤施硼，缺硼土壤施硼宜在秋季每年适量进行，每亩每年施入硼砂 500g，效果好于间隔几年一次大量施入。土壤施入时应注意均匀，以防局部过量而导致不良效果。

第二节　寒潮和越冬冻害的防护

寒潮（cold wave）又称寒流，指来自高纬度地区的寒冷空气，在特定的天气形势下迅速加强并向中、低纬度地区侵袭，造成沿途地区剧烈降温、大风和雨雪天气的过程。寒潮是大范围的天气过程，在我国各葡萄产区都有可能发生，可以引发葡萄霜冻、冻害等多种自然灾害。

越冬冻害（winter freezing injury）是农业气象灾害的一种，即在0℃以下的低温使作物体内结冰，因植株长时间处于0℃以下低温环境而丧失生理活动能力，造成植株受害或死亡的现象。冻害对葡萄威胁很大，在我国主要发生在西北、华北、华东、中南地区。

一、寒潮和冻害的危害

寒潮和冻害往往相伴发生。寒潮冷空气可以造成大范围的剧烈降温，导致葡萄赖以生存的环境温度、湿度等要素发生剧烈变化，从而发生冻害（彩图3）。

（一）寒潮引发的冻害成因

1. 葡萄冻害发生部位

葡萄是木质藤本果树，休眠期的抗冻能力较强，但不能超过一定极限，如在寒冷地区的冬季低温超过植株抗寒能力时，则植株受到冻害。葡萄植株不同部位抗寒能力差异较大，总体来看，芽眼抗冻能力较弱，枝蔓抗冻能力较强，根系抗冻能力较弱。芽眼可耐受 $-23 \sim -18℃$ 的低温，枝蔓则可以耐受 $-25 \sim -20℃$ 的低温，而根系在 $-4℃$ 则出现冻害，低于 $-5℃$ 时出现根系冻死的现象。此外，栽培管理措施对葡萄植株的抗冻性有重要的促进作用，枝条成熟度好的植株抗冻性能强。不同节位的芽眼抗冻能力有所不同，一般来讲，未完全发育的芽 > 第三芽 > 副芽 > 主芽。

2. 冻害成因与气象条件

葡萄冻害发生通常与负积温、10cm负积温、低温日数、蒸发量、高风速日数和冻土深度等因子相关联。低湿度日数与枝条死亡率呈现极高的正相关（陈景顺等，1990）。在各气象因子中，低湿、地温负积温和高风速强烈地作用于枝芽使其失水，是影响枝条死亡的主导因子（低湿度、高风速使枝芽加剧水分散失，低地温抑制根系活动而影响水分吸收）。对葡萄"冻旱"的研究发现，芽原始体死亡率与时间呈显著正相关，但最高死亡率不是出现在气温最低的1月，反而是气温开始回升后的2月23日（董存田和陈景顺，1989）。在含水量与枝条死亡率的关系研究中，枝条含水量与枝条死亡率存在着极为显著的负相关关系，说明细胞失水是导致枝条死亡的直接原因（安延义弘，1982）（彩图4）。

（二）寒潮和越冬冻害的危害

1. 生理过程受阻

低温导致葡萄叶片叶绿体中蛋白质变性，生物酶活性下降。甚至活性丧失。根部吸收水分能力下降，从而导致气孔关闭，气体（CO_2 和 O_2）交换受到影响，抑制了叶片光合作用的效率。如在低温状态下，葡萄中POD、CATOD等生物酶活性呈下降趋势。葡萄叶片光合作用最适气温为25℃，生长在大田的葡萄最适气温略高于温室栽培的。当气温低于15℃时，葡萄光合速率随气温下降而降低幅度很大，当接近5℃时，净光合速率几乎为0。

低温还可以造成葡萄体内参与三羧酸循环的PEP羧化酶调节特性减弱，导致在低温条件下，光合作用速率急剧降低。同时，这种现象可导致机体代谢紊乱，最终影响到葡萄的正常生理发育，并造成不可逆的伤害。

2. 呼吸强度降低

葡萄生长发育过程中温度每降低10℃，其呼吸作用强度下降1.5~2.2倍，在低温环境下呼吸作用效率比光合作用效率明显；另外，根系吸收矿物质元素的能力主要来自呼吸作用，低温条件下，由于呼吸作用效率降低，导致葡萄植株矿物质营养元素吸收障碍，养分平衡受到严重影响。低温同时也影响光合产物（有机营养）的运输。因此，低温导致葡萄生长发育过程中，由于各个器官营养不足和能量不足，葡萄植株变得弱小、黄化，甚至死亡。

3. 生理失调

低温可导致植株对矿物质元素吸收减少，但由于矿物质吸收的减少，根系向植株上部，特别是叶片转运减少，并且低温导致根系生长受阻，因此，某些条件下，一些不利于根系生长的元素不正常增加，导致根系毒害，同时低温时地上部分有机营养转运受阻，根系和一些器官优质营养含量较低，从而导致有机营养和矿物质营养成分减少，导致葡萄植株生理失调，造成植株黄化，严重时造成植株死亡。

4. 生长受阻

低温对葡萄生长的影响首先表现在光合作用强度降低，温度越低，持续时间越长，葡萄叶片的光合速率下降的越明显。在6℃低温条件下处理3d，净光合速率产生的能量低于呼吸作用消耗的能量。10℃条件下的葡萄净光合速率比20℃条件下降低54%。此外，由于光合作用强度下降，导致葡萄生长量明显不足，叶面积减少，叶龄、叶片干物质含量等指标下降，造成葡萄植株生长受阻。

5. 机械损伤

低温使葡萄细胞膜系统受到破坏，电解质外渗，电导率增加。表现为细胞结构受损，从而导致葡萄植株的机械损伤，同时由于春季低温和风灾害的同时影响，葡萄的植株机械损伤加大，表现为树干开裂，这种现象在0℃以下的低温伤害更为明显（图4-3）。

图4-3　冻害造成葡萄植株主干开裂（刘三军图）

二、寒潮和冻害程度的判断指标

（一）寒潮的判断指标

1. 寒潮强度划分原则

采用受寒潮影响的某一地区，在一定时间段日最低气温降温幅度和日最低气温值两个指标来具体划分寒潮等级。

2. 寒潮等级指标

按照《寒潮等级标准》（GB/T 21987—2017），根据寒潮强度，划分为3个等级：寒潮、强寒潮、特强寒潮（表4-2）。

表 4-2　寒潮等级标准（单站）（GB/T 21987—2017 寒潮等级标准）

寒潮等级	寒潮	强寒潮	特强寒潮	备注
24h 内降温幅度	≥ 8℃	≥ 10℃	≥ 12℃	单站
48h 内降温幅度	≥ 10℃	≥ 12℃	≥ 14℃	单站
72h 内降温幅度	≥ 12℃	≥ 14℃	≥ 16℃	单站
日最低气温	≤ 4℃	≤ 2℃	≤ 0℃	单站
预警信号级别	蓝色	黄色	红色	—

（二）越冬冻害程度的判断指标

葡萄冻害程度判断指标即是葡萄品种资源的抗寒性指标。关于冻害程度的判断指标，很多学者分别从形态学、生理生化等方面的指标变化进行了研究，认为这些指标的变化与葡萄品种的抗寒性有很大的相关性。

1. 形态学指标

（1）田间自然鉴定

在田间自然条件下对植株受冻程度定性鉴定。葡萄植株地上部分结构复杂，芽分为隐芽、叶芽、花芽，芽内又分为主芽和副芽；枝条有 1 年生、2 年生和多年生。这些不同的器官和组织的抗寒性不同。因此，在田间自然条件下鉴定葡萄品种的越冬冻害，应当对地上部分的受冻情况加以分别研究，并在此基础上再对整个植株做出受冻程度的评价。何宁（1981）在东北极冷条件下，把葡萄抗寒性分为 5 级：1 级——无冻害；2 级——受冻轻微，60% 以上芽眼正常萌发；3 级——冻害中等，受害植株能恢复生长；4 级——冻害严重，只能从根茎部位抽生萌蘗；5 级——冻害极重，植株地上部分全部死亡。杨晶辉（1985）又将葡萄冻害等级划分为 6 级：0 级——生长正常；1 级——萌芽正常，2%~5% 枝条芽眼有冻害；2 级——植株 50% 以上的 1 年生枝条发芽正常，有 25%~30% 的 1 年生枝条芽眼冻死；3 级——1 年生枝条上的芽眼不萌发，2 年生以上枝条隐芽萌发旺盛；4 级——1 年生枝条上的芽眼不萌发，2 年生以上枝条隐芽虽能萌发，但不旺盛；5 级——整株主蔓冻死。

晁无疾等（2001）对 2000—2001 年北京地区葡萄冻害进行了调查，并根据不同葡萄品种、栽培地点、土壤类型、葡萄园管理水平等指标进行了分析，在冻害发生后不同的形态学表征，进行了葡萄冻害的分级（表4-3）。对生产上葡萄冻害的形态学分级和冻害综合防控具有指导意义。

表 4-3　葡萄冻害程度的分级标准

级别	代表值	冻害表现
1	0	基本无冻害，树体生长发育正常，伤流期中新剪口有伤流现象，芽眼和结果母枝未受冻，芽眼萌发整齐一致
2	1	轻微冻害，伤流期中，新剪口有伤流液，但伤流滴水较慢，受冻的一年生枝条横切面有少量变褐部分，木质部轻微受冻，芽眼萌发推迟，且不整齐一致
3	2	较严重冻害，伤流期中新剪口有伤流，但伤流滴水明显较少，整个植株部分芽眼和结果母枝受冻致死，受冻枝条形成层部分变褐，仅有部分芽眼萌发，且比正常萌发推迟，生长衰弱
4	3	严重冻害，伤流期中新剪口只有少量伤流，结果母枝和枝芽全部冻死，主蔓形成层变黑，地上部芽眼无一萌发，只有主干基部隐芽萌发
5	4	植株受冻害致死，伤流期中新剪口无伤流，地上部无一萌发，主干基部隐芽无一萌发，整株枝蔓干枯死亡

（2）组织褐变方法

组织褐变方法是利用植物组织受冻后的变褐程度以确定受冻害的方法。葡萄1年生老熟枝条的横截面可以分为皮层、韧皮部、次生木质部和髓心部等，不同组织的正常底色在不同葡萄种类上的表现是不同的，如髓部及皮层就有褐、黄、白三色。另外，这些不同组织在受冻后的褐变反应及褐变程度也有所不同。只有次生木质部不仅受冻前的底色一致，全部绿色，受冻后有规律地表现为褐色或褐斑状，而且所占截面面积最大，容易观察。因此，将次生木质部的变褐作为葡萄抗寒性鉴定的标志。

变褐面积分为 10 级：1 级——次生木质部变褐面积为 0~3%；2 级——变褐面积为3%~6%；3 级——变褐面积为 6%~12%；4 级——变褐面积为 12%~25%；5 级——变褐面积为 25%~50%；6 级——变褐面积为 50%~75%；7 级——变褐面积为 75%~88%；8 级——变褐面积为 88%~94%；9 级——变褐面积为 94%~97%；10 级——变褐面积为97%~100%（图 4-4）。最后用加权法求出冻害指数作为受冻严重度的指标。冻害指数的计算公式与病情指数相同。

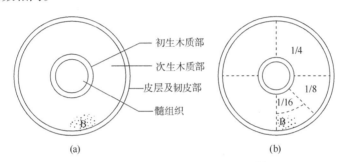

图 4-4 葡萄枝条组织变褐相对面积的估测

B. 变褐斑块　图（b）中数字分别表示该分区的相对面积（引自贺普超，《葡萄学》）

（3）受冻枝条萌发调查方法

冬季休眠期过后，从田间采回的枝条，剪成 2~3 个芽眼的插条，扦插于温室；或经过不同低温处理的枝条，经过组织恢复后，再在温室扦插，使其萌芽。用萌芽百分率表示其受冻状况。

2. 生理生化指标

关于葡萄抗寒性的鉴定方法、评价体系及抗寒生理的研究已有诸多成果，认为植株水分含量、可溶性糖、可溶性蛋白、游离脯氨酸和丙二醛（MDA）、相对电导率等指标的含量及变化规律可作为鉴定葡萄抗寒性强弱的依据（曹建东等，2010；苏李维等，2015；马小河等，2013；王依等，2015；张倩等，2013）。

（1）水分含量与抗寒性

贺普超等（1989）在葡萄野生种类抗寒性研究表明，葡萄组织中自由水和束缚水含量及两者比值与葡萄抗寒性有很大关系。细胞内自由水的冰点在 0℃左右，而束缚水的冰点为 –25~–20℃。葡萄在遭受冻害时，细胞中束缚水的含量会相对升高，自由水的含量相对变低，组织中的束缚水／自由水比值高，细胞的冰点相应降低，从而使葡萄株系的抗寒能力提高。束缚水相对含量高，细胞保水能力强，同时因为自由水含量少，胞内代谢活动减弱，更有利于抗冻，这与陈佰鸿等（2014）的研究结果相同。但苏李维等（2015）认为，11 月上旬采摘的葡萄枝条中组织含水量不能作为葡萄抗寒性鉴定的有效指标。

（2）渗透调节机制与抗寒性

①可溶性糖含量：可溶性糖含量及变化规律在葡萄抗寒性研究中尤为重要。糖可以提高细胞的保水能力、降低细胞冰点温度和诱导抗寒基因的表达，在植物抗寒生理中可保护细胞膜、原生质体和细胞器的形态结构和功能，提高植物的抗寒性。葡萄在低温驯化中，通过提高葡萄细胞内可溶性糖的含量，可以提高葡萄品种的抗寒性（王丽雪等，1994）。对葡萄根系抗寒性研究表明，低温锻炼使可溶性糖含量增加，从而使根系的抗寒力加强（艾琳等，2004）。抗寒性强的葡萄品种在低温胁迫下淀粉积累早且数量多，颗粒紧实致密；抗寒性弱的品种则淀粉积累晚，颗粒疏松而且数量少。可溶性糖还可以通过诱导蛋白质和脂肪的合成，促进 ABA 的积累来间接提高抗寒性（梁艳荣等，1997）。

②可溶性蛋白含量：可溶性蛋白质在植物抗逆生理中的作用类似于可溶性糖：提高细胞内束缚水的含量，同时调节抗寒基因表达，从而提高植物的抗寒性，低温胁迫可刺激葡萄体内的可溶性蛋白质含量增加。可溶性蛋白质含量变化与葡萄抗寒性密切相关。抗寒性弱的品种可溶性蛋白质形成晚、含量低、降解快、降解幅度大，抗寒性强的品种反之（王丽雪等，1996）。

由于游离氨基酸和可溶性蛋白质一样都具有很强的亲和性，能增强原生质体的保水能力和持水能力，并能增加细胞的溶液浓度。因此，在葡萄抗寒性研究中，游离氨基酸的含量变化被人们广泛重视。在逆境与游离脯氨酸积累的研究表明，低温锻炼可提高游离脯氨酸的含量。因为在低温条件下脯氨酸合成加强，氧化作用受到抑制，而且低温逆境使蛋白质的合成减弱，这也就抑制了脯氨酸掺入蛋白质合成的过程。

（3）丙二醛与抗寒性

MDA 是一种对细胞膜有毒害作用的膜脂过氧化的产物，其含量可以反映植物组织遭受胁迫的程度。葡萄枝条的 MDA 含量在人工低温处理的初期呈缓慢下降趋势，且含量随着温度的降低而逐渐升高，说明在进行抗寒锻炼的初期，葡萄在其生理上有一个适应的过程（苏李维等，2015）。抗寒性强的品种 MDA 含量低（王依等，2015）。随处理温度的降低，葡萄枝条中 MDA 含量高且增加幅度大的品种，其抗寒性弱；含量低且增加幅度小的品种，则抗寒性强（曹建东等，2010）。

（4）相对电导率与抗寒性

温度降低时植物细胞质的膜透性会发生变化。抗寒性不同的植物质膜透性的变化程度不同，抗寒性差的植物遭受冷害时细胞质膜的透性增加幅度更大。抗寒性强的植物遭受低温伤害时细胞质膜的透性增加幅度较小，多属于可逆变化，易于恢复。

植物细胞在低温环境下，细胞质膜会受到严重伤害，透性增大从而引起细胞外渗物质增加，细胞外渗物中含有大量电解质，所以可以通过测定外渗电解质含量来比较葡萄抗寒性的强弱，且电解质外渗率变化与细胞质膜透性的变化是一致的。抗寒性弱的葡萄品种相对电导率变化幅度大，而抗寒性强的葡萄品种相对电导率的变化幅度小（邓令毅和王洪春，1982）。葡萄的根系在 −3℃ 的抗寒锻炼比经 −1℃、−2℃ 抗寒锻炼时根系电解质外渗率有所提高，因此，葡萄在低温胁迫下的相对电导率的变化是判断葡萄抗寒性强弱的一个重要指标（艾琳，2004）。在 5 个葡萄种群的低温半致死温度与其抗寒适应性的关系研究中也证实此观点，同时表明 −35℃ 已超过大多数葡萄品种的临界温度 $LT50$，所以 −35℃ 后继续用低温处理时，不同品种的葡萄枝条之间电导率变化无显著差异（张倩，2013）。

（5）其他生化指标与抗寒性

①不饱和脂肪酸：葡萄在低温逆境下，细胞膜系统是植物直接受到低温冻害的部位。细胞质膜的不饱和脂肪酸含量和膜脂脂肪酸的不饱和度与膜流动性密切相关，因此，也是植物的抗寒性筛选指标之一。抗寒性强的葡萄品种组成细胞膜的膜脂不饱和度高。正常状态下膜脂为液晶态，当温度下降到一定程度时膜脂会变成晶态，膜脂的相变会导致原生质体流动缓慢甚至停止流动，造成细胞损伤。因此在低温驯化过程中，增加不饱和脂肪酸含量、增加磷脂在膜脂中的含量，可提高组织的抗寒性。

②相关代谢过程的酶系：酶在葡萄物质和能量代谢过程中发挥着重要作用。当植物遭遇低温胁迫时，会积累过多的活性氧，活性氧平衡就被打破，活性氧积累导致膜脂过氧化，同时还产生较多的膜脂过氧化物，从而使膜结构破坏。此时植物可通过体内的酶促防御系统〔SOD、POD、CAT、谷胱甘肽还原酶（GSH-R）、抗坏血酸过氧化物酶（ASA-POD）等〕和非酶促防御系统〔还原型谷胱甘肽（GSH）、维生素E、维生素C等〕来消除过多的活性氧和膜脂过氧化物，维持细胞膜的正常结构和功能。在葡萄抗寒性相关酶的研究中，低温锻炼下抗寒性强的葡萄品种中POD、淀粉酶和蔗糖酶活性的增加幅度较大，并且韧皮部中酶活性比木质部中的更高。因此，保护酶系统成分在植物体内的浓度和活性高低与葡萄抗寒性强弱有密切的关系，通过测定低温逆境下保护酶含量来鉴定葡萄抗寒性大小成为比较有效的方法。

③植物激素水平变化：植物对低温逆境的适应受遗传特性和植物激素两种因素的制约，低温逆境能够促使植物体内激素的含量和活性发生变化，并通过这些变化来影响生理过程。激素是抗寒基因表达的启动因子，在抗寒基因表达过程中，激素起着调控作用。在低温逆境下，植物增加的内源ABA含量与其抗寒性能力呈正比。ABA与GA的比值与抗寒性显著相关，在抗寒锻炼期间，随着ABA/GA值升高，抗寒性逐渐增加。在对柑橘抗寒性研究中表明，ABA/GA值提高只是抗寒基因表达的一个启动因子，低温逆境条件改变了柑橘体内源激素的平衡状态，从而导致代谢途径发生变化，这些变化是基因活化表达的结果（简令成，1992）。

三、减灾技术

（一）品种选择

结合当地种植区的具体情况，选择符合当地生产环境的适宜品种，是葡萄种植生产的关键。葡萄的抗寒性因不同品种而异（贺普超和晁无疾，1982），山葡萄最抗寒，欧洲种最不抗寒且大多数栽培品种葡萄的抗寒能力不强。在极端最低气温低于-35℃的严寒地区，欧亚种的酿酒葡萄不能安全度过，在冬季极端最低气温为-35~-15℃的地区必须埋土防寒以保证安全越冬，在极端最低气温高于-15℃地区栽培葡萄则不需要埋土。抗寒性稍弱的沙地葡萄、冬葡萄的杂交砧木，由于以粗根为主，扎根深土层，在同样温度下反而比浅层根系的河岸葡萄杂交砧木抗寒。因此，冬季寒冷地区除了采用抗寒品种外，还要尽量选用深根性砧木。

（二）嫁接栽培

在没有符合当地栽培条件的适宜品种的情况下，采用抗寒性砧木进行嫁接也是多年来研究的重要方法。葡萄嫁接中最常用的砧木为'山葡萄''贝达''河岸'与'山河'品系

（王丽雪，1997）。'山葡萄'是抗寒力极强的葡萄种，但是'山葡萄'作砧木嫁接栽培品种亲和力不佳，成活率低，较难应用于生产；'贝达'虽扦插易生根，嫁接亲和力强，但是根系抗寒力不如'山葡萄'，根系只能抵御 –12℃左右的低温，在极端天气下出现冻害现象；'河岸'品系根系发达，根系抗寒力强于'贝达'且扦插易生根，可以作为'山葡萄'的替代砧木；'山河 2 号'根系抗寒力与'山葡萄'相似，可抗 –14.8℃的低温，有望代替'山葡萄'在极寒冷的产区应用。采用抗寒砧木（如'山葡萄''贝达''北醇'等）实行嫁接栽培，其越冬防寒过程可大幅度地简化（杨丹城和魏景山，1965）。

用'贝达'作砧木嫁接的栽培品种种植在黑龙江地区，越冬防寒用草量减少约 3/4，埋土量减少 1/2，第二年生育旺盛而丰产，效果极佳。嫁接后的葡萄树体抗寒性优于嫁接前。用'山葡萄''贝达'双重砧木的新梢生长量、成活率、苗木质量优于单纯用'山葡萄'作砧木的植株（郝停停等，2016）。

（三）栽培管理措施

葡萄露地越冬的抗寒能力强弱除与品种遗传特性相关外，还受秋季枝芽的成熟度、冷驯化、细胞原生质体水分的状态、营养物质的积累、冬季最低温度以及低温持续的时间、早春变温等诸多因素的影响。防寒越冬是葡萄栽培管理工作中的一项重要技术措施，防寒的方法、时间和质量不仅会直接影响来年产量，而且会决定植株的存亡。

1. 冷驯化

欧洲种葡萄新梢芽眼一般在生长期遇 –6℃以下的低温时即受冻死亡，在抗寒锻炼后则能忍受 –18~–16℃的低温。葡萄 1 年生枝条抗寒力较弱，而老蔓因贮藏的营养物质较多所以比新梢更加抗寒，可抗 –26~–21℃的低温。驯化过程可促进新梢枝条木质化、表皮木栓化，从而对冷环境的适应性更强。但幼龄（1~3 年生）葡萄植株，长势旺盛但枝芽不充实，应在早霜出现后提前下架。葡萄落叶提前和产量过高都会延缓冷驯化的进程，在秋季冷驯化时期，枝条成熟度类似，但低产量'霞多丽'的抗寒力强于高产量的品种（林玉友等，2008）。驯化时期主要根据气候和葡萄植株的情况来确定，不宜过早或过晚。培土过早时，葡萄植株得不到充分的抗寒锻炼，而且培土过早时土温较高，易导致防寒土堆内霉菌滋生，使葡萄枝蔓遭受病害。但培土过迟时，可能发生土壤冻结培土困难，或者葡萄植株在培土前已受冻情况。所以冷驯化时期要因地制宜，如沈阳地区大约在 10 月下旬，辽南、辽西地区在 11 月上中旬。

2. 植株覆盖

采用葡萄树叶、秸秆、锯末、草帘等加塑料膜具有明显的保温和保湿效果，同时减少机械损伤，翌年葡萄萌芽整齐，生长发育状况良好（Ahmedullah M，1985）。采用保温被防寒比传统覆土防寒土温要高，且第二年的萌芽率和结果率都显著高于埋土处理（邓恩征等，2016）。无胶棉被外加覆膜的越冬方式只能使覆盖物下 0~60cm 深度的土温提高 1.08~1.57℃，略强于传统覆土模式。使用聚苯乙烯泡沫颗粒保温被覆盖的越冬方式保温效果最好，翌年葡萄的萌芽率可达 81.2%，结果枝率可达到 93.7%，聚苯乙烯泡沫具有质量轻、易卷放等诸多优点，且来源于废弃物再利用，应在生产中大面积推广。玻璃棉保温被的保温效果略次于聚苯乙烯泡沫保温被，但新梢数量和新梢生长速度大于覆土处理，且成本低于覆土防寒，同样值得在生产中试用。塑料薄膜防寒依然是现在普遍使用的防寒方式，先将塑料薄膜［PVC（聚氯乙烯）膜、EVA（聚乙烯–聚醋酸乙烯酯共聚物）膜、PE

（聚乙烯）膜等〕覆于捆绑好的葡萄枝条上，薄膜四周用土埋压，其上再覆盖树叶杂草等，保温效果好且相对较为简便；也可覆土或覆盖保温被，保温效果更好，而且这种土覆膜的保温方式要优于膜覆土（王建军和郎翠香，2017）。在宁夏地区对酿酒葡萄越冬方式的研究中选用5种防寒方式作对比研究，其结果表明土覆乙烯醋酸-乙烯酯（EVA）膜的保温效果最好，翌年葡萄的品质、产量均优于其他覆盖方式，产量比传统埋土方式高30%（张亚红等，2007）。现有的新型覆盖方式都是在原有的基础上改进的，通过更换新型的保温材料（如玻璃棉、彩布条）来代替塑料薄膜，以期达到更好的保温效果及更低的成本。不同的覆盖材料对葡萄越冬期间的温度影响较大，在对酿酒葡萄品种赤霞珠的研究中发现，在宁夏贺兰山产区化纤毯加覆土覆盖对赤霞珠葡萄的保温防寒效果最好（邓恩征，2015）。采用棉被、玻璃棉、彩条布等防寒材料覆盖葡萄越冬，覆盖物下0~60cm深度土壤温度较传统埋土防寒提高了0.34~2.32℃。在戈壁地上采用黑胶棉处理后保温效果强于普通产区；黑胶棉、大棚棉被覆盖后可减少葡萄越冬期间土温≤ –5℃低温持续的天数（李鹏程等，2014），保温效果明显，能使葡萄安全越冬（图4-5）。

图4-5 葡萄园植株覆盖保温被（新疆和田）（刘三军图）

3. 埋土机械

新疆农业科学院农业机械化研究所于1985年研制成功我国第一代葡萄埋藤机1PM-88型葡萄埋藤机，此款埋藤机虽极大地减轻了劳动强度，但毕竟是初代研究，作业效率不高，适应性较差。2003年辽宁省锦州市北镇市农机技术推广站研制出结构相对简单的20PF-A型葡萄埋藤机（毕志波等，2016），此机结构更加简单，抛土更加均匀，但此机要求作业环境为含水率为12%~25%且没有石块的砂质土壤，适应性差。2007年新疆生产建设兵团农八师研制出1MP-500型葡萄埋藤机，不仅可以埋土，还可铲除杂草和疏松土壤，相较于前两款机具，此机具作业效率高、稳定性好，但该机具因为体型庞大，田间操作时需较大空间而不受种植者青睐。2014年吐鲁番鄯善县农机局推出3PMT-62型葡萄开沟埋藤机，可开沟与埋藤同时作业，在生产效率上有了极大提高，但同样具有适应性差的缺点，也未能得到推广。此外，还有北京现代农装科技股份有限公司研制的10PF-90A型葡萄藤埋藤机、新科农机有限责任公司推出的双侧葡萄埋藤机等。虽然国内研制出的葡萄埋藤机械类型不断增多，在性能方面也均有提升，但由于我国葡萄产区分布零散，机械化程度较低，各个地区的土壤情况、种植模式、种植规模等条件不同，使现有埋藤机具的推广都受到了限制，目前仍没有理想的机具可以完全代替人工（图4-6）。

图4-6　葡萄园越冬埋土防寒（左：人工埋土；右：机械埋土）（刘三军图）

四、引发的病虫害防控技术

葡萄受冻后，植株生长势衰弱，机体抗病虫害能力下降，极易造成病虫害的侵袭和生理失调，引发的病虫害和生理失调在葡萄损害的"雪上加霜"，造成葡萄生产重大损失。冻害引发的病虫害种类主要有真菌性病害、细菌性病害、虫害等。生理失调主要有缺素症等。

（一）冻害引发的葡萄病虫害

1. 真菌性病害

（1）白腐病

见第四章第一节霜冻引发病虫害的防控技术。

（2）蔓割病

①症状：葡萄蔓割病是由葡萄生小陷孢壳 [*Cryptosporella viticola*（Red.）Shear.]，属子囊菌亚门真菌。病害多发生在2年生以上的枝蔓上。枝蔓受侵染后，侵染部位表皮粗糙翘起，皮下有隐约可见的黑色丘状凸起，即病原菌的分生孢子器，后期病斑扩大呈梭形或椭圆性。病部枝蔓纵向开裂是此病最典型的特征。若主蔓被害，植株生长衰弱，萌芽晚，节间短，叶片小；果穗及果粒也变小，病株果实提前着色（非正常着色），品质较差，有时叶片变黄，甚至枝叶萎蔫，严重时，进入翌春老病蔓出现干裂，抽不出新梢，或者勉强抽出较短新梢，在一两周内即枯萎死亡。

②发生规律：葡萄蔓割病病菌头年冬季以分生孢子和菌丝体的形态在土壤和病蔓上越冬，次年早春病菌通过风吹和雨水的传播，由枝蔓的各种损伤、虫伤的伤口侵入，在韧皮部与木质部形成分生孢子器，沿枝蔓维管束蔓延，危害葡萄枝蔓。一般地势低洼、土壤黏重、排水不良、土壤瘠薄、肥水不足的果园，以及管理粗放、虫伤、冻伤多或患有其他根部病害的葡萄树，发病比较严重，多雨潮湿的天气有利于发病。一般老果园发病比较严重，新果园发病较少。

③防治方法：提高树体抗病能力和增强染病树体的愈合能力。保护树体，防止枝蔓扭伤和减少伤口，以减少病菌侵染途径。减少传染源，及时剪除和刮治病蔓。较粗病蔓，可进行刮治，用锋利的小刀将病部刮除干净，直刮至健康组织为止，并将刮下的病部组织深埋或烧掉，在伤口上涂5°Bé石硫合剂。在5~7月喷布1:0.7:200倍波尔多液或50%多菌灵可湿性粉剂800倍液，以保护枝蔓及蔓基部，防治病菌侵入。

（3）枝枯病

①症状：葡萄枝枯病的病原菌尚存在争议，一种是属于盘多毛孢属（*Pestalotia*），另

一种属于拟多毛孢属（*Pestalotiopsis*）（王忠跃，2017）。此病可危害枝蔓、叶片、花果，但以危害枝蔓为主。初期枝蔓上出现不规则暗色斑点，木质部为褐色水渍状不规则病斑。后期枝蔓出现纵列现象，可见暗褐色韧皮部，维管束变褐坏死。幼枝染病尖端先枯死而后整枝枯死。穗轴发病，最初为褐色斑点，逐渐变大，严重时全穗干枯。

②发生规律：葡萄枝枯病的发生与降水量、伤口有很大关系，在多雨、潮湿的天气易发病；受冰雹或接触葡萄铁丝部分（造成伤口处）易发病；氮肥施用过多，枝蔓幼嫩、架面郁闭易发病。

③防治方法：防治枝枯病可以在冬季彻底清园，休眠期全园喷石硫合剂；春夏及时修剪，防止郁闭；合理施肥；合理疏花疏果，控制产量。坐果期、封穗期、转色期是该病的防控适期，结合防治葡萄白腐病、炭疽病、白粉病等病害防治，使用50%嘧菌酯·福美双1500倍液、波尔多液、石硫合剂等，都能同时兼治葡萄枝枯病。

2. 细菌性病害

葡萄根癌病是由土壤杆菌属（*Agrobacterium* spp.）引起的病害，植物被根癌病菌侵染后，在植物的根部（有时在茎部，所以也称冠瘿病）形成大小不一的肿瘤，初期幼嫩，后期木质化，严重时整个主根变成一个大瘤子。病树树势弱，生长迟缓，产量减少，寿命缩短。重茬苗圃发病率在20%~100%之间不等，有的甚至造成毁园。葡萄根癌菌是系统侵染，不但在靠近土壤的根部、靠近地面的枝蔓出现症状，还能在枝蔓和主根的任何位置发现病症。但主要在主蔓上，呈现瘤状病症。

葡萄根癌病菌在肿瘤组织的皮层内越冬，或当肿瘤组织腐烂破裂时，病菌混入土中，土壤中的癌肿病菌能在土内存活一年以上，病菌入侵后，癌瘤发展很快，适宜发病期短期内可将感染幼株包围。当年的癌瘤多于初夏发生，始为白色，老瘤上也易再度发生，夏末变褐色，伤口处多呈小瘤状，受害植株生长势衰弱。葡萄根癌病寄主范围广，土壤带菌是病害传播的主要来源，病菌主要通过雨水和灌溉流水传播，一些地下害虫危害严重的葡萄园，如蛴螬、土壤线虫危害造成的伤口也为病菌的侵入提供了可乘之机，该病还可通过苗木带菌而远距离传播，把病菌向外扩散。

防治根癌病主要方法有：种植前土壤消毒；加强苗木检疫和种条、种苗的消毒；生防菌处理苗木；减少伤口和保护伤口切断侵染途径；利用抗性品种和抗性砧木，是防治葡萄根癌病最有效的方法。

3. 虫害

（1）绿盲蝽

见第四章第一节霜冻引发病虫害的防控技术。

（2）蚧壳虫类

为害葡萄的蚧壳虫类主要是水木坚蚧，又称东方盔蚧、糖槭盔蚧。在葡萄上雌成虫和若虫附着在枝干、叶和果穗上刺吸汁液，并排出大量黏液，招致霉菌寄生，表面呈现烟煤状，严重影响叶片的光合作用，枝条严重受害后枯死，果面被污染，造成树势衰弱，使产量和品质受到严重影响。

水木坚蚧在葡萄上每年发生两代，以2龄若虫在枝蔓的裂缝、叶痕处或枝条的阴面越冬。翌年4月葡萄出土后，随着气温升高越冬若虫开始活动。4月上旬虫体开始膨大并蜕皮变为成虫，4月下旬雌虫体背膨大并硬化，5月上旬开始产卵在体下介壳内，5月中旬

为产卵盛期。5月下旬至6月上旬为若虫孵化盛期。6月中旬蜕皮为2龄若虫并转移到当年生枝蔓、穗轴、果粒上为害，7月上旬羽化为成虫。7月下旬至8月上旬产卵，第二代若虫8月孵化，中旬为盛期，9月蜕皮为2龄后转移到枝蔓越冬。

防治此虫主要方法有：限制虫源传播；冬季清园，清除枝蔓上的老粗皮，春季萌芽前喷施石硫合剂；剪除虫枝；生长季药剂防治，一是在4月上中旬，虫体硬化以前用药，二是6月上旬第一代若虫孵化盛期用药。常用药剂有25%噻虫嗪、48%毒死蜱、25%噻嗪酮等。

（3）透翅蛾

幼虫危害葡萄嫩枝及1~2年生枝蔓，初龄幼虫蛀入嫩梢，蛀食髓部，使嫩梢枯死。幼虫长大后，转到较为粗大的枝蔓中为害，被害部肿大呈瘤状，蛀孔外有褐色粒状虫粪，枝蔓易折断，其上部叶变黄枯萎，果穗枯萎，果实脱落。轻者树势衰弱，产量和品质下降；重者致使大部枝蔓干枯，甚至全株死亡。

一年发生一代，以老龄幼虫在受害枝蔓中越冬，翌年葡萄发芽的3~4月化蛹，5~6月葡萄开花期，成虫羽化，蛹期30~90d，成虫交尾后产卵于芽腋、叶柄等处，每个雌蛾产卵39~145粒，成虫寿命3~6d。幼虫孵化后，多从芽腋、叶柄等处蛀入嫩茎髓部，蛀食7~10d，再转移到粗髓部蛀食。

防治此虫主要方法有：可在冬、春季剪除虫枝；用毒死蜱注入虫孔内然后用泥土封住；在成虫羽化期和幼虫初孵化期，喷施2.5%高效氯氟氰菊酯1000倍液防治。

（二）冻害引发的葡萄生理失调

1.缺铁症

铁在植物体内不易移动，葡萄缺铁时首先表现的症状是幼叶失绿，叶片除叶脉保持绿色外，叶面黄化甚至白化，光合效率差，进一步出现新梢生长弱，花序黄化，花蕾脱落，坐果率低。

葡萄缺铁常发生在冷湿条件下，此时铁离子在土壤中的移动性很差，不利于根系吸收。同时铁缺乏还常与土壤较高pH值有关。

克服铁缺素症的措施应从土壤改良着手，增施有机肥，防止土壤盐碱化和过分黏重，促进土壤中铁转化为植物可利用形态。同时可采用叶面喷肥的方法对铁缺素症进行矫正，可在生长前期每7~10d喷一次螯合铁2000倍液或0.2%硫酸亚铁溶液。铁缺乏症的矫正通常需要多次进行才能收到良好效果。

2.缺镁、缺锌、缺硼症

见第四章第一节霜冻引发病虫害的防控技术。

第三节 冰雹灾害的防护

一、冰雹的危害

冰雹是由强对流天气系统引起的一种剧烈的气象灾害，出现的范围小，时间短促，但来势猛、强度大，并常伴随狂风、强降水、急剧降温等阵发性灾害性天气过程。春、夏为全国降雹的主要季节，多出现于午后或傍晚，北方雹灾多于南方。

我国是冰雹灾害频繁发生的国家。葡萄生长季节遭遇冰雹天气，会造成严重机械伤害，主要表现为枝蔓折断、劈裂，叶片破损、脱落，果粒破伤、脱落，架面歪斜或倒塌等，若在伴有大风，会加重伤害程度，雹灾的发生通常会造成葡萄减产甚至绝收；同时由于葡萄树体组织器官受损，影响植株光合作用，导致树势衰弱。雹灾过后由于冰雹给葡萄树体造成的机械损伤，也为霜霉病、白腐病、灰霉病等病菌的生长提供了条件，处理不当会严重影响以后几年葡萄园的生产。

2017年5月15日，山西乡宁产区突遭恶劣天气影响。位于乡宁产区的戎子酒庄葡萄园受到了冰雹的严重袭击。据酒庄实地调查统计，受灾严重面积共计近200hm²，涉及554个农户，其中约170hm²葡萄园全部绝产，少部分葡萄园新梢折断，花序脱落，年产量损失约为50%，给酒庄及农户带来严重损失，本次雹灾也是戎子酒庄葡萄基地遭受建厂以来最强雹灾袭击，造成直接经济损失达2000万元。

2021年9月22日，位于陕西省合阳县的西北农林科技大学葡萄试验示范站遭受25min的大风、冰雹袭击，尚未成熟采收的葡萄几近绝产，露地葡萄的叶片全部损毁（图4-7）。

图4-7　冰雹损毁的葡萄园

二、冰雹程度的判断指标

根据一次降雹过程中，多数冰雹（一般冰雹）直径、降雹累计时间和积雹厚度，将冰雹分为3级：

轻雹：多数冰雹直径<0.5cm，累计降雹时间不超过10min，地面积雹厚度<2cm。

中雹：多数冰雹直径0.5~2.0cm，累计降雹时间10~30min，地面积雹厚度2~5cm。

重雹：多数冰雹直径>2.0cm，累计降雹时间>30min，地面积雹厚度>5cm。

三、减灾技术

（一）雹灾的预防

1. 利用高炮、火箭防雹技术

我国人工防雹研究起于20世纪50年代初，首先开展了土炮和土火箭的防雹试验，取得了初步成效，到70年代，改进为高炮和火箭，技术更加成熟，在生产上广泛应用。高炮、火箭防雹是以积雨云为作业对象，改变冰雹生长形成的物理过程，降低成雹条件，抑制冰雹的增长或化为雨滴。通过爆炸破坏积雨云形成冰雹的自然气流结构，促使大量冰雹微粒在增大之前提前下落，融化为雨滴。高炮、火箭防雹增雨作业应充分运用雷达、卫星云图等手段，结合本地气象资料，随实况演变跟踪滚动订正，提前判断，早期作业。作业指令包括作业时段、空域等。防雹作业必须按国家气象局科技教育司《高炮人工防雹增雨业务规范》运作。

2. 葡萄园架设防雹网

全园架设防雹网是防雹的最有效方法。在经常发生雹灾的地区，可设立防雹网预防雹灾的危害。

葡萄园架设防雹网需要立柱、网架、雹网，辅助材料有架垫、铁丝、压网线等。立柱是支撑网架和雹网的骨架，必须坚固、耐用，可用15年以上，可选用木杆、水泥柱或钢架等材料。立柱分两种，一是老园，一般立柱高度不足2m，通过在老园立柱基础上捆绑一根木杆增加高度，木杆用硬杂木制做，能够承担网架、雹网和冰雹的重量；二是新建园，制作新园立柱时，将防雹网支架的设置与葡萄立柱合二为一，将水泥柱或钢架的长度较原葡萄架立柱增加60cm，其中地下多埋10cm，地上多留50cm，直接形成防雹网立柱。采用双股8号镀锌铁丝先架四周边线，然后从边线用单股8号镀锌铁丝引横、竖线形成2.5m×6m网架。布网，网架安装好后，把防雹网平铺在网架上，拉平拉紧，用细铁丝或尼龙绳固定。压网，防雹网架设好后上面用尼龙绳将防雹网固定，风大的地方需用细竹竿等与铁丝网架绑紧。雹网质量要轻，便于架设，耐用，价格便宜，对光照影响小。目前，尼龙网因价格高而被淘汰；铁丝网投入成本高，已很少使用，现在生产上应用的防雹网以聚乙烯网为主。

防雹网面与葡萄架面（棚架）或顶端（篱架）间距为50cm。为防止风化和老化，以延长使用年限，在葡萄冬剪、下架埋土后要及时收网，将网拉到一端捆绑或将网取下收回库房存放。防雹网颜色以白色为宜，研究结果表明，同一规格网眼（1.2cm×1.2cm），深绿色雹网对葡萄新梢生长和增粗有显著影响，其他颜色无影响，白色影响最低。不同规格网眼中以1.0cm×1.0cm雹网对葡萄延长梢增粗有显著影响，因此，选择≥1.2cm雹网较为理想。≥1.2cm规格雹网对产量及构成产量的果枝、果穗数等主要因子均无影响。

3. 果穗套袋

果穗套袋可以有效地防止较轻或体积较小的冰雹的袭击，减轻雹灾危害。套袋时间于生理落果结束后进行。

（二）灾后补救措施

1. 微雹灾葡萄园灾后补救

葡萄园如果受灾不严重，花序或叶片仅受到轻微危害的葡萄园，雹灾过后应及时清理葡萄园中的断枝、落叶及落果（花序），排出田间积水；及时喷10%苯醚甲环唑1500倍液，加50%嘧菌酯3000倍液，隔5~7d再喷施一次，预防霜霉病和白腐病等病害发生。

2. 严重雹灾葡萄园补救

葡萄叶片50%以上脱落或严重受损，多数枝条断裂，视为严重受灾。不同生长阶段发生雹灾具体补救措施存在差异。

（1）花期前后遭受冰雹灾害

若葡萄花期发生严重雹灾，可采取刺激二茬果的措施，弥补当年损失。具体措施：受损新梢留2~3个芽修剪；全园打一遍广谱性的保护性杀菌剂防治病害发生；修剪一周后新梢上的冬芽开始萌发（夏芽副梢全部去除），新长出的冬芽副梢会带有部分花序，以后的管理可以按照正常程序进行。欧美杂种较欧亚种的成花能力强。欧亚种品种由于花芽分化能力弱，严重受灾后，以保树为主，对当年生枝条平茬后，控制病害发生，其他管理措施可相应参照当年定植的幼树管理方法，保证下一年产量不受影响。

（2）果实膨大期遭受冰雹灾害

葡萄果实膨大期一般在6~7月，若此时发生严重雹灾，可及时清理果园，清除落地果、叶；全园立即喷施保护性杀菌剂（如波尔多液、代森锰锌等），并混加内吸性杀菌剂预防白腐病和灰霉病等；理顺和绑缚新梢；对于折断、劈裂的新梢在伤口处平剪；对于从新萌发的副梢，除保留前端的 1~2 个新梢继续生长外，其他副梢留两片叶摘心；对于叶片受损较重的果园，根据叶片受损程度相应疏穗降低负载；中耕松土，增加土壤透气性，及时补充施用水溶性肥料，促进果实着色和枝蔓成熟；叶面喷施 0.1%~0.5% 磷酸二氢钾，提高叶片光合效能，促进花芽分化，促进枝条成熟，增加树体营养储备，提高树体抗性。北方地区或中、晚熟葡萄品种不宜采取二次结果的办法来弥补损失。葡萄花芽是在前一年形成，采取二次结果的办法会过分消耗树体的养分，影响来年葡萄的开花、结果，而且二次果在后期也很难完全成熟。

（3）果实成熟期遭受冰雹灾害

葡萄果实成熟期发生严重雹灾，应采取以下措施：若果穗严重受损，果实应尽快采摘销售，以减少当年损失；然后全园喷施防治病害的药剂 1~2 次；若果穗仍具有商品价值，则尽可能将果实销售完毕后，再进行药剂防治，以免影响果穗安全性；对因冰雹受伤严重的叶片且已老化的叶片及时剪除，减少养分损失，提高架面透光率。

第四节　暴雪灾害的防护

一、暴雪的危害

暴雪是因为长时间大量降雪造成大范围积雪的一种自然现象，12h 内降雪量将达 4mm 以上，气象部门就开始发布暴雪蓝色预警信号。暴雪及其伴随的大风降温天气，给交通和冬季农业生产带来严重影响。

暴雪发生的时段一般集中在 10 月至翌年 4 月。露地栽培条件下，暴雪影响较小。在非埋土防寒地区，冬季修剪不及时遇暴雪天气可能会造成葡萄园架材负荷过重而倒塌，严重条件下还会导致树体压坏或损毁，对葡萄园生产造成影响。

暴雪对设施栽培葡萄影响较大，含简易避雨栽培、日光温室、冷棚栽培等。设施栽培的推广对于优质葡萄生产具有重要意义。但是在遭遇暴雪情况时，非标准的设施栽培会加重对葡萄生产的危害程度。由于暴雪短时间内在设施棚面大量积累，导致设施架材负荷过重，引起设施大棚垮塌，葡萄架面和树体被压断，造成严重经济损失。

同时，暴雪引起的降温也会使葡萄树遭受冻害。葡萄树不同时期越冬冻害的临界温度存在差异，在这些时期内如遇暴雪，降温至临界温度以下，均可对树体造成不同程度的冻害。尤其在冬初时节，树体缺乏抗寒锻炼，遇到暴雪，气温骤降，即使近似界限温度，也会发生较强冻害。设施促早栽培条件下，绒球期不能低于 –3℃，新梢不能低于 –1℃，花序不能低于 –0.5℃。

另外，秋末冬初如降暴雪，地面尚未冻结，使地温偏高，有利于地下越冬害虫安全越冬，以致来年虫害严重。

2021 年 2 月，陕西省合阳县多个乡镇遭受大暴风雪，许多葡萄园的简易避雨棚和塑料大棚因大雪而倒塌（图 4-8），损失巨大。

二、暴雪的判断指标

对于降雪量，气象上有严格的规定，它与降水量的标准截然不同。雪量是根据

图4-8 2021年2月陕西合阳葡萄避雨棚遭受大雪损毁

气象观测者，用一定标准的容器，将收集到的雪融化后测量出的量度。如同降雨量一样，降雪量是指一定时间内所降的雪量，有24h和12h的不同标准。在天气预报中通常是预报白天或夜间的天气，这主要是指24h的降雪量，暴雪是指日降雪量（融化成水）≥10mm。

三、减灾技术

（一）暴雪灾害的预防

①及时冬季修剪。非设施栽培条件下，葡萄1年生枝条是附着积雪的主要途径。及时进行冬季修剪可以有效减少积雪在葡萄架面上的附着量，降低葡萄园架面的负荷，降低架面倒塌和树体压坏的概率。

②设施栽培，含简易避雨、日光温室、玻璃温室、冷棚等，在建设设计时，在充分考虑保温、采光及成本等要素的同时，尽可能加大主拱架的弧度，以使积雪快速地滑落到地面，减少积雪在棚面的附着量，减轻棚面的负荷，最终降低棚面倒塌的概率。

③非促早栽培时，葡萄休眠期建议及时拆除棚膜。设施栽培的棚面是附着积雪的主要途径，在遭遇暴雪时，轻则棚膜压破，重则整个设施棚垮塌，造成重大经济损失。因此，在多暴雪地区，冬季应及时拆除棚膜。

④在设施促早栽培时，遭遇极端大雪天气前在主拱架下增设支柱，增强温室主拱架的抗压性能；苗木入冬休眠后，在保温被上再覆一层旧棚膜，既可防除冻害发生，又利于除雪减灾；在低温前可及时除去已经覆盖的地膜，以增加棚内湿度。冷空气来袭之前，可提前1d全园灌水，以水调节棚温；另外在低温当天凌晨3：00~6：00时，在葡萄棚内用潮湿的稻草、废弃枝条等点火燃烟，使烟雾尽可能地长时间弥漫在葡萄棚内；随时清除棚面积雪。

⑤树势强壮的葡萄树在暴雪侵袭时受害较轻。管理精细、施肥水平高、修剪及时、无病虫害的葡萄树体内养分积累多，抗暴雪灾害能力就强。因此，在果树栽培中要始终做到精细管理，在生长后期即控制氮肥用量，控水、摘心，多施磷、钾肥，促使早停长，及时修剪，使树体枝条充分成熟，以提高抗害能力。

（二）灾后的补救措施

1.重建设施，恢复生产

抓紧时间、筹集资金、组织人力对雪灾坍塌或半坍塌的温室、塑料大棚、架材等修复加固。在资金短缺的情况下可以因陋就简，就地取材，降低成本。

2.葡萄树体的管理

（1）已萌芽的葡萄管理

雪灾来临时，促成栽培条件下的葡萄已经萌芽，难以忍受低温伤害，除新梢受冻害外，整个树体也难逃冻害。对这些树体要及时采取简易覆盖措施，减轻树干和根系冻害。对受害轻微，仍然继续生长的葡萄，喷施叶面肥，恢复树势，做好病害防治工作，保护好叶片，以保证来年正常结果，将损失降到最低限度。

（2）露地栽培受冻严重的树体管理

露地栽培葡萄的冻害症状待萌芽后方可鉴定。最严重的冻害症状是树干完全死亡，不能萌芽；其次是树干纵裂，有少量萌芽，但生长极不正常；有时虽无纵裂，也可以萌芽，但萌芽晚，萌芽后生长缓慢，表现严重"困倦"现象。对这些葡萄，在生长季节需要采取多种措施。

①平茬：因为树干受到了冻伤，养分和水分的输导和传输功能明显降低或丧失，恢复后的树干上也会有纵向的坏死现象。在萌芽前后，通过平茬、剪除地上老干，从根部发生出新蔓，将之培养成新的植株。

②培养萌蘖植株：平茬后的植株往往生长迅速，管理得当，可以保证来年正常结果。管理不善就会出现徒长现象，影响正常结果。所以，对萌芽植株要及时搭架，做好病害防治工作，保护好叶片，以促进枝条充实。也可以通过摘心的办法增加分枝，以提高枝条的充实度。

（3）受冻轻微的树体管理

受冻轻微的葡萄表现为萌芽略晚，可以正常生长，但长势有所减弱。对这样的葡萄要疏除部分花序或果穗，以恢复树势，保证来年的正常结果。

3. 病虫害防控

雪灾后葡萄遭受冻害后，有利于一些弱寄生菌引起的病害发生。在重视清园基础上加强葡萄的栽培管理，增强树势，同时注意喷药保护。灰霉病的防治适期是花期，药剂可选用 40% 嘧霉胺 800~1000 倍，或 50% 腐霉利 1000~2000 倍液等；葡萄枝干溃疡病的药剂防治可结合葡萄炭疽病和白腐病等病害的药剂施用兼治。

第五节 大风灾害的防护

一、大风的危害

大风灾害是我国农业生产中常见的主要自然灾害之一，雨季常伴随狂风暴雨和冰雹来袭，冬春季可带来沙尘和低温，给农业生产造成较大危害。风是影响气候环境的常见因素之一，适度的风速对改善葡萄园环境条件和调节叶幕微气候等起着重要的促进作用，可以有效增加田间的空气流动，减小空气湿度，降低田间病虫害发生的频率和程度。大风及其引起的沙尘暴则会对农业生产特别是葡萄生产造成不利的影响，大风使叶片机械擦伤、枝蔓断折、落花落果严重，进而影响产量和品质。

（一）对葡萄植株和果实的损害

大风本身具有强大的破坏力，狂风会折断嫩芽、打断花期，吹落葡萄的叶片、嫩梢、果穗、果粒等，甚至将葡萄植株连根拔起。

在春季，一般葡萄植株正处于萌芽期、展叶期和新梢生长期，在这个时段内遇到大风，则易损坏葡萄叶片，使其遭受机械损伤，影响早期生长及后期果实产量和质量。在埋土防寒地区，春季葡萄生产过程中由于大风携带沙粒也会对葡萄嫩叶、花、果实造成不同程度的伤害。

夏季葡萄正处于开花期、坐果期、幼果膨大期、果实成熟期。若花期前后遇到大风，葡萄花序或幼果因机械损伤造成作用失调，从而自动脱落或干枯。夏季大风常伴有雷雨，

不仅会对植株造成损害，还会造成一定的雨涝灾害，使葡萄园受淹，影响葡萄植株的生长发育。进入夏季后，有时会遇到风雹天气，大风和冰雹都会对葡萄枝、叶、果实等造成严重伤害，植株上的伤口也会给病菌的入侵提供机会。

干热风则会加速葡萄园水汽蒸发，增加水分消耗；在开花期前后，干热风主要为害葡萄花蕾和幼果，造成葡萄花蕾干枯脱落，幼果失水皱缩，影响葡萄产量。

此外，大风还会给环境带来降温，过低的温度会冻伤葡萄的嫩芽，影响葡萄的开花、坐果，甚至造成植株死亡。例如，2001年吐鲁番地区遇到罕见的大风降温天气，大风所造成的急剧降温，直接影响了正处于发芽阶段的葡萄正常生长，甚至将葡萄地上部分全部冻死。

（二）对葡萄园设施的破坏

强烈的大风可损坏葡萄园的藤架，吹落绑缚在架上的葡萄藤，甚至吹倒葡萄架。大风天气可对日光温室和塑料大棚造成损坏，对温室和塑料大棚的结构及其内部设施与葡萄造成机械损伤和破坏，这种损伤和破坏主要取决于风速的大小及结构的抗风能力。风速越大，结构的抗风能力越差，所造成的灾害也就越大。当温室或塑料大棚的结构破损后，其内部原储备的热量将大量散失，同时伴随大风的降温、寒流天气会加重对设施葡萄造成的冷害（冻害）。

（三）对葡萄园土壤的伤害

我国葡萄栽培的优势产区大多处于埋土防寒区，一般在北方地区，尤其是西北地区，冬季较为寒冷，天气干旱少雨、干燥多风。由于冬春季地表植被较少，地表基本都是裸露的，冬季埋土时需要大面积起垄，机械化操作对地表造成大规模的扰动，使地表土壤异常疏松。每到春季，大风肆虐，干旱疏松的表层土壤则被大风刮起，极易形成强扬尘和沙尘暴天气，这将会导致和引发一系列生态环境问题，如土壤风蚀等。土壤风蚀可造成富含大量营养物质的表层土壤细微颗粒损失，进而导致土壤粗化，土地生产力衰退，加剧沙化程度。

二、大风的判断指标

（一）风力的等级划分

风力是指风吹到物体上所表现出的力量的大小。一般根据风吹到地面或水面的物体上所产生的各种现象，把风力大小分为13个等级，最小是0级，最大为12级。根据我国2012年6月发布的《风力等级》国家标准，依据标准气象观测场10m高度处的风速大小，将风力等级依次划分为18个等级，表达风速的常用单位有3个，分别为mile/h、m/s、km/h，我国台风预报时常用单位为m/s（表4-4）。

表4-4　浦福风力等级表

风级	名称	海面状况		海岸船只征象	陆地地面征象	相当于空旷平地上标准高度10m处的风速		
		海浪						
		一般（m）	最高（m）			mile/h	m/s	km/h
0	无风	0.0	0.0	静	静，烟直上	<1	0.0~0.2	<1
1	软风	0.1	0.1	平常渔船略觉摇动	烟能表示风向，但风向标不能动	1~3	0.3~1.5	1~5

（续）

风级	名称	海面状况		海岸船只征象	陆地地面征象	相当于空旷平地上标准高度10m处的风速		
		海浪						
		一般（m）	最高（m）			mile/h	m/s	km/h
2	轻风	0.2	0.3	渔船张帆时，每小时可随风移行2~3km	人面感觉有风，树叶微响，风向标能转动	4~6	1.6~3.3	6~11
3	微风	0.6	1.0	渔船渐觉颠簸，每小时可随风移行5~6km	树叶及微枝摇动不息，旌旗展开	7~10	3.4~5.4	12~19
4	和风	1.0	1.5	渔船满帆时，可使船身倾向一侧	能吹起地面灰尘和纸张，树的小枝摇动	11~16	5.5~7.9	20~28
5	劲风	2.0	2.5	渔船缩帆（即去帆之一部）	有叶的小树摇摆，内陆的水面有小波	17~21	8.0~10.7	29~38
6	强风	3.0	4.0	渔船加倍缩帆，捕鱼须注意风险	大树枝摇动，电线呼呼有声，举伞困难	22~27	10.8~13.8	39~49
7	疾风	4.0	5.5	渔船停泊港中，在海中下锚	全树摇动，迎风步行感觉不便	28~33	13.9~17.1	50~61
8	大风	5.5	7.0	进港的渔船皆停留不出	微枝折毁，人行向前感觉阻力甚大	34~40	17.2~20.7	62~74
9	烈风	7.0	10.0	汽船航行困难	建筑物有小损（烟囱顶部及平屋摇动）	41~47	20.8~24.4	75~88
10	狂风	9.0	12.5	汽船航行颇危险	陆上少见，见时可使树木拔起或建筑物损坏严重	48~55	24.5~28.4	89~102
11	暴风	11.5	16.0	汽船遇之极危险	陆上很少见，有则必有广泛损坏	56~63	28.5~32.6	103~117
12	飓风	14.0		海浪滔天	陆上绝少见，摧毁力极大	64~71	32.7~36.9	118~133
13	—				—	72~80	37.0~41.4	134~149
14	—				—	81~89	41.5~46.1	150~166
15	—				—	90~99	46.2~50.9	167~183
16	—				—	100~108	51.0~56.0	184~201
17	—				—	≥109	≥56.1	≥202

（二）设施农业气象灾害预警

根据《设施农业气象灾害 风灾预警等级》（DB14/T 2009—2016），日光温室及塑料大棚风灾预警等级分别见表4-5和表4-6。

表 4-5　日光温室风灾预警等级表

等级（颜色）	预警指标 平均风力（级）/风速（m/s）	警　示
黄色	6~7 级 /10.8~17.1	造成轻度损伤，可能造成草帘吹起
橙色	8~9 级 /17.2~24.4	造成中度损坏，塑料棚膜吹破
红色	≥ 10 级 / ≥ 24.5	造成重度损毁，温室垮塌

表 4-6　塑料大棚风灾预警等级表

等级（颜色）	预警指标 平均风力（级）/风速（m/s）	警　示
黄色	5~6 级 /8.0~13.8	造成轻度损伤，吹起塑料薄膜
橙色	7~8 级 /13.9~20.7	造成中度损坏，吹破塑料薄膜
红色	≥ 9 级 / ≥ 20.8	造成重度损毁，塑料薄膜被吹走

三、减灾技术

（一）营造防护林防风

防护林是利用森林自身所具有的绿化、防风固沙、涵养水源、保持水土、调节环境等功能，以抵御自然灾害、维护农业基础设施、保护农业生产、改善农田环境和维持局部生态平衡等为主要目的的森林群落。它是我国林种分类中的一个主要林种，有自然林和人工林两种类型。根据其防护目的和效能，可分为水源涵养林、水土保持林、防风固沙林、农田牧场防护林、护路林、护岸林、海防林、环境保护林等。防护林的防护作用主要取决于特定结构的林带对风压力、风速及湍流应力等空气动力学特征的影响。林带的有效防护范围是评价防护林效益的重要指标之一，是指使林带背风面指定防护对象不受害风危害间距，也是确定林带建设最主要的数量指标之一，有效防护范围包括水平距离和垂直方向，有效防护范围的大小和许多因子有关，但最主要的是林带的疏透度和高度。当林带达到适宜疏透度和最大高度时，林带就能达到最大有效防护距离，而影响林带疏透度的主要是林带结构和配置。

通过在葡萄园周围营造防护林，可以起到以下作用：

（1）防护作用

通过防护林的建立，可以有效降低风速，减少大风对葡萄植株和果实的直接冲击，同时保护葡萄园内的设施免遭破坏。

（2）改善田间小气候的作用

由于森林具有涵养水源、调节空气湿度等作用，利用森林的这种特点，营造防护林，降低极端天气对葡萄生产的影响。

（3）增加生物多样性的作用

在葡萄园周边营造防护林，可以增加生物多样性，有助于利用生物多样性来防治病虫害，降低生产成本，提高生产效益。

防护林营造技术：

（1）设置主风向林带

主林带的设置应与当地有害主风向互相垂直，且应以紧密型不透风林带为主。如不能与主要风向垂直时，偏斜角度最好不要超过30°，否则防风效果将大大降低。除了主林带外，有时还要设立与主林带垂直的副林带，组成主副林带矩形林网。主林带的行数与当地风速、林木冠径、地形地势、风害发生时间等有关。一般主林带由4~6行乔灌木构成，副林带由2~3行乔灌木构成，主林带宽5~8m，间距为150~200m。种植密度因树种而有差异，乔木一般为（1.5~2.0）m×（2.0~2.5）m，灌木为（1~1.5）m×（0.5~0.7）m。

（2）统筹规划，合理设计

葡萄园防护林的设计规划，必须结合当地的实际情况，实行山、水、林、田、湖、草、路、管综合规划。防护林要与园区道路、园内设施、排溉装置等相互适应。

（3）选择适宜树种

根据葡萄园所在地的具体气候环境条件，宜选择适应性强、生长速度快、抗逆性强、经济价值高、与葡萄植株没有共同病虫害的树种，树冠直立，根蘖少，尽可能用乡土树种为宜。乔木可选择杨树、松树、悬铃木、侧柏、梧桐、板栗、合欢、马尾松、落叶松、杜梨、柿树、柳树等，小乔木和灌木树种可选择紫穗槐、黄刺玫、玫瑰、酸枣、荆条、花椒、枸杞等。需要注意的是榆树不宜做葡萄园的防护林，因为榆树是星天牛、褐天牛喜食的树种，若栽植，则会引来大量天牛取食和繁殖，危害葡萄的生长。

（二）风障防风

风障防风是利用经济价值较低的各种高秆植物的茎秆，将其做成篱笆样式设施，置于与大风方向垂直的果园周围，以此来加大地面的动力粗糙度，干扰风的流场，从而达到降低风速、减缓风力侵蚀。经过实践验证，风障的防风效果显著，可使风障前的近地层气流相对稳定，而且风速越大，防风效果越好，通常5~6级的大风在通过风障后降为1~2级风。郑东旭等（2004）在河北怀来地区，通过采用人工绑扎的向日葵秸秆，有效降低了风速。刘俊等（2014）以高粱秆、苇席和树枝为试验材料作为风障，均能降低风速，其中高粱秆防风效果最好。

（三）防风网防风

河北省林业科学研究院刘俊等通过在葡萄园架设防风网，研究了防风网对降低风速的影响、防风网对葡萄植株的保护作用。结果表明，架设防雹网和防风网的葡萄园，大风所造成的危害相对较轻；并且防风网外风速越大，通过防风网后风速降低越多，防风效果越明显。

（四）提前防范

对于塑料大棚葡萄，在当地进入每年的大风频发期后，应密切注意天气预报和气象部门发出的大风预警信息。在大风来临之前，要提前做好预防措施：①检查设施大棚棚膜是否破损，塑料边角是否压紧，及时紧固压膜线，加固棉被，增强抗风能力。②将电线绑缚或缠绕在固定不动的绝缘物体上，防止被大风吹断。大风来临前及时切断电源，避免发生意外。③大风来临之前，将棉被卷到离地面1.0m左右处，防止棉被被风吹动，避免造成棚膜受损。

四、大风引发的病虫害防控

大风灾害本身并不会带来病虫害，只是大风灾害发生后，会造成葡萄树体器官上有大

量的伤口，极易引起病菌侵染，造成病害的发生与蔓延。因此，需要及时在天气放晴后喷一次杀菌剂做好病虫害的防治工作，药剂可选用 70% 甲基托布津 1000 倍液或 80% 代森锰锌 600~800 倍液，休眠期 200 倍 30% 机油石硫合剂。对大枝或主干断裂或枝干脱皮受伤部位，应注意修平伤口，并涂抹伤口保护愈合剂。

第六节　雨涝灾害的防护

雨涝是指长时间降水过多或区域性的暴雨及局地性短时强降水引起江河洪水泛滥，淹没农田和村镇，或产生积水或径流淹没低洼土地，造成农业或其他财产损失和人员伤亡的一种气象灾害。根据雨涝发生季节和危害特点，可以将雨涝灾害分为春涝、夏涝、夏秋涝和秋涝等。春涝主要发生在华南、长江中下游、沿海地区。夏涝是我国主要涝灾，主要发生在长江流域、东南沿海、黄淮平原。秋涝多为台风雨造成，主要发生在东南沿海和华南。由于雨涝灾害和洪水灾害往往同时或连续发生在同一地区，有时难以准确界定，又往往被称为洪涝灾害。

我国具有显著的大陆性季风气候特点，降水时空差异显著，雨涝灾害突出。尤其是夏季降水最集中，也是雨涝发生频率最高、范围最广的季节。我国是世界上雨涝灾害频繁且严重的国家之一，雨涝灾害对我国的国民经济发展影响巨大。

一、雨涝的危害

（一）影响根系的正常生长

适宜于葡萄生长的土壤含水量为田间持水量的 60%~80%，雨涝灾害发生后，葡萄园的土壤含水量可达田间持水量的 90% 以上，过多的水分使葡萄根系长期渍水，时间久了会造成根系腐烂。雨水过后，易发生土壤板结，通透性差，根系呼吸产生的有毒物难以排出，易造成烂根，影响根系对养分的吸收，从而导致植株出现萎蔫、叶片变黄、果实脱落、果品质量下降、抗病性降低等病症，严重时导致植株死亡。

（二）易造成落叶

涝灾发生后可引起叶片黄化，提早脱落，影响葡萄产量、质量以及光合产物的积累。

（三）易造成裂果

在葡萄转色期，降水量过多，加快了果实的膨大，土壤含水量土壤大幅度增加，根系吸收过多的水分，容易导致葡萄裂果。

（四）易引起徒长

降水频繁，降水量大，易引起葡萄新梢徒长，造成树体养分严重浪费，使枝条养分积累不足，影响葡萄植株的正常越冬，从而降低葡萄抗寒性。

（五）易诱发病虫害

降雨过多可引起枝梢旺长，使果园郁闭，容易诱发病虫害，如葡萄霜霉病、灰霉病、白腐病和炭疽病等。另外，葡萄裂果后，伤口还可能感染白腐病等真菌，或细菌性病害，果蝇等害虫也会乘隙而入，酵母菌、醋酸菌还会使葡萄自然发酵和酸腐，使整串葡萄丧失商品性。

（六）影响葡萄酒品质

酿酒葡萄在成熟期遭受雨涝灾害，由于雨水会稀释葡萄果实中的风味物质，会影响葡萄的成熟度，导致酿造出来的葡萄酒风味寡淡。

二、雨涝的判断标准

雨涝标准为国家气候中心业务中所使用的标准，即连续 10d 降水总量 250mm（东北地区 200mm，华南地区 300mm）以上或 20d 降水总量 350mm（东北地区 300mm，华南地区 400mm）以上统计为一个雨涝过程。雨涝过程中的每一日称为雨涝日。一年（季）中有一次雨涝过程出现，则将该年（季）统计为一个雨涝年（季）。

由于旱涝形成机理复杂，影响因素众多，尚未形成统一的划分指标。目前，用来表征旱涝状况的指标较多。基于降水量的指标主要包括降水距平百分率（Pa）、Z 指数、标准化降水指数（SPI），以及综合考虑其他影响因子的 Palmer 干旱指数（$PDSI$）、地表水分供应指数（$SWSI$）、标准化降水蒸散指数（$SPEI$）、气象干旱综合指数（CI）等。

（一）标准化降水指数

标准化降水指数（SPI）仅需要降水资料，计算方法简单易行；计算结果为无量纲数值，消除了地域性差异；具有多时间尺度，突出反映了不同时间尺度上旱涝变化的特征。该方法是由 Mckee 等（1993）在评估美国科罗拉多州干旱状况时提出的以降水量来评价旱涝的标准化降水指数，该指标需要较长时间的降水量（>30 年）资料积累，其计算是假定降水分布为 Γ 分布，通过数学方法得到降水分布的标准正态分布，进而得到标准化的 SPI 值，能够较好地反映不同地区、不同时段的旱涝等级情况，具体方法如下：

设某一时段内的降水量为随机变量 X，与其 Γ 分布的概率密度函数的函数关系式为

$$g(x) = \frac{1}{\beta^{\alpha}\Gamma(\alpha)}X^{\alpha-1}\mathrm{e}^{-\frac{x}{\beta}} \qquad (x > 0) \tag{1}$$

$$\Gamma(\alpha) = \int_0^{\infty} y^{\alpha-1}\mathrm{e}^{-y}\mathrm{d}y \tag{2}$$

式中，$g(x)$ 为降水量的伽马分布的概率密度函数；$\Gamma(\alpha)$ 为伽马函数；α 为形状参数，且 $\alpha>0$；β 为尺度参数，且 $\beta>0$；x 为降水量，$x>0$。

$$\hat{\alpha} = \frac{1 + \sqrt{1 + 4A/3}}{4A} \tag{3}$$

$$\hat{\beta} = \bar{x}/\hat{\alpha} \tag{4}$$

$$A = \ln(\bar{x}) - \frac{1}{n}\sum_{i=1}^{n}\ln x_i \tag{5}$$

式中，n 是计算系列长度；x_i 为降水量资料样本；$\bar{x}$ 为降水量气候平均值。对于某一确定的时间短期积累概率为

$$G(x) = \int_0^x g(x)\mathrm{d}x = \frac{1}{\beta^{\alpha}\Gamma(\alpha)}\int_0^x X^{\alpha-1}\mathrm{e}^{-x/\beta}\mathrm{d}x \tag{6}$$

式中，令 $t=x/\beta$，对应的不完全的伽马函数关系式如下：

$$G(x) = \frac{1}{\Gamma(\hat{\alpha})}\int_0^x X^{\hat{\alpha}-1}\mathrm{e}^{-x}\mathrm{d}x \tag{7}$$

由于伽马方程不包含 $x=0$ 的情况，而实际降水量 x 可以为 0，所以累积概率表示为

$$H(x) = q + (1 - q)G(x) \tag{8}$$

式中，q 是 $x=0$ 的概率。如果 m 表示某一时间段内 x 等于 0 的数量，那么 $q=m/n$。累积概率 $H(x)$ 由下式转换为标准正态分布函数：

当 $0 \leqslant H(x) \leqslant 0.5$ 时

$$SPI = -\left(t - \frac{c_0 + c_1 t + c_2 t^2}{1 + d_1 t + d_2 t^2 + d_3 t^3} \right) \tag{9}$$

$$t = \sqrt{\ln \frac{1}{H(x)^2}} \tag{10}$$

当 $0.5 \leqslant H(x) \leqslant 1$ 时

$$SPI = -\left(t - \frac{c_0 + c_1 t + c_2 t^2}{1 + d_1 t + d_2 t^2 + d_3 t^3} \right) \tag{11}$$

$$t = \sqrt{\ln\left[\frac{1}{1.0 - H(x)^2} \right]} \tag{12}$$

式中，$c_0=2.515517$，$c_1=0.802853$，$c_2=0.010328$，$d_1=1.432788$，$d_2=0.189269$，$d_3=0.01308$。

由式（1）、式（12），求得 SPI 的值。旱涝等级划分参照气象干旱等级国家标准（2017），并按干旱等级标准增加了雨涝等级，即 SPI 值在 –0.5~0.5 之间为正常，其他为干旱或雨涝（表 4-7）。

表 4-7　SPI 旱涝等级

等级	SPI	旱涝等级
1	$SPI \geqslant 2.0$	特涝
2	$1.5 \leqslant SPI < 2.0$	重涝
3	$1.0 \leqslant SPI < 1.5$	中涝
4	$0.5 \leqslant SPI < 1.0$	轻涝
5	$-0.5 < SPI < 0.5$	正常
6	$-1.0 < SPI \leqslant -0.5$	轻旱
7	$-1.5 < SPI \leqslant -1.0$	中旱
8	$-2.0 < SPI \leqslant -1.5$	重旱
9	$SPI \leqslant -2.0$	特旱

（二）Z 指数

Z 指数在我国应用比较成熟，该方法顾及降水空间分布的巨大差异和偏态分布特点，能有效评估单站的旱涝等级。

Z 指数的定义：由于某一时段的降水量一般并不服从正态分布，现假设其服务 Person Ⅲ 型分布，对降水量序列进行正态化处理，可将概率密度函数 Person Ⅲ 型分布转换为以 Z 为变量的标准正态分布，其转换公式为：

$$Z_i = \frac{6}{C_s}\left(\frac{C_s}{2}\varphi_i + 1 \right)^{\frac{1}{3}} - \frac{6}{C_s} + \frac{C_s}{6}$$

式中，Z_i 为旱涝指数；C_s 为偏态系数；φ_i 为标准化变量，这两个参数的计算公式如下：

$$C_s = \frac{1}{n\sigma^3} \sum_{i=1}^{n} (X_i - X)^3$$

$$\varphi_i = \frac{X_i - X}{\sigma}$$

式中，X_i 为某一时段的降水量（mm）；n 为样本数；X 为时段尺度下这 n 年的平均降水量（mm）；σ 为标准偏差。根据 Z 的正态分布曲线划分出 7 个等级，并确定了相对的雨涝程度类型（表 4-8）。

表 4-8 **Z 指数雨涝等级标准**

等级	Z 指数	类型
1	$Z \geq 1.645$	重涝
2	$1.0367 \leq Z < 1.645$	大涝
3	$0.5244 < Z < 1.0367$	偏涝
4	$-0.5244 \leq Z \leq 0.5244$	正常
5	$-1.0367 < Z < -0.5244$	偏旱
6	$-1.645 < Z \leq -1.0367$	大旱
7	$Z \leq -1.645$	重旱

（三）场次暴雨事件历时及雨量统计

有学者以场次暴雨事件的统计数据为基础，将不同场次的暴雨事件按照暴雨过程持续时间（0~24h、24~48h、48~72h、72~96h、96~120h）进行划分，并统计不同时间范围内暴雨过程的场次雨量，以场次暴雨事件历时及相应统计雨量为基础，得到研究区的雨涝划分等级（表 4-9）。

表 4-9 **雨涝划分等级** h

等级	持续时间				
	0~24	24~48	48~72	72~96	96~120
轻涝	80	110	140	170	200
中涝	110	150	190	230	270
重涝	140	190	240	290	340

（四）受灾损失

雨涝灾害属于洪涝灾害的一种，按照水利行业《洪涝灾情评估标准》（SL 579—2012）对洪涝灾害等级的划分方法，洪涝灾害可从场次洪涝灾害和年度洪涝灾害两个角度进行划分。场次洪涝灾害分为 4 个级别，即特别重大洪涝灾害、重大洪涝灾害、较大洪涝灾害和一般洪涝灾害。年度洪涝灾害也分为 4 个等级，即特别重大洪涝灾害年、重大洪涝灾害年、较大洪涝灾害年和一般洪涝灾害年。当采用不同方法认定的场次、年度洪涝灾害等级存在不一致时，以认定的最高等级为该场次、年度洪涝灾害的等级。具体灾情认定办法参见《洪涝灾情评估标准》，在此不再赘述。

三、减灾技术

（一）灾前

1. 葡萄园排水系统建设

雨涝灾害最考验葡萄园排水系统，因此要未雨绸缪。在日常葡萄园管理过程中，要安排专人定期检查果园排水设施是否运转正常，排水渠道是否有堵塞、开裂等威胁到正常排水的现象。如果存在影响正常排水的问题，要尽快安排人员给予解决，尤其是在雨季，更要讲求时效性。对于没有建设排水系统的葡萄园，一定要在雨季来临前，根据果园地势，因地制宜，开挖简易的引水沟渠，避免水分成片集聚。良好的排水系统能够快速将果园聚集的雨水排出，减少过量雨水对葡萄根系的影响，保障葡萄植株正常生长。

2. 加固栽培设施

在雨季来临之前，对葡萄园内的水泥桩、镀锌铁丝、棚架设施等进行检修加固，防止雨涝灾害中出现倾斜、倒塌等情况，降低灾害损失。

3. 行间生草

对于露天栽培的或采用简易避雨棚栽培的葡萄园，可以采用行间生草法种植方式。行间生草可以有效改善土壤物理性状，提高土壤微生物数量和土壤酶活性，减少土壤表面水分蒸发，促进葡萄植株根系向土壤深层生长，有利于葡萄对水分和养分的吸收。行间生草也可以控制葡萄植株的长势，减少夏季和冬季修剪量，改善叶幕微气候，提高叶片的光合效率，增加葡萄园生物多样性，改善葡萄园生态环境，降低葡萄园病虫害的发生程度和频率，提高果实质量。行间生草能够有效保护葡萄行间裸露的地面，降低雨水对土壤的冲刷，减缓雨水径流强度，阻滞高强度雨水短时间汇集对排水系统的压力。

行间生草的模式可分为行间自然生草和人工生草两种。自然生草采用在行间保留自然生长的优势草，人工生草需要进行人工播种。无论是自然生草还是人工生草，都需要在距离植株 30~80cm 进行，行内（树盘）覆盖园艺地布或黑色、黑色与银灰色双面地膜，或采用清耕措施。人工生草常用的草种有白三叶草、紫花苜蓿、多年生黑麦草、高羊茅等。播种量为每亩葡萄园白三叶草 0.75kg、紫花苜蓿 1.2kg、多年生黑麦草 1.5kg、高羊茅 1.5kg。春秋季均可播种。播种既可撒播，也可沟播，播种前要确保土壤有墒。

4. 推广避雨栽培技术

避雨栽培技术主要是为了防止和减轻葡萄病虫害的发生，提高葡萄果实质量和经济效益，而在葡萄生长季节，在葡萄上方覆盖塑料薄膜，避免雨水落在葡萄枝蔓、叶片和果实上。

避雨栽培设施一般分为 3 种结构：大棚结构、连栋避雨棚结构、简易避雨拱棚结构。

葡萄避雨栽培技术的优点主要表现在 8 个方面：

一是能够降低根系附近的土壤水分和空气湿度，避免葡萄根系因长时间渍水而遭受毒害。

二是通过避雨设施的干预，为年需水量 600mm 左右、喜干燥气候的优良葡萄品种拓宽种植区，尤其是在我国南方地区栽培，更需要避雨栽培技术。

三是由于避雨设施的作用，人为地减少了落在葡萄园中的降水量，使葡萄园不至于湿度太低，能够限制病菌繁殖能力，可有效减轻霜霉病、黑痘病、白粉病、灰霉病、炭疽病、白腐病等病害的发生和为害。

四是由于病虫害发生频率和程度下降，可以减少喷药次数和用药量，既有利于绿色、无公害葡萄的生产，又可降低生产成本。

五是有效降低了雨水对开花坐果及果实的本身的影响，可以增加坐果率，增大果粒，减轻裂果，提高品质。

六是与露地栽培相比，避雨栽培能够起到稳定产量、保证品质、提高收入的目的。在南方一些地区，每亩地使用避雨栽培技术比露地栽培的葡萄经济效益要高出1000多元。

七是避雨栽培可以在一定程度上提高棚内温度，降低寒害和雹灾等的影响，为葡萄促早栽培提供适宜的温度环境。

八是密闭大棚能够为增施 CO_2 创造条件。

5. 推广"Y"字形或"高宽垂"整枝方式

"Y"字形或"高宽垂"整枝方式是目前生产优质鲜食葡萄采用的新的整枝方式，与传统的栽培方式相比，这些新型的栽培方式可以大大改善果园的通风透光能力，降低果园的郁闭度，有利于减少病害发生和提高品质。

6. 推广地面覆盖技术

果园地面覆盖可以减少土壤水分蒸发，降低果园湿度，从而减轻病害发生。覆盖的地膜还可以起到反光的作用，能够增加葡萄叶片接受的光量，从而增加葡萄叶片的光合作用，起到提质增效的作用。此外，地膜覆盖还可以防止杂草生长，防止养分流失，有利于提高品质、降低管理成本。

（二）灾后

1. 降低负载，保护树体

遭受长时间的雨涝灾害后，植株的根系会受到一定程度的伤害。为了保护树体，需要根据品种种类、树龄、砧木和受淹时间，合理确定负载量。一般成龄巨峰葡萄每亩产量应控制在2000kg左右。

2. 严格控制土壤含水量

葡萄园遭受雨涝灾害后，园区若有积水，应该及时疏浚沟渠，清除淤泥浆，或者采用水泵抽水，及时排干园区积水。果园覆盖有地膜的，要揭除地膜，增加土壤透气。同时，也可以喷施一些土壤疏松剂，并在土壤稍干后及时进行松土，以便增加土壤透气性，促进根系呼吸、促发须根、防止叶片黄化。也可用腐殖酸灌根，促进葡萄生根、壮根、须根茂密，从而提升根系导管的输送能力和新陈代谢效率。在长时间被雨水浸泡的葡萄园，葡萄主蔓可用1∶10的石灰水刷白，以防病虫害滋生。在大雨后若遇连续晴天，葡萄植株受到暴晒时，宜采用滴灌小水灌溉，维持果园湿度稳定。

3. 及时中耕

葡萄园受到水淹后，土壤容易板结，降低土壤的通透性，从而引起根系缺氧。因此，待土壤稍干后，应抓紧时间进行中耕。中耕时要适当增加深度，将土壤混匀、土块捣碎。对于雨水浸泡时间较长的园区，排水后，扒开树盘周围的土壤晾晒、散墒，经过1~3个晴好天气，及时覆土，防止葡萄根系长时间暴露在外。

4. 叶面追肥

葡萄受涝后根系容易受到损伤，吸收肥水的能力降低，不宜立即进行根部施肥。可采用0.3%磷酸二氢钾或0.3%尿素溶液进行叶面追肥，并根据情况增施微量元素，喷施植物生长调节剂，改善叶片功能，延缓叶衰老，增强树势，促进枝条成熟，提高树体抗性。待

树势恢复后，再施用腐熟的人畜粪尿、饼肥，促发新根。

5. 及时修剪

及时剪除断裂的枝蔓，清除落叶、病果和烂果。对伤根严重的树，及时疏枝、剪叶、去果，以减少蒸腾量，防止植株死亡。

6. 加强病虫害防治

为预防病虫害发生，要及时抹除新梢，保持葡萄架内通风透光。一般来说，雨涝灾害后，田间湿度高、气温闷热，极易发生病虫害。对即将上市的早熟或正在销售的葡萄，建议使用印楝素、武夷菌素、苦参碱、鱼藤酮、烟碱等生物农药；对未成熟的中、晚熟品种可用化学农药进行防治，可使用的化学农药有波尔多液、铜制剂、代森锰锌、氟硅唑、福美双等保护性杀菌剂，或苯醚甲环唑、烯唑醇、抑霉唑等内吸性杀菌剂，重点防治炭疽病、黑痘病、白粉病、灰霉病、霜霉病、白腐病等；采摘后的葡萄园可用化学农药防治灰霉病、霜霉病、白腐病、酸腐病、炭疽病、溃疡病等病害，以及叶蝉、红蜘蛛、粉蚧、蓟马、夜蛾等虫害。红蜘蛛严重的葡萄园可用阿维哒螨灵防治，天蛾用阿维菌素防治。使用化学农药时，要注意农药安全间隔期，确保葡萄果品安全。

7. 修复栽培设施

遭受雨涝灾害后，很多大棚设施和葡萄架式受到损坏，葡萄树体被刮倒，尤其是毛竹大棚设施容易受损，对于受损的设施，要及时修缮加固，扶正倒伏或倾斜的葡萄植株，并加以绑缚固定。清除葡萄园病株、枯枝和烂果。因雨水冲刷而外露的根系要重新埋入土中，培土覆盖。对雨涝损坏或堵塞的葡萄园排水设施，要及时修复。

四、雨涝灾害引发的病虫害防控技术

（一）病害

1. 气灼病

气灼病是由于生理性水分失调造成的生理性病害。一般情况下，连续阴雨或浇水，天气突然转晴高温、闷热容易导致气灼病发生。这是因为根系被水分长时间浸泡后功能降低，影响水分吸收，而高温需要蒸腾作用调节，需要比较多的水分，植株需水与供水发生矛盾，导致水分生理失调而发生气灼。保持水分的供需平衡是葡萄气灼病预防的根本措施。

雨涝灾害后若发生气灼病，可以从以下几个方面着手解决：

①加强土壤管理。及时中耕松土，提高土壤的通透性和保水性，促进根系生长；待土壤根系功能恢复正常后，增施有机肥，提高土壤中有机质的含量，改善土壤团粒结构。

②保持地上部和地下部的协调一致，合理负载，科学确定叶果比。做好病虫害防治，有些病虫害如霜霉病、灰霉病、白粉病等能够影响水分传导。气灼病发生后要先用药剂预防病菌侵染，及时摘除病果病穗。

③根据葡萄植株淹水时间长短、品种、砧木等因素，合理修剪叶片、枝条、果穗等，降低蒸腾作用，为受到伤害的根系减负。

④通过叶面施肥补充后期肥料，可采取喷施1~2次含钾、钙及微量元素的叶面肥，可结合喷施植物生长调节剂，从叶片增加营养供给，增强树势，提高抗病能力。

2. 缩果病

缩果病属于生理性病害，是暴雨时期发生最为严重的病害之一，此病非传播性病害，没有任何特效药剂可以防治。缩果病是葡萄进入硬核期（果粒生长第一期末）开始的，至浆果生长进入软化期，即果粒开始第二次迅速生长后一般不再发生缩果病。发病程度依外界条件、品种、植株自身特性等的不同而不同。发病初期，透过葡萄果实表皮，在果肉内生成芝麻粒大的浅褐色麻点，如不继续扩大，以后在果实成熟时肉眼几乎察觉不到，不影响外观。若麻点继续扩大，会形成病斑，病斑初始淡褐色，随后变黑、下陷，严重时似手指压痕。揭开病部果皮，其局部果肉婉如压伤病状，果实成熟后，病块果肉硬度如初。该病果粒一般不脱落，发病严重时，一个果粒会出现几个病斑。病斑常发生在果粒近果梗的基部或果面的中上部，发生部位与阳光直射无关，在叶幕下的背阴部位，果穗的背阴部及套袋果穗上均会发生。该病易发生在初夏高温季节，尤其是在东南沿海的梅雨多发地区，往往在较长的阴雨天气后突然连续晴天高温，即进入俗称为伏旱天气时容易发生。北方地区虽无梅雨天气，但夏季只要在一段阴雨天气之后，突然高温，也会发生此病。

若要减少该病造成的影响，需要从以下方面进行着手解决：

①雨涝灾害后，要迅速排干葡萄园内积水，降低地下水位。及时中耕，提高根系的活力。增施有机肥、菌肥等，改善土壤物理性状。

②均衡土壤的水分管理，合理修剪，均衡树势。雨涝发生后，应及时灌水或用草秸覆盖土壤。

③叶面喷施钙肥。常用的有硝酸钙、氨基酸钙等，硝酸钙使用浓度0.4%~0.5%。氨基酸钙含钙低于硝酸钙，但利用率高，较为安全、有效。在硬核期的前、中期使用，可促进葡萄健康生长，预防病害。

④硬核期之前，根外追施2~3次0.10%~0.15%硼砂，也有利减少该病的发生。

⑤保护葡萄主干半径50cm范围内的土面，减少耕作时的人为踩踏，促使根系生长良好。

3. 裂果

在葡萄生长前期天气干旱少雨、浇灌不及时，致使土壤水分供应不足，造成葡萄果肉细胞长期处于干渴状态，果皮组织伸缩性变小，果实在硬核期生长停滞时间长，而进入着色期后遭受雨涝，葡萄园内土壤水分急剧增加，根系从土壤中吸收大量水分，通过果刷运输到果粒，使果肉水分增多，果皮膨压升高，导致果皮强度低的部分纵裂，果汁外溢。露天栽培葡萄成熟期突降暴雨是葡萄裂果的重要原因。在地势低洼、土壤黏重、排水不良的葡萄园，易造成土壤干湿条件剧烈变化，更容易发生裂果。

裂果的防治办法：①选择不易裂果的葡萄品种。建园时，结合当地的气候、土壤条件，在经济性状相同或相近的条件下，优先选择不易裂果的品种，如巨玫瑰、夏黑、红地球等裂果轻的品种。②科学施肥。在葡萄果实生长后期要增施有机肥、钾肥，控制氮肥的用量。及时补充钙肥，促进果皮厚度和韧性增加，降低裂果隐患。增施有机肥可改善土壤的物理性状，降低土壤水分的波动范围。以高钾配方配合钙、硼等中微量元素肥料，适时、适量、适法施肥，增强果皮组织的机械强度，提高葡萄的抗裂果能力。③合理控制土壤水分。土壤水分含量急剧变化是裂果发生的重要原因，因此，要合理控制土壤水分。在果实着色期要及时关注天气预报，可以在雨前两天少量灌溉，使果皮及早适应水分变化。在雨涝发生后，要及时排出多余的积水。雨后，不要立即剪除新梢，以增加水分消耗量。最好采用覆膜或者行间生草的方式，最大限度地降低雨水带来的土壤水分急剧变化。④合理控制负载量。一般采用中庸枝条留1穗果，增大叶果比，亩产不超过2000kg，及时疏花

疏果，使果穗大小适中，松紧适度，促进果实均匀着色，提高果实品质。⑤剪除病果，切断传染源。发现裂果要及时剪除，以防果实腐烂霉变引发其他病害。

4. 酸腐病

葡萄裂果后因二次侵染易造成酸腐病，主要发生在葡萄果穗上，果粒染病后，最初果粒为褐色或红色，后期病果变软、腐烂，果皮破裂，从果实内流出黏稠状果汁，产生一些挥发性物质，呈醋酸味，这是该病最典型的特征。

防治办法：①及时清除患病组织，将其剪除并带出田外深埋。②当发现个别果粒染病后，可局部喷洒 10% 高效氯氰菊酯 2000 倍 +80% 水胆矾 600 倍或喹啉铜 1500 倍；也可喷洒可杀得 2000 的 1500 倍液或 80% 必备可湿性粉剂 400 倍液。③实施果实套袋栽培技术。适时进行果实套袋，可减少酸腐病的发生。④辅助措施：糖醋液 + 吡虫啉或其他杀虫剂配成诱饵诱杀醋蝇成虫。

5. 白腐病

葡萄白腐病主要为害果穗，也可侵染枝蔓和叶片。果梗和穗轴上发病时，产生淡褐色、水渍状、不规则斑点，病部腐烂变褐色，扩大后终至组织腐败坏死，潮湿时果穗脱落，干燥情况下，果穗干枯萎缩，不脱落。果粒发病，多从基部开始，初始呈浅褐色斑，并迅速扩展至整个果粒，呈灰白色、软化、腐烂，易脱落，后期果面布满灰白色小颗粒，病果干缩时呈褐色或灰白色僵果。

防治办法：①清除菌源。发病期间及时剪除病穗、病果、病枝叶，集中深埋。地面可喷洒硫黄粉 + 碳酸钙（1：2）或 3°Bé 石硫合剂 + 五氯酚钠 300 倍液。②果园管理。及时抹芽、摘心、绑蔓，剪除过密的枝条和叶片，保持架面通风透光，严格控制果实负载量，适当增施农家肥，实施果实套袋技术，雨季可在葡萄栽植沟覆盖地膜，防止土壤表面的病菌随着雨水飞溅和上移。③药物防治。可喷洒 1% 的武夷菌素水剂 100 倍液，10~15d 一次，还可喷洒 40% 氟硅唑乳油 8000~10000 倍液（每年限用 3 次）或 50% 嘧菌酯水分散粒剂 2000~4000 倍液等。

6. 炭疽病

葡萄炭疽病也称晚腐病，水分是炭疽病侵入的重要条件之一，若遇到连续湿润 7~12h，炭疽病原菌就能在果穗或果粒上完成侵入；连续湿润 9h，带菌的枝条上可以产生分生孢子。如果分生孢子传播到果粒或果穗，高湿度也能造成病原菌的侵入。炭疽病主要为害着色期或近成熟期的果实，也能为害葡萄叶片、叶柄、新梢、卷须、花穗、穗轴、果梗等器官。为害果实时，幼果期即侵入，但一般不发病，当果实着色后，症状才显示出来。果实发病，初期显示褐色圆斑，而后变大凹陷，病斑出现轮纹状小黑点，潮湿时，形成粉红色黏状物。

防治办法：①清除菌源。葡萄防寒前，结合修剪，彻底剪除病枝、病叶、病果穗等，连同枯枝落叶一起集中销毁。葡萄生长期间，应及时剪除染病器官，集中深埋。②发芽后到花序分离期，如果雨水多，应施 2~3 次药剂，喷药重点部位首先是结果母枝，其次是新梢、叶柄、卷须。可选择的药剂有 75% 代森锰锌 600~800 倍液；78% 波尔·锰锌 500~600 倍液；75% 百菌清 600~800 倍液；25% 咪鲜胺 500~1000 倍液等。③开花前、落花后至套袋前，结合防治其他病害进行规范防治，是防治炭疽病的最关键措施。花序分离期施用 30% 吡唑·福美双 1500 倍液，开花前施用 30% 吡唑·福美双 1500 倍液 +70% 甲基硫菌灵 800~1000 倍液。套袋前用 22% 抑霉唑 1500 倍液 +30% 吡唑·福美双 1500 倍液 +40% 苯醚甲环唑 3000 倍液处理果穗。④套袋后发现炭疽：袋子完好，发病较轻时不需要处理；发病较重时，剪除病粒，施用 30% 吡唑·福美双 1500 倍液 +40% 苯醚甲环唑 2000 倍液，单独处理果穗，药水干后套上新的袋子。不套袋鲜食葡萄发生炭疽病，立刻全园施用 30% 吡唑·福美双 1500 倍液 +40% 苯醚甲环唑 2000 倍液，5d 后施用 1.8% 辛菌胺醋酸盐 600 倍液 +22% 抑霉唑 1500 倍液，再 5d 后施用 30% 吡唑·福美双 1500 倍液。酿酒葡萄后期发生炭疽病，可以选用 40% 苯醚甲环唑 2000 倍液 +1.8% 辛菌胺醋酸盐 600 倍液；或者用氟硅唑 3000 倍液。

7. 霜霉病

葡萄霜霉病主要为害叶片，也能为害新梢、卷须、果实、花穗、果梗、穗轴等幼嫩组织。叶片发病初期产生水渍状黄色斑点，后扩展为黄色至褐色多角形斑，叶斑背面生白色霉层，后期霉层变成褐色，多个斑点易合并成不规则大斑点，叶片易早落。新梢、叶柄、穗轴、卷须发病时，产生黄色或褐色斑点，潮湿时也产生白色霉层，造成组织生长受阻，发生畸形。花穗和幼果感染，表面生长白色霉层，花穗腐烂干枯，幼果变硬变褐，随后软化、干缩、脱落，果实着色后不再受侵染。

防治办法：①清除病原体，减少病原菌。若发现染病组织，应及时剪除病枝、病果及其他病残体，集中烧毁或深埋。②加强田间管理。雨涝后，及时排除积水，合理修剪，保持架面通风透光。③合理控产，果实套袋。根据不同的品种，合理疏花疏果，控制负载量，实施果实套袋。④药剂防治。坚持以防为主，综合防治的原则，在未发病前可适当喷洒一些保护性药剂进行预防，常用的药剂有 1 :（0.5~0.7）: 200 的波尔多液、78% 波尔·锰锌 500~600 倍液、77% 硫酸铜钙 600~800 倍液等。若发生病害，可使用一些内吸型杀菌剂，如 70% 乙膦铝锰锌 500 倍液、72% 甲霜灵锰锌 500 倍液、72% 霜脲·锰锌 600 倍液、64% 噁霜·锰锌 500 倍液等。杀菌剂应注意轮换使用，避免病菌产生抗药性。由于霜霉病常从叶片背面侵入，因此喷药时要确保叶片背面着药均匀。

（二）虫害

1. 夜蛾

可用糖醋液诱杀，每亩葡萄园摆 1 盆，直到葡萄销售完。配方建议用蔗糖：醋：白酒：水 = 6：3：1：10，加少量毒死蜱。晚上开放药液，引诱夜蛾吸食进行毒杀。

2. 叶蝉、蚜虫

①物理防治：采用黄板诱蚜，将黄板挂在葡萄架上，每亩地挂 20~30 块为宜，每半个月涂粘虫胶一次。

②化学防治：喷洒 2.5% 高效氯氰菊酯乳油 1000~4000 倍液，或者 0.3% 苦参碱乳油 400~800 倍液，也可用哒螨灵、苯氧威等药剂，注意轮换用药，喷施均匀。

3. 葡萄短须螨

在 6~8 月虫口密度大，可喷洒 10% 浏阳霉素乳油 715~1000 倍液或 1% 甲氨基阿维菌素乳油 3000~5000 倍液或 15% 哒螨灵乳油 1500 倍液进行杀灭。

第七节　干旱灾害的防护

一、干旱的危害

干旱是限制植物生长和影响作物产量的重要因素之一，主要由水分亏缺引起。干旱的

定义是因水分的收与支或供与求不平衡而形成的持续的水分短缺现象（许小峰，2012）。

干旱包括多种类型，总体可分为气象干旱、农业干旱、水文干旱和社会经济干旱。气象干旱主要与某时间段、某地域内蒸发量与降水量的收支平衡状况有关，既受到气候、海陆分布、地形等因素的影响，又受到气温、降水等气象因子年际变化的影响。农业干旱与葡萄的栽培生产密切相关，主要以土壤含水量和农作物的生长状态为特征，是由于农业生长季节降水量减少，土壤水分亏缺，植物生长受到抑制的一种气象类型。水文干旱主要与地域内的河道、水库和地下水位等水文特征相关，通常指河道径流量、水库蓄水量和地下水位值的降低所引起的干旱。社会经济干旱主要是由自然降水系统、地表和地下水量分配系统和人类社会需水排水系统的不平衡而造成的异常水分亏缺现象。由于长期的干旱而对作物生长与人类活动造成重大危害的现象称为干旱灾害。在干旱的4种类型中，农业干旱与葡萄的生长发育密切相关，本部分主要介绍农业干旱所引起的干旱灾害。

（一）干旱对葡萄植株生长发育的影响

1. 干旱胁迫对葡萄光合特性的影响

植物面临水分胁迫时，最先产生反应的是在叶片水平，因为叶片结构的特殊性，所以与根和茎相比，叶片更能直接反应水分胁迫带来的影响。干旱胁迫后'雷司令'葡萄植株叶片相对含水量、叶面积、叶片鲜重与干重均显著降低。干旱会刺激叶片或植株其他部分产生响应，同时会影响植株碳同化和生长（Catola et al，2016），这些在植株水平上的响应包括光合产物的分配、碳同化等，有助于植株在逆境环境下生存。面临干旱胁迫时，植株叶片结构的变化有助于 CO_2 从气孔到羧化位点的传导，所以尽管气孔导度低，也可以保证光合速率的相对稳定。许多研究结果表明，干旱胁迫后植物叶片光合速率降低，这可能是叶片气孔导度和叶肉传导能力同时下降引起的。Ju 等（2018）研究表明，'赤霞珠'葡萄植株在干旱胁迫后叶片净光合速率、气孔导度、胞间 CO_2 浓度和蒸腾速率显著降低，葡萄叶片出现明显萎蔫卷曲现象。不同植物对不同程度干旱的响应也有所区别，轻度干旱胁迫时（土壤相对含水量在38.9%到70.5%之间），沙棘叶片净光合速率的下降主要是由于气孔关闭引起的；重度胁迫时（土壤相对含水量低于38.9%），沙棘叶片净光合速率和气孔限制值都显著下降，但胞间 CO_2 浓度升高，表明此时叶片光合速率的下降并非是气孔限制引起的。山葡萄'左山1号'和'双丰'在严重干旱胁迫时，叶片光合速率下降，但胞间 CO_2 浓度显著提高，表明光合作用的下降是由非气孔限制因素引起的。在同等胁迫程度下，橄榄树品种'Meski'的叶片气孔导度、CO_2 同化效率和光呼吸速率都明显高于品种'Koroneiki'，表明不同品种对干旱胁迫的响应机制有所不同（Boussadia et al，2008）。在严重干旱、高温和光照等多重胁迫下，植株叶片光系统的电子传递链及 PSII 和 PSI 之间的电子传递受到严重损伤，进而造成光合强度的下降（Lipiec et al，2013）。'赤霞珠'葡萄植株在干旱20d后，叶绿素荧光参数 PSII 显著降低，干旱胁迫可能造成 PSII 和 PSI 之间的电子传递受阻，进而引起光合效率的下降。对山葡萄'双丰'进行严重干旱处理后，伴随着最大光化学效率（F_v/F_m）和单位面积用于电子传递的光能（ETo/CS）等叶绿素荧光参数的大幅度变化，其叶片荧光曲线受到明显影响，但山葡萄'左山1号'无这种现象，表明严重的干旱胁迫破坏了'双丰'叶片 PSII 和 PSI 之间电子传递链的完整性，使叶片的正常功能严重受损。

2. 干旱胁迫对葡萄气孔特征的影响

在外界胁迫下，植物通过调节自身生理特性、微观结构和代谢物之间的平衡维持生存。气孔是植物感知外界环境变化并与外界进行气体、水分交换的主要结构，具有重要的生物学功能（Hetherington and Woodward，2003）。当植物面临干旱胁迫时，植物叶片的气孔结构发生变化，进而维持与外界气体交换和光合作用的平衡（Kaiser et al，1981）。干旱胁迫条件下，植物气孔特性的变化与植物种类和干旱胁迫程度有关。对'赤霞珠'葡萄植株进行长时间重度胁迫处理后，叶片气孔开张度减小、气孔密度和气孔导度均下降（Ju et al，2018）；Conesa 等（2016）研究发现，'克瑞森无核'葡萄植株在干旱胁迫后气孔密度显著降低。但在其物种中，植物在干旱胁迫后气孔密度也会增加，王勇等（2014）研究发现，黄花蒿在重度干旱胁迫下，叶片气孔密度增加近 20 倍，而猪毛蒿和铁杆蒿叶片气孔密度增加仅 1.5 倍左右，结果表明不同蒿类植株在响应干旱时叶片气孔密度差别很大，即不同蒿类植株对干旱胁迫的响应有差别，这可能是由于不同蒿类植株根系存在差异有关。植物在干旱胁迫后，叶片生长受到抑制，叶面积减小，同时，水分缺失导致气孔发育、分化受到影响，最终导致叶片气孔密度发生变化。

植物气孔开张度的大小决定着植物蒸腾速率、光合速率等，是植物响应外界环境变化的关键结构。植物气孔的开张和关闭受很多因素影响，包括光照强度、温度、水分、CO_2 浓度和激素等，干旱是植物生长发育过程中面临的主要逆境之一，而植物可通过调节气孔的大小响应干旱胁迫，以维持正常生长。葡萄被研究者认为是研究木本作物响应干旱胁迫的模式物种（Lovisolo et al，2010），'赤霞珠'葡萄植株在干旱胁迫 20d 后叶片气孔关闭数目显著增多（Ju et al，2018）。气孔导度是植物叶片胞间 CO_2 浓度、水分含量及能量是否平衡的重要衡量指标（高冠龙等，2016）。植物叶片的气孔导度对提高植物水分利用率，增强植株耐旱能力具有重要作用。植物气孔受土壤环境或根系信号的影响，植物根系水势的变化引起木质部中 ABA 含量的变化，进而调控叶片气孔导度。植物叶片气孔导度随着根系水分缺失而不断减小，中度和重度干旱胁迫后，叶片气孔导度、光合速率显著降低，胞间 CO_2 浓度、蒸腾速率也不同程度下降。

3. 干旱胁迫对葡萄抗氧化系统的影响

干旱胁迫是限制植物正常生长和繁殖的主要因素之一。在受到干旱胁迫时，植物通过调节自身的活性氧（ROS）水平抵制干旱胁迫，这是植物主要的防御机制之一。植物体内 ROS 的积累主要由胁迫引起的气体交换减少造成，导致植物体内 O_2 积累，CO_2 吸收受到限制以及光呼吸过程中伴随的光合电子传递链（ETC）的过度还原。此外，ROS 积累会引起蛋白质氧化，从而抑制许多酶活性，并诱导活性蛋白水解（Gill and Tuteja，2010）。由抗氧化酶（POD、SOD、CAT 等）和非抗氧化酶组成的氧自由基清除系统在清除过量的活性氧过程中起到重要作用，进而抵制干旱胁迫。Ju 等（2018）报道干旱胁迫后，'赤霞珠'葡萄叶片中抗氧化酶活性显著提高，以利于清除活性氧，减少干旱胁迫的损伤。脯氨酸在植物应对干旱胁迫的响应中起重要作用，在干旱胁迫下，葡萄叶片中也会积累较多的脯氨酸（Ju et al，2018）

（二）干旱对葡萄产量与果实品质的影响

1. 果实产量与大小

水分亏缺导致了葡萄产量的降低与浆果体积的缩小，该降低与 Ψ（茎内的水势）的减少呈线性关系。Grimes 和 Williams（1990）报道水势每减少 1MPa，产量减少了 41%，通过多元分析所发现的水势每降低 1MPa，浆果重量平均降低 50%。水势与浆果质量间的关系也受到品种差异的影响。两者结合来看，水势平均每降低 0.2 MPa 就会导致产量损失 10%。水分亏缺的严重程度、持续时间和发生的时间段会严重影响浆果大小和内源代谢。在转色期前进行水分亏缺处理，葡萄浆果的大小和产量的减少的幅度更大（Hardie and Considine，1976；Mirás-Avalos and Intrigliolo，2017）。

2. 水分亏缺与果实代谢

水分不足会严重影响浆果的内源代谢，糖和有机酸分别与水势呈负相关和正相关；然而，许多研究之间未能得到一致的结论。Gambetta（2020）对前人的研究进行了总结，并细致分析了涉及 4 种主要红葡萄品种（'赤霞珠''梅洛''西拉'和'坦普尼尼洛'）的 18 项研究，比较了灌溉良好（即对照）和灌溉不足葡萄藤中的水势，其中水分亏缺水的程度对应于中度（$-0.9 < \Psi_{stem} < -1.1$ MPa）或严重（$-1.1 < \Psi_{stem} < -1.4$ MPa）缺水。在 19 个试验中，只有 7 项研究结果显示中度亏缺显著影响葡萄采收时的糖浓度（每个研究中的每个季节试验单独考虑）。在这些研究中，水分亏缺提高了平均 5% 的糖浓度，在严重水分亏缺时得到了相似的结果（18 项研究中有 7 项表明水分亏缺条件下糖浓度显著增加了 7.8%）。同样，鉴定到水分亏缺对可滴定酸度有影响的研究也并不多（有效果的中度亏缺占到 5/15，有效果的严重亏缺占 6/16）。在有效果的 5 个试验中，可滴定的酸度在中度和重度缺水条件下均下降约 12%。以上分析表明，不同的品种对水分亏缺的反应不同（如'梅洛'比'赤霞珠'更敏感），并且还存在季节性效应（Herrera et al，2017）。与干旱条件下叶片中渗透调节类似，浆果也因水分缺乏而积累渗透调节物质。氮代谢可能在此过程中起着核心作用，干旱条件增加了脯氨酸、亮氨酸、异亮氨酸和缬氨酸等氨基酸浓度，同时增加了与它们生物合成相关基因的表达（Savoi et al，2017）。这些渗透物对水分亏缺的响应在不同品种之间可能有所不同。氨基酸在干旱条件下调节浆果渗透势的作用必须与果实中调节渗透压的糖、酸组分等初生代谢物结合。

水分亏缺导致红酒中的花青素浓度更高，色素沉着程度更深，并且由于葡萄和葡萄酒中花青素浓度的增加，其颜色会偏向蓝色（Herrera et al，2015；Intrigliolo et al，2012；Savoi et al，2017）。

萜类化合物是葡萄和葡萄酒中关键的芳香化合物，如单萜类、倍半萜类和 C13- 类异戊二烯类化合物，它们会呈现花香和果香。水分亏缺增加了白葡萄和红葡萄中萜烯醇的浓度（Savoi et al，2016）。然而，萜烯对水分缺乏的响应可能也存在品种效应，有研究也表明水分缺乏条件下萜烯浓度的降低（Brillante et al，2018）。水分亏缺也会增加类胡萝卜素及其挥发性 C13- 降异戊二烯衍生物的浓度。C13- 类异戊二烯类化合物的增加一方面可能是由于类胡萝卜素前体物的含量增加（Bindon et al，2007），另一方面可能是由于水分亏缺上调了类胡萝卜裂解双加氧酶的基因（降异戊二烯衍生物合成的关键基因）的表达而引起类胡萝卜素裂解增多而引起的（Savoi et al，2016）。

二、干旱的判断指标

（一）土壤水分指标

一般使用土壤相对含水量来表示葡萄园的干旱程度，土壤相对含水量是土壤中实际含水量占田间持水量的百分率。

$$相对含水量 = [土壤含水量（质量）/ 田间持水量] \times 100\%$$

田间持水量（water-holding capacity，WHC）指在地下水较深和排水良好的土地上充分灌水或降水后，允许水分充分下渗，并防止蒸发，经过一定时间，土壤剖面所能维持的较稳定的土壤水含量（土水势或土壤水吸力达到一定数值），一般为 25% 左右。在生长季节，葡萄园土壤的相对含水量以 60%~80% 为宜。

（二）葡萄植株指标

葡萄植株的受旱程度常用茎水势（Ψ_{stem}）表示（Gambetta et al, 2020），灌溉状况良好的葡萄园通常在安全的水势范围内运行（绿色蒸腾带，"茎 >1.5MPa"）。在该区域里，葡萄的蒸腾作用（E）、气孔导度（g_s）、水力导度（K）、光合作用和果实产量（紫色）随着水势的降低而降低。当葡萄的大部分气孔关闭后，ABA 浓度才会增加。随着缺水量的增加，葡萄植株可通过多种过程适应外界环境。一种是渗透调节，其叶片的膨压损失点（Ψ_{TLP}，蓝色）会随着缺水程度的增加向负值移动，使葡萄藤能够在范围更大的水势内生存。如果 Ψ_{stem} 越来越小（<-1.6MPa），葡萄藤会在传递水流的木质部导管中空化而产生栓塞（以电导率损失的百分比计算，PLC）。葡萄中的叶片（橙色）比多年生组织（如树干和茎；红色）更容易栓塞。叶片中产生的栓塞充当"液压保险丝"，避免多年生器官遭受水分胁迫的影响而产生栓塞。当葡萄中出现大面积栓塞时会导致其植株的死亡（灰色）。

极端的水分缺乏（图 4-9，Ψ_{stem}<-2MPa）通常导致植物当年生的大部分冠层和产量受损。在下一个生长季，如果葡萄植株的某些芽能够安全度过干旱环境，葡萄植株仍能存活下来，但是芽组织确切的干旱耐受阈值目前尚不清楚。在盆栽植物实验中，即使葡萄植株遭受严重干旱，茎蔓因栓塞而导致几乎完全落叶和 100% 电导率损失，下个季节仍有很大一部分藤蔓能够长出。葡萄藤在冬季从大范围的栓塞中恢复或修复的能力可能与其重新填充茎中栓塞的木质部导管的能力有关（Nardini et al, 2017）。但是，叶子和叶柄中的栓塞中是不可逆的。将栓塞的叶柄在水中浸泡过夜也无法使其内部重新填充，对受旱的植株重新灌溉或缓解水分胁迫也无法阻止栓塞的叶子脱落（Hochberg et al, 2017）。

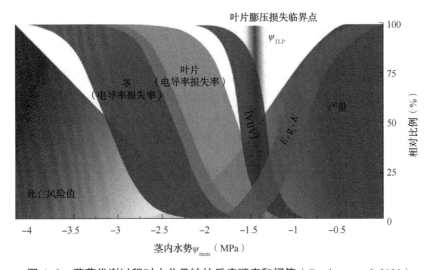

图 4-9 葡萄代谢过程对水分亏缺的反应顺序和阈值（Gambetta et al, 2020）

注：E 表示蒸腾速率，g_s 表示气孔导度，K 表示水传导速率。

（三）衡量葡萄抗旱能力的指标

1. 最大蒸腾速率

最大蒸腾速率（E_{max}）是表征土壤水分储量消耗速率的良好指标。一棵蒸腾速率迅速的葡萄植株极有可能正在经受水分供应胁迫（雨水或灌溉水）。该速率的计量应该在灌溉良好的葡萄藤上进行，并参考潜在的蒸散量数据。最大蒸腾速率的计算可以通过对特定叶片的叶面积和 E 值的测量进行间接估算，但由于叶片之间 E 的差异较大，估算值可能会高于实际的 E_{max}。另外，E_{max} 可以通过溶渗仪测量来评估。在田间规模的溶渗仪中，E_{max} 介于 4~60L/d，具体取决于叶片面积和潜在的蒸散量（Williams and Ayars，2005）。由于田间规模溶渗仪成本高昂，在进行品种抗旱性比较评价时，利用盆栽进行大量品种 E_{max} 的比较更为便捷。

2. 气孔规律

气孔规律指标是目前研究最广泛的影响耐旱性的指标之一。它以 g_s – Ψ_{leaf} 曲线表示，能够表征最大的光合作用能力（Medrano et al，2003）以及植物的关键 Ψ_{leaf}（Choat et al，2018）。后者可用于计算葡萄植株可用的土壤蓄水量（结合根体积和土壤保水曲线）。在这 4 个核心指标中，气孔规律的研究最广泛，可能是由于叶片水势和气孔导度的测量相对简单。但是，通过曲线拟合及其外推来预测 Ψ 临界值却并不容易，特别是在尝试确定导致气孔闭合的叶片水势时。由于曲线趋于 g_s= 0，计算导致 1% g_s（与最大 g_s）的叶片水势时误差可能在几个 MPa 的数量级。因此，有专家建议选择曲线中心的值（导致最大 g_s 的 10%~25% 出现的叶片水势）作为气孔闭合的代表值。在对 40 项研究的综合分析中，叶片水势在 –1.2MPa 时，g_s 在 45~338mmol/（$m^2 \cdot s$）之间变化，反映出该性状的较大变异性。同时，使用孔隙计测量的 g_s 值是使用红外气体分析仪测量值的 2 倍（Lavoie-Lamoureux et al，2017）。表明 g_s 真实值的测量较困难，不同研究中 g_s 可能存在差异。

3. 膨压损失点

膨压损失点（Ψ_{TLP}）是一个相对容易测量指标（Bartlett et al，2012；Petruzzellis et al，2019），可用于表征气孔关闭和胁迫应答分子响应机制启动的指标（McAdam and Brodribb，2018）。后者可能是由于膨胀损失导致膜收缩时膜蛋白活化的结果。同时该指标的可塑性较强，可随季节或因缺水而变化高达 1MPa（Alsina et al，2007）。Ψ_{TLP} 的可塑性程度可能是衡量一个品种通过渗透调节以抵抗低水势能力的良好指标。

4. 根体积

根体积属于最基本和最难以理解把握的生理特征之一。当与土壤水分保持曲线结合时，生根量可用于确定葡萄藤可利用的土壤水储量。Alsina 等（2011）发现，适应干旱的砧木往往有更深的根。当前，正在研究新的更可靠估算生根量的方法，如 3D 土壤层析成像（Zhu et al，2014）和水同位素定量分析技术等，新技术的开发为该特性的深入研究提供便利。

三、减灾技术

（一）灌溉技术

调亏灌溉技术是指在作物生长发育的某些阶段，对其人为施加一定的水分胁迫，使作物的光合产物重新分配，倾斜于人们需要的组织器官，来提高经济产量的灌水技术。20世纪 70 年代，澳大利亚的学者针对桃树和梨树的研究首次提出了调亏灌溉技术（RDI）的概念，通过利用水分胁迫来调控桃植物营养与生殖生长之间的竞争关系。这种方法比起亏缺灌溉（DI）更加注重植物的生理学方面，研究植物的生物学气候及其抵抗水分胁迫的能力的情况。调亏灌溉的机理主要是依赖植物自身对环境变化的调节以及补充效应，属于生物和管理节水的范畴。从生物生理的角度分析，水分亏缺并不完全是对其产生负面的影响，适当的水分亏缺措施可以对作物生长、果实品质和产量等方面有一定程度的积极影响。RDI主要包括两方面内容，一方面是在不影响植物产量和质量的情况下，在植株生长周期中的特定时期下，使灌溉量保持在作物蒸腾量（evapo transpiration，ETc）以下；另一方面是在生长周期中其他也需要灌水的时期，尤其是在产量或者果实质量最容易受到影响的比较危险的时期（房玉林，2013）。

近年来，随着国内酒庄的迅速增加，调亏灌溉技术正越来越受到生产者的重视。一方面，调亏灌溉能够降低葡萄植株的营养生长，减少人工管理成本；另一方面提高了果实品质（李雅善，2014）。对设施延后栽培的葡萄进行亏水处理，发现芽期亏水处理并不会影响其正常的生长情况，而在花期、果实膨大期、转色期以及成熟采摘前进行的亏水处理导致植株正常生长受到抑制。调亏灌溉可提高葡萄萌芽期的水分利用效率（water use efficiency，WUE），并且一定的水分胁迫可以提高植物自身通过气孔对环境的调节能力（张正红等，2014）。以3个不同欧亚种葡萄为试材进行调亏灌溉处理发现，调亏灌溉能使酿酒葡萄植株的副梢发生率和枝条生长量显著降低；随着调亏程度的加大，其叶片的光合特性指标、净光合速率、蒸腾速率、胞间CO_2浓度以及气孔导度均逐渐下降，但植株的水分利用效率显著得到提高（房玉林等，2013）。对葡萄进行100%和25%蒸腾量的灌水处理，在转色期时调亏灌溉能减少叶片中的淀粉含量，增加可溶性糖含量。调亏灌溉能够显著影响可溶性糖和淀粉中碳源的分配（Dayer et al，2016）。

对转色期前和转色后的葡萄进行调亏灌溉处理发现，不同时期的水分亏缺均能使葡萄植株的营养生长和生殖生长受到抑制；但转色期前处理对其负面影响更大，而转色期后进行调亏灌溉处理能够抑制营养生长，又不影响生殖增长，在保证产量的同时，还提高了植株的水分利用率。在果实膨大期或转色期进行水分亏缺处理，使得果实横纵径前期膨大速率大于其他生育期亏水处理，且可降低葡萄可滴定酸，提高可溶性固形物及花青素含量。浆果生长期充分供水、浆果成熟期适度亏水是提高酿酒葡萄产量以及改善果实品质总体最优的水分调控模式。对'玫瑰香'葡萄进行水分亏缺处理发现，不同程度的亏水处理均能够使葡萄果实中的总酚和单宁含量增加，但会使果实总花色苷、总类黄酮和总黄烷醇含量降低（李凯等，2015）。对不同生育期的设施延后栽培葡萄进行调亏滴灌处理发现，仅针对葡萄果实品质和葡萄植株生长指标而言，在葡萄转色期进行轻度的亏水处理能有效改善葡萄果实品质（孔维萍等，2014）。以鲜食葡萄品种'希姆劳特'为试材，在设施栽培条件下，在葡萄生育期内，分别采用了充分灌溉、部分根区干燥、生长前期及生长后期水分亏缺4种不同的灌溉处理（李雅善等，2013），在葡萄转色期结束后进行水分亏缺处理能够降低植株长势的同时又能稳定产量，并提高品质和水分利用效率，较其他灌溉方式效果好。以酿酒葡萄品种'蛇龙珠'为试材在其不同发育时期进行了调亏灌溉处理发现，在葡萄果实膨大期和转色期进行亏水处理对果穗度和平均单果重的影响并不显著，但能使果实的可溶性总糖含量和花色苷含量显著提高。以13年生酿酒葡萄'梅鹿辄'（Merlot）为试材，研究滴灌条件下水分调控对'梅鹿辄'的耗水规律、产量与品质等方面的影响（纪学伟等，2015）发现，在果实成熟期进行重度亏水处理能够使葡萄果实总糖含量和可溶性固形物含量显著提高，使可滴定酸含量降低，但葡萄产量减少幅度为 44.7%，WUE 降低了 23%。在 RDI 条件下，酿酒葡萄副梢发生率降低，枝条生长量明显受到抑制。RDI 和简约化叶幕管理均使果实中可溶性固形物及还原糖含量增加、总酸含量降低、糖酸比增大。随着调亏程度的加重，葡萄皮中总酚含量呈先增加后降低的变化趋势，具体表现为'黑比诺'RDI-2>RDI-1>RDI-3>CDI，'赤霞珠'RDI-1>RDI-2>CDI>RDI-3，即轻度调亏有利于酿酒葡萄酚类物质含量的提高。贺兰山东麓地区酿酒葡萄适宜的灌水量为 18.2~20.8L/株（孙伟，2012）。

（二）抗旱砧木

根系与土壤中水分的吸收密切相关。砧木有助于控制干旱下的接穗蒸腾作用（Carbonneau，1985；Koundouras et al，2008），虽然其中的作用机制尚未完全解析，但部分研究人员认为由根系到茎的水力和激素信号组合（Lovisolo et al，2010；Zhang et al，2016）参与了该过程（图 4-10）。不同基因型的砧木具有不同的抗旱性，砧木控制接穗蒸腾和激素信号的网络构成了抗旱砧木育种的分子基础（Marguerit et al，2012；Rossdeutsch et al，2016）。

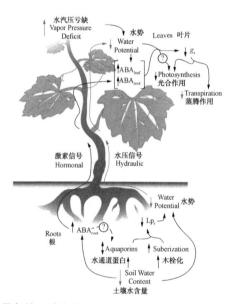

图 4-10　干旱条件下砧木影响接穗行为的内在机制（Zhang et al，2016）

注：目前比较认可的砧木调节接穗气孔导度、蒸腾作用和光合作用的两个信号通路是激素（黑色）信号通路和水压（蓝色）信号通路。激素信号传导指从根到叶的化学信号（如 ABA）的产生和长距离传输过程。水压信号可能由根系水力传导率（L_{p_r}）的降低而引起，导致气孔导度水势的降低。根源与叶源相同调控机制联系到了一起。g_s 表示气孔导度。

干旱条件下砧木对接穗蒸腾作用和水分状况影响的研究证明了砧木的抗旱性效果，但由于受到砧木/接穗基因型与环境的互作的影响，砧木的效果存在差异。Koundouras 等（2008）研究了在田间条件下嫁接于 1103P 和 SO4 上的'赤霞珠'的叶片和整株植物的生理和结构响应情况。在水分胁迫下，SO4 保持较高的茎部水势、净 CO_2 同化率和叶片密度，但气孔导度、蒸腾速率和 WUE 等指标均不受砧木的影响。这些结果与 Düring（1994）的结果一致，后者的试验中砧木通过提高羧化效率提高了叶片的光合作用率，而气孔导

度在不同砧木 - 接穗组合中保持一致。但是，也有研究表明砧木对气孔导度和 CO_2 同化作用的强协同作用（Soar et al，2006）。Padgett-Johnson 等（2000）观察到砧木对气孔导度和 CO_2 协同作用，但发现其对植物水分状况却没有影响。综合来看，砧木可以通过不依赖于气孔导度或气孔导度变化的途径改变光合作用机制和叶片结构来影响 CO_2 同化。

为了选择适合我国西北埋土防寒区抗旱、抗抽干葡萄砧木品种，以 12 年生的 13 种葡萄砧木为试材，研究了不同葡萄砧木在未进行冬季修剪埋土防寒条件下，各砧木春季萌芽情况及其生长期水分胁迫处理后 1d，8d，15d，22d，29d 植株叶片的丙二醛含量、脯氨酸含量、叶绿素相对含量、温度日变化、黎明前水势的变化，发现 Riparia、420Mgt、196-17、161-490、3309C 的抗抽干性强于 41Bmg、101-14、44-53Ma、110R、Rupestris du Lot、SO4、1103P 和 5BB。抗抽干性从强到弱的排序为：3309C>161-490>196-17>420Mgt>Riparia。同时，在 13 个葡萄砧木中，叶绿素随干旱胁迫的加重而分解，420Mgt、41Bmgt、3309C、161-490 葡萄砧木叶片的叶绿素含量较高，下降速度较慢；游离脯氨酸和丙二醛的含量也随水分胁迫的加重而增加，110R、44-53Ma 和 41Bmgt 叶片的游离脯氨酸含量较高；3309C 和 101-14 叶片的丙二醛含量较低；综合叶片中叶绿素、游离脯氨酸、丙二醛含量发现，41Bmg、3309C 的抗旱能力较强。综合抗抽干能力与抗旱生理指标的数据认为，3309C 是西北埋土防寒区较适栽的抗旱品种。

新疆维吾尔自治区是我国葡萄栽培面积最大的省份，因为气候条件及地形特点等因素的影响，其水资源极度缺乏，是目前我国水资源匮乏的干旱地区之一，干旱严重制约了新疆葡萄产业的健康发展。新疆农业大学周龙教授团队通过人工控水试验对'山河 3 号''山河 4 号''河岸 4 号''河岸 7 号''河岸 9 号''河岸 10号''1613''101''Ganzia'共 9 个葡萄砧木品种盆栽苗的抗旱性进行了系统评价。整个干旱胁迫期间，随着胁迫时间的延长，9 个葡萄砧木品种叶片的相对含水量均呈逐渐降低的趋势，其相对电导率、脯氨酸含量和丙二醛含量均呈现出较为明显的上升趋势，其SOD 活性则大多呈现出缓慢升高—快速下降—快速升高—较快下降的双"S"变化趋势，其过氧化物酶活性则均呈先上升再下降的变化趋势。主成分分析结果表明，从各个生理指标中提取出两个主成分，其累计贡献率达到 84.594%，分别用这两个主成分对葡萄砧木品种的抗旱能力进行综合分析，并根据所建立的主成分综合模型得出的各个砧木品种抗旱能力的强弱顺序为：'河岸 9 号'>'山河 4 号'>'河岸 10 号'>'101'>'山河3 号'>'河岸 7 号'>'Ganzia'>'1613'>'河岸 4 号'（由佳辉等，2020）。白世践（2020）针对极端干旱区砧木对'马瑟兰'葡萄植株生长发育的影响研究表明，在极端干旱区'马瑟兰'自根苗适应性一般，以砧木 3309M、SO4、5BB、101-14MG 嫁接'马瑟兰'葡萄均能增强树势，增大 1 年生枝条粗度，但以 3309M、SO4 嫁接的'马瑟兰'葡萄存在枝条徒长及穗砧比值过大现象，且嫁接成活率较低，而以 101-14MG、5BB 嫁接的'马瑟兰'葡萄生长势指标较优，且嫁接成活率高，亲和性好。极端干旱区适宜以 101-14MG 砧木进行'马瑟兰'葡萄嫁接栽培。

（三）药剂处理

多种药剂对于增强葡萄的抗旱性均具有积极作用。张永福等（2014）将硝普钠添加到处于干旱状态的'玫瑰蜜'葡萄根系营养液中，使其抗旱能力显著提高。杨阳等（2017）研究发现，叶片喷施外源钙，可提高'红地球'葡萄的光合能力和 PSⅡ活性。不同生长调节剂包括褪黑素、表油菜素内酯和水杨酸均可在一定程度上缓解葡萄的干旱症状，提高葡萄对干旱胁迫的忍耐性。独脚金内酯（strigolactone，SL）作为一种新发现的植物激素，在调节植物生长发育过程中具有重要的作用，除了具有抑制植物分枝、调控根部构型、促进叶片衰老等作用外，在抵御生物胁迫和非生物胁迫等方面也具有重要的作用。Ha等（2014）研究发现，相对于野生型拟南芥，SL合成或信号转导缺失突变体的抗旱性和抗盐性均有所减弱，表明SL在干旱和盐胁迫响应中发挥着重要的正调控作用；SL作为植物适应干旱环境的调节信号，近几年也逐渐成为研究热点。

以'赤霞珠'葡萄幼苗为试材，对独脚金内酯提高葡萄幼苗抗旱能力的效果研究（李润宇等，2019）发现，干旱胁迫过程中，与对照相比，独脚金内酯处理组'赤霞珠'幼苗叶片变黄、萎蔫的程度均有所减轻，幼苗生长状态更好，株高和茎粗升高，地上部和地下部干鲜质量、根冠比均极显著增加；独脚金内酯处理组'赤霞珠'幼苗根长、根系平均直径、根系表面积和根体积均极显著提高，根尖数和根分枝数增多；独脚金内酯处理组'赤霞珠'幼苗叶片相对含水量呈降低趋势，但变化曲线较对照平缓，叶片电导率和相对水分亏缺呈上升趋势，但变化过程也较对照组平缓；随干旱胁迫时间的延长，各处理'赤霞珠'幼苗叶绿素 a、叶绿素 b 及总叶绿素含量均呈降低趋势，但独脚金内酯处理组幼苗叶绿素含量的降幅较对照组小。细胞超微结构观察表明，与对照相比，独脚金内酯处理组'赤霞珠'幼苗叶肉细胞和根尖细胞结构更完整。喷施独脚金内酯对干旱胁迫下'赤霞珠'幼苗的生长发育有促进效应。

褪黑素（melatonin，MT）是一种吲哚类小分子物质，参与植物体生长发育调控与抗逆性的形成。王云梅等（2020）以盆栽'阳光玫瑰'葡萄为材料，研究了根灌 MT 溶液与叶面喷施 ABA 溶液对干旱胁迫下葡萄生理特性的影响，结果表明，与干旱对照组（Dck）相比，MT 处理导致葡萄叶片 MDA、H_2O_2 含量和相对电导率分别降低了 14.42%，44.11% 和 21.26%，叶片相对含水量提高了 1.12%，同时 SOD 和 POD 酶活性分别提高了 14.00% 和 3.01%。这些均表明 MT 处理有效缓解了干旱胁迫对植株造成的损伤。50 μmol/L 的 ABA 处理组叶片 MDA 含量和相对电导率较干旱对照组提高了 9.43% 和 17.25%，表明 ABA 处理未能缓解植株的胁迫状态。MT 和 ABA 组合处理具有和 MT 处理类似的效果表明，褪黑素可以通过减轻膜脂过氧化程度，增强抗氧化系统能力，从而缓解干旱胁迫对葡萄的氧化损伤，提高抗旱性；同时削弱 ABA 带来的负效应。

四、引发的病虫害防控技术

葡萄白粉病的发生与干旱密切相关，干旱是引起病害流行的主要原因，栽培管理差的果园发病会较重。在葡萄生长季节，雨水来得早，发病则推迟，进入雨季早，降水多，发病则较轻。干旱或雨后干旱或干湿交替有利于白粉病的流行。栽培管理与白粉病发生的轻重密切相关，如种植密度高、蔓叶徒长和通风透光条件差均有利于发病，偏施氮肥，土壤有机质含量低和树势衰退有利于发病，干旱的葡萄园发病重。

在干旱频发的地区，果园须做好白粉病的综合防控工作。在葡萄生产过程中要注意控制氮肥使用，多施用有机肥，注意改善果园的通风透光条件；果园需做到适时清园，秋季采收后及时清除园区内的带病的葡萄器官，同时喷施石硫合剂等药剂；在白粉病发病初期注意喷施硫黄悬浮液或醚菌酯水分散剂等进行防控。

第八节 高温灾害的防护

一、高温的危害

根据 IPCC 第五次评估报告（IPCC，2014），1983—2012 年是北半球过去 1400 年来最热的 30 年，全球几乎所有地区都经历了升温过程，2003—2012 年 10 年间全球平均温度比 1850—1990 年升高 0.78℃。在最近的 50 年，我国年平均温度增加 1.1℃，增温速率为 0.22℃ /10 年，明显高于全球或北半球同期平均增温速率（气候变化国家评估报告编写委员会，2007）。高温会抑制植物的生长，降低作物的产量和品质，给农业生产带来巨大的经济损失。

法国、西班牙、美国、澳大利亚、意大利等国的研究者非常关注气候变暖对葡萄和葡萄酒品质的影响，对近几十年各葡萄酒产区的增温幅度进行统计发现，澳大利亚部分产区的增温幅度最大，1996—2006 年平均气温上升 2.47℃；其次是意大利 Veneto 和法国 Alsace，在近 30 年平均气温分别增加了 2.3℃和 2℃。根据温度数据模型预测，在 21 世纪末由于气温升高，美国适合种植酿酒葡萄的区域将减少 81%，而澳大利亚将减少 1/3。我国西北地区是酿酒葡萄的优质产区，1987—2003 年平均气温比 1961—1986 年升高 0.7℃，升温最明显的地区是新疆北疆西北部、准噶尔盆地、吐鲁番盆地和柴达木盆地东部，年平均气温升高 1.0~1.3℃；其次是西北地区东部和青海高原，年平均气温升高 0.6~1.0℃（刘德祥等，2005）。

气候变暖虽然有利于冷凉地区葡萄果实品质的提高和新品种的引进，但对于大多数葡萄优质产区来说，气候变暖会使葡萄物候期和采收期提前，果实中糖酸含量、酚类成熟度、香气特征发生变化，进而影响葡萄酒的品质和风格。极端高温天气还会对葡萄植株造成高温胁迫，抑制植株的生长。高温胁迫（heat stress，HS）是指温度超过临界值一段时间后，植物的生长和发育受到不可逆的伤害。通常认为高于室温 10~15℃就会发生高温胁迫，而且高温强度、持续时间和增温速度都直接影响植物受胁迫的程度。在极端高温下，植物细胞在仅仅几分钟内就会出现严重损伤，甚至死亡。植物在感知高温信号后会启动一系列积极的防御措施，在转录水平、蛋白水平和代谢水平发生响应，以维持细胞的稳态平衡（Wahid et al，2007）。

（一）高温对葡萄植株的影响

高温对植物细胞最直接的伤害是蛋白的聚合变性和膜脂流动性的增加，而间接的伤害包括叶绿体和线粒体中酶的失活、蛋白合成的抑制、膜完整性的破坏等。这些伤害将导致光合作用降低，活性氧（ROS）和其他有毒物质的产生，从而抑制植物的生长。植物体受到高温胁迫后会合成抗氧化物质和渗透调节物质来缓解高温对细胞的伤害，从而提高植株对高温的适应能力。

1. 光合作用

植物在受到高温胁迫后，位于类囊体膜上的 PSII 会被破坏，而 PSI 在高温下比较稳定。PSII 是一种多蛋白亚基构成的复合体，主要功能是利用从光中吸收的能量将水裂解，并将其释放的电子传递给质体醌，同时通过对水的氧化和 PQB2 的还原在类囊体膜两侧建立 H^+ 梯度。PSII 复合体由捕光天线系统、反应中心、放氧复合体和细胞色素 b-559 4 部分组成（王忠，2003）。高温对 PSII 的伤害主要包括天线色素构象发生变化并与 PSII 反应中心脱离、PSII 反应中心受损、放氧复合体失活、从 QA 到 QB 的电子传递受

阻（云建英等，2006）。

植物在捕获光能后，主要有3条出路：光化学传递、叶绿素荧光发射和热耗散。在试验中经常通过检测叶绿素荧光来研究PSⅡ在逆境中的变化情况。植物在捕获激发能过剩的情况下，会将其以非光化学猝灭的方式耗散掉，从而保护PSⅡ免遭光破坏。非光化学猝灭系数（NPQ）可以反映PSⅡ反应中心的热耗散程度。大量研究表明，葡萄在正常条件下NPQ较低，而在高温胁迫下NPQ会显著增加（罗海波等，2010；卞凤娥等，2017）。

植物效率分析仪（PEA）可以快速无损伤测定PSⅡ不同部分的活性，包括供体侧、反应中心和受体侧，有助于了解高温对PSⅡ的损伤部位，从而采取合适的措施来缓解高温胁迫对光合作用的抑制。罗海波等（2010）对'赤霞珠'进行40℃高温处理，结果显示高温胁迫后PSⅡ供体侧放氧复合体功能参数（W_k）和捕获的激子将电子传递到QA-下游的其他电子受体的概率（Ψ_{Eo}）均显著升高，但是W_k上升幅度较大，说明供体侧放氧复合体比受体侧的电子传递对高温更加敏感。查情等（2016）对'夏黑'进行高温处理，结果显示35℃处理后W_k值与对照无显著差异，但在45℃处理6h后W_k显著增加，并在处理150 h后W_k出现降低的趋势，说明高温对供体侧放氧复合体的伤害是可逆的。

2. 渗透调节物

在高温胁迫下，植物细胞内会积累一些相容性物质来维持渗透压平衡，保护细胞结构，这些相容性物质称为渗透调节物质，它们包括糖类、糖醇、氨基酸和生物碱等。这些物质的积累可以提高植物对高温的适应性。

高温可以诱导可溶性糖的产生，主要包括葡萄糖、海藻糖、蔗糖等。这些可溶性糖可参与渗透调节，并在维持蛋白结构和膜稳定性方面起到重要作用。高温处理可显著增加葡萄叶片中可溶性糖的含量（查情等，2015）。

脯氨酸是一种小分子的渗透调节物质，是水溶性最大的氨基酸。高温胁迫会导致葡萄叶片中脯氨酸含量显著增加（王文举等，2008），有利于维持细胞质的渗透平衡，减轻高温对细胞的伤害，还具有保护核酸和蛋白质等大分子物质、维持生物膜稳定性和清除ROS的功能（Szabados and Savoure，2010）。Yang等（2009）研究发现过氧化氢可以诱导脯氨酸积累，它既活化了脯氨酸生物合成途径——谷氨酸途径和鸟氨酸途径，又抑制了脯氨酸降解途径。此外，Ca^{2+}、NO、ABA、SA等信号分子也参与高温等非生物胁迫下植物对脯氨酸代谢的调控（邓凤飞等，2015）。

3. 抗氧化物质

在高温胁迫下，植物体内会产生大量对细胞有害的ROS，比如超氧阴离子（O_2^{-}）、过氧化氢（H_2O_2）、羟自由基（·OH）等，从而引起氧化胁迫。ROS的增加对细胞结构和功能造成很大伤害，可以使叶绿体和线粒体发生膨胀，蛋白和核酸等大分子变性，还能引起DNA断裂。植物在长期的进化过程中形成了完善而复杂的抗氧化系统来清除ROS，以降低其对细胞的伤害。常见的抗氧化酶包括CAT、POD、SOD、抗坏血酸过氧化物酶（APX）和谷胱甘肽还原酶（GR）等，还有一些非酶抗氧化剂在清除ROS方面起到重要作用，如抗坏血酸、谷胱甘肽、类胡萝卜素、花青素、维生素E等。高温胁迫对葡萄叶片中抗氧化酶活性的影响不尽相同，张俊环等（2007）对'京秀'葡萄幼苗进行45℃高温处理，发现叶片中CAT、POD和SOD 3种酶的活性有不同程度的降低，其中SOD活性的降低幅度最大。查情等（2016）对'夏黑'葡萄幼苗进行45℃高温处理，在处理6h后SOD

活性显著降低，在处理 150h 后恢复至正常水平；而 POD 和 CAT 活性在处理 6h 和 150h 后均显著高于对照。一般认为，适度的高温胁迫会增加葡萄叶片中抗氧化酶的活性，当温度超过一定范围时，抗氧化酶的蛋白结构受到破坏，活性显著降低。高温对葡萄叶片中抗氧化酶活性的影响受到处理温度和时间、葡萄品种和抗氧化酶种类的影响。

4. 细胞膜热稳定性

植物细胞膜对维持细胞微环境和正常新陈代谢起着重要的作用。高温会导致细胞膜受损，膜透性增加，使细胞内的电解质外流，在试验过程中可以通过检测相对电导率来了解细胞膜受损程度。按照流动镶嵌模型，细胞膜的脂质双分子层在正常情况下呈液晶相，当发生高温胁迫时会从液晶相转变为液相。膜流动性的增加不仅影响膜的热稳定性，还影响膜上各种酶的活性及其参与的生理生化过程。

高温胁迫中产生的 ROS 会对植物细胞膜造成损伤，引起膜脂和蛋白质过氧化。丙二醛（MDA）是膜脂过氧化的重要产物，MDA 的产生会加剧细胞膜的损伤。在植物逆境研究中，可以通过测定 MDA 的含量来了解膜脂过氧化的程度，从而判断植物细胞膜的稳定性和抗胁迫能力。葡萄受到高温胁迫后叶片中 MDA 含量会显著增加（王文举等，2008；查倩等，2016）。

细胞膜的膜脂饱和度是植物耐受高温胁迫的一个重要指标。细胞膜对高温的适应性是通过改变不饱和脂肪酸的含量来实现的，亚麻酸含量下降幅度越大，品种的耐热性越强，所以说在高温胁迫后膜脂中亚麻酸含量的下降比例可作为衡量品种耐热性的指标。但是葡萄细胞膜中脂肪酸的含量和饱和程度与高温胁迫之间的关系目前未见报道。

（二）高温对葡萄果实组分的影响

高温对葡萄果实组分有显著影响，包括含糖量和 pH 值增加，酸度和花色苷总量降低，香气成分发生改变等，进而对葡萄酒的酿造工艺和感官品质带来一定影响，使葡萄酒的风格发生变化。

葡萄果实中糖类主要包括葡萄糖和果糖，而蔗糖含量很低，它们不仅决定果实的甜度，还与香气成分、花色苷等物质的合成有关，从而影响葡萄和葡萄酒的颜色和风味。高温主要是通过影响气孔开张度和糖合成过程中关键酶的活性来影响果实的含糖量（Lecourieux et al，2014）。高温可以促进葡萄果实的成熟和糖分的积累，炎热产区葡萄果实的含糖量很高，如新疆地区'赤霞珠'的含糖量可以达到 250g/L。葡萄果实含糖量高必然导致葡萄酒的高酒度，从而影响葡萄酒的酒体平衡，并给消费者的健康安全带来隐患。为了降低高温对葡萄酒酒度的影响，可以培育含糖量低的酿酒葡萄品种、筛选酒精转化率低的酿酒酵母或采取适宜的栽培措施。刘敏等（2017）以酿酒葡萄'赤霞珠'和'西拉'为试验材料，研究遮阳对葡萄和葡萄酒品质影响的结果表明，遮阳有效延缓了葡萄的成熟，抑制了果实中糖分的过快积累。在转色后进行修剪可以降低葡萄果实的含糖量，而对黄酮类物质的含量没有显著影响（Movahed，2013）。

葡萄果实中有机酸主要包括苹果酸和酒石酸，其中酒石酸含量比较稳定，而苹果酸含量受温度影响较大。温度越高，葡萄果实中的总酸含量越低，主要是由苹果酸降解导致的。Sweetman 等（2014）对葡萄植株进行高温处理研究结果表明，在转色前高温会促进苹果酸的积累，而在成熟期高温会促进苹果酸的降解，而且温差是影响苹果酸降解的重要因素，温差越大，苹果酸含量越低。

花色苷是葡萄和葡萄酒中主要的呈色物质，温度在花色苷合成过程中起着重要作用，温度过高会抑制花色苷的积累。Tarara（2008）发现高温会降低果实中花翠素、甲基花翠素、甲基花青素的含量，而对二甲基花翠素含量没有影响。Movahed（2013）研究发现高温抑制了'桑娇维赛'果实中 *VvMYBA1* 基因的表达和 PAL、UFGT 等花色苷合成关键酶的活性，从而导致花色苷含量降低。Shinomiya（2015）研究不同温度（24℃、27℃和30℃）对葡萄果实中花色苷含量的影响，在24℃条件下果实中花色苷含量最高，而且在转色期 *MYBA2* 和 *UFGT* 的表达量最高。

香气物质是决定葡萄和葡萄酒品质的重要因素，温度会影响葡萄果实中香气物质的组成和含量，高温会导致非典型香气的产生，从而影响葡萄酒的品质和风格。在波尔多，炎热年份葡萄酒的风格会发生变化，红葡萄酒会产生煮水果的味道，而白葡萄酒有更多热带水果的味道。高温会促进 1, 1, 6- 三甲基 -1, 2- 二氢萘（TDN）的合成，使'雷司令'具有煤油味。甲氧基吡嗪（MPs）是一类具有生青味的含氮化合物，凉爽气候有利于该物质的合成，而高温会抑制 MPs 的积累。

以欧亚种'赤霞珠'（*Vitis vinifera* L. 'Cabernet Sauvignon'）和刺葡萄'君子1号'（*Vitis davidii* Foex. 'Junzi 1'）扦插苗为试验材料，进行短时间持续高温处理（35℃、40℃和45℃分别处理48h）和长时间间歇性高温处理（每天45℃处理6h，共25d），从生理响应、细胞结构、转录组分析和功能基因挖掘（葡萄 *ERECTA* 基因家族）等多方面展开研究，以揭示葡萄应对高温胁迫的生理基础和分子机理（刘敏，2018），短时间持续高温处理和长时间间歇性高温处理的结果表明，'赤霞珠'幼苗的耐热性显著高于'君子1号'。在高温处理后，'君子1号'叶片的相对电导率、相对含水量、F_o、F_v/F_m、净光合速率等参数的变化幅度均大于'赤霞珠'，SOD、CAT 和 ABA 在'赤霞珠'的耐热性方面起到重要作用。在长时间间歇性高温处理过程中，'赤霞珠'和'君子1号'叶片中 2- 己烯醛含量均显著增加。

45℃高温处理后，'赤霞珠'和'君子1号'的栅栏组织、海绵组织和叶片的厚度显著增加，栅栏组织细胞形状不规则，海绵组织细胞的间隙变大。用扫描电镜观察发现，高温处理使叶片表皮细胞的形状不规则，细胞平面出现褶皱，气孔开张度减小，但是对气孔宽度和气孔密度无显著影响。用透射电镜观察发现，高温处理使叶绿体的体积变大、形状变圆，叶绿体膜解体，出现大量巨型淀粉粒，并在'君子1号'叶绿体上观察到大量嗜锇颗粒，'赤霞珠'叶绿体的热稳定性高于'君子1号'（图4-11）。

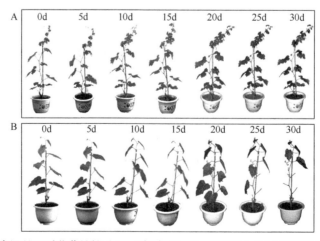

图 4-11　长时间高温处理对葡萄植株（A：'赤霞珠'，B：'君子1号'）形态的影响（刘敏，2018）

二、高温胁迫的判断指标

Venios 等（2020）对葡萄应答高温胁迫与全球变暖进行了总结。在葡萄的主要生理功能中，光合作用是受温度变化直接影响的第一个过程（Fahad et al, 2017；Sharma et al, 2019）。当温度升高到葡萄的适宜生长温度以上时，它会在其他症状出现之前而出现减弱，这在不同物种之间有所不同。葡萄的最佳光合温度在 25~35℃之间（Kun et al, 2018）。当温度低于 10℃时，大多数生理过程都会下降，而温度超过 35℃时，热适应机制就会被激活（Ferrandino and Lovisolo, 2014）。极端高温，特别是高于 40℃的温度，会破坏光合作用器官，对光合作用产生了巨大影响。

在 20~40℃的温度范围内，在田间对葡萄叶片的光合作用进行的测量表明，与 25℃相比，平均光合速率（P_n）随着温度的升高而降低，并在 45℃时受到 60% 的抑制。葡萄叶片 P_n 在 35℃时不会显著降低，但在 40℃以上时会受到限制。Greer and Weedon（2012）提出，P_n 降低可能是由于气孔导度降低引起的。高温和干旱胁迫紧密相关，并且随着叶片温度的升高，气孔导度的降低可能会加剧高温胁迫的症状（Lamaoui et al, 2018）。热胁迫对葡萄气孔导度的影响因胁迫程度与品种的不同也会呈现差异。例如，葡萄牙的酿酒品种'Touriga Nacional'在轻度的热胁迫下保持气孔开放，这有利于通过蒸发冷却叶片，从而保持光合作用不受影响（Costa et al, 2012）。

在葡萄园中，热应激通常伴随着季节性干旱胁迫，这严重限制了葡萄生长。气孔关闭是防止葡萄潜在失水的第一道防御。然而，蒸腾是不可替代的，因为部分辐射能通过气孔开张转化为潜热（Mathur et al, 2014）。气孔导度引起的蒸腾作用被定义为细胞间和大气中水蒸气压力之差除以总大气压，通常表示为蒸汽压力不足（VPD）（Ehleringer et al, 1993）。它是叶片能量平衡的主要组成部分，为植物提供蒸发冷却，是保持叶片温度低于最大允许极限的必要条件（Chaves et al, 2016）。即使是低蒸腾速率也会导致叶片温度下降，这在某些情况下也造成了正常生长与萎凋之间的差异。葡萄叶片的平均蒸腾速率在 15~40℃的温度范围内，由 0.5mmol/（$m^2 \cdot s$）升高至约 2.5mmol/（$m^2 \cdot s$），几乎呈线性地增长了 5 倍（Greer, 2019）。

温度进一步升高至 45℃对蒸腾速率的影响在不同品种间相似。在'Semillon'葡萄藤中，蒸腾速率随着叶片温度的升高而显著提高，特别是在高温条件下（高于 35℃），与增强蒸发冷却的需求是一致的（Keenan et al, 2010）。同样，随着温度从 15℃到 30℃升高，'霞多丽'的蒸腾速率增加了 4 倍，在 35~40℃时蒸腾速率甚至更高，而在'赤霞珠'中，随着温度从 20℃到 40℃的增加，蒸腾速率也几乎呈线性增长（Keller, 2020）。与其他国际品种相比，'Semillon'葡萄藤具有较高的蒸腾速率，因此其冷却能力可使冠层温度比气温更低一些。

三、减灾技术

（一）耐热葡萄品种的选择

在吐鲁番的自然高温条件下，利用快速荧光测定仪（Handy-PEA）测定葡萄叶片的 F_0、F_m、F_v / F_0、F_v/F_m、PIABS、DI0 / CS0、ΦPSⅡ、ΦE0、ETR、qP（光化学淬灭系数）共 10 个主要荧光参数，分析不同品种葡萄叶绿素荧光参数在高温下的表现，采用模糊隶属函数法结合有序样本最优分割聚类法对其耐热性进行评价，19 个葡萄品种的叶绿素荧光参数在高温下均受显著影响，导致光能转化效率降低，其耐热性综合评价结果为：'美人指' > '矢富罗莎' > '金田蜜' > '红地球' > '金田玫瑰' > '藤稔' > '红旗特早玫瑰' > '无核白' > '和田黄' > '巨玫瑰' > '克瑞森无核' > '贝达' > '巨峰' > '木纳格' > '乍娜（绯红）' > '维多利亚' > '里扎马特' > '无核白鸡心' > '水晶无核'。采用有序样本最优分割聚类法分析发现，'美人指' '矢富罗莎' '金田蜜' '红地球' '金田玫瑰' '藤稔' 属耐热性较强的葡萄品种（吴久赟等，2019）。

以 '东方之星' '阳光玫瑰' '夏黑' 与 '温克' 4 个鲜食葡萄品种为试材，分别比较了不同品种在高温（避雨大棚下自然高温与人工气候室 45℃处理）下的光合参数及形态与细胞超微结构的变化，在避雨棚下，午间的气温可高达 40℃以上，午间的净光合作用（P_n）速率比 8∶00~9∶00 时的 Pn 显著降低，'阳光玫瑰' 的下降幅度大于 '东方之星'。在人工气候模拟高温（45℃）下，'东方之星' '阳光玫瑰' '夏黑' 与 '温克' 的 P_n 和 PSⅡ最大光化学效率（F_v/F_m）均显著下降。其中，'东方之星' 的 P_n 和 F_v/F_m 的下降率最小，细胞超微结构的稳定性较强，叶绿体受高温影响最小，是耐热性最强的品种；而 '阳光玫瑰' 为 4 个品种中对高温最敏感，表现为高温下光合作用的下降幅度最大，叶绿体中质体小球显著增加，类囊体片层结构模糊，受损较严重。

姜建福等（2017）以国家果树种质郑州葡萄圃保存的 196 份代表性葡萄属种质为试材，利用叶绿素荧光参数法对其耐热性进行了鉴定评价。结果表明，196 份葡萄属植物的耐热性叶绿素荧光参数 F_v/F_m 数值在 0.0792~0.6836，品种间抗性存在差异，耐热性服从正态分布，表现为多基因控制的数量性状。利用有序样品最优分割聚类法，将其耐热性分为弱、中、强 3 种类型，叶绿素荧光参数分级阈值分别对应≤0.3、0.3~0.5、>0.5，利用该分级标准筛选出了腺枝葡萄 '双溪 03'、刺葡萄 '梅岭山 1301'、菱叶葡萄 '0945' 和 '和田绿葡萄' 等 48 份耐热性强的葡萄种质。起源于我国的野生葡萄，其耐热性整体上高于其他类群或品种。

（二）耐热园艺技术

蔡军社等（2018）以 '赤霞珠' 葡萄为试材，在果实转色期进行去除结果枝果穗下全部叶片（A）、保留靠近果穗 1 片叶（B）和结果枝果穗下叶片去叶不去叶柄（C）等 3 种摘叶方式，研究不同摘叶方式对吐鲁番高温干旱区酿酒葡萄 '赤霞珠' 果实品质的影响。3 种摘叶方式与对照（CK）相比，对果穗质量、枝条成熟度、可溶性固形物含量、总糖含量、可滴定酸含量无显著的影响；处理 B 的果实单粒质量最大，且与处理 A 和 CK 间差异显著；与 CK 相比，3 种摘叶处理均显著提高成熟采收期果实可滴定酸含量；色差值表明处理 A 的果实颜色更偏于深红色。保留靠近果穗 1 片叶的摘叶方式是一种适合吐鲁番地区高温干燥气候条件下提高 '赤霞珠' 葡萄果实品质的摘叶处理方式。

在高温胁迫下，与对照（CK）相比，葡萄叶片净光合速率（P_n）及叶片最大光化学效率（F_v/F_m）均显著下降，快速叶绿素荧光诱导动力学曲线（OJIP）形状发生明显改变，非光化学淬灭（NPQ）显著升高；而根施褪黑素显著缓解了叶片 P_n 和 F_v/F_m 的下降，明显降低了高温胁迫下 OJIP 曲线中 K 点和 J 点上升的幅度，增加了叶片对光能的利用效率（卞凤娥等，2017）。高温胁迫导致葡萄叶片 PSⅡ发生较严重的伤害，根施褪黑素能够缓解 PSⅡ活性和光合速率的下降程度，改善高温胁迫下葡萄叶片的能量分配。另外，其团队分别在田间'摩尔多瓦'叶片上喷布乙酸（10mmol）、ABA（10μmol）以及乙酸（10mmol）+ABA（10μmol）复合处理，翌日的高温天气进行光合生理指标的测定结果表明，与清水对照相比，3个处理均保持葡萄叶片较高的PSⅡ最大光化学效率（F_v/F_m）和实际光化学效率（ΦPSⅡ）。PSⅡ供体侧放氧复合体活性（W_k）、PSⅡ单位面积具有活性的反应中心数量（RC/CSm）及电子传递的量子产额（$\varPsi_{Eo}$），以乙酸+ABA复合处理效果最为显著，乙酸及混合处理能明显增加叶片的综合光合性能指数（Plabs）。说明乙酸及ABA都能明显缓解高温胁迫，其中以乙酸与ABA混合作用效果最为明显。

高温处理3d即可显著降低叶片的P_n、叶绿素含量、ΦPSⅡ和qP，而F_o显著高于对照。连续高温处理6d，PSⅡ的F_v/F_m开始下降。高温胁迫显著降低了果实的单粒质量、可滴定酸含量和果皮花色苷含量。高温处理20d后，喷施BR的处理分别比未喷施处理的光合最大速率Amax、F_v/F_m、ΦPSⅡ、qP和叶绿素含量均有提高，果皮花色苷含量为未喷施BR处理组的2.1倍。连续的高温胁迫会降低PSⅡ反应中心活性，阻碍PSⅡ的正常功能，抑制葡萄叶片的光合作用，影响果实品质。喷施外源BR可以有效缓解高温对葡萄叶片的光合伤害并促进果实着色（张睿佳，王世平等，2015）。

外源水杨酸对高温胁迫下葡萄幼苗膜脂过氧化及抗氧化酶活性的影响（孙军利，郁松林等，2015），发现高温胁迫下随着胁迫时间的延长（>1h），外源水杨酸显著降低了丙二醛的含量和相对电导率的增加量；并且随着胁迫时间的延长（>2h）外源水杨酸可以显著提高SOD、POD、CAT、APX、GR的活性，能够维持较高的SOD、POD、CAT、APX、GR活性。外源水杨酸随着高温胁迫时间的延长可以显著降低丙二醛含量和电解质渗透率，显著降低了细胞膜质过氧化伤害，促进抗氧化物酶SOD、POD、CAT、APX、GR的活性，降低了高温胁迫对葡萄植株的氧化伤害，从而缓解了高温胁迫对葡萄幼苗的伤害作用，提高葡萄的耐热性。孙庆扬等（2015）研究发现行间生草葡萄叶幕下温度白天比清耕制低1.64℃，夜间比清耕制低1.69℃，优化了叶幕下温度，既有利于光合生产又减少了夜间的呼吸消耗，有利于光合产物的积累。南北行向行间生草比东西行向的葡萄叶幕下昼夜温差大，更有利于光合产物的生产及植株有机物的积累，有利于葡萄产量和品质的提高。

四、高温胁迫引发病虫害的防控技术

葡萄日灼病是我国各葡萄产区广泛发生的一种生理失调症，它的发生与温度、光照等有密切关系，日灼病的症状可分为3种类型：日烧型（日伤害型）、气灼型（热伤害型）、混合型。葡萄日灼病多发生在葡萄果实快速膨大期。

葡萄果实生理病害日灼，多发生在浆果硬核期，在高温强光照天气下发生，只危害太阳直射到的果实，果粒背光部分不受害。初期为褐色烫伤斑块，不凹陷，后期病部凹陷失水松软，着色以后不再发生。发病轻重与环境条件有很大关系，篱架比棚架发病重，地下水位高、排水不良的地块发病重，氮肥过多的植株，叶面积大、蒸发量大的发病重，产量高的发病重，套薄膜袋比套纸袋发病重，果穗受太阳直射的发病重。气灼主要发生在高温天气下，诱因是果园小环境通风不良，症状表现是果穗上部分果粒和穗梗失水，先松软萎缩后干缩，病粒不脱落，病斑颜色较浅，类似"开水烫"的症状。气灼可以危害果穗任何部位的果粒，幼果膨大中后期发病重，硬核期后不再发病。

不同品种间，日灼病的发生存在着显著差异。在现有常见的栽培品种中，以'阳光玫瑰''红地球''美人指'等发生最为严重。这些品种果皮较薄、较脆。而'巨峰''户太8号''巨玫瑰''夏黑'等品种耐热性较强、日灼病发生较轻。

防治措施主要包括：①采取棚架栽培或"V"形架栽培的方式，适当保留副梢等措施加强遮阴，或者安装遮阳网、套伞形果袋等方式避免果穗被中午前后强光照射；②通过行内覆盖或行间生草等方式，避免土壤表面裸露，保持土壤水分供应；③在栽培设施内加强通风，避免大棚、日光温室等设施内及果袋周围温度过高。

【本章小结】

葡萄栽培受到不良气候气象因子的胁迫，霜冻、寒潮、冰雹、暴雪、大风、雨涝、干旱及高温等往往导致葡萄生长发育不良，产量与种植收入降低。霜冻、寒潮、冻害都是低温对葡萄的伤害。霜冻在秋、冬、春三季都会出现，以春季晚霜冻对葡萄危害较大。冻害主要发生在冬季，寒潮以春、秋季节较多发生。冰雹、雨涝多发生在夏、秋季，大风伤害依自然地理相关，多数地区春夏季危害性风暴较多较大。暴雪、干旱多发生在冬、春季，高温伤害主要在夏、秋季。

自然灾害的发生及危害与当地自然地理、小气候环境因子及葡萄植株营养健康状况与栽培技术措施等有关。自然灾害发生后，植株形态与生理均发生相应变化，较轻的危害是可逆的，通过采取一定技术手段可以得到有效缓解，较重的危害往往造成不可挽回的损失。及时采取设施栽培、产量控制、合理肥水及整形修剪等及时措施，及时准确预报预警，提早采取增强管控措施，对防灾减灾具有主要的意义。

思考与练习

1. 简述霜冻危害对葡萄植株的影响。

2. 简述暴雪灾害的预防与灾后的补救措施。

3. 简述大风灾害对葡萄与葡萄园的影响。

4. 简述雨涝灾害的防灾减灾技术。

5. 干旱、高温对葡萄生长发育与果实品质的影响。

6. 干旱、高温胁迫对葡萄影响的判定指标。

7. 列举应答干旱、高温及其引发病虫害的农艺措施。

本章推荐阅读书目

1. 灾害科学研究. 傅志军主编. 陕西人民教育出版社，1997.

2. 气象学（北方本）（非气象专业用）. 刘江，许秀娟主编. 中国农业出版社，2002.

3. 北方葡萄减灾栽培技术. 刘俊主编. 河北科学技术出版社，2012.

4. 葡萄园生产与经营致富一本通. 牛生洋，刘崇怀主编. 中国农业出版社，2018.

5. 灾害对策学. 庞德谦，周旗，方修琦主编. 中国环境科学出版社，1996.

6. 灾害大百科全书·生态灾害卷. 彭珂珊，张俊飙主编. 山西人民出版社，1996.

7.苹果产业防灾减灾关键技术.王金政，韩明玉，李丙智主编.山东科学技术出版社，2014.

8.气象防灾减灾.许小峰主编.气象出版社，2012.

9.农业重大气象灾害综合服务系统开发技术研究.庄立伟，何延波，侯英雨编著.气象出版社，2008.

第五章

安全优质高效葡萄园
的建设和管理

【内容提要】介绍了葡萄品种的分类，近年来一些主栽葡萄品种的特点，新建园技术，葡萄园日常土肥水、花果管理、整形修剪、病虫害防治等技术。

【学习目标】掌握葡萄品种的选择、建园和栽培管理技术。

【基本要求】了解我国目前主栽葡萄品种的特点和栽培管理技术要点；掌握建园的基本流程和注意事项，熟悉葡萄园日常管理工作。

第一节 品种选择

回顾我国葡萄产业的发展历程，每一个快速发展时期都是伴随着新品种的引进与推广。同时，葡萄作为多年生无性繁殖果树，一经定植就不易再行移植，品种选择不当会直接影响产品的销售和生产者的经济效益，严重时会造成巨大损失，甚至导致投资失败。因此，定植前选择适宜的品种就显得非常重要。

一、葡萄品种的分类

葡萄栽培历史悠久，遍布世界各地，通过长期自然选择和人工选择，形成了极其丰富的品种类型。据不完全统计，全世界葡萄的栽培品种有万余个。我国葡萄品种也有千余个之多。为了在栽培、加工和选育中便于选择和利用，可根据不同要求对栽培品种分类，如可以按品种起源、成熟期和用途进行分类。

（一）按品种起源分类

葡萄是起源最古老的植物之一，经过亿万年的进化才形成了现代的分布格局，根据其地理起源，主要分为欧洲西亚、东亚和北美三大起源中心，依次对应欧亚、北美和东亚三大种群。

1. 欧亚种群

欧亚种群的葡萄现仅存的一个种，即欧亚种葡萄，起源于黑海和里海之间及其南部的中亚和小亚细亚地区。经过长期的引种、驯化、育种和营养系选种，形成了各具特色的栽培品种，使得葡萄品种资源不断的丰富，目前世界上有90%以上的葡萄产品来自该种，80%以上的葡萄品种由该种演化而来，有5000多个品种。欧亚种葡萄又分为3个生态地理群。

①东方品种群：分布于哈萨克斯坦、亚美尼亚、伊朗、阿富汗等地区。这些品种生长期长，抗寒性较低，抗旱、抗沙漠热风能力较强。宜用棚架，龙干整形和长梢修剪。主要品种有'无核白''牛奶''粉红太妃'等，原产我国的'龙眼''瓶儿''白鸡心''黑鸡心'等。

②黑海品种群：起源于黑海沿岸及巴尔干半岛，如摩尔多瓦、罗马尼亚、保加利亚、希腊和土耳其一带。与东方品种群比较，生长期较短，抗寒性较强，但抗旱性较差。多数为酿酒、鲜食兼用种，少数为鲜食品种，如'大可满''巴米特''晚红蜜''白羽''白雅''花叶白鸡心'等。

③西欧品种群：起源于法国、德国、西班牙、葡萄牙等西欧国家。在较好的生态条件下形成的品种群。这些品种生长期较短，抗寒性较强。绝大多数属于酿酒品种，如'意斯林''黑比诺''白比诺''赤霞珠''小白玫瑰''小红玫瑰''法国蓝''佳利酿''雷司令''品丽珠'等；鲜食品种较少，如'意大利''白马拉加''皇帝''粉红葡萄''瑞必尔'等。

2. 北美种群

分布在美国、加拿大以及墨西哥等地，有30余种，是重要的葡萄抗病种质资源，在葡萄根瘤蚜和霜霉病抗性育种中发挥了重要作用，具有特殊的狐臭或草莓香味。代表品种有'康可''香槟'等。种间杂交品种较多，栽培品种有'卡托巴''比康''黑虎香'等；砧木品种有'贝达''狗脊''110R''140R''SO4''8B''3309C''3306C'等。

3. 东亚种群

中国、日本、韩国、俄罗斯远东地区和东南亚的北部地区，有40余种，抗性类型极其丰富，是拓宽栽培葡萄遗传基础的重要种质资源库。代表性种类有山葡萄、刺葡萄、毛葡萄等。

（二）按成熟期分类

葡萄属暖温带植物，在生长发育期要求足够多的热量，整个生长期活动积温（≥10℃温度的总和）或有效积温（只计>10℃以上部分温度的总和）是确定该地区能否栽培某一葡萄品种的标准之一，尽管有效积温比较接近品种要求的温度总量，但在实践中多用活动积温。不同成熟期的品种需活动积温在2000~3500℃，早熟品种偏低，晚熟品种偏高，中熟品种居于两者之间。

1. 极早熟品种

从萌芽到果实充分成熟的天数为100~115d，活动积温2000~2400℃。如'夏黑''莎巴珍珠''超宝''早霞玫瑰''左山二'等。

2. 早熟品种

从萌芽到果实充分成熟的天数为115~130d，活动积温2400~2800℃。如'郑州早玉''早康宝''绯红''京亚''无核早红'等。

3. 中熟品种

从萌芽到果实充分成熟的天数为130~145d，活动积温2800~3200℃。如'金手指''户太8号''阳光玫瑰''巨峰''藤稔''蛇龙珠'等。

4. 晚熟品种

从萌芽到果实充分成熟的天数为145~160d，活动积温3200~3500℃。如'红地球''红宝石无核''黑大粒''赤霞珠''品丽珠'等。

5. 极晚熟品种

从萌芽到果实充分成熟的天数为160d以上，活动积温>3500℃。如'克瑞森无核''圣诞玫瑰''波莱华依'等。

（三）按果实主要用途分类

葡萄可鲜食，也可制成葡萄汁、葡萄干、葡萄罐头、葡萄酒，部分品种还可作砧木。

1. 鲜食品种

果实外形美观，品质优良，适于运输和贮藏；果穗中大，紧密度适中；果粒较大，整齐一致。代表品种：绿色品种有'维多利亚''无核白''阳光玫瑰'等；红色品种有'龙眼''红地球''红艳无核'等；紫黑色品种有'夏黑''巨峰''藤稔'等。

2. 酿酒品种

果实比鲜食葡萄小，果皮厚，糖分含量高，酸度较高，种子较大，含有较多单宁。单宁是红酒的重要成分之一。红黑色品种有'黑比诺''佳利酿''法国兰''赤霞珠''品丽珠'等；绿色品种有'霞多丽''白比诺''琼瑶浆''雷司令''赛美蓉'等；酿酒、鲜食兼用品种有'龙眼''玫瑰香''牛奶'等。

3. 制干品种

含糖量高、含酸量低，香味浓，无核或少核。代表品种有'无核白''无核紫''京早

晶'‘香妃'‘京可晶'等。

4. 制汁品种

可用于压榨做果汁的品种。代表品种有'康可'‘黑贝蒂'‘卡托巴'‘玫瑰露'‘柔丁香'等。

5. 制罐品种

一般要求果粒大、肉厚、皮薄、汁少、种子小或无核、有香味。代表品种有'无核白'‘大粒无核白'‘牛奶'‘白鸡心'等。

6. 砧木品种

选择适宜的葡萄砧木进行嫁接栽培，可以克服环境条件的不利影响，获得优质丰产。砧木品种一般要求易生根，产条量高，嫁接亲和性好，抗多种逆境。代表品种有'420A'‘SO4'‘5BB'‘贝达'‘抗砧3号'‘抗砧5号'等。

二、葡萄品种的选择

不同的品种对环境条件、栽培技术有不同的要求。只有在适宜的环境条件下，品种的特点和优势才能充分发挥，因此，科学合理地选择葡萄品种是一个地区发展葡萄生产时必须首先考虑的问题。正确选择葡萄品种需要注意以下几个主要问题：

1. 当地市场需求

要充分了解本地区哪些品种销路好、价格高、群众认可度高，哪些品种认可度低、销售不佳。了解本地区的品种结构和生产规模。通过调查分析和比较，选择符合市场需求、商品价值较高，有发展空间的品种。一般而言，大粒、无核、有香味、糖酸比适度、色泽艳丽的品种较受消费者欢迎。

2. 当地的土质、气候、生态环境等栽培条件

葡萄虽然适应性较强，但不同品种间差异明显。欧亚种葡萄喜欢较为干旱、冷凉的气候，在潮湿多雨的条件下病害严重，如果在南方种植，需要避雨栽培或保护地栽培；而欧美杂种品种，抗病性较强，但耐贮运性整体稍差，所以，在选择品种时要充分了解和掌握本地的土壤土质、积温、光照、降水量分布、灾害性天气的发生规律等栽培条件，从本地的栽培条件出发选择品种。

3. 生产经营模式

以批发为主的经营模式，要求果穗美观、大小适中、耐贮运、货架期长，如'红地球'‘夏黑'‘早夏无核'‘阳光玫瑰'‘新郁'等。

以零售为主的生产模式，不仅要求果实外观漂亮，更要重视品质，不断地增加回头客，保持稳定的客源，适合选择口感好、产量稳定、便于绿色果品生产品种，如'早霞玫瑰'‘阳光玫瑰'‘醉金香'‘巨玫瑰'‘郑艳无核'‘蜜光'等。

以观光采摘为主的经营模式，要求外形美观，风味甜美，能够吸引消费者的眼球，如'金手指'‘葡之梦'‘巨玫瑰'‘红艳无核'‘黑巴拉多'‘无核翠宝'‘紫甜无核'‘红宝石无核'等。同时还要根据自己的种植规模和销售情况，对不同成熟期的品种进行早、中、晚合理搭配。

4. 自身的经济条件和管理水平

一些葡萄品种对栽培条件要求较高，需采用设施栽培，前期投资较大，这就需要

有一定的经济基础。有的品种对栽培管理技术要求较高，必须进行精细管理，如'美人指''红地球'成熟期晚，需要加强病虫害防治力度；'夏黑'果实生长期需要多次 GA₃ 处理，用工量大；'红巴拉多''克瑞森无核'等红色品种高温条件下果实不易着色等。

对于无种植经验的种植户，开始种植葡萄时宜先选择投资少、品质优、易管理的品种，如'巨峰''巨玫瑰'等。待有一定经济实力、积累一定栽培管理经验后再选择其他一些高档的葡萄品种。同时，在葡萄品种选择上要避免两种现象：一是盲目跟风。看到别人种什么品种，自己也跟着种什么品种，不去分析市场、不顾自身的技术条件，盲目扩大生产规模，等两三年后自己的葡萄投产成熟时，发现同质品种蜂拥上市，销售形势严峻。二是盲目追求所谓新品种。认为新品种就是好品种，对一些尚不了解特性和生产性能的品种，不要盲目批量引进种植，可少量引进试种植，在生产实践中观察和了解掌握其特性，然后再决定是否适宜发展种植。

三、主要优良葡萄品种

（一）鲜食品种

1. 红地球

原名：Red Globe

别名：红提、美国红提、晚红、全球红、大红球

欧亚种。原产美国，由美国加州大学育成。亲本为'C12~80'×'S45~48'。1982 年发表。1987 年引入我国。在陕西、河北、新疆、云南、辽宁、山东、北京、山西、甘肃、河南等地都有一定的栽培面积。

果穗短圆锥形，极大，穗长 26.4cm，穗宽 16.8cm，平均穗重 880g，最大穗重可达 2035g。穗梗细，长。果穗大小较整齐，果粒着生较紧密。果粒近圆形或卵圆形，红色或紫红色，特大，纵径 3.3cm，横径 2.8cm，平均粒重 12g，最大粒重 16.7g 以上。果粉中等厚（彩图 5）。果皮薄，韧，与果肉较易分离。果肉硬脆，可切片，汁多，味甜，爽口，无香味。果刷粗，长。每果含种子 3~4 粒，多为 4 粒。种子卵圆形，中等大，棕褐色。种子与果肉易分离。总糖含量为 16.3%，可滴定酸含量为 0.5%~0.6%。两性花。二倍体。

植株生长势较强。浆果晚熟。抗黑痘病和霜霉病力弱。耐贮运能力强，适合在辽宁西部、华北、西北、西南等无霜期 150d 以上、降水少、气候干燥的地区种植。宜小棚架、"Y"形架或"高宽垂"架栽培，宜采用以中、短梢修剪为主的长、中、短梢混合修剪。

2. 红艳无核

欧亚种。中国农业科学院郑州果树研究所育成。亲本为'红地球'×'森田尼无核'。2017 年通过河南省林木品种审定委员会审定并命名。在河南、山东、云南等地都有一定的栽培面积。

果穗圆锥形，带副穗，穗长 29.8cm，穗宽 17.8cm，平均穗重 1200g。穗梗中等长。果粒成熟一致。果粒着生中等紧密。果粒椭圆形，紫红色，纵径 2.1cm，横径 1.7cm，平均粒重 4.0g，最大粒重 6.0g。果粒与果柄难分离。果粉中（彩图 6）。果皮无涩味。果肉脆，汁少，有清香味。种子无。不裂果。可溶性固形物含量约为 20.4% 以上，品质优。

植株生长势中等偏强。萌芽率为 76.5%，该品种在河南郑州地区，4 月上旬萌芽，5 月上旬开花，7 月中旬浆果始熟，8 月上旬果实充分成熟。属于早、中熟品种。抗病性

中等偏弱，适合温暖、少雨的气候条件下种植。棚、篱架栽培均可，以中短梢修剪为主。

3. 户太8号

欧美杂种。西安市葡萄研究所从巨峰系品种中选出。1996年通过陕西省品种审定。在陕西省鄠邑区秦岭北麓沿山洪积扇区有大面积栽培，全国各葡萄产区均有引种种植。

果穗圆锥形带副穗。果穗大，穗长30cm，穗宽18cm，平均穗重600g以上，最大1000g以上。果粒着生中等紧密或较紧密，果穗大小较整齐。果粒近圆形，紫红至紫黑色。果粒大，平均粒重10.4g，最大粒重18g，果皮厚，稍有涩味。果粉厚（彩图7）。果肉较软，肉囊不明显。果皮与果肉易分离。果汁较多，有淡草莓香味。每果粒含种子1~4粒，多为1~2粒。可溶性固形物含量为17%~21%，含酸量为0.5%，鲜食品质中上等。

植株生长势强。结实力强，每果枝着生1~2个果穗。副梢结实力强，2~4次副梢均可结实，在陕西户县产地，2次副梢果可以正常成熟。为中、早熟品种。对黑痘病、白腐病、灰霉病和霜霉病的抗病力较强。在多雨地区和年份，仍应注意病害的防治。在我国南北各地均可栽培，尤其适宜秦岭北麓地区。棚、篱架栽培均可，宜以中梢修剪为主。

4. 金手指

原名：Golden Finger

欧美杂种。原产地日本。是日本原田富一氏于1982年用'美人指'×'Seneca'杂交育成。以果实的色泽与形状命名为金手指，1993年经日本农林省注册登记，1997年引入我国，在山东、浙江等省进行引种栽培。

果穗中等大，长圆锥形，着粒松紧适度，平均穗重445g，最大980g，果粒长椭圆形至长形，略弯曲，呈菱角状，黄白色，平均粒重7.5g，最大可达10g。每果含种子0~3粒，多为1~2粒，有瘪籽，无小青粒，果粉厚，极美观（彩图8）。果皮薄，可剥离，可以带皮吃。含可溶性固形物21%，有浓郁的冰糖味和牛奶味，品质极上，商品性高。不耐挤压，贮运性一般。

生长势中庸偏弱，在山东大泽山地区，该品种4月上旬萌芽，5月下旬开花，8月上中旬果实成熟，比'巨峰'早熟10d左右，属中、早熟品种。抗病性较强，适宜篱架、棚架栽培，特别适宜'Y'形架和小棚架栽培，长、中、短梢修剪。

5. 京亚

别名：兴华王×冀选1号×半岛1号、亚保

欧美杂种。中国科学院植物研究所北京植物园育成。选自黑奥林实生苗。1992年通过鉴定。全国各地有较大面积栽培。

果穗圆锥形或圆柱形，有副穗，较大，穗长18.7cm，穗宽12.0cm，平均穗重478g，最大穗重1070g。果粒大小较整齐，果粒着生紧密或中等紧密。果粒椭圆形，紫黑色或蓝黑色，大，纵径2.9cm，横径2.6cm，平均粒重10.8g，最大粒重20.0g。果粉厚（彩图9）。果皮中等厚，较韧。果肉硬度中等或较软，汁多，味酸甜，有草莓香味。每果粒含种子1~3粒，多为2粒。种子中等大，椭圆形，黄褐色，外表有沟痕，种脐不突出，喙较短，种子与果肉易分离。可溶性固形物含量为13.5%~18.0%，可滴定酸含量为0.65%~0.90%。鲜食品质中等。

植株生长势中等。隐芽和副芽萌发力均中等。浆果易着色，早熟，比'巨峰'早20d左右。抗寒性、抗旱性和抗涝性均强。极抗白腐病、炭疽病和黑痘病。对叶蝉有一定抗性。由于着色早，着色快，但前期退酸慢，充分着色后还须一个升糖退酸过程。为保证果品质量，不宜过早采收。抗性强，管理省工，易栽培。用 GA_3 处理易得无核果。篱、棚架栽培均可，宜中、短梢结合修剪。

6. 巨峰

原名：Kyohō

欧美杂种。原产地日本。由大井上康育成。亲本为'石原早生'×'森田尼'。1945年正式命名发表。1959年引入我国。已成为我国栽培面积最大的主栽葡萄品种。

果穗圆锥形带副穗，中等大或大，穗长 24.0cm，宽 10.0cm，平均穗重 400.0g，最大穗重 800.0g。果穗大小整齐，果粒着生中等紧密。果粒椭圆形，红紫色，大，纵径 2.6cm，横径 2.4cm。平均粒重 8.3g，一般粒重 10.0g 以上，最大粒重 13.0g。果粉厚（彩图 10）。果皮较厚，韧，稍有涩味。果肉软，有肉囊，汁多，绿黄色，味酸甜适口，有草莓香味。每果粒含种子 1~3 粒，多为 1 粒。种子梨形，大，棕褐色。种子与果肉易分离。可溶性固形物含量为 16.0% 以上，可滴定酸含量为 0.66%~0.71%。鲜食品质中上等。

植株生长势强。隐芽萌发力中等，副芽萌发力强。浆果中熟。适应性、抗逆性和抗病性均较强，但在多雨年份，仍应注意病害的防治，特别是对黑痘病、穗轴褐枯病、灰霉病和霜霉病的防治。花期容易出现落花落果和大小粒现象，注意保花保果。目前，生产上选育出了一些'巨峰'的芽变品种，如'辽峰''宇选 1 号''峰早'等。

7. 巨玫瑰

欧美杂种。原产地中国。大连市农业科学研究院育成。亲本为'沈阳玫瑰'×'巨峰'。2000 年定名。在辽宁、河北、陕西、河南、浙江等省有大面积栽培。

果穗圆锥形带副穗，果粒着生中等紧密，平均穗重 675.0g，最大穗重 1150.0g 以上。果粒椭圆形，紫红色，平均粒重 10.1g，最大粒重 17.0g。果粉中等多。果皮中等厚。果肉较软，汁中等多，白色，味酸甜，有浓郁玫瑰香味（彩图 11）。每果粒含种子 1~2 粒，种子与果肉易分离。可溶性固形物含量为 19.0%~25.0%，总糖含量为 17.2%，可滴定酸含量为 0.43%。鲜食品质上等。

植株生长势强。每果枝平均着生果穗数为 2.1 个。隐芽萌发的新梢和夏芽副梢结实力均强。浆果中熟。该品种抗病力较强，但对霜霉病抗性较弱，生长后期应注意防治霜霉病。宜"Y"形架、棚架独龙干树形栽培，短梢修剪为主。

8. 克瑞森无核

原名：Crimson Seedless

别名：绯红无核、克里森无核、克伦生无核、克伦生、淑女红、无核红提

欧亚种。原产地美国。美国加州大学育成。亲本为'皇帝'×'C33-199'。1998 年引入我国。山西、四川、山东、陕西、河南等地有栽培，尤其是四川西昌、山西运城栽培面积大。

果穗圆锥形，有歧肩，中等大，平均穗重 500g，最大穗重 1000g。果粒着生中等紧。果粒亮红色，充分成熟时为紫红色，中等大，平均粒重 4g，最大粒重 6g。无核。果粉较厚（彩图 12）。果皮中等厚。果肉较硬、浅黄色，半透明，味甜。果皮与果肉不易分离。可溶性固形物含量为 19%，可滴定酸含量低，糖酸比达到 20 以上。品质极佳。

植株生长势极强，浆果晚熟。对赤霉素和环剥处理较为敏感，可以促进果粒膨大。适应性强。抗病性强。生产上应注意防止枝条生长过旺。适合棚架和高宽垂形式架栽培，宜

中、短梢结合修剪。

9. 玫瑰香

原名：Muscat Hamburg

别名：紫玫瑰香、紫葡萄、麝香葡萄、红玫瑰；Black Muscat of Alexandria, Snow's Muscat Hamburgh, Red Muscat of Alexandria, Venn's Seedling Black Muscat；Hambourgh Musqué, Muscat de Hamburgh, Muscat noir de Hamburgh, Muscat de Hambourg；Moscato di Amburgo（意）

欧亚种。原产地英国。品种来源不详，确切引入我国的年代和引自国家已无从查考。现广泛分布在全国各葡萄产区。天津市滨海新区、北京市等地栽培面积较大。

果穗圆锥形间或带副穗，中等大或大，穗长 8.2~21.0cm，穗宽 10.5~18.0cm，平均穗重 368.9g，最大穗重 730g。果粒着生中等密。果粒椭圆形，紫红色或黑紫色，中等大或大，纵径 1.7~2.7cm，横径 1.6~2.3cm，平均粒重 5.2g，最大粒重 7.6g。果粉厚（彩图 13）。果皮中等厚，有涩味。果肉致密而稍脆，汁中等多，味甜，有浓玫瑰香味。每果粒含种子 1~4 粒，多为 3 粒。种子椭圆形，中等大，浅褐色；种脐倒卵圆形凸出，顶沟宽而浅，喙较长。种子与果肉易分离。有小青粒。可溶性固形物含量为 17.7%~21.6%，可滴定酸含量为 0.51%~0.97%，出汁率为 75% 以上。鲜食品质极优。用其酿制的酒，酒色较浅，风味尚可，在陈酿过程中香味会逐渐消失，酒体变薄，口味变淡。也可用于制汁和制糖水罐头，但制成的罐头存在裂果和褪色的缺点。

植株生长势中等。隐芽萌发力强，副芽萌发力中等。浆果晚、中熟。抗病害力弱，在高温、高湿或多雨的气候条件下易发生黑痘病和霜霉病。在肥水供给不足，结果过多时，果穗易产生"水罐子"。使用浓度过高的波尔多液，幼叶易产生药害。对气候条件的选择较严格，适合在温暖、雨量少的气候条件下种植。棚、篱架栽培均可，以中、短梢修剪为主。对氟敏感，可作为大气氟污染的指示植物和杂交育种亲本。

10. 美人指

原名：マニキュア、フィンガー

别名：红指、红脂、染指；Manicure Finger

欧亚种。原产地日本。由日本植原葡萄研究所育成。亲本为'优尼坤'ד巴拉蒂'。1991 年引入我国。生产上已有栽培。

果穗圆锥形，大，穗长 21~25cm，穗宽 15~18cm，平均穗重 600g，最大穗重 1750g。果穗大小整齐，果粒着生疏松。果粒尖卵形，鲜红色或紫红色，大，纵径 4.4~5.8cm，横径 3.0~3.5cm，平均粒重 12g，最大粒重 20g。果粉中等厚（彩图 14）。果皮薄而韧，无涩味。果肉硬脆，汁多，味甜。每果粒含种子 1~3 粒，多为 3 粒。种子与果肉易分离。可溶性固形物含量为 17%~19%。鲜食品质上等。

植株生长势极强。隐芽萌发力强。芽眼萌发率为 95%。浆果晚熟。抗病力弱，易感白腐病和炭疽病，浆果膨大期易发生日灼病。适合干旱、半干旱地区种植。在南方栽培，需大棚避雨和精细管理。平棚架或"高宽垂"架式栽培均可，宜中、长梢结合修剪。

11. 蜜光

欧美杂种。河北省农林科学院昌黎果树研究所育成。亲本为'巨峰'ד早黑宝'。2013 年通过河北省林木品种审定委员会审定。目前在河北、山西、山东、四川、湖南等地有生产栽培。

果穗圆锥形，大，平均穗重720.6g，果粒近圆形，紫红色或紫黑色，大，平均粒重9.5g，最大粒重18.7g。果粉中等厚（彩图15）。无涩味。果肉硬脆，汁多，味甜，具玫瑰香味。每果粒含种子1~3粒。种子与果肉易分离。可溶性固形物含量为19%，可滴定酸含量为0.49%。鲜食品质上等。

植株生长势极强。隐芽萌发力强。芽眼萌发率为73.7%。浆果早熟。容易结二次果，可进行一年两收栽培。抗病性较强，易发生酸腐病。宜短梢修剪。

12. 瑞都红玫

欧亚种。原产地中国。北京市农林科学院林业果树研究所育成。亲本为'京秀'×'香妃'。2013年通过北京市农作物品种审定委员会审定并命名。目前在北京、广西、浙江、河南等地有生产栽培。

果穗圆锥形，中等大，有副穗。穗长20.8cm，穗宽13.5cm，平均穗重430.0g，果粒椭圆形或圆形，紫红色或紫黑色，平均粒重6.6g，最大粒重9.0g。果粒大小较整齐一致，果皮紫红或红紫色，色泽较一致。果皮薄至中等厚，果粉中，果皮较脆，无或稍有涩味（彩图16）。每果粒含种子1~3粒，多为2粒。果肉有中等程度的玫瑰香味。果肉质地较脆，硬度中，酸甜多汁，肉无色。果梗抗拉力中等，可溶性固形物17.2%。鲜食品质上等。

植株生长势中等偏旺。隐芽萌发力强。芽眼萌发率为85.3%。浆果早熟。同大多数其他欧亚种葡萄的抗真菌性病害能力相当，易感葡萄霜霉病、炭疽病等病害。篱架栽培推荐使用规则扇形整枝，中、短梢相结合修剪；棚架栽培时可使用龙干形整枝，以短梢修剪为主。注意提高结果部位，增加底部通风带，以减少果实病虫害发生。

13. 沈农金皇后

欧亚种。原产地中国。沈阳农业大学选育，是'沈87-1'自交实生后代。在辽宁、安徽、山东、新疆等地有引种栽培。

果穗圆锥形，穗形整齐，平均穗重856.0g。果粒着生紧密，大小均匀，椭圆形，果皮黄绿色，平均粒重7.6g（彩图17）。果皮薄，肉脆，可溶性固形物含量为16.6%，可滴定酸含量为0.37%，味甜，有玫瑰香味，品质上等。每果粒含种子1~2粒。两性花。二倍体。

生长势中等。早果性好，丰产。早熟。果穗、果粒成熟一致。抗病性较强。南方可采用避雨栽培。棚架栽培龙干形整枝，短梢修剪；篱架栽培扇形整枝，中、短梢修剪相结合。注意疏花疏果，控制产量。建议套袋。对常见葡萄病害的抗性较强，进入雨季后注意防治黑痘病及白腐病。

14. 藤稔

原名：ふじみのり

别名：乒乓球葡萄、乒乓葡萄、金藤、紫藤；Fujiminori

欧美杂种。原产地日本。由青木一直育成。亲本为'红蜜'×'先锋'。1985年登记注册。1986年引入我国。在浙江、江苏、上海等地有大面积栽培。辽宁、河北、山东、河南、福建等地均有栽培。

果穗圆柱形或圆锥形带副穗，中等大，穗长15~20cm，穗宽10~15cm，平均穗重400g，最大穗重892g，果粒着生中等紧密。果粒短椭圆或圆形，紫红或紫黑色，大，平均粒重12g以上（彩图18）。果皮中等厚，有涩味，果肉中等脆，有肉囊，汁中等多，

味酸甜。每果粒含种子1~2粒。种子梨形。种子与果肉易分离。可溶性固形物含量为16%~17%。鲜食品质中上等。

植株生长势中等。芽眼萌发率为80%。结果枝占新梢总数的70%。浆果早、中熟。适应性强。耐湿，较耐寒。抗霜霉病、白粉病力较强，抗灰霉病力较'巨峰'弱。在我国南北各地均可种植。棚、篱架栽培均可，宜中梢修剪。

15. 无核白

原名：Thompson Seedless

别名：阿克基什米什、吐鲁峰、基什米什、汤姆逊无核、阿克喀什米什、无籽露、土尔封、汤姆松；Sultanina

欧亚种。原产小亚细亚。在我国栽培历史久远，西晋时代（公元3世纪），新疆和田一带就有栽培，是我国古老的葡萄品种，为新疆的主栽品种。何时引入我国已无从考查。乌兹别克斯坦及其他中亚国家有大面积栽培，并广泛分布于阿富汗、土耳其、美国（加利福尼亚）、澳大利亚和希腊等地。我国主要产地为新疆吐鲁番、鄯善、哈密、和田、喀什等地区，在甘肃敦煌、宁夏、内蒙古乌海及呼和浩特等地也有栽培。

果穗长圆锥形或圆柱形，大，穗长22~25cm，穗宽14~17cm，平均穗重227g，最大穗重1000g以上。果穗大小不整齐，果粒着生紧密或中等密。果粒椭圆形，黄白色，中等大，纵径1.4cm，横径1.2cm，平均粒重1.2~1.8g，最大粒重3.2g。果粉薄（彩图19）。果皮薄，脆。果肉淡绿色，脆，汁少，半透明，味甜，无种子。在吐鲁番，可溶性固形物含量为21%~25%，可滴定酸含量为0.4%。鲜食品质上等。制干品质优良。

植株生长势强。隐芽萌发力弱，副芽萌发力中等。浆果晚熟。抗旱、抗高温性强，抗寒性中等。抗病性中等，在内蒙古等地个别植株有花叶病毒病，在庭院栽培中不抗蔓割病。成熟期遇雨或灌水过多，易裂果。抗病力较弱。要求高温、干燥、光照充足的气候条件。宜在西北、华北等地区种植。生长势强，宜大棚架栽培，多主蔓整形，以中、长梢修剪为主。

16. 无核翠宝

欧亚种。山西农业科学院果树研究所育成。亲本为'瑰宝'×'无核白鸡心'。1999年杂交，2011年通过山西省农作物品种审定委员会审定并命名。在山西、陕西、浙江、福建等地有大面积栽培。

果穗圆锥形，中等大，穗长16.6cm，穗宽8.6cm，平均穗重345g，最大穗重570g，果粒着生中等紧密。果粒倒卵圆形，黄绿色，平均粒重3.6g，最大粒重5.7g（彩图20）。果皮薄，无涩味，果肉脆，具玫瑰香味，无种子。可溶性固形物含量为17.2%。鲜食品质中上等。

植株生长势强。芽眼萌发率为56%。浆果早熟。宜大棚架、水平棚架、"Y"形架栽培。抗霜霉病和白腐病能力较强，对白粉病较为敏感成花容易。对修剪反应不敏感，长、中、短梢及极短梢修剪均可。

17. 夏黑

原名：サマー　ブラック

别名：Summer Black；夏黑无核、黑珍珠

欧美杂种。原产地日本。日本山梨县果树试验场育成。亲本为'巨峰'×'无核白'。1997年获得登记。2000年引入我国。在国内广泛栽培。

自然条件下，果穗圆锥形，平均穗重 400.0g，平均单粒重 3.5g。经膨大剂处理后，果穗呈圆筒形或圆锥形，果粒着生紧密，平均穗重 670.0g；果粒近圆形至短椭圆形，平均粒重 9.4g，大果可达 12.0g 以上，果皮紫黑色或蓝黑色，上色快，着色一致，果粉厚，果肉硬脆，可溶性固形物含量 17.3%，味浓甜，品质佳（彩图 21）。

植株生长势强，芽眼萌发率 85.0%，成枝率 95.0%。浆果早熟。果实抗病、较耐贮运。适于棚架独龙干树形或"十"字形架单干单双臂树形栽培，采用膨大素处理是栽培成功的关键技术之一。近年来，生产上又选育出一些芽变品种，如'早夏无核''早夏香''天宫墨玉''三本提'等。

18. 阳光玫瑰

原名：シャインマスカット

别名：Shine Muscat；夏音马斯卡特、耀眼玫瑰、晴王、安芸津 23 号

欧美杂种。原产地日本，由日本果树试验场安芸津葡萄、柿研究部选育而成。亲本为'安芸津 21 号'×'白南'。2008 年引入我国，近年来全国各地均在大力发展，发展迅速。

果穗圆锥形，穗重 600g，大穗可达 1800g 以上，平均粒重 8~12g；果粒着生紧密，椭圆形，黄绿色，果面有光泽，果粉少（彩图 22）；果肉鲜脆多汁，有玫瑰香味，可溶性固形物 20.0%，最高可达 26.0%，鲜食品质极优。

植株生长旺盛，浆果中熟。与'巨峰'相比，该品种较易栽培，挂果期长，成熟后可以在树上挂果长达 2~3 个月；不裂果，耐贮运，无脱粒现象；较抗葡萄白腐病、霜霉病和白粉病。长梢修剪后很丰产，也可进行短梢修剪。

（二）酿酒品种

1. 北冰红

山欧杂种。中国农业科学院特产研究所育成。亲本为'左优红'×'84-26-53'。2008 年通过吉林省农作物品种审定委员会审定。在吉林、辽宁、陕西、山西等省有栽培。

果穗长圆锥形，带副穗，小或中等大，穗长 19.9cm，穗宽 10.5cm，平均穗重 159.5g，最大穗中 1328.2g。果粒着生程度中等。果粒圆形，紫黑色，小，纵径、横径均为 1.4cm，平均粒重 1.3g。果皮厚，色素丰富（彩图 23）。果肉多汁，有悦人的淡青草味。每果粒含种子 2~4 粒。含糖量为 21.3%，含酸量为 1.43%，出汁率为 67.88%。用其酿制的酒，深宝石红色，具浓郁悦人的蜂蜜和杏仁复合香气，果香酒香突出，回味悠长，酒体平衡醇厚丰满，具冰葡萄酒独特风格，可酿制单品种冰红葡萄酒。

植株生长势强。芽眼萌发率为 95.6%。浆果中熟。适应性强，抗寒性强。抗病性较强。适合篱架栽培，宜短梢修剪。

2. 赤霞珠

原名：Cabernet Sauvignon

别名：Petit-Cabernet，Vidure，Petit-Vidure，Bouchet，Bouche，Petit-Bouchet，Sauvignon Rouge

欧亚种。原产地为法国波尔多。是栽培历史最悠久的欧亚种葡萄之一。1892 年，张裕公司从法国首次引入。20 世纪 90 年代中期，随着红酒热的兴起我国又大量引进。居我国酿酒红葡萄品种的第一位。

果穗圆柱或圆锥形，带副穗，小或中等大，穗长 14~20cm，穗宽 8~11.5cm，平均穗重

175g。果粒着生较紧密。果粒圆形，紫黑色，小，纵径、横径均为 1.4cm，平均粒重 1.3g。果皮厚，色素丰富（彩图 24）。果肉多汁，有悦人的淡青草味。每果粒含种子 2~3 粒。含糖量为 19.37%，含酸量为 0.71%，出汁率为 62%。用其酿制的酒，深宝石红色，醇厚，具浓郁的黑加仑果香，滋味和谐，回味极佳。

植株生长势中等。芽眼萌发率为 80.2%。结果枝占芽眼总数的 70.6%。浆果晚熟。适应性强，较抗寒。抗病性较强。喜肥水。应注意后期的病害防治。适合篱架栽培，宜中、短梢修剪。

3. 梅鹿辄

原名：Merlot

别名：美乐、梅尔诺、红赛美蓉；Merlau，Vitraille，Crabutet，Bigney，Sémillon Rouge（法）；Médoc Noir（匈）

欧亚种，原产地为法国波尔多，是近代著名的酿酒葡萄品种。1980 年引入我国。在河北、山东、新疆和西北各省份普遍栽培。

果穗歧肩圆锥形，带副穗，中等大，穗长 18~20cm，穗宽 11~16cm，平均穗重 189.8g。穗梗长。果粒着生中等紧密或疏松。果粒短卵圆形或近圆形，紫黑色，小，纵径 1.6cm，横径 1.5cm，平均粒重 1.8g。果皮较厚，色素丰富（彩图 25）。果肉多汁，有柔和的青草香味。每果粒含种子 2~3 粒。含糖量为 20.8%，含酸量为 0.71%，出汁率为 74%。用其酿制的酒，宝石红色，酒体丰满，柔和，解百纳香型，比较淡雅，鲜酒成熟快。

植株生长势强。芽眼萌发率为 81.4%。结果枝占芽眼总数的 74.6%。浆果晚、中熟。适应性弱。抗病性较强。适于酿制干红葡萄酒和佐餐葡萄酒。经常与'赤霞珠'等优质酒勾兑，以改善成品酒的酸度，促进酒的早熟。适合篱架栽培，宜中、短梢修剪。

4. 品丽珠

原名：Cabernet Franc

别名：卡门耐特；Breton，Carmenet，Bouchet，Cros-Bouchet，Crosse-Vidure，Veron，Bouchy，Noir-Dur，Messange Rouge，Trouchet Noir（法）；Bordo，Cabernet Frank（意）

欧亚种。原产地为法国波尔多。1892 年引入我国。山东和西北地区有栽培。

果穗歧肩短圆锥形或圆柱形，带大副穗，中等大或大，穗长 9~12.5cm，穗宽 8.5~10cm，穗重 200~450g。果粒着生紧密。果粒近圆形，紫黑色，小，纵、横径均为 1.4cm，平均粒重 1.4g。果粉厚（彩图 26）。果皮厚。果肉多汁，味酸甜，具解百纳香型和欧洲木莓（raspberries）独特的香味。每果粒含种子 2~3 粒。含糖量为 19%~21%，含酸量为 0.7%~0.8%，出汁率为 73%。用其酿制的酒，宝石红色，果香和酒香和谐，解百纳香味适当，低酸，低单宁，柔和，滋味醇正，酒体完美，易成熟。

植株生长势强。结果枝占芽眼总数的 78.4%。每果枝平均着生果穗数为 1.6~1.8 个。浆果晚熟。抗逆性较强，耐盐碱，耐瘠薄。较抗白腐病、炭疽病。成熟期受低温，酸度和单宁含量较高。适合在气候温暖地区种植，渤海湾地区是此品种的最适宜产区。宜篱架栽培，单干双臂或多主蔓扇形整形，以短梢修剪为主。

5. 黑比诺

原名：Pinot Noir

别名：黑彼诺、黑品乐、黑根地、黑美酿、大宛红（山东烟台）；Pineau，Franc

Pineau, Noirien, Savagnin Noir, Salvagnin, Morillon, Auvernat, Plant Dore, Vert Dore, Pinot Franc noir, Bourguignon noir（法）；Spätburgunder, Blauer Spätburgunder, Blauerburgunder, Klävner, Clävner, Klebrot, Schwarzer Burgunder, Schwarzer Riesling, Süßling, Süßedel, Süßrot, Möhrchen, Malterdinger（德）；Pignol, Pignola, Pino Nero（意）；Klevner, Cortaillod（瑞士）；Blauer Spätburgunder, Blauer Nürnberger（奥）；Rouci, Rouci Modré（捷）；Nagyburgundi, Czerna, Okrougla ranca, Kisburgundi Kék,（匈）；Pino negrn（罗）；Black Burgundy；Пиночерен（保）；Пиночерный, Пинофран（俄）；Пиного（格鲁吉亚）；Шпачек（吉尔吉斯斯坦）

欧亚种，西欧品种群。起源甚古，多数学者认为原产地为法国勃艮第（Burgundy）。1892 年自西欧引入我国。在我国栽培较广泛，陕西、河北、山东、辽宁等地均有栽培。

果穗圆柱形带副穗或圆锥形，小，穗长 9.0~16.5cm，穗宽 6.0~12.5cm，平均穗重 234.2g，最大穗重 293.2g。果穗大小不整齐，果粒着生疏密不一致。穗梗长，穗轴梗上密生小的黑色斑点。果粒椭圆形，黑紫色或紫黑色，中等大，纵径 1.5~1.7cm，横径 1.3~1.6 cm，平均粒重 2.1g。果蒂扁而较大。果粉中等厚（彩图 27）。果皮中等厚，较坚韧，略带涩味。果肉致密而柔软，汁中等多，味甜，酸味少。每果粒含种子 2~4 粒，多为 3 粒。种子卵圆形，中等大，灰褐色；种脐椭圆形或近圆形；喙中等长。种子与果肉易分离。可溶性固形物含量为 13.5%~15.1%，最高可达 21.4%，可滴定酸含量为 0.67%~0.97%，出汁率为 67.3%~78.7%。用其酿制的红葡萄酒，宝石红色，澄清透明，具有纯正的果香，味细腻，回味绵延，原酒成熟快，原酒贮存多年酒香和风味不变。适合酿制不同类型的葡萄酒。

植株生长势中等。隐芽萌发力强，萌发的新梢可形成结果枝，副芽萌发力弱。芽眼萌发率为 53.6%~81.2%。浆果晚、中熟。耐干旱，抗雹灾，抗寒力强。抗白腐病力较强，抗黑痘病、霜霉病、炭疽病以及房枯病力中等。适合篱架栽培，采用长梢、中梢或短梢修剪均能萌发出较多的结果枝。此品种可作为检验葡萄卷叶病的指示植物。

6. 北醇

欧山杂种。中国科学院植物研究所北京植物园育成。亲本为'玫瑰香'ב山葡萄'。1965 年选出、通过鉴定并定名。在北京、河北、山东、等地大面积栽培。

果穗圆锥形，有副穗，中等大，穗长 19.5cm，穗宽 12.5cm，平均穗重 259g，最大穗重 320 g。果穗大小整齐，果粒着生较紧。果粒圆形或近圆形，紫黑色，中等大，纵径 1.7cm，横径 1.7cm，平均粒重 2.6g。果粉厚（彩图 28）。果皮较薄。果肉较软，稍有肉囊，果汁多，红褐色，味酸甜。每果粒含种子 2~4 粒，多为 2 粒。种子椭圆形，小，暗褐色，外表有明显沟痕，种脐凸出，喙短而尖。种子与果肉易分离。可溶性固形物含量为 19.1%~20.4%，可滴定酸含量为 0.75%~0.97%，出汁率为 77.4%。酿酒品质中上等。用其酿制的酒，宝石红色，澄清，果香良好，酸涩恰当，柔和爽口，回味尚好。

植株生长势强。隐芽萌发力强，副芽萌发力弱。芽眼萌发率为 86.8%。浆果晚熟。抗寒性、抗旱性和抗湿性强。高抗白腐病、霜霉病和炭疽病。抗二星叶蝉能力中等。抗寒性强，在北京地区无须埋土防寒可安全越冬。抗病性强，在南方多雨地区栽培很少感病。不裂果，无日灼。早果性及丰产性均好。枝条成熟好。易于栽培。应注意定梢、控产。全国各葡萄产区都可种植，尤其适合南方多雨地区栽培。篱、棚架栽培均可，宜中、短梢修剪。

7. 烟 73

欧亚种。由山东烟台张裕葡萄酿酒公司育成。亲本为'玫瑰香'×'紫北塞'。1980 年定名。作为优良染色品种，已在我国红葡萄酒产区大面积推广。

果穗圆锥形，中等大，穗长 13cm，穗宽 12cm，平均穗重 150~221g。果粒着生较紧密。果粒卵圆形或椭圆形，深紫黑色，中等大，纵径 2.0cm，横径 1.7cm，平均粒重 2.3g。果粉厚（彩图 29）。果皮厚而韧。果肉较软，果汁深宝石红色，稍有香味。每果粒含种子 2~3 粒。含糖量为 14%~16%，含酸量为 0.71%，出汁率为 68%。用'烟 73'酿制的红葡萄酒，色泽浓红鲜艳，具较好的果香和酒香，纯正柔和。

植株生长势中等。芽眼萌发率为 73.2%。结果枝占芽眼总数的 57%。浆果中熟。抗旱，抗日灼，抗寒性较差。抗病性中等，较抗白腐病，晚期有炭疽病危害。棚、篱架栽培均可，多主蔓扇形整形，宜中、短梢结合修剪。

8. 霞多丽

原名：Chardonnay

别名：霞多内、夏多内、莎丹妮、查当尼、沙尔多涅品诺；Pinot Chardonnay，Chardennet，Chardenai，Chardeonnet，Chardennay，Pinot Blanc à Cramant，Eqinette，Arnaison，Plant de Tonnerre，Morillon，Rousseau，Roussot，Maconnais，Petite Sainte-Maire，Melon d'Arbois，Gamay Blanc，Petit Chatey，Beaunois，Noirien Blanc，Arboisier，Aubaine，Auvernat（法）；Weißer Clevner（德）

欧亚种。原产地为法国勃艮第（Burgundy）。1951 年引入我国。在我国主要葡萄产区均有栽培。

果穗歧肩圆柱形，带副穗，小，穗长 12~15cm，穗宽 8~9cm，平均穗重 142.1g。果粒着生极紧密。果粒近圆形，绿黄色，小，纵径 13.9cm，横径 13.5cm，平均粒重 1.4g。果皮薄，粗糙（彩图 30）。果肉软，汁多，味清香。每果粒含种子 1~2 粒。含糖量为 20.3%，含酸量为 0.75%，出汁率为 72.5%。受病毒为害时常出现无籽现象，形成小青粒，对品质影响极大。用其酿制的酒，淡柠檬黄色，澄清，幽雅，果香微妙悦人。

植株生长势强。芽眼萌发率为 80.4%。结果枝占芽眼总数的 68.8%。浆果晚、中熟。适应性强。抗病力中等，较易感白腐病。适宜较肥沃的土壤。多采用短梢修剪。

9. 雷司令

原名：Weißer Riesling

别名：雷斯林、里斯林、白雷司令、莱茵雷司令；Riesling，Rößling，Rößlinger，Liesler，Rieslinger，Rheinriesling，Moselriesling，Rheingauer，Johannisberger，Hochheimer，Niederländer，Klingeberger，Gräfenberger，Kastalberger，Karbacher Riesling，Kleinriesling，Kleinriesler，Weißer Kleiner Riesling，Gewurztraube，Pfefferl（德）；Riesling blanc，Petit Riesling，Gentile Aromatigue，Petracine（法）；Riesling renano bianco，Riesling renano，Reno（意）；Petit Rhin（瑞士）；Re'zlink，Ryzlink rynsky，Starovetske（捷）；Rajnai Rizling，Grauer Riesling（匈）；Riesling de Rhin，Reynai（罗）；Rizling（保）；Risling，Risling Rejnski（苏联）；Risling rejnski（荷）；White Riesling，Johannisberger Riesling（美）；Rhine Riesling（澳、新西兰）；Grosser Riesling，Schloss Johannisberg

欧亚种。原产地德国。是德国酿制高级葡萄酒的品种。1892 年，自西欧引入我国。

山东省烟台地区栽培较多。

果穗圆锥形，带副穗，少数为圆柱形带副穗，中等大或小，穗长 13.6 cm，穗宽 10.1 cm，平均穗重 190g，最大穗重 400g。果粒着生极紧密。果粒近圆形，黄绿色，有明显的黑色斑点，中等大或小，纵径 1.4~1.7cm，横径 1.35~1.60cm，平均粒重 2.4g。果粉和果皮均中等厚（彩图 31）。果肉柔软，汁中等多，味酸甜。每果粒含种子 2~4 粒。种子近圆形，中等大，褐色，种脐中间凹，顶沟浅，喙短。种子与果肉易分离。总糖含量为 18.9%~20.0%，可滴定酸含量为 0.88%，出汁率为 67%。用它酿制的葡萄酒，酒精含量在 11° 以上，挥发酸为 0.003%，浅金黄微带绿色，澄清透明，果香浓郁，醇和协调，酒体丰实、柔细爽口，回味绵延。

植株生长势中等。成枝率为 77.97%~88.54%，枝条成熟度好，浆果晚熟。抗寒性强，耐干旱和瘠薄。抗病力较弱，易感毛毡病、白腐病和霜霉病。无日灼，不裂果。产量高，应控制负载量。适合在干旱、半干旱地区种植。宜篱架栽培，以短梢修剪为主。

10. 索维浓

原名：Sauvignon Blanc

别名：长相思、常相思、索味浓、白索味浓、白富明；Sauvignon, Jaune, Blanc Fumé, Surin, Fie dans le Neuvillois, Punechon, Puiechou, Centin a Romorantin（法）；Muskat-silvaner（德、奥）；Savagnin Musqué（美国加州）；Fumé Blanc（美、南非、澳、新西兰）

欧亚种。原产地为法国波尔多南部的格拉夫（Grave）。1892 年，烟台张裕葡萄酿酒公司从法国引入我国。河北、山东、陕西等地有少量栽培。

果穗歧肩圆柱形或圆锥形，带副穗，小，穗长 12~14.5cm，穗宽 8~10cm。平均穗重 163.8g。果粒着生紧密，有大小粒。果粒近圆形，黄绿色，小，纵径 1.5cm，横径 1.3cm，平均粒重 1.4g（彩图 32）。果皮中等厚，韧。果肉软，有独特的果香。每果粒含种子 2~3 粒。含糖量为 18.34%，含酸量为 0.73%，出汁率为 78%。用其酿制的酒，微带黄绿色，具浓郁的独特的果香。

植株生长势强。结实力强。芽眼萌发率为 84%。结果枝占芽眼总数的 80.9%。浆果晚、中熟。适应性弱，不抗寒，花芽易遭冻害。抗病力弱，极易感白腐病、炭疽病、灰霉病。适应性和抗病性弱，常发生冻害和病害，是一个栽培难度较大的品种。适合在干旱、少雨和温凉的地区种植。

11. 赛美蓉

原名：Sémillon

别名：赛米隆；赛美容、沙美龙；Sémillon Blanc, Sémillon Muscat, Sémillon Roux, Chevrider, Malaga, Colombier, Blanc Doux（法）；St-Emilion（罗）；Green Grape, Greengrape, Wine Grape, Wyndruif（南非）；Hunter River Riesling（澳）；Semillon

欧亚种，原产地为法国波尔多东南的索丹（Sauterne）巴尔萨克（Barsac）地区。1960 年，引入我国。在河北、山东、河南等地有少量栽培。

果穗歧肩圆锥形带副穗，中等大或大，穗长 13~19cm，穗宽 11~14cm，平均穗重 310g。果粒着生较疏松或中等紧密。果粒圆形，黄色，小，纵径 1.5cm，横径 1.5cm，平均粒重 2.1g。果皮薄（彩图 33）。果肉软，汁多，果香浓郁。每果粒含种子 2~3 粒。含糖量为 19.83%，含酸量为 0.60%，出汁率为 78%。用其酿制的酒，黄色带绿，柔细爽口，果香浓

郁并微带淡柠檬香味，酒质极好。

植株生长势强。芽眼萌发率为74.5%。结果枝占芽眼总数的43.4%。晚、中熟。适应性强，较抗寒，适应在各种类型的土壤中生长。易感白腐病，灰霉病。适合在西北温凉气候地区种植。采用篱架栽培，扇形或单干双臂式整形均可，宜中、短梢修剪。

（三）砧木品种

1. 420A

原名：420A Millardet et de Grasset

美洲种群内种间杂种。由Millardet于1887年育成。亲本为冬葡萄 × 河岸葡萄。雄花（彩图34）。

抗根瘤蚜，抗石灰性土壤（20%）。喜肥沃土壤，不适应干旱条件。生长势弱，扦插生根率为30%~60%。可提早成熟，常用于嫁接高品质酿酒葡萄或早熟鲜食葡萄。

2. 5BB

原名：5BB Selection Kober

冬葡萄。原产奥地利。源于冬葡萄实生。雌能花（彩图35）。

抗根瘤蚜，抗线虫，耐石灰性土壤。植株生长旺，扦插生根率高，嫁接亲合性不如'SO4'。在田间嫁接部位靠近地面时，接穗易生根和萌蘖。一些地区反映与'品丽珠'等品种嫁接有不亲合现象。抗湿、抗涝性较弱，生产上要予以重视。抗石灰性土壤（达20%）。抗线虫。

3. SO4

美洲种群内种间杂种。德国育种家从冬葡萄和河岸葡萄杂交后代中选育出的葡萄砧木品种。雄花（彩图36）。

抗根瘤蚜、抗根结线虫的多抗砧木，生长旺盛，扦插易生根，初期生长极迅速，并与大部分葡萄品种嫁接亲合性良好。与河岸葡萄相似，利于坐果和提前成熟。适潮湿黏土，不抗旱，抗石灰性达17%~18%，抗盐能力可达到0.4g NaCl/kg土壤。抗线虫。产条量大。易生根，利于繁殖。嫁接状况良好。作为欧美杂种四倍体品种的砧木时有"小脚"现象。

4. 抗砧3号

种间杂种。原产地中国。由中国农业科学院郑州果树研究所育成。亲本为'河岸580' × 'SO4'。雄花（彩图37）。

植株生长势强，枝条生长量大，副梢萌芽力强，隐芽萌发力强。极抗葡萄根瘤蚜和根结线虫，中抗葡萄叶蝉，与'巨峰''赤霞珠'等嫁接亲和性好。

5. 抗砧5号

种间杂种。原产地中国。由中国农业科学院郑州果树研究所育成。亲本为'贝达' × '420A'，两性花（彩图38）。

高抗根瘤蚜。抗病性极强，在郑州和开封地区，全年无任何病害发生。盐碱地和重线虫地均能保持正常树势，嫁接品种连年丰产稳产，表现出良好的适栽性。

6. 贝达

原名：Beta

别名：贝特、贝塔

美洲种。原产地美国。为美洲葡萄和河岸葡萄的杂交后代，两性花（彩图39）。

适应性强，抗病、抗湿力强，特抗寒，在华北地区可不埋土安全越冬。枝条扦插容易生根，与欧亚种或欧美杂种品种嫁接，亲和性良好，是较好的抗寒、抗涝砧木。在西北等盐碱地严重的地区容易缺铁黄化。

第二节 葡萄园的建立

葡萄树的寿命和经济年限都较长，而葡萄生产管理工序相对复杂，不同的栽植方式对葡萄生产管理及销售都会产生较大影响。所以，建园时必须做好长期规划，科学地进行园地选择与定植建设。

一、园地选择

在建园时必须充分考虑影响葡萄种植的各种因素，一旦建园后将难以改变。虽然建园时需要考虑的问题很多，但完全符合葡萄生产的园地是很难遇到的，因此，生产上建园时主要考察土壤质地和地理位置两方面的因素。

（一）土壤选择

在建园时要尽量选择地势较高、排水良好、土质疏松的砂壤或砾质土的缓坡地。偏砂的土壤种植葡萄相对较好。一是砂质土壤春季温度回升较快、发芽早，可提早成熟，利于早熟品种栽培时选用；二是砂质土壤温差大、利于养分积累而提高果实品质，这在消费者消费水平不断提高的情况下显得较为重要。对于土壤条件不好的地块，要加强对土壤的改良。在黏土地、盐碱地种植葡萄时，宜通过增施有机肥等措施，对土壤进行一定程度的改良，这样才能达到良好的效果。在山地和坡地种植葡萄，其气候环境条件良好，而且山地一般白天温度较高，夜间温度低，昼夜温差大，果实着色好，有利于光合产物的积累，含糖量高，病害发生轻。山地和丘陵地不积水，有利于果实中的糖分积累，这种比较瘠薄的山地和坡地有许多适宜葡萄生长的优良条件，更容易生产出优质的果实来。

（二）位置选择

葡萄园尽可能选在交通方便的地方，以便于产品外运销售，尤其是以采摘观光为目的时，一定要考虑到顾客的方便性，尽量设置在城市郊区、高档消费人群分布较为集中的地方。靠近当地交通要道及旅游观光区时，对销售将更为有利。要选择排水、灌水条件良好的地方，使植株能健康正常地生长发育。距离大中城市消费市场较远的地方，要选择贮运性较好的品种，以适应销售的需要。在城市郊区或高消费地区，应以品质作为选择的最重要标准。

二、施肥整地

建园时需要对土壤进行一些必要的准备工作，如清除原土地上不利于葡萄建园的障碍及植被，平整土地等，尤其是根据园地土壤质地进行必要的改良，以满足葡萄种植要求。

（一）葡萄对土壤条件的要求

1. 疏松的土壤结构

在相对疏松的土壤上，葡萄根系才能够较快地生长并能良好的发育。维持一个庞大而健壮的根系是保证葡萄正常生长发育的基础性工作，对葡萄生产具有十分重要的意义。

土壤是由固体、液体、气体组成的疏松多孔体，土壤固体颗粒之间是空气和水分流通的场所，必须保持一定的孔隙度，才能有利于葡萄根系吸收养分，保证根系正常的生长发育。单位体积土壤的干土重量（即容重）是反映土壤松紧度、含水量及空隙状况的综合指标，土壤容重与葡萄根系发育关系密切。一般来说，土壤较为疏松时，根系生长发育良好，根系大量分布。土壤容重较大时，根系生长发育受阻。研究表明，当土壤容重超过 $1.5g/cm^3$ 时，葡萄根量明显减少。土壤中大小不同的空隙比例在葡萄生产中有重要意义。砂土土粒粗、空隙大、透水透气性较好，但保水保肥能力差；黏土地则相反，虽然保水保肥性好，但透气性、透水性较差，土壤温度不易上升。而壤土居于二者中间，空隙比例适当，即有良好的透气、透水性，又有良好的保水保肥能力。土壤结构是指土粒相互黏结成的各种自然团聚体的状况。通常有片状结构、块状结构、柱状结构、团粒结构等，以团粒结构的土壤最为理想。团粒结构的土粒直径以 2~3mm 最好。团粒结构的土壤稳定性好、空隙性强，能协调透水和保肥的关系，土壤中微生物种类多、数量大，有利于土壤有机质的分解，便于养分被作物吸收，有利于葡萄正常生长发育。团粒结构的形成与土壤有机质含量关系密切，增施有机肥、反复耕耙等有利于团粒结构的形成。

不同的葡萄品种对土壤条件有不同的要求。一般来说，欧美杂种根系较浅，需要较强的土壤肥力，适合在微酸、微碱及中性土壤种植，对盐碱地则也比较敏感，不耐石灰质土壤，但对于土壤结构要求不严，即使在黏土、重黏土上也能栽培；而欧亚种属于深根性，对土壤肥力要求相对没有欧美种高，但对于土壤结构要求较高。在砂土、砂壤土上表现良好，更适合栽植在石灰性、中性、微酸性土壤上。生产上施肥整地等时应将改善土壤孔隙度、改善土壤团粒结构当作一项基础性工作引起特别重视。

2. 较高的有机质含量

土壤有机质是指存在于土壤中的所有含碳物质，包括土壤中各种动物、植物残体，微生物及分解和合成的各种有机物质。有机质含量是优质葡萄生产的一个非常重要的土壤指标，对土壤的性质起着重要作用，对葡萄的质量和产量有十分重要的影响。有机质的主要元素为碳、氧、氢、氮，其次是磷和硫。有机质的碳氮比（C/N）一般在 10 左右。土壤有机质中的主要化合物组成是类木质素和蛋白质，其次是半纤维素、纤维素等。土壤有机质一般分为两类，一类是还没有分解或部分分解的动物、植物残体，这些残体严格来说并不是土壤有机质，而只是存在于土壤中的有机物质，尚未成为土壤的组成部分；另一类是腐殖质，它是土壤中的有机物质在微生物的作用下，在土壤中新形成的一类有机化合物，这些有机化合物与一般的动物、植物残体以及土壤中的其他化合物有明显不同。稳产优质的葡萄园，土壤 pH 值一般应在 6.5~7.5，有机质含量应保持在 1.5% 以上。

在现代葡萄生产中，土壤中较高的有机质含量对改善葡萄品质、促进葡萄生长发育具有非常重要的意义，应引起高度重视。土壤有机质含量增加了，土壤结构、土壤理化性质、土壤营养等也会得到相应改善，葡萄生长发育水平将会明显提高。据统计，国外优质葡萄园有机质含量高达 7% 以上，而我国目前大部分土壤有机质含量还不足 1%，差距十分明显。各种有机物质进入土壤后，需要经过一定的过程才能转化为植物需要的营养，这些过程包括在良好的通气条件下，有机物质经过一系列好气微生物的作用，彻底分裂为简单无机化合物的过程。土壤有机质彻底腐熟分解并同时释放出二氧化碳、水和能量，所含的氮、磷、钾等各种营养元素在一系列特定反应后释放成为植物可利用的各种养料。土壤微生物在有机质的转化中起到巨大的作用，它主导着土壤有机质转化的基本过程。因此，影响有机质转化的条件就是微生物转化的条件，如水分、空气、温度、土壤酸碱度、营养物质、有机质的碳氮比等。通常一般的秸秆要适当增加一些氮肥才能更有利于微生物活动而加速分解。

土壤中的有机质含有植物生长发育需要的各种营养元素，对土壤的物理、化学和生物学性质有着深刻影响，对土壤水、气、热等各种肥力因素起着重要的调节作用，对土壤结构、土壤的黏结性、可塑性等有着巨大影响。增加土壤有机质含量是我国葡萄优质化、精品化生产的重要的基础性工作，从一定意义上说它决定着葡萄园未来的发展，应引起高度重视。土壤有机质含量增加了，土壤结构与肥力也就相应提高了，葡萄将会生长健壮、生长发育均衡、花芽分化良好、产量增加、外观及内在品质将得到明显提高，而且各种病害减轻，管理费用降低。

生产上提高土壤有机质含量的主要措施有定植前大量施用有机肥，或秋季施用有机肥作基肥，还可以在葡萄行间生草，待草长到一定程度时翻入土中。总之，土壤有机质含量提高了，葡萄优质精品化生产就变得相对简单了。

3. 充足而均衡的养分

当营养不足时，葡萄生长发育就会受到影响。良好的生长发育要求营养要充足，只有营养充足了，葡萄才会健康地生长发育。葡萄对养分的需求存在着一定的规律性，在不同的生长发育阶段，对土壤肥力的要求也有所差别，某种元素过多或者过少时，都会影响养分平衡，给葡萄带来不良影响，需要通过追施肥料进行调节，使之符合葡萄生长发育的要求。

元素之间存在着相助与相克作用。如锌是钙的增效剂，当土壤中锌含量充足时，可提高植株对钙元素的吸收利用；镁是锌、锰的增效剂，锰是锌、镁的增效剂；这种现象叫作相助作用。还有一种现象是当土壤中一种元素含量增加时，葡萄根系对另一种元素的吸收利用减少，这种现象叫相克作用，也叫拮抗作用。如磷过多或过少时，影响葡萄对硼、锰、锌的吸收；钾含量较高时，影响对氮、镁、钙的吸收；钙含量较高时，影响对钾、镁的吸收；镁含量较高时，影响对钙的吸收。葡萄对元素的吸收利用过程是一个复杂的过程，葡萄正常的生长发育更需要充足而均衡的营养，单种元素不可盲目地过量施用，否则会带来不良影响，甚至会引起连锁反应。

（二）施肥整地

葡萄定植前的施肥整地是保障葡萄健康生长的基础性工作。以优质化、精品化为生产目标时，更应该重视所施用的有机肥种类和数量。一旦定植后，由于葡萄植株与架材占据一定的位置，进行土壤改良就不方便了，因此，要高度重视种植前葡萄园有机肥的施用。

施用的有机肥一般应以动物的粪便、农作物秸秆为主，如牛粪、羊粪、粉碎的玉米秸秆、小麦秸秆等，这些有机肥对改良土壤结构效果较为显著。在我国中部和北部地区，以玉米茬种植葡萄时，玉米采收后，可将秸秆就地粉碎，在此基础上，再施用一次有机肥，施肥标准可结合土壤特性、栽培目标等决定，一般每亩可撒施 5~10m³，可分两次施入田间。第一次有机肥施用后，采用专用深翻犁深翻。春季，当土壤解冻后，将土壤旋耕一次，每亩可再施用 5~10m³ 有机肥，并加入 30~50kg 的复合肥，深翻、旋耕、等待定植。猪粪养分较为丰富，对苗木生长十分有利，且能保持较长时间的肥效，定植当年葡萄生长

较为健壮，叶片青绿。

当犁地深度能达到 35~40cm 时，可直接定植葡萄苗。如深度不能达到要求的标准，在定植前需按照行距开沟定植，并于沟内施入进一定量的腐熟有机肥，以改良土壤结构、保持根系生长处于一个疏松的土壤环境下。

三、葡萄园规划

葡萄园规划必须在调查、测量的基础上，进行科学的规划和设计，使之合理利用土地，符合现代化先进的管理模式，采用最新的技术，减少投资，提早投产，在无污染的生态环境里提高浆果质量和产量，可持续地创造较理想的经济效益和社会效益。

（一）道路规划

道路设计应根据果园面积确定。葡萄园以 1hm^2 左右为一区较为适宜，面积过大时，田间作业不方便，工作人员有疲劳感。面积过小时，浪费土地。在一般情况下，园地面积较大时，应设置大、小两级路面。大路要贯穿全园，与园外相通，宽度一般为 4~8m。小路是每小区的分界线，是作业及运输通道，方便管理，主要应考虑到喷药及耕作等机械的田间操作。如采取南北行向栽植时，种植方之间的东西向小路宽度应在 3~4m，以方便机械在相邻两行之间转弯作业。而南北向的小路可适当窄些。

道路规划应兼顾到每行种植葡萄的株数，而株数的确定，应结合两立杆间的间隔距离而进行，为了兼顾果园的外观效果，每行栽植的株数应为两立杆间距离的倍数。这样，立杆在田间才会整齐划一，富有美感。

（二）排灌系统规划

首先，葡萄园灌溉系统的建立要考虑必须有充足的水源。要重视建立灌水设施，保证在葡萄需要水分的时期能及时浇水，并达到有计划的灌水。灌水不仅是干旱时应该采取的一项技术措施，更重要的是灌水可以配合田间施肥，促进果树对肥料的及时充分利用，达到理想的效果。微喷灌及滴灌技术在我国多地被广泛采用，其肥水一体化供应可大大提高工作效率，而且可提高肥料利用率、节约水分、对土壤不造成板结，利于葡萄生长发育。

其次，要重视排水设施的建设，无论是在南方还是北方地区，葡萄园都要十分重视排水设置的建设，果园水分过多而不能及时排出时，连续多日的积水，不仅会使葡萄根系生长吸收受阻，地上部会表现出一些生理病害而严重影响葡萄的生长发育，而且还会造成植株徒长，严重影响到葡萄的花芽分化，直接影响到下年的产量与质量。保持果园相对干燥的土壤环境对果实品质提高、花芽分化等具有非常重要的作用。在葡萄成熟期，田间水分如不能及时排出，对葡萄品质也会有很大影响。

（三）行距确定

葡萄行向一般有南北行向和东西行向。采取棚架栽培时，多为东西行，这样可以让棚面充分接受到阳光照射，便于管理和产量的提高；而采取"V"形架及其他栽培方式时，则采取南北行向较多，以保证更为科学地利用阳光。行距的确定应根据不同的架式并参考品种的生长势决定。在一般栽培条件下，"V"形架、飞鸟架行距应保持在 3m 左右，行距过小不利于田间作业，尤其是采取避雨栽培时更是不便，行距过大时浪费空间，影响产量提高。小棚架行距一般为 4~5m。行距较大时，有利于田间机械作业。当行距过大时，不利于前期产量提高。在人工费用越来越高的情况下，扩大行距、增加机械作业比例是今后发展的趋势。

（四）定植沟开挖

定植沟按照行距进行开挖。定植沟开挖的目的是创造一个利于根系生长发育的良好土壤环境。施用有机肥及其他肥料后的土壤结构及土壤肥力将得到明显改善，并可有计划地使葡萄根系在熟土层内生长，促进及早进入丰产期，并为今后健康发育打下一个良好基础。按照行距开挖定植沟，沟的宽度一般为 80cm 左右，深度为 60cm 左右。在雨水较多地区、土壤黏重的地块、巨峰系品种上，由于根系分布相对较浅，沟的深度也可适当降低。如果定植沟过深，有机肥将会更为分散，单位体积土壤内的有机肥含量降低；大量的生土被开挖出来不仅浪费人力、物力，而且会对葡萄生长带来不利影响。定植沟一般要在冬季寒冷天气来临之前开挖完成，以便使挖出的土经受冬季寒冷天气反复冻融后，以改善土壤结构。

定植沟开挖通常有机械开挖、人工开挖、人工开挖和机械结合 3 种方式。机械开挖多采取挖掘机进行，其优点是开挖成本较低、开挖速度较快，缺点是不适宜于小面积建园。挖掘机到田间进行作业时，会将原本松软的土壤压实而影响将来葡萄根系生长；人工开挖的优点是开挖质量较高，生土与熟土可达到较为严格的分开放置，但在我国劳动力资源越来越短缺的情况下，人工开挖成本过高，且劳动强度偏大；采取机械结合人工开挖的，通常采用机械将土壤向外深翻，来回各一次，在此基础上，再使用人工进行开挖。采用人工开挖时，为节省成本，当定植沟开挖至 30~40cm 深时，下面的土可不必翻出来，可将一定数量的肥料撒入沟内直接翻入，春季栽植前再进行上部土壤回填。因下部土壤多为生土，因此，有机肥和其他肥料的施用比例应适当增加，以利于土壤结构改良和增加土壤肥力。定植沟开挖时，上部的熟土与下部的生土要分层开挖、左右分开放置，以便能按照要求做到科学回填。

（五）沟内土壤回填

定植沟的回填一般在春季进行，可于定植一周前完成。沟土回填的原则是能保证沟内土壤疏松、养分充足、肥料均匀分布，并保证根系生长在熟土层内。因为地表土经过多年的耕作，土壤肥力较好，加之开沟前所施用的肥料经过深翻与旋耕后，在土壤表层分布较为均匀。为达到这些目标，一般提倡在定植沟内填入经过上述施肥整地后的地表熟土，这样田间操作也较为方便，也较利于当年定植葡萄树的生长发育，实践证明，采取这样的回填方法，定植苗在当年可获得较快的生长，第二年即可获得相当的产量。在定植沟较窄较浅、定植行较宽时，适合采取这样的回填方法。从定植沟开挖时，就要做到生土与熟土在沟的两边分开放置，将熟土和与熟土一边的表土回填到沟内，达到与周围地面平行或略低于周围地面，随后将挖出的生土撒在沟对面因地面表土被填入沟内后而形成的低洼处。

当定植沟开挖较宽较深、行距较小或挖掘机不能严格控制生土熟土分开放置的情况下，要达到沟内全部填入土壤表面熟土的目标会有一定难度，可能仍要采取分层回填的方法。在我国中部地区的一般土壤中，葡萄根系多分布在地表下 10~40cm 处，因此，土壤回填时，土与肥料要分层均匀填放，并用工具将肥料与土壤掺和均匀。在原来普施肥料的基础上，此次沟内也要加入一定量的有机肥和化学肥料。有机肥仍以腐熟牛粪等动物粪便为主，每亩可施 3~20m³，要在施用前晒干打碎。沟内施肥工作做好了，可以保证当年幼树能健壮生长。除施肥量以外，肥料是否能均匀地掺入土壤也影响施肥效果。生产上常遇

到的问题是定植沟内施用未经腐熟的潮湿成块的有机肥,尤其是鸡粪等有机肥集中地施入沟内后,由于不能与土壤充分拌匀,对葡萄根系生长十分不利,从而一定程度上还会产生伤害,应加以避免。

四、定植

葡萄品种及砧木苗木的选择须根据当地气候及园地情况进行选择。定植时选择无病毒苗木,栽植时充分考虑到苗木长势、果园规划情况、采取的架式等因素,对苗木进行必要的技术处理以提高栽植成活率,同时要考虑到行间距、朝向等,为优质葡萄的生产打下良好基础。

（一）苗木挑选

苗木质量直接关系到定植当年生长的好坏,定植高质量的苗木是促进当年良好生长,在第二年获得一定产量的基础性工作,应引起十分重视。高质量的苗木应是大苗、根系较为发达,拥有2~3个发育良好的饱满芽。定植苗刚发芽时,最初消耗的是苗木体内的营养,大苗体内贮存有更多的营养物质,苗木生长得更快。饱满芽发芽更早、芽更旺,抽生的新梢生长也更快。当上部饱满芽不发,而下部瘪芽萌发时,一般发芽相对较迟、生长速度也较慢。当定植苗生长到一定阶段,体内营养物质被消耗许多,这时根系是否发达将对苗木生长起到重要作用。健壮的根系一般呈现亮黄色且根系发达,死亡的根系一般为黑色,死亡时间较长时根系甚至带有白色霉状物。

苗木要分级定植,这样可提高田间生长的整齐度,使高低更趋一致而便于管理。苗木质量的差异会带来将来植株生长发育上的差异,因此,在苗木定植时,要确保栽植优质的、符合要求的苗木。定植剩余的苗木最好栽植在较大的营养钵内,以方便发芽后的田间补苗,以备替换田间不发芽的、生长缓慢的苗木。

严格把握定植这一关,对于促进早日结果与丰产是非常必要的。在我国,因苗木质量欠佳而造成定植后幼苗生长发育不良的现象非常普遍,待出现这种现象后再采取施肥、浇水等补救措施,即使花费大量的人力物力,有时也达不到定植优质苗木生长发育的水平。

（二）苗木处理

1. 清水浸泡

葡萄苗木在冬季贮藏的过程中会失水,为提高成活率,通常在栽植前对苗木进行清水浸泡,使其吸收水分,促进体内生命活动,利于萌发新根和萌芽。浸泡时间一般为3~12h,在冬季贮藏中失水严重的苗木可适当增加浸泡时间。

2. 药剂处理

为杀灭苗木枝条所带病菌,在苗木浸泡取出后,要对其进行药剂处理。生产上多采用杀菌剂对地上部分进行浸蘸处理,此时可采用具有内吸作用的杀菌剂,常用的如多菌灵等。由于枝条尚处于休眠期,且刚从水中捞出,配制的杀菌剂可以适当浓一些,如采用多菌灵消毒时,可使用100~200倍。此外,还可采用3~5°Bé的石硫合剂等进行枝条消毒。

3. 苗木修剪

对于苗茎较长的苗木要进行修剪。较短的苗茎可促进苗木生长更加旺盛,而且芽眼较少时可减少抹芽等的工作量。修剪后,苗茎一般要保留2~3个饱满芽。较长的根系也要进行修剪,根系修剪后,利于发出新根。根系保留长度一般约15cm。经过修剪后,由于地上部分与地下部分保留的长度基本一致，幼树生长高低相对较为整齐。

（三）苗木栽植

1. 栽植时期

葡萄苗木多在春季栽植，不同地区一般栽植时期不同，主要应根据根系活动始期而定。我国中部地区一般在3月上旬（惊蛰前后）即可开始栽植。在采取地膜覆盖的情况下，土壤墒情得到很好保障，春季温度回升到一定程度时，也可提前开始。生产实践表明，春季栽植较早的苗木生长更为旺盛。

2. 株距的确定

采用"V"形架、"Y"形架定植时，株距多为1~2m，第二年或第三年即可进入丰产期。结果后的植株可适当间伐，使单位面积株数逐渐变少且最终达到一定的数量。生产实践证明，葡萄进入丰产期后，在株行距较大的情况下，树体发育更加完整，树体长势趋于中庸，更便于管理，果实发育较为一致，更利于优质。

在苗木栽植前，首先确定地头第一根立杆的位置。每行地头的第一根立杆要在一条直线上。在确定每行第一根立杆后进行株距确定和标记。

3. 苗木定植

在苗木定植前，首先要考虑的是架材栽植要南北、东西行向一致，尤其是在避雨栽培条件下，更应考虑这些因素，以利于架材搭建。在避雨栽培条件下，常采用先搭建架材，而后再栽植苗木。如果先栽植苗木时，应考虑到架材搭建的位置，并进行标记，在标记的基础上进行苗木栽植。

根据苗木根系大小决定穴的大小，穴一般中间高，四周低。苗木放置时，将根系向四周舒展。苗木覆土后，苗木栽植处土壤略高于周围，用手掌压实或者用脚轻轻踩实。在挖好的小坑内，葡萄的根系附近的土壤不应有肥料，不能让根系与肥料直接接触，尤其不要直接接触速效化学肥料，以免对根系造成伤害。嫁接苗的嫁接口不能埋入土内，否则嫁接口处将会长出新根，失去了嫁接的意义。

园土回填至接近满沟时浇水灌溉，浇水后沟内土会下沉，2~3d后再进行苗木栽植，这样苗木根系就可以生长在设定的深度。如灌水不便，可人工将沟内土踩实等待定植。要适当浅栽，一般上部根系距离地表5cm左右，这样利于葡萄苗木迅速生长。栽植过深时，苗木根系多分布在生土层，往往生长不旺。根系分布较深时，也给今后田间施肥管理等造成较大困难。从地理位置看，南方栽培应浅一些，而北方冬季温度较低，为防治根系冻害，应适当深栽。

葡萄定植后，要及时开挖浇水沟浇水。为提高成活率，一般定植当天浇水完毕。大水漫灌会造成土壤表面开裂而影响将来小苗生长，一般以滴管、喷灌为好。

因为黑色地膜有防止杂草生长的作用，目前生产上多采用黑色地膜进行覆盖。覆盖时，将苗木从地膜下取出，苗木出口处用碎土压实，地膜两侧拉紧压实，以减少地膜下水分向外蒸发。

五、葡萄立架

葡萄的架式与葡萄园的管理、葡萄的品质密切相关，而葡萄立架的质量又决定着葡萄生产的效率。葡萄必须依附架材支撑去占领空间，每年要通过人工整枝造形，才能使枝蔓合理地布横架面，充分利用生长空间，使其适应自然环境，增加光照，达到立体结果，以

形成优质、稳产丰产的优良树形。

（一）立支杆

1. 水泥柱

水泥柱由钢筋骨架、沙、石子、水泥浆制成。为保证质量，一般采取较高标号水泥。由 4~6 根 8 号扎丝或直径为 6mm 的钢筋为纵线，与 6 条腰线组成内骨架。

2. 镀锌钢管

镀锌钢管的规格一般采用 DN32（外径 42.4mm）或 DN40（外径 48.3mm），为防止生锈，一般采用热镀锌钢管。下端入土 30~50cm，采用沙、石、水泥做柱基（生根），柱基直径 15~20cm，可保证稳固性。柱基坑可用机械开挖。机械开挖后，坑较为坚实，填入混凝土后，立杆较为稳固。

采取"V"形架时，在钢管的干高部位钻一小孔，以备穿钢丝使用。在每行树两个地头立杆的下面穿钢丝的小孔位置拉一根细线，以确定每行中间立杆小孔在一条直线上。当最下方的小孔在一条直线上时，立杆上部也将会在一个平面上，这样就会达到整齐一致的效果。

（二）拉钢丝

为避免生锈，葡萄园常使用镀锌钢丝。在保证质量的情况下，尽可能使用较细的钢丝，以节约成本，多采用直径为 1.6mm 的镀锌钢丝。在采取避雨栽培时，受力较大的、支撑棚膜等处的钢丝，直径可增加到 2.0~2.2mm。

（三）埋地锚

地锚在每行葡萄两端起固定与牵引作用，多以水泥、沙石、钢丝制成的长方体，规格可根据定植行长度、受力的大小灵活掌握。一般长宽各 0.5m 左右，厚度为 10~15cm。地锚起着固定立杆的作用，一定要掩埋坚固。其掩埋深度根据受力大小决定。在避雨栽培条件下的地锚深度一般在 0.6~0.8m。非避雨栽培的地锚可适当浅些。地锚掩埋后，要踏实灌水。随跨度的增加，地锚承受的拉力也随之增加。每定植行两端的地锚，尽可能埋入定植方之间的道路上，地锚线从道路立杆的地表面上穿过。

六、防护设施建设

葡萄园四周要建立防护设施。常见的防护设施有铁篱笆防护网、枳（枸橘，嫁接柑橘用的抗寒砧木）等，铁篱笆防护网一般高 3m，防护网的立柱用水泥和石子等浇灌埋入土中。枳因为具有较长的刺，使人难以靠近，相对于花椒等树种，下部枝条不会死亡而产生空档。

为保险起见，沿着铁丝网再栽植一行枳，二者相互配合，可起到非常理想的防护效果。但需要注意的是，枳生长较为旺盛，应防止对葡萄生长发育的影响。应将枳的高度及根系生长限定在一定范围内，以枳作为防护网过高时，有挡风作用。葡萄园通风较差时，田间温度较高，影响葡萄生长及果实品质。此外，田间可设置摄像头，对不同角落进行监控，即使在室内，也可随时掌握田间状况。

七、定植当年管理

葡萄定植当年最主要是通过一系列管理措施保证其成活率，同时还需要一些必要的管理，使其符合预定的架式，方便将其培养成既定树形，又能达到优质、丰产的目的。

（一）地膜覆盖

葡萄苗定植当天应及时浇水，以促进成活。在浇水后的 2~3d 内即可覆盖地膜，常采用 80~100cm 宽的黑色地膜进行覆盖。地膜具有土壤保墒保温、保障微生物活动、加速苗木生长的作用。地膜可以阻挡土壤中的水分蒸发，尤其是在春季较为干旱的地区，对葡萄的生长发育十分有利。

地膜覆盖质量的好坏直接影响着幼苗当年的生长。覆盖前，地面要整理相对平整，无大的土块。覆盖时，将小苗破膜露出，破口处要尽可能小，地膜要紧贴地面，在小苗破口处，用细土将小苗周围薄膜压住，地膜的边缘也用细土压实，以保持土壤水分。如果地膜未紧贴地面，小苗被覆盖在地膜下面时，萌发的新梢会被晴天地膜下所产生的高温伤害甚至死亡，当地膜紧贴芽眼时，产生的温度会更高、伤害作用更大。定植后应及时检查，确保定植苗的芽眼部位处于地膜以上。

在地膜覆盖情况下，土壤拥有较为理想的含水量，对促进根系生长有利。当覆盖不透光的地膜时，由于地膜的透光性较差，可有效抑制膜下杂草的生长。不同覆盖物对土壤温度的影响效果不同，覆盖物的透光率是主要影响因素。当覆盖透光率较高的白色薄膜时，白天土壤增温效果显著，在春季短暂使用对葡萄生长有利。随着气温的升高、光照强度的增强，透明地膜下会产生过高的温度，会对葡萄根系生长发育带来不利影响；而覆盖黑色地膜的土壤温度较低，在炎热的夏季使用效果更为理想。

（二）选定主干

当最旺盛的新梢长至 10cm 以上时，开始选定主干。为保险起见，起初先保留两个最为旺盛的新梢。当能辨别出哪个将来会生长得更好时，把生长势较强的作为主干培养，而另一个副梢可在半大叶片处摘心，作为辅养枝，以促进根系生长。对辅养枝上再发出的副梢应及时全部抹除，限制其进一步生长。嫁接苗要及时去除砧木上的萌蘖，以促进上部快速生长。嫁接口处的薄膜也要及时去除，防止对嫁接口产生伤害。

定干后，幼苗生长逐步加速。葡萄主干上 7~8 节后开始出现卷须，卷须的产生会消耗大量营养，要及时去除。在葡萄主干几乎每节都会产生副梢，一般在 3~5cm 长度时去除。生产中，还会遇到生长较长的副梢，不可一次性去除，否则有可能会逼冬芽萌发。副梢越长时，冬芽萌发的可能性越大。对于已经产生有大叶片的副梢，要在半大叶片处摘心，保留大叶片。半大叶片尚有继续生长的空间，会缓冲因摘心后营养集中供应的压力，可避免冬芽萌发。

葡萄绑缚通常有两种方法，一种是在最下面一道钢丝上，用绳索将小苗吊起向上生长，其缺点是遇到大风天气，小苗会产生剧烈摇晃影响根系正常生长；另一种是在每株小苗附近插一竹竿，将新梢绑缚在竹竿上，使其沿竹竿向上生长。用绑枝机、绑枝卡绑缚，以避免伤害新梢。竹竿长度根据干高及整形方式而定。当幼苗长至 30cm 以上时，应及时进行绑缚，促使新梢直立，以加速生长。

（三）肥水管理

当年定植的葡萄苗发芽后，起初根系生长缓慢，在卷须出现后（一般 8 片叶左右），根系生长开始加速。从小苗上的卷须开始出现到达到干高高度以前，宜追施尿素等氮素肥料，以促进苗木快速生长。在幼苗生长发育不良时，可多次追肥。追肥一般开沟进行，前

期距离主干30cm左右，深度一般10~15cm。随着苗木不断生长、根系不断伸长，追肥沟至主干的距离要逐步加大。第一次追肥在新梢长至7~8片叶时于定植行一侧开沟施肥。当株距在1m或1m以下时，可在定植行的一侧，顺定植行方向开一条与定植行同长的长条沟。第一次追肥主要是尿素，可根据土壤肥力灵活掌握。施肥后及时浇水。尿素被施入沟内浇水后，在短期内尚不能完全彻底分散，而仍以较高浓度局限在撒施点附近。据此，在每次施肥浇水多天后，当土壤含水量由高变低至土壤较为干燥时，需再补充浇水一次，肥料的利用效果将会更好。

当葡萄形成主蔓后，开始追施复合肥，主要目的是促进主蔓的生长和花芽分化。在生长发育不良的地块，要多次追施复合肥，应根据不同的栽培目标灵活掌握。在小苗生长较差的地块，施肥次数应适当增加。复合肥的追肥时间一般可持续到7月中旬，南方地区可适当推迟。追肥延续的时间偏晚时，枝条老化会受到一定影响，影响安全越冬。当葡萄生长的后期，也就是生长速度开始放缓时，应追施钾肥，以硫酸钾为主，以促进枝条老化和安全越冬。在葡萄生长的后期，过多施用氮素肥料会诱发徒长、影响枝条老化和安全越冬。

在葡萄根系中，能够有效吸收养分的是根毛，而非较粗的主侧根。因此，要确保肥料施入根毛区。施肥沟与小苗的距离、施肥的深度是影响肥效的两个重要因素。应参考葡萄定植的深度、施肥沟至小苗的距离，并结合土壤的具体情况灵活掌握。将氮素施用到根系生长尖端分布的区域且略高于根系时较为理想，避免过多地断根。在开沟定植的地块，追肥次数应根据小苗生长的具体情况灵活掌握。目前，施肥上常见的问题很多，如施肥过于集中（如挖坑点施）、离根太近、施肥量过大、施肥过深、施肥后不及时浇水等，均不利于葡萄快速生长，甚至会造成植株死亡，应该注意改进。

在我国南方和北方，因生长期时间长短及降水量等的不同，全年的植株生长量存在很大的差异，南方的生长量大，而在北方生长量偏小。因此，南方的四主蔓整形当年可以很好地形成4条健壮的主蔓，而在北方有时却很难达到。同样道理，在北方常用的单干双臂整形，在南方如不对生长加以控制，两主蔓粗度很可能会超过1.2cm，而严重影响第二年的发芽和结果。在生长的过程中，对幼苗的长势进行准确的判断，对于培养出粗度适中的主蔓，使第二年有个理想的产量，具有重要意义。而因树施肥、分类培育是当年管理的一项重要工作。生长势弱的树要增加施肥次数，通过精细管理加速生长；对生长过旺的树，要适当加以控制。

定植当年的主要任务是达到整形所确定的目标，即培养出要求的主蔓数，并使每主蔓尽可能达到要求的粗度。实践证明，主蔓当年生长粗度达到0.8~1.2cm时，第二年春季发出的新梢的结果能力最强，花序发育良好。枝条过细或过粗时，发出的新梢，其上的花序少而小。如果当年生长不良，有的甚至不能达到干高要求的高度时，在冬季修剪时，需要从中下部对其进行平茬，第二年重新生长，这样就会耽误一年时间。为避免这样的现象产生，让苗木当年健壮生长、早日成形、早日丰产，要加强对定植苗当年的肥水管理。氮肥与钾肥易溶于水，可随水滴灌供应。而磷肥不易溶于水，可在苗木定植前施入田间。近年来，肥水一体化滴灌技术在各地被广泛采用，可大大提高定植苗快速生长，且可以节约成本，值得推广应用。

（四）立架引绑

葡萄藤比较柔软，需要靠架面支撑占据空间，维持空间营养面积。因此，葡萄苗木定植后，根据葡萄长势，要及时立架，维持葡萄后续生长所需要的空间。空间营养面积的大小及对空间的利用决定着葡萄产量及品质。葡萄在芽眼萌动后，要根据培养树形与架式及时引绑上架。引绑过早容易造成顶端优势明显，影响下部芽眼萌发，过晚则可能碰掉嫩芽，影响生长。

（五）反复摘心

摘心的重要作用是调控生长，如果生长得不到有效控制，营养生长不能向生殖生长转化，花芽分化与发育就不会很好，将直接影响到下年的产量。如果对植株生长过于抑制，有可能促使冬芽萌发，也应引起高度重视。因此，生产管理上要根据实际情况寻找出一种平衡。

主蔓第一次摘心后，保留的新梢继续向前生长。第二次摘心根据新梢生长势可保留 3~5 片叶。主蔓第二次摘心后，已经 10 多片叶，要限制其继续快速生长，促进花芽分化、枝条老化。当主蔓叶片数达到 15 片左右时，主蔓直径当年基本可达到 0.8~1.2cm。在主蔓每个节位副梢保留一定叶片数量的情况下，达到上述粗度所需要的主蔓节位数量会适当减少。当进入缓慢生长期时，再次发出的副梢基本全部抹除。主蔓上的副梢对加速主蔓生长有促进作用。一般来说，主蔓上副梢越长，主蔓的增粗效果越明显，副梢着生节位的主蔓冬芽发育越不饱满。主蔓副梢的保留，也增加了工作量。在管理不够精细时，副梢上可能还会产生二次副梢，而严重影响主蔓冬芽的花芽分化与发育。但是，如果将副梢全部去除或重摘心，在操作不当时，有可能在主蔓上出现冬芽萌发的现象。冬芽一旦萌发，第二年产量会受到严重影响。

主蔓的摘心时机及方式应根据不同株距、不同栽培目的掌握。主蔓摘心时一定要慎重，摘心部位以下 3~4 节的副梢当天一般不做处理，其下副梢可留 1 片叶绝后摘心。尤其是主蔓在水平生长的情况下，对其摘心处理时，由于摘心部位以下的第一副梢位置水平，极性生长放缓，下面副梢的抹除更应慎重。为保险起见，当主蔓副梢水平方向生长时，主蔓一般不进行摘心，只有当其生长到一定长度时再作处理，以控制其无限的生长。在对主蔓摘心时，主蔓下部的副梢明显长于上部。在主蔓生长过长，未来得及摘心时，主蔓下部的副梢往往生长过长。对于主蔓上大叶片超过 1 个以上的副梢，可适当多保留叶片数量，在半大叶片处摘心处理，以防止逼冬芽萌发。当副梢上保留的叶片较多时，副梢上的二次副梢应及时全部抹除。

在葡萄定植当年，对主干摘心形成需要的主蔓数量。主蔓产生后，常采取向上直立生长和水平生长两种方式。向上直立生长时，上部极性较强，利于主蔓伸长；主蔓水平生长时，主蔓生长势缓和，但是主蔓上发出的副梢相对于直立生长，其生长势会更强，应注意及时加以抑制。水平生长的主蔓上副梢所留叶片数量多少应根据植株生长势和整形目标而定。在主蔓水平生长时，如果生长势较强时，为防止将来主蔓过粗而影响下年结果，冬剪施常采用保留副梢结果，此方法多被用于结果性能较好的品种，而在红地球等品种上采取这样的方式效果并不理想。一般而言，主蔓的冬芽来年发出的新梢的结果性能要优于主蔓上的副梢。采取主蔓上副梢结果时，副梢的摘心方式可参考主蔓的摘心方式进行。

（六）合理修剪

冬季修剪时，枝条粗度达到 0.8~1.2cm 时，其上发出的新梢其花芽分化一般较好、结果率高、果穗较大。因此，在对定植树当年肥水管理时，要适时对长势加以判断，对生长

势偏弱的树，要及时追肥促进生长；对生长势较强的树，应适当控制肥水，有时也可临时增加主蔓数量以分散营养供应。对于临时增加的主蔓，冬季修剪时可疏除，这样可有效解决因肥水充足而造成主蔓超粗等问题。

第三节　土肥水管理

土壤是葡萄树赖以生长发育的基地，它可以满足根系生长对水、肥、气、热等的需要。而土壤管理的方法、土壤管理水平的高低与土壤养分含量和养分供应密切相关，从而影响葡萄树体的生长和结果；土壤中有毒害物质影响果实的食用安全性。所以，良好的土壤管理是进行优质葡萄生产的前提，也是保护环境、实现可持续发展的基础。

一、土壤改良

土壤改良是葡萄乃至整个农业生产中永恒的任务。我国果园土壤有机质多在1%左右，处于偏低水平，改良土壤的一个重要工作就是提高土壤有机质。提高土壤有机质是提高土壤营养元素水平的起点与维持较高营养元素供应水平的有效措施。土壤有机质含量增加，能够改善土壤理化性状和微生物群落结构，对营养元素的活化也起重要作用。目前，提高土壤有机质的主要方法是科学补充土壤有机质，主要有施用有机肥和种植绿肥。

（一）有机肥改良土壤的意义

有机肥对于土壤改良的作用主要体现在3个方面：一是有机肥中所含的强碱弱酸盐能够平衡土壤的pH值，使土壤趋于中性，而大部分营养元素的有效态在中性土壤中含量最高，从而增加营养元素的有效态含量；二是有机肥中所含的纤维素、淀粉、蛋白质、脂肪等大分子有机物被微生物利用，代谢产物中含有大量的氨基酸、醌类物质和多元酚类物质，这些代谢产物缩合形成土壤团粒结构的基本单元——腐殖质，土壤团粒由于其特殊结构，孔隙度增加，透气性增强，使得土壤的保水保肥能力显著增强，有利于根系生长；三是有机肥的降解过程是土壤微生物丰富的过程，增加微生物多样性，降低土传病害的传播率，同时也能够一定程度促进营养元素的吸收。

（二）目前葡萄园基肥施用存在问题

基肥是果树生长所需养分的重要来源，基肥施用是否合理直接影响树体生长和果实品质形成。目前，我国葡萄乃至整个果树生产中，基肥以农家肥为主，但养殖业规模化发展以后，畜禽粪便中存在很多问题，如大量的抗生素、重金属、强碱性的消毒剂掺杂在畜禽粪便中，为果树生产和土壤环境带来了潜在威胁。2016年，国家质量监督检验检疫总局和国家标准委员会联合批准发布了《有机肥料中土霉素、四环素、金霉素与强力霉素的含量测定（高效液相色谱法）》，该标准是我国首次发布肥料中抗生素残留检测方法，为限制畜禽粪便滥用提供了依据。而鸡粪、猪粪等粪便由于价格低廉，在果园中应用最为广泛，但这两种粪便中抗生素含量也最高，对果树生产和土壤环境的威胁也最大，如果应用时不加以改进，在不久的将来将逐渐被淘汰。应用最多的畜禽粪便还包括牛粪和羊粪，但畜禽粪便都存在用量大、劳动强度高的问题。如何合理施用基肥，是葡萄园生产过程面临的重要问题。合理施用有机肥，主要从合理的时间、合理的肥料种类、合理的施用方法等几方面考虑。

1. 适宜的时间

在我国北方地区，葡萄根系有两个快速生长高峰期，即春季 3 月中旬到 5 月下旬、秋季 9 月上中旬到 10 月上旬。临近这两个时期是葡萄园施基肥的适宜时期。一般而言，葡萄园基肥宜秋施。

①秋季果实采收后，植株需要大量的营养补充，尤其是中微量元素，而有机肥中含有大量的中微量元素，可最大限度满足植株需要。

②秋季施基肥断根后，由于地上部还有大量叶片可以进行光合作用，回流到根系有助于快速恢复。

③ 10 月以后地上部由快速生长阶段转入营养回流阶段，营养回流到根系，为第二年更好生长做准备。9 月施基肥，10 月根系基本恢复并大量生长，正好可以接收地上部回流下来的营养。

④春季地面化冻以后，植株随之萌动，地上部萌芽会消耗大量的营养，此时由于没有叶片进行光合作用，所以营养供给基本依靠去年秋季根系贮备的营养，此时施基肥，必定会断根，断掉的根系营养大量流失，同时根系还要消耗大量营养来恢复，这样就形成了地上部需要营养，地下部也需要营养，会造成地上部和地下部争夺营养，直观表现是植株萌芽不整齐，影响植株开花、坐果，甚至会影响植株整年的生长。

综上所述，施基肥合理的时间即秋天施用，北方地区 9 月施用最好，不要晚于 10 月中旬，忌冬季、春季开深沟施基肥。

2. 合理的肥料种类

畜禽粪便由于其存在劳动强度大、成本高，安全性隐患等问题，不适宜在现代果园中应用。在不考虑劳动成本的情况下，可以适当选用畜禽粪便作基肥应用，但是应用前要充分腐熟发酵，且要对其 pH 值进行检测，高于 8.0 的不能应用，否则会影响果树正常生长。

现代园区建设中，建议选用商品有机肥。商品化的有机肥一般都经过无害化处理，养分含量比农家肥要高。建议选购与使用符合 NY 525—2021 标准的商品性有机肥与符合 NY 884—2012 的生物有机肥。

3. 科学的施用方法

施用有机肥需在树冠投影外缘开 40cm 深的条状沟，每亩用量 5m³ 以上。商品化的有机肥或生物有机肥，建议每年用量 1t/ 亩以上。

（三）绿肥应用

果园套种绿肥能够补充土壤有机质。葡萄园套种毛叶苕子，每年地上部鲜草量 2.5~3t，秸秆腐烂到土壤里，相当于每年为葡萄园补充 1t 以上的优质有机肥，且能够改良土壤理化性状，改善微生物群落结构，改善果园环境，抑制杂草，节省大量的劳动成本，在欧美、日本等国家已经广泛应用，但在我国应用很少。美国果树生产中很少用畜禽粪便来做有机肥，应用最多的是植物性有机肥，如绿肥、秸秆等。秸秆还田在我国粮田中应用较为广泛，但在果园中应用相对困难。近年来，随着人工成本的增加和规模化果园的发展，绿肥由于其能够节省大量的人力成本，在我国规模化果园中的应用逐年增多，但发展质量参差不齐。葡萄园适宜的绿肥种类主要有毛叶苕子、紫花苜蓿、箭舌豌豆等豆科作物以及黑麦草、鼠茅草、早熟禾等禾本科作物。不同绿肥营养含量不同，不同地区适宜的绿肥种类也不尽相同。各地宜积极探索果园绿肥高效利用技术。

二、葡萄栽培中土肥水之间的关系

（一）肥与水

葡萄需要的营养元素需要溶解到水里才能被吸收，适当的水分有利于葡萄吸收营养元素。肥水之间相互影响，素有水肥不分家之说。当土壤过于干旱时，根系能吸收到的营养元素有限，葡萄生长受到抑制。当土壤水分过大时，土壤通透性差，抑制了根系正常呼吸，轻者出现沤根现象，重者根系死亡，吸收能力下降，影响营养元素的吸收。有时表现整树叶片黄化，或上部叶片黄化，或下部叶片黄化。还有些果园出现老叶有锈斑，很像是生了"锈病"，其实是土壤水分过大，根系呼吸不畅所致。肥料充足而灌水不足时，根系处在高浓度肥料的环境，容易烧根，表现老叶干枯或焦边。肥料充足，灌水过量时，会造成土壤通气不良，易溶于水的营养元素随灌水渗漏流失，既浪费了肥料，又造成地下水污染。施肥要适量，土壤的水分也要适当，才能让根系处于最佳吸收状态。

（二）肥、水与根系

适当的肥水，有利于根系生长。土壤过度干旱时，根系吸收的营养量减少，为了满足树势生长需求，根系会极力伸长，寻找水源，大量消耗植株养分；土壤水分过大时，根系呼吸差，不利于根系生长，严重时会导致根系死亡。当土壤肥料浓度过高时，根系出现反渗透，导致根系失水死亡。近几年，过量施肥导致的烧根现象普遍，给葡萄生产带来严重后果。对于新栽幼树，新根没有长出之前施肥，不利于新根生长，就算有新根长出时，也只能接受非常低浓度的肥料环境，肥料浓度稍微高一点，就会阻止新根长出，出现发芽后苗木死亡的现象。对结果树，尤其是幼果膨大期，肥水需要量较大时，施肥更要适量，施肥量过大也容易出现烧根现象。

（三）肥、水与葡萄生长

肥水的调控是控制葡萄生长发育的关键。当既缺肥又缺水时，葡萄生长缓慢，节间短，叶片小；当水分充足，而肥料不足时，葡萄枝条细长，叶片淡绿，营养过多的消耗在营养器官上，结果能力弱；当肥充足而水分不足时，易出现烧根现象，叶片小且颜色深绿，节间短；当肥水皆过剩，出现枝条徒长，叶片大而颜色浅，节间长，副梢抽发多，生长快难控制。肥水与葡萄生长不协调，就会出现生理失调，增加管理难度。很多产区，在幼果膨大期处于干旱缺水状态，成熟期又降雨过多，易出现严重的裂果现象。

（四）灌水与土壤质地

不同的土壤质地需要有相应的灌水量。对于土壤团粒结构良好的壤性土，或者有机质丰富的土壤，保水保肥能力强，灌水量可适当大一些，灌水次数可适当少一些。对于土壤黏重的果园，灌水量不宜过大，要保持土壤良好的通透性才能有利于根系生长和吸收。这种土壤一旦灌水过量，通透性差，根系呼吸困难，容易出现沤根现象。砂性较重的土壤，保水保肥能力差，水分渗漏快，灌水宜采用小水勤浇，过量灌水既浪费水资源又带走大量的营养。因土壤的贮存和缓冲能力差，施肥量稍微大一点就易出现烧根现象，随着水分的下渗，很容易淋溶到土壤深层，使根系周围土壤肥料浓度迅速降低，让根系没有足够的肥料可以吸收，处于"饥饿"和"半饥饿"状态，所以，砂性土建议少量多次施肥。对黏重土壤和砂性土壤，建议基肥多施有机肥，以改善土壤的透气性和保肥保水性能。

三、葡萄年生育周期与施肥

葡萄周年生产中枝梢生长量大、果实产量高，对养分的需求量较多。不同的营养元素配比对葡萄的生长，以及品质和产量的形成至关重要，各元素在葡萄植株内须达到一定的浓度与平衡比例关系，才能有效地发挥其应有的生理功能。

（一）营养元素需求特性

营养元素对葡萄形态建成、果实品质与产量形成起着极其重要的作用，按需要量的大小可分为常量元素（氮、磷、钾、钙、镁、硫）和微量元素（铁、硼、锌、锰、铜、钼、氯），合理的营养关系有益于土壤肥力发展及生态环境的平衡。营养元素间存在协同或拮抗作用，适量的氮肥可促进镁的吸收，而钾可促进氮的吸收，对氮的代谢起直接作用；过量的施用氮肥会阻碍磷、钾、铜、锌、硼的吸收，钾与镁之间也存在拮抗作用。葡萄是喜钾植物，对钾的需求和吸收显著超过其他各种果树，整个生长期都需要大量钾素，尤其在果实成熟期需要量更大，其需要量居氮、磷、钾三要素的首位，葡萄生产上必须重视钾的充分供应。

葡萄营养生长旺盛，结果量大，在整个生长过程对氮、磷、钾的需求量很大。但不同时期对营养元素的需求不同。对氮和磷的吸收主要在转色期以前，萌芽期到谢花期吸收比例占30%左右，谢花期到转色期占40%左右，转色期至成熟期基本不吸收这两种元素，采收以后对这两种元素的吸收又迎来高峰期，约占全年吸收量的30%；对钾的吸收主要在果实膨大期，约占全年吸收量的50%，其余时期吸收相对均匀；钙和镁的吸收规律和钾基本相同。

氮和钾的补充主要以追肥为主，而磷由于极易被土壤固定，活化所需时间较长，80%磷元素需要在基肥施入。施肥量不宜过大，如果氮肥过多，会导致植株生长过旺，品质和产量下降；如果磷、钾过多，不但会造成肥料的浪费，也会对其他营养元素造成拮抗作用，进而影响植株生长。不同葡萄品种之间需肥量差异较大，在葡萄生产中，应根据葡萄品种、树龄、土壤条件、负载量等多方面因素来综合考虑，以进行平衡施肥。

（二）施肥管理

肥料种类分为化肥和有机肥，追肥以化肥为主，基肥以有机肥为主。在施肥管理中肥料种类选择和施肥技术都很重要。

1. 化肥

化肥根据工艺的不同可分为传统化肥、高塔造粒肥、水溶性肥料。

（1）传统化肥

目前，生产中应用最多的是尿素和传统复合肥。尿素水溶性好、见效快，在生产中应用最广泛。传统复合肥颗粒很难分散，难溶解到土壤中。传统复合肥或农用硫酸钾施到土壤中后半个月，还有大部分未完全溶解。果农在施肥时都是在葡萄生长关键时期，即需肥量最大的时期，但是，此时施的肥料没有被溶解，也就不可能被植株吸收，大量的肥料随水淋溶到深层土壤，相当一部分被土壤固定，只有少量营养被植株吸收，留在土壤中未被吸收的营养在葡萄不需要大量养分时开始发挥作用，导致植株徒长，这也可能是葡萄生长后期营养生长过旺的一个原因。据此，追肥应该适当提前施入。

（2）高塔造粒肥

随着化肥工艺的进步，高塔造粒的复合肥进入市场，高塔造粒相对于传统复合肥而

言，肥料颗粒遇水后很快炸开，形成悬浮液，对肥料的快速溶解起到了相当大的作用。市场上也叫冲施肥、水冲肥。但是，从悬浊液到溶解到土壤中仍然需要一个较长的过程。

（3）水溶性肥料

近年来，水溶性肥料进入市场，在肥料进入土壤前就已经完全溶解到水中，对肥料的快速吸收起到了至关重要的作用。由于水溶性肥料市场价格高，很多高塔造粒的肥料会打着"冲施肥"的名义冒充水溶性肥料，但这两种肥料有本质的区别，农业部已制定了水溶性肥料的标准，如 NY 1106—2010、NY 1107—2010、NY 1428—2010、NY 1429—2010等，而高塔造粒型肥料还是沿用传统复合肥的标准，选择时需加以注意。

2. 有机肥

有机肥料根据有机物料的来源不同，营养含量也不相同。

（1）畜禽粪便

畜禽粪便没有国家标准和行业标准，市场最为混乱，产品质量参差不齐，但应用量也最大。应用最多的是鸡粪、猪粪、牛粪、羊粪等。优选牛粪或羊粪，施肥量为 $5\sim10m^3/$ 亩。

（2）有机肥

以畜禽粪便、动植物残体等富含有机质的副产品资源为主要原料，经发酵腐熟后制成的有机肥料，执行标准 NY 525—2021。建议年用量 1t/ 亩以上。北方土壤适于用偏酸性肥料，南方酸性土壤中适于用偏碱性肥料。

（3）生物有机肥

生物有机肥指特定功能微生物与主要以动植物残体（如畜禽粪便、农作物秸秆等）为来源并经无害化处理、腐熟的有机物料复合而成的一类兼具微生物肥料和有机肥效应的肥料，执行标准为 NY 884—2012。建议葡萄园年用量在 1t/ 亩以上。

（4）含生物刺激素的生物有机肥

目前，生物刺激素的概念还没有在国内普及，但欧洲生物刺激素产业联盟给生物刺激素的定义为：植物生物刺激素是一种包含某些成分和微生物的物质，如腐殖酸、氨基酸等，这些成分和微生物在施用于植物或者根围时，其功效是对植物的自然进程起到刺激或加强作用，包括加强，有益于营养吸收、营养功效、非生物胁迫抗力及作物品质，而与营养成分无关。由此可知，生物刺激素既不是农药，更不是传统肥料，其靶标是农作物本身，可以提高肥料利用率或增强农药药效，改善作物的生理生化状态，提高抗逆性，改善作物品质和提高产量。含生物刺激素的有机肥见效快、用量小，市场价格也相对较高，生产中一般用 2.5~5kg/ 亩即可满足葡萄正常生长。

3. 周年不同生长期施肥

葡萄不同时期对不同元素吸收量不同。施肥时期一般在萌芽期、开花期、膨大期、转熟期/转色期、采后期等生长关键时期。

（1）萌芽期施肥

葡萄萌芽所需养分多为植株在上一年度积累的养分，该时期施肥是为花前新梢快速增长。氮素和磷素施肥量均占全年施肥量30%、钾素占全年施肥量25%。根据品种和植株积累养分不同，施肥量也不同。'巨峰'等欧美杂种系列品种容易徒长，若上一年度树势强壮，且养分积累充分，可以不施肥；'红地球'等欧亚种系列品种长势较弱，在萌芽期要施一定量的氮肥。以 1500kg/ 亩的葡萄园为例，'巨峰'系品种一般建议施肥量为氮素 5~7kg、磷素（P_2O_5）3~4kg、钾素（K_2O）5~6kg；'红地球'葡萄建议施肥量为氮素 8~9kg、磷素 3~4kg、钾素 7~8kg。根据当年产量、往年植株长势情况和当地地力酌情调整施肥量。

（2）花前肥

在开花前一周，若葡萄新梢长势均匀，且成龄叶片达到 12 片或以上，可不施肥或少施；若少于 12 片叶，可适当施肥。但不宜多施氮肥，以免营养生长过快，影响开花坐果。此时期可通过根外施肥，补充铁、锰、硼、锌、钙、镁等微量元素，有利于开花坐果。

（3）果实膨大期施肥

葡萄果实膨大期分为两个阶段，第一个阶段以果实细胞分裂为主，第二个阶段以果实细胞膨大为主。该时期是葡萄需肥量最大的时期，氮素和磷素施肥量占全年施肥量的 40%，钾素占全年施肥量的 50%。以 1500kg/ 亩的葡萄园为例，'巨峰'系品种建议施氮 7~8kg、磷（P_2O_5）5~6kg、钾（K_2O）8~10kg；'红地球'葡萄建议施肥量为氮素 9~10kg、磷素（P_2O_5）4~5kg、钾素（K_2O）11~15kg；我国南方地区葡萄园种植所有葡萄品种均需配合 10~15kg 的钙镁肥。为保障施肥效果，宜采取少量多次的原则，分 2~4 次施用。

（4）转色期 / 成熟期施肥

转色期是果实品质形成的关键时期，此时对氮和磷基本不吸收，主要以吸收钾肥为主，钾素施用量占全年施肥量的 10%。如果树势正常，建议'巨峰'系品种施肥量为钾素（K_2O）3~4kg，'红地球'葡萄施肥量为钾素（K_2O）4~5kg，一次施用。

（5）采后肥

采后肥也称为"月子肥"，对植株恢复极其重要。此时为葡萄吸收养分的又一个高峰期，底肥以有机肥为主，详见前文。氮素和磷素吸收量约占全年吸收量的 30%，钾素吸收量约占全年吸收量的 15%。产量 1500kg/ 亩的葡萄园，每亩施肥量'巨峰'系品种为氮素 5~6kg、磷素（P_2O_5）4~5kg、钾素（K_2O）4~5kg，'红地球'为氮素 8~9kg、磷素（P_2O_5）3~4kg、钾素（K_2O）3~4kg，所有品种均需施用 5~10kg 的钙镁肥。

4. 水肥一体化

关于施肥方式，传统施肥方式分为沟施、穴施、撒施。水肥一体化施肥方式是近年来推广应用的一种高效施肥灌溉方式。

（1）水肥一体化的概念

水肥一体化是利用管道灌溉系统，将肥料溶解在水中，同时进行灌溉与施肥，适时适量地满足农作物对水分和养分的需求，实现水肥同步管理和高效利用的高效节水节肥农业技术。它是水肥耦合的模式，具有省水、省肥、省工等优点，对果树绿色减肥增效意义重大。适合规模化果园应用，属化肥零增长的国家战略。

（2）水肥一体化应用的原则

葡萄生产中应用水肥一体化时，要区别于传统的关键时期施肥，改为关键时期均匀施肥，遵循少量多次、水不走空的原则。水肥一体化有很多方式，如滴灌、喷灌等。葡萄生产中应用更多的是滴灌。由于边际效应，长时间滴灌，会在土壤中形成一个高盐分界线，葡萄根系很难逾越该界限，所以生产中提倡滴灌和漫灌结合，每年 1~2 次漫灌以打破该界限。滴灌操作时，要先滴清水，再滴肥料，再滴清水，防止滴灌管内富营养化募集微生物

导致管道堵塞。

（3）滴灌条件下的施肥管理

滴灌一般由蓄水池或无塔供水、施肥灌、滴灌带组成。阀门开启后，水由蓄水池或无塔供水装置中经过施肥灌进入滴灌带中，再由滴灌孔进入土壤中，从而实现水肥一体化。滴灌须结合水溶性肥料应用，目前水溶性肥料配方较多。在应用时注意，硬核期以前，施用高氮复合型水溶肥，硬核期以后施用高钾水溶肥，提高树势用高氮低磷高钾型水溶肥。建议按照"萌芽期—开花前""膨大期—硬核期""硬核期—转熟期""转熟期—采收期""采后"进行施肥时间划分，每隔 7~15d 滴灌一次，砂土地在干旱季节滴灌频率要更高一些。中国农业科学院郑州果树研究所在河南郑州、新乡、商丘等葡萄产地的试验结果表明，滴灌施肥水溶肥用量每年不超过 40kg/ 亩，即可满足产量 1500kg/ 亩的葡萄正常生长。

总之，施肥管理要遵循葡萄自身的养分需求，同时要根据当地的土壤肥力和植株生长发育情况而定，适时、适量施用氮肥是施肥方案中最重要的，只有在合理的氮肥施肥前提下其他肥料施用才有可能取得应有的效果。判断葡萄缺肥与否，目前最为科学的是葡萄叶分析营养诊断。但是生产中若不能实现叶片营养诊断，一般可以根据葡萄树相判断是否缺肥，即"没果实时看新梢，有果实时看果实"。当葡萄新梢顶端向下垂时，说明植株长势良好，不需施肥；当新梢顶端直立向上，且节间过短时，说明植株生长不良，需要施肥。果实有光泽，说明发育正常，若无光泽说明缺肥。

四、葡萄年生育周期与水分管理

葡萄是需水量较大的果树，叶面积大，蒸发量大，如果土壤中水分不能及时满足葡萄生长发育需要，会对产量和品质造成影响。生产上必须结合物候期及树体生长情况做到及时、合理供应水分来保证葡萄正常生长。

（一）葡萄需水特性

不同生育期缺水对葡萄的生长发育影响很大。一般在生长前期缺水，会造成新梢短、叶片和花序小、坐果率低；在浆果迅速膨大初期缺水，往往对浆果的继续膨大产生不良影响，即使过后有充足的水分供应，也难以使浆果达到正常大小。在果实成熟期轻微缺水，可促进浆果成熟，提高果实含糖量，但严重缺水则会延迟成熟，并使浆果颜色发暗，甚至引起果实日灼。如果水分过多，常造成植株新梢徒长，植株遮阴，通风透光不良，枝条成熟度差，尤其是在浆果成熟期水分过多，常使浆果含糖量降低，品质较差，而此时土壤水分的剧烈变化还会引起裂果。

葡萄最适宜生长的土壤含水量为 60% 左右，即土壤呈手抓成团，一触即散的状态。土壤含水量低于 40% 时需要浇水，高于 80% 时土壤透气性变差，根系生长受到抑制。生长期要保持 60% 的土壤水分，但是为了生产高品质的水果，在转熟期以后要保持 40%~50% 的土壤水分，促进着色、提高糖度。葡萄需肥的几个关键时期也是需水的关键时期，结合施肥需要灌水。

（二）年生育周期水分管理

葡萄园灌水方案应根据葡萄年生长周期中需水规律、栽培区域气候条件、土壤性质、栽培方式等来确定。

1. 萌芽期水分管理

萌芽期需要有充足的水分以能保证正常发芽。对于北方埋土防寒区，出土后需要灌透水。北方早春干冷，出土后土质疏松，水分易散失，易出现春季抽干现象。此时的透水，既补充了葡萄植株的水分需要，有利于发芽整齐，还可以增加土壤的比热，一旦遇到冷空气时，可以减轻冻害造成的破坏。对于北方非埋土防寒区，要视天气与土壤决定是否灌水，遇到多雨年份，土壤湿润，或不需要灌水，干旱年份视墒情灌足萌芽水。对于南方多雨地区栽培的葡萄，要注意田间排水，防止水分过大导致沤根。一般认为，在葡萄上架灌第一次水应能渗透到 40 cm 的土层，在 20 cm 以下土层的持水量应保持在 60% 左右。

2. 发芽后到开花前水分管理

花前一周进行灌水可为葡萄开花、坐果创造良好的水分条件，缓解开花与新梢生长对水分需求的矛盾。对于南方多雨地区，露地栽培或避雨栽培的葡萄，需要注意田间排水良好，防沤根，降低田间湿度。对于干旱区，只有保证此时的水分供应，才能形成发育良好的叶片和花序，这是后期丰产的基础。对于北方栽培的葡萄，需要根据降水和土壤墒情，保障葡萄正常的生长，长势不良的果园，发芽后不宜大水漫灌，以免造成土壤温度过低，根系吸收能力下降。对于'克瑞森无核''红宝石无核'等葡萄品种，花序过紧，生理落果少，疏果工作量比较大，在此时需要保障充足的水分供应，让花序充分拉伸，以减少后期的疏果工作量，在良好的肥水条件下，生理落果较多，有利于生产松散型果穗，不用或减少疏果。对于易落花落果的品种，如'巨峰''户太 8 号'等，发芽时可以有适当的水分，开花前后需要严格控制肥水，防止徒长造成的严重落花落果。

3. 落花后到转色期／成熟期的水分管理

从花后一周至果实着色前，依降水情况、土壤类型、土壤含水量等灌水 2~3 次。此期灌水有利于浆果迅速膨大，对增产有显著效果。果实采收前应适当控水，遇降水较多要及时排水，以提高果实品质，有利糖分积累和着色。

果实膨大期是葡萄吸收营养的重要时期，半数以上的养分均在这一时期吸收。此时应该保持土壤良好墒情，保持适宜的肥料浓度。当土壤含水量达到持水量的 60%~80%，土壤中的水分与空气状况最符合树体生长结果的需要。水分过大，根系呼吸困难，吸收效率低，甚至根系死亡，老叶黄化，果粒生长缓慢。水分不足，土壤过于干旱，肥料的吸收减少，易产肥害，且日烧或气灼会比较重，后期易裂果。对于生理落果严重的品种，如'巨峰''户太 8 号'等，应该在谢花后 10d 以后再大量施肥和浇水，肥水供应过早，可能会出现较严重落花落果。这一时期虽然需要充足的水分供应，最好用小水勤浇替代大水漫灌，在高温天气，尤其是用地下水浇地的情况，最好是傍晚后浇水。南方多雨地区，一定要注意清沟，让田间排水良好。在降雨多又排水不良时，不但土壤湿度过大，根系活力低和吸收差，而且过多的水分造成田间湿度大，灰霉病发生严重，防治困难。

4. 转色期到成熟期的水分管理

采收前水分管理的原则是维持适量的土壤水分。土壤水分过大，会导致枝条徒长，消耗过多的营养，引起果实糖度积累慢，上色困难，此期应适度干旱，土壤含水量维持在最大持水量的 50%。含水量过小，如果遇到阴雨天气，可能会造成果实裂果。对于此时降水偏多的区域，要注意田间排水，清理田间沟渠，保持排水畅通。排水不及时，也容易出现

裂果，同时容易造成根系大量死亡，导致"水罐子病"，而且影响后期的养分积累和明年的发芽。

5.采收后水分管理

由于果实采收前适当的控水，果实采收后树体往往表现水分胁迫现象，叶片趋于衰老，因此，在果实采后应立即灌水一次，可结合秋施基肥进行。此次灌水有利于延迟叶片衰老，提高叶片光合性能，从而有利于树体贮藏养分积累，枝条和冬芽充分成熟。

对于干旱区，此时要有适当的水分供应，尤其是在秋施基肥时，需要有适量的灌水。对多雨或湿润地区，要注意田间排水。施用秋季基肥的时期在各地不一致，一般在9月中下旬到10月上旬，以地下有大量白色毛细根长出来为准。对于云南等干旱地区，采果后还在雨季，距施秋肥还有一段时间，要控肥控水，防止枝条徒长消耗过多的营养，且有利于霜霉病的预防。对于南方多雨区，采果后易出现阴雨连绵的天气，要注意田间的排水，防止田间积水和沤根。我国多数不埋土防寒区落叶期一般不需要浇水，云南干旱区修剪后为促萌需要灌透水。

6.封冻前水分管理

埋土防寒区在葡萄冬剪后埋土防寒前，非埋土防寒区在霜冻期过后应灌一次透水，可使土壤充分吸水，有利植株安全越冬。埋土防寒区防冻水是非常有必要的，生产中有"冬灌不灌，减产一半"的说法。封冻水既能增加土壤的比热容，又能使土壤更密实，减少热量的散失防止根系受冻。

第四节　花果管理

一、花

1.花序

葡萄的花序是在冬芽中形成的，其数量在萌芽前已经确定。花序的形成与营养条件的关系极为密切。

葡萄花序呈圆锥形，属复总状花序，由花序梗、花序轴、支梗和花朵组成，有的花序上还有副穗。葡萄花序的分支一般可达3~5级，顶部少，基部多。

正常花序末级的分支处一般着生3个花蕾，且中部的花质量较好。花序发育完全后约有200~500个花蕾。所以，穗大粒大的四倍体葡萄要注意疏修花序，每穗留100~150个花蕾，以提高坐果率。

2.花朵

（1）花的类型

根据雌蕊和雄蕊发育情况，葡萄的花可分为3种主要类型：

①完全花（两性花）：雌蕊和雄蕊发育完全，雄蕊直立，有较长花丝，花药内有大量的可育性花粉。

②雌能花：雌蕊发育完全，但雄蕊花丝短，开花时向下弯曲，花粉不育，不能萌发。雌能花葡萄在有两性花或雄花花粉授粉情况下，可以正常结果；否则，只形成大量的无核小果，并表现严重落花落果。

③雄能花或雄花：雌蕊退化但花粉可育，无花柱和柱头，不能形成果实。葡萄野生种类和一些砧木品种常为雌雄异株，即一些植株具有雄花，另一些植株具有雌能花。大多数栽培品种具有完全花，可自花结实和异花结实。少数栽培品种具雌能花，此类品种需配置授粉树，还可进行人工辅助授粉。

除了此3种典型的主要花型外，还存在许多过渡类型，还有一些花的畸形构造，如重瓣现象、花朵合生、星状开放等。

（2）花的结构

葡萄的花较小，完全由花梗、花托、花萼、蜜腺、雄蕊和雌蕊等组成（图5-1）。花萼发育不全，5个花萼共生，包围着花基，5个绿色花瓣自顶部合生在一起，形成花冠状。花瓣底部与子房分离，开花时向上向外滚动，花帽从上方脱落。每室2颗倒生胚珠，子房下部有5个含有芳香醚类物质的圆形蜜腺。

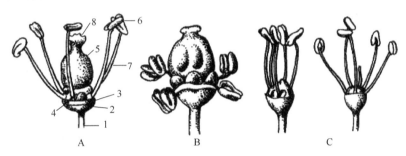

图5-1 葡萄的花型与结构

A. 完全花 1. 花梗 2. 花托 3. 花萼 4. 蜜腺 5. 子房 6. 花药 7. 花丝 8. 柱头

B. 雌能花 C. 雄花

二、花芽

（一）花芽的分化

葡萄冬芽结果是花芽分化的表现，是外在条件和植物内部因素共同作用的结果。冬芽出现花序原基，冬芽冬眠后发生花分化，因此花芽分化包括花序分化和花的分化。花芽的结实率可以用花序和花数来表示，花序和花数是花芽分化的两个方面，花芽分化包括花序分化和花朵分化。

（二）花芽分化的原理

花序的分化是在前一年的生长周期中自下而上逐渐进行的，此时新芽形成冬芽。在冬芽中，首先形成3~5个叶原基，然后是花序和与花序对生的叶原基。当冬芽开始进入休眠状态时，花芽分化停止，直到萌芽前又继续进行。此时，出现花序2~3个分枝和花蕾。

花的分化一般在发芽时进行，这是一个新的分化过程，花瓣、花萼、雄蕊、雌蕊相继出现，直到开花前几天才完全发育。

花序在春季萌发后随着新梢的生长继续发育，花序上形成的花原基随着花序各级小穗分枝的伸长而变粗，花序生长由慢变快，在开花前达到高峰；花序的生长是从基部向顶部逐渐进行的，即穗梗的生长先停止，然后在一、二分枝之间形成穗状花序；依此类推。这样，靠近花序基部的各级穗轴发育较好，而穗尖的生长较弱。在花序的众多末级分支先端着生的花原基随花序发育，迅速依次分化形成花萼、花冠、雄蕊和雌蕊（带蜜腺）。当萌芽后花序在新梢上明显露出时，花器的各部分已经形成。以后，随着花序的生长，花器继续发育，主要是形成花粉（小孢子发生）和胚囊（大孢子发生）。

按照 Bagciolini 物候期划分，从萌芽到开花，花序的生长发育要经历 4 个时期：F 期（果穗出现期），在萌芽后 3~4 周出现花序，直立于嫩梢的顶端；G 期（展穗期），同一花穗上的花序相互分离；H 期（展粒期），花序上的花蕾相互分离；I 期（开花期），花朵开放。

（三）芽的结实性

芽的结实性是花芽分化的表现，可以用每个芽上的花序数或者花朵数来表示。每个芽的花序数可以用冬芽的切片来观察测定，统计花序数的适宜时期为萌芽后的展穗期。而花芽的花朵数则应在花前几天进行统计，而且花序的长度与花朵数之间存在良好的相关性。此外，每个芽眼在萌芽后的花序数或者花朵数是芽的潜在结实性，而经花序修剪后每个芽眼所留下的花序数或者花朵数是芽的现实结实性。

（四）影响芽结实性的因素

（1）气象因素

花芽分化的数量与日长和气温呈正相关。温度通过促进整个植株的代谢、新梢的生长和冬芽的分化而影响花序的分化。它同时还对萌芽前后花各器官的分化起着重要的作用。如果萌芽时温度较低，则每个花序的花朵数较高，但花序数较少；如果通过延迟修剪等方式推迟萌芽，则花序数提高，这可能是由于萌芽时温度较高，有利于花序的分化。光照也是重要的因素，它在夏季影响花序的分化，简单地讲，花芽分化期间，良好的光照可使花芽分化更为彻底，形成的花序更多。

（2）植株状况

①品种：'缩味浓''雷司令'等品种结实性差，产量低；而'神索'等品种结实性好，产量高。对于产量低的品种，应采用长梢修剪，以尽量保留有花序的芽；而对于产量高的品种，可采用短梢修剪。

②生长势：芽的结实性首先随生长势的提高而提高到最大值，然后随生长势的提高而降低。所有影响生长势的因素，如修剪、施肥、砧木等，都会影响芽的结实性。

③激素：生长素有利于花芽分化，由根系合成的细胞分裂素也有利于花序和花朵的分化。

④芽的种类：在同一植株上，不同种类的芽其结实性也不相同：冬芽的主芽结实性最强，副芽结实性差，甚至不实；夏芽的结实性通常较差，即使有些品种的副梢上有二次果；多年生部分上隐芽的结实性差，甚至不实。

⑤冬芽在一年生枝上的位置：在同一枝条上，着生在一年生枝基部第 3~6 节的冬芽结实性最强，而着生在基部与梢部的冬芽结实性则最弱。对于结实性弱的品种，枝条基部的冬芽甚至不结实。这是因为中部的芽是在生长旺盛期形成的，其分化更完全。

（3）栽培技术

一些栽培技术可以改变植株的结实性，因而可改变整个葡萄园的产量：通过施肥改变生长势和通过冬剪根据植株的生长势确定留芽量（负载量）；修剪决定萌芽率：短枝修剪有利于萌芽，而过大的负载量会降低萌芽率；控制萌芽期：延迟修剪，可推迟萌芽，能提高花序数量，但如果修剪太迟，则会降低植株的树势；微气候的影响：叶幕层和芽眼的光照和温度可直接影响花芽分化和芽的结实性。

三、开花

（一）开花与授粉

当花器发育完全，雌、雄蕊形成后，在花瓣基部形成离层，此时花瓣变为黄绿色。由于温度升高和空气湿度降低，花瓣外侧收缩，基部从离层处开裂并向外、向上卷曲，且在花丝向上和向外伸长的作用下，葡萄的帽状花冠脱落，称为开花。并不是所有的花都能同时开放，一般葡萄的花期持续5~15d。

在花冠脱落过程中，充满花粉粒的花药随即开裂，散开花粉。花药开裂的时间与开花进程有关。除了天气条件外，不同品种的花药开裂时间也有不同，可分为3种类型。

①开花裂药型：在开花过程（花瓣开裂）开始裂药，花冠脱落后完全裂药。这类品种有'玫瑰香''葡萄园皇后''北玫''吐鲁番红'及'和田红'。

②轻微闭花裂药型：在花前0.5~2h和开花过程中或花冠脱落时裂药。此类品种有'京早晶''苏丹玫瑰''奥利文''阿布-交西''上等玫瑰'和"无核紫"。

③闭花裂药型：在花冠脱落前花药已完全开裂而且花粉散开，进行闭花授粉。此类品种有'白哈利''巨穗''巨峰''莎巴珍珠''喀什哈尔'和'白雅'。开花后约1d，花丝变褐和干枯。开花后不久在柱头上出现分泌液滴。多在清晨出现，也可能在下午出现。分泌液滴每日皆出现，直至受精或柱头变褐为止。在花开放后10~12d，柱头衰老变褐、干枯。授粉过程，即花粉落在柱头上的过程，是通过几种途径完成的。大多数栽培品种的两性花为自花授粉，一朵花的柱头主要接受本花的花粉（在闭花裂药的情况下更是如此）；也可以接受本品种来自其他花朵（同一花序、同一植株或不同植株）的花粉。雌能花品种则需要异花授粉，定植时需要配置授粉品种。

花粉主要是通过风媒传播。葡萄的花具有风媒的特征：花萼不发达，花冠小，绿色，开花时即脱落，雌蕊也无艳色，且没有花蜜。虫媒在葡萄授粉活动中也能起相当的作用。葡萄花的蜜腺虽然不能分泌花蜜，但含有挥发油，能散发特殊的芳香物质。

（二）受精与坐果

花粉粒落到柱头的分泌液上后开始萌发，花粉管从萌发孔中长出。花粉管成束状穿过花柱，15~24h后，部分花粉管通过珠孔进入囊胚。此时，进入花粉管中的生殖核分裂形成两个精子（单倍体），在胚囊中进行被子植物典型的双受精，即一个精子与卵细胞结合，形成受精卵（两倍体），另一个则与次生核结合，形成受精助细胞（三倍体）。后者在受精后1~2d立即分裂形成胚乳核，继而形成胚乳，而受精卵（合子）一般要经过10~20d的休眠后才开始分裂形成胚。在受精后，胚囊的其他细胞退化，受精卵和胚珠壁发育成种子，受种子形成的刺激，子房发育为果实。在葡萄中，由于双受精常常是不完全的，所以，每粒浆果中很少出现4粒种子，而且会出现下列不同类型的种子，即正常种子；空种子：只有种皮，没有胚；无皮种子：只有胚，没有种皮，不能萌发；无种子。

授粉受精后，子房壁迅速膨大形成果实的过程称为坐果。许多品种的坐果都是与种子的发育相联系的。但有一些品种形成无核果或无籽果，它们的坐果机理却不相同，是由于单性结实或种子败育型结实所致。

①单性结实：不经过受精作用就形成果实。如科林斯系品种，花型在形态上为两性花，花粉可育，但胚囊发育有缺陷或退化，不能正常受精，花粉管穿过花柱进入子房后，

释放出生长激素而刺激子房膨大和形成无核小果。这类品种的所有果实皆如此发育，称为专性单性结实品种。

②兼性单性结实：雌能花品种在没有可育花粉异花授粉的情况下，柱头接受自己的不育花粉，花粉在柱头上膨胀，其生长素类物质通过柱头分泌液可传入子房中而刺激其发育，形成无核小果，此为兼性单性结实品种。因为在有雄花或两性花授粉情况下，雌能花品种则形成正常的有种子果实。具有单性结实能力的品种也可由生长素、GA 或环剥处理的刺激而形成单性结实的果粒。

③种子败育型结实：授粉和受精正常进行，但随后胚发生败育，而形成无核果。

种子败育型结实形成的无核果比单性结实的无核果要大些。一些品种，如'玫瑰香''巴米特''乍娜'等可以形成一部分种子败育型的无核果，此为兼性种子败育型结实，与果穗中正常形成的有核果粒在一起，表现出鲜明的大小粒现象。

（三）落花落果和大小粒现象

成熟浆果的数量永远比花的数量要低。一部分受精的花发育成浆果，也就是坐果，而另一些花或（和）幼果则脱落，即落花落果。坐果率就是果穗上的果粒数与花朵数的比例。一般而言，花序小的品种坐果率（25%~50%）高于花序大的品种（5%~25%）；新梢基部果穗的坐果率小于其后的果穗。一般两性花品种在开花后，未经授粉、受精的花朵在花柄（或果柄）基部形成离层而脱落，甚至在花前和花期部分花柄也能形成离层而脱落。但大量的子房和幼果脱落见于盛花后数天和幼果直径 3~4mm 时期。当果粒直径达 5mm 以上时，不再脱落。落果终止标志坐果期结束。在自然情况下，一个葡萄花序中只要坐住一部分果（20%~50%）即可保证果穗发育丰满，而不影响产量。但在花、果过度脱落的情况下，可使果穗松散、穗重和产量降低。在一些果穗中，果粒大小相差悬殊，极不整齐，也严重影响葡萄的产量和品质。引起葡萄落花落果和大小粒的原因有多种。

1. 花器发育缺陷

雌能花品种的花粉没有发芽孔，花粉粒内的生殖核和营养核退化。在缺乏异花授粉情况下常常表现严重的大小粒现象，如山西清徐的'黑鸡心'，河北宣化的'老虎眼''李子香'等品种。两性花也有部分不育的花粉，但通常不会影响正常授粉和受精。无核品种的胚珠发育不完全。日本大粒四倍体品种的花器发育也存在严重的缺陷，特别是'巨峰'和'先锋'，到开花期时还有很大比例的异常胚珠，主要是没有胚囊或胚囊发育不全、没有卵器等情况，正常发育的胚珠仅占 15%~25%。此外，没有生殖核和营养核或二者之一的不育花粉占 20%~30%。

2. 植株营养不良或养分分配不平衡

葡萄园管理不善、土壤贫瘠、肥水不足、树势衰弱、植株负载量过大等都影响花器发育。在开花坐果期间，养分不足不利于受精作用并增加胚的退化。在临近开花到生理落果高峰出现之前的时期为葡萄的坐果临界期。此期内养分不足将引起严重的落果。在植株负载量增加的情况下，花粉的可育性可能提高，但雌蕊发育较差，最终加剧落花落果和大小粒现象。

3. 气候条件不利

春季低温和干旱会影响两性孢子的发育，导致幼果严重脱落。阴雨阻碍授粉和花粉萌发，延缓花粉管生长和受精过程。春季晚霜低温可能会阻碍花的发育，阻碍大大小小孢子的产孢。不能正常受精形成单性结实小愈伤组织。干燥多风的花期导致柱头迅速干燥，不利于花粉管的发育。持续降雨冲刷柱头液，对需要异花授粉的雌花品种影响较大。对于两性配子发育较好的品种，通过闭合授粉，雨天对受精的影响较小。葡萄园内的小气候条件也对受精有较大影响。此外，对雌雄配子发育较好的品种，雨天对受精的影响较小，但不利于花粉管的发育。连续降雨天气冲刷柱头液，对需要异花授粉的雌花品种影响较大。

4. 病害的影响

一些真菌病害直接损害花序而引起脱落，某些病毒病和缺素症也使葡萄严重落花落果和呈现大小粒现象。上述各类引起落花落果和大小粒的原因常常相互紧密联系并综合起作用。生产中可根据不同情况可采用相应的防治措施。

（四）开花温度

葡萄不同物候期的正常通过需要一定的适宜温度：芽眼萌发 10~12℃，新梢生长最快 28~30℃，开花期 25℃左右，浆果生长不低于 20℃，浆果成熟不低于 17℃；最热月的平均温度不低于 18℃，生长过程中的低温和高温都会对葡萄造成伤害，有开花经历。在 14℃以下，低温会导致受精不佳和果实成熟。

四、水分管理

葡萄在不同季节、不同物候期的需水量有较大差异，葡萄需水量最大的时期是生长前期，开花前后需水量减少，开花期需水量最小，然后逐渐增加，果实成熟期早期再次达到高峰，之后逐渐下降。

①萌芽前后到开花：此时葡萄对土壤水分要求较高，灌水能促进植株整齐出芽，有利于新梢早期快速生长，增加叶面积，加强光合作用，使开花结果正常。在北方干旱区，此期灌溉更为重要，最适宜的土壤含水量为田间持水量的 60%~80%。

②花期：一般不宜灌溉，否则会加剧生理落果。

五、施肥

（一）必需营养元素

①氮：是构成蛋白质的主要成分，可提高植株的生产能力和产量，延长植株寿命。但是产量过高，会造成质量下降。如果氮素过多，特别是在磷、钾肥不足的情况下，容易造成落花落果，枝叶徒长而不充实，容易感染病害；果实成熟慢，着色差，含糖量低；枝条停止生长晚，成熟度差，降低植株的抗寒性。

葡萄对氮的吸收有 3 个高峰，即花期、新梢迅速伸长期和浆果膨大期。因此，在葡萄园中最好利用有机氮肥，因为它能在土壤中长期存在并逐渐释放可吸收态氮。

②钙：在植物体内起着平衡生理活性的作用，它主要是中和体内形成的酸，调节细胞质的 pH 值。土壤中的钙通常足够满足葡萄生长发育的需要。缺钙会影响氮的代谢和营养物质的运输，不利于铵态氮的吸收，不能中和体内所形成的酸而对植株造成伤害。

缺钙的主要影响是新根短而粗，弯曲，顶端很快变成棕色和枯萎；叶片小，严重时，枝条枯萎，花朵萎缩。缺钙与土壤 pH 值或其他元素过高有关。当土壤高度酸性时，有效钙含量下降，钾含量过高也会造成缺钙。钙素过多，土壤呈碱性，会使铁、锰、锌、硼等元素含量下降。

③硼：能促进花粉萌发、花粉管伸长，有利于受精，提高坐果率，还能促进根的生长。

缺硼时，花蕾不能正常开放，严重时会导致大量落蕾，新梢尖部卷曲，枯萎，节间变短，组织变脆，叶缘和叶脉发黄，叶面凹凸不平。可以在开花前土壤施用硼砂。

（二）施肥时期

花前追肥应以速效型氮、磷为基础，钾肥也可适量施用，对当年葡萄开花授粉、受精、坐果和花芽分化均有较好的效果。

六、花穗整形

（一）花穗整形的时期

葡萄花穗整形一般在花序分离期至始花期进行。过早，花序未伸展不便整形；过晚，耗费养分使坐果的效果差。有研究者认为，'亚历山大''红地球'葡萄一般于开花前7d进行花穗整形较为适宜，'醉金香''美人指'于开花前7~15d进行花穗整形较为适宜，'巨峰'花序整形在花序分离期较为适宜，'夏黑'葡萄在见花前2d至见花后3d进行花穗整形较适宜，'红地球'葡萄花序5%的花蕾开放时进行花序整形较为适宜。由于花穗整形对时间要求较为严格，整穗环节要求的工作量较大，如果不及时整穗，则会影响后期的坐果率，延误后期的花果管理，从而影响果实的品质及产量。因此，对葡萄花穗整形时期的把握极为重要（鲁会冉等，2017年）。

（二）花穗整形的方式

花穗整形的方式可根据葡萄花穗的大小决定。对于小花穗品种，由于没有歧肩，整形时只需将副穗除去；对于中花穗品种，具有较小的歧肩，花穗上部的分枝梗较长，整形时需要将副穗和歧肩去除；对于大花穗品种，具有较大的歧肩，整形时需对花穗上部较长分枝的小花梗剪掉一些，一般剪去1/3~1/2。坐果后依品种特性保留果穗长度，掐掉花穗的尖端。

我国早在20世纪70~80年代，为提高坐果率，使果穗紧凑，对'巨峰'系品种采取的花序整形方式主要是掐穗尖、去副梢。掐穗尖的程度一般是去掉花穗总长度的1/5~1/3。但是，这种整形方法存在的缺点是果穗大小不一、穗形为上大下小的圆锥形，不便于规范包装。20世纪90年代后，上海、江苏、浙江等长三角地区引进了日本的花穗整形技术，即在'巨峰'花序分离期，掐掉穗尖0.5~1.0cm，由下至上计数，留14~16个分枝，将上面的多余分枝及副穗全部去掉，这种方法很快得到了示范和推广。现今，研究者和生产者根据不同品种的特性和生产方式正在探究适宜的整穗方法，主要包括以下几种：

1. 掐穗尖、去副穗、去分枝

在葡萄生产中，葡萄花穗中部的花蕾一般发育好、成熟早，基部花蕾次之，尖端（穗尖）花蕾发育差，成熟晚。葡萄不同部位花蕾的开花顺序也不相同。一般花穗中部花蕾先开花，其次为花穗基部，最后是穗尖，穗尖上的花蕾甚至不开放就脱落。因此，根据这种开花特性，"掐穗尖、去副穗、去上部多余分枝"的花穗整形方式被广泛应用于生产中。

2. 隔二疏一法

对'美人指''红地球'等大穗葡萄品种一般采用隔二疏一法，整穗时先去掉上部较长的1~2个大花序分枝，然后隔2个花序分枝去掉1个花序分枝。此方法不改变果穗穗形，只是调整果穗的松紧度，便于果粒增大和着色。

3. 去穗尖法

为了减少疏花、疏果用工和使果穗更加松散，国外曾有学者对'红地球'葡萄采取花序下端一次疏花法，即在使用 GA_3 将'红地球'花序拉长到 35~45cm 的基础上，在开花前去掉花序下端所有花序分枝，只保留花序上端的 6~8 个花序分枝。根据'红地球'葡萄果穗长、尖端花序生长势弱的特点采取剪穗尖的花穗整形方式，对尖端尚未拉长或者很弱的尖端及时剪除，在保留穗长 12~15cm 的原则下，剪除多余穗尖。在探究'摩尔多瓦'花穗整形方法试验中曾采用剪穗尖，即保留穗长 12~15cm，其余分枝（包括穗尖）全部剪除。

4. 剪短分枝法

李铁山曾对大粒型葡萄品种采取剪外留内方法，一般剪去较长分枝的 1/3，将主穗和歧枝下部剪除。吴江等建议'醉金香'葡萄在掐去副穗、上部 3~4 个分枝和穗尖的基础上，留下的支穗适当剪短，开花前进行整穗，穗长 10~11cm，宽 7cm，并疏除部分过密的花蕾。'夏黑'一般在见花前 2d 至见花后 3d，剪除花序肩部较长分枝、多余分枝及花蕾，保留长度为 1.0~1.5cm 的分枝和花蕾，把花序修整成圆柱形或圆筒形。

5. 留穗尖法

与我国传统的花穗整形方法不同，日本葡萄栽培普遍采用留果穗穗尖的整形方法，该技术目前已被我国逐渐接受并应用于一些生产。'阳光玫瑰''亚历山大''美人指''魏可'等多个葡萄品种可采用留穗尖 3~10cm 的整穗方法。'夏黑'葡萄花穗采用留穗尖整形，一般仅保留花穗尖端 4~6cm 部分，其余分枝去除（鲁会冉等，2017 年）。

（三）花穗整形与植物生长剂相结合的应用

近年来，植物生长调节剂在葡萄上得到广泛的应用，在进行花穗整形的基础上结合植物生长调节剂的无核、保果、膨果等处理，不仅可使葡萄果穗美观，而且可以提高葡萄的商品价值和经济效益。尤其是采用留穗尖和剪短分枝整形的方法与调节剂处理花穗相结合的应用较多，如采取剪短分枝法进行整形的葡萄果穗，外观呈柱状或圆筒形，穗形美观；虽说果穗穗尖开花较晚，但开花整齐，使用植物生长调节剂进行无核和保果处理时可一次性进行，无需分批处理，不但节约人工，而且葡萄无核率高、坐果均匀稳定、果穗美观。无核化处理与留果穗穗尖整形方法相结合的原则是：'巨峰'系品种，如'先峰''京亚''翠峰''巨峰''安芸皇后''信浓笑''藤稔''黑色甜菜'等品种一般留穗尖 3.0~3.5cm，8~10 个小穗，50~55 个花蕾；二倍体品种，如'魏可''红高'等一般留穗尖 4.0~5.0cm。对于一些结实性差或果粒小的品种更需要在进行花穗整形时与保果、膨果处理相结合，此类品种一般于见花时进行果穗整形，留穗尖 6.0~7.0cm 或采用剪短分枝法结合 GA_3、吡效隆或噻苯隆等植物生长调节剂处理；常规栽培下（自然生长），不用植物生长调节剂处理，一般留穗尖长度为 8.0~14.0cm，果穗分枝 18~20 个。陈光等对'夏黑'葡萄采用不同花穗整形方式结合植物生长调节剂（CPPU、GA_3）处理的研究表明，在使用植物生长调节剂的基础上，进行花穗整形葡萄的综合性状显著优于对照（未进行花穗整形），其中以开花前 5d 轻剪穗尖，疏除副穗及以下小穗，留穗尖 12 个小穗的处理表现最佳。同时也说明了植物生长调节剂在葡萄上的应用结合合理的花果管理技术，方能取得理想效果。刘笑宏等曾对'巨峰'系芽变品种'巨早'于开花前进行不同花穗整形，花后 10d 进行不同组合及浓度的生长调节剂处理，结果发现，保留穗尖 6.5cm 的花穗整形方式结合花后使用浓度为 25mg/kgGA 浸蘸果穗及全株喷施 2mg/kg 芸薹素内酯的组合，其果粒大、糖度高、酸度低、果实色泽好、果形美观，果实综合性状好（鲁会冉等，2017 年）。

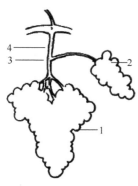

图 5-2　葡萄果穗

1. 主穗　2. 副穗　3. 穗梗节
4. 穗梗

七、果

（一）果穗

在葡萄开花、授粉、受精和坐果后，花的子房发育成浆果，在植物学上称为果实，花序形成果穗。

1. 果穗的组成

果穗是由花序发育而成的。葡萄的果穗是由穗梗、穗轴和果粒组成的。葡萄开花后花序发育成果穗，花序梗发育成穗梗，花序轴的分枝发育成穗轴，花的子房发育成浆果。从穗梗节上常常分生出卷须，穗梗节上的卷须可有数量不等的花朵，能发育成一个果穗分支，有时甚至形成相当发达的副穗。各级穗轴分担果实重量，并保证向浆果中输送大量养分（图 5-2）。

穗梗：从着生于结果新梢处起，到果穗的第一分支的部分称为穗梗。穗梗使果穗附着于结果枝上，其长度因品种而异，穗梗在生长后期木质化，但有的品种一直保持绿色。

穗梗节：穗梗末端的膨大处。

穗轴：果穗的分支。

副穗：当果穗的第一分支十分发达的时候称副穗。如第一分轴超过穗长一半的称为副穗。而果穗的第一分支尚未达到穗长一半的称为歧肩。

主穗：整个果穗除去特别发达的分支以后的主要部分称主穗。

果穗分支：一个果穗的几个分轴都发达，全部超过穗长一半以上的称分支。

2. 果穗的形状

葡萄果穗因各分支的发育程度不同而呈各种形状，可归纳为圆锥形、圆柱形和分枝形三大类；根据分轴大小和分轴级数，又产生很多变化的穗形（图 5-3）。

3. 果穗的大小

根据果穗的长度可将果穗分为小型、中型、大型和特大型 4 类。

小型：果穗的长度 10cm 以下。

中型：果穗的长度 10~15cm。

大型：果穗的长度 15~30cm。

特大型：果穗的长度 30cm 以上。

果穗的大小与产量直接相关，鲜食品种要求中等或较大果穗，酿造加工品种则无特殊要求。

4. 果穗的紧密度

由于穗轴的结构特点不同，以及果梗长短、果粒大小及坐果率不同，果穗可有不同的紧密度和重量。根据果穗上果粒着生的密度可分为极紧穗、紧穗、松穗和散穗 4 种类型。

果穗的紧密度对鲜食品种而言比较重要。对鲜食品种最适宜的紧密度是介于紧穗和松穗之间，以果穗丰满、果粒充分发育为佳。

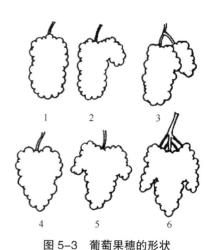

图 5-3　葡萄果穗的形状

1. 圆柱形　2. 单肩圆柱形　3. 圆柱形带副穗
4. 圆锥形　5. 双肩圆锥形　6. 分枝形

（二）果粒或果实（浆果）

1. 果粒的结构

经开花、授粉和受精后，雌蕊子房发育成浆果。它由果梗、果蒂、果刷、果肉、果心、种子和果皮组成（图5-4）。果梗长则有利于浆果发育长大，浆果在穗轴上排列不紧密；反之，浆果排列紧密。果刷是浆果中的维管束，是向浆果输送营养的通道，并具有固着果肉的作用，因此果刷大、分布广者，果实抗张强度强，不易脱粒，耐运输、贮藏。不同品种的果粒形状、大小、果皮颜色、果粉厚薄、皮肉分离难易、肉核分离难易以及肉质硬软、有无香气和风味品质上差别很大。

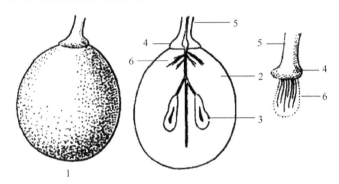

图5-4 葡萄的浆果

1. 外形 2. 果肉 3. 种子 4. 果蒂 5. 果梗 6. 果刷

果肉细胞占浆果体积的大部分，鲜食葡萄的果肉细胞具有较厚的细胞质膜，细胞汁较少，使肉质肥厚、紧脆；而酿酒品种的果肉细胞质膜较薄，并在浆果成熟时溶解，使果肉充满汁液。浆果的结构特点包括果粒大小、果肉质地、果刷大小及其中维管束多少，以及细胞壁的厚薄等都影响浆果的耐压力及耐拉力，从而影响葡萄的耐贮运性。

2. 果粒的形态

葡萄的果粒因品种的不同而有不同的形状。浆果的果粒形状有圆球形，横径大于纵径者为扁圆形；纵径大于横径超过不足一半者为椭圆形，以及由此而派生的各种形状（图5-5），如卵形、鸡心形、倒卵形等。浆果的颜色可分为黑色（深紫色、蓝紫色）、红色、粉红色、黄色、绿色等。

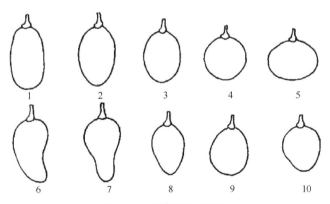

图5-5 葡萄浆果的形状

1. 圆柱形 2. 长椭圆形 3. 椭圆形 4. 圆形 5. 扁圆形 6. 弯形 7. 束腰形（瓶形） 8. 鸡心形 9. 倒卵形 10. 卵形

果粒的大小是以果实的纵径（即果蒂基部至果顶的长度）或果实的重量来测定的，分为4类：

小型：果实纵径 13mm 以下，或果实重量 ≤ 3g。

中型：果实纵径 13~18mm，或果实重量 4~6g。

大型：果实纵径 19~23mm，或果实重量 7~9g。

特大型：果实纵径 23mm 以上，或果实重量 ≥ 10g。

（三）种子

葡萄浆果一般含有 1~4 粒种子，在构成子房的心皮多于 2 的情况下，有时可见 5~8 粒种子。欧亚种葡萄的种子常呈梨形，有凸出的喙，种子有背面、腹面之分，腹面（向果心的一面）上有种缝线，背面有合点（维管束通入胚珠处）。胚位于喙中，由胚根、胚茎、2片心形的子叶和其间的胚芽组成（图 5-6）。

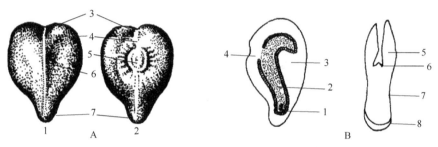

图 5-6　葡萄的种子及胚

A.种子　1.腹面　2.背面　3.核沟　4.缝合线　5.合点　6.核注　7.核嘴（喙）

B.种子的纵剖面及胚　1.胚　2.胚乳　3.种皮　4.合点　5.胚叶　6.胚芽　7.胚茎　8.胚根

果穗中有时只有一部分果粒有正常的种子，而另一部分果粒却无种子。无籽果实的这一部分是由未受精的子房发育而来的，通常小而圆。这样的果穗表现出果粒大小不整齐，许多品种皆有此情况。有一些全部果粒都无种子的无核葡萄品种，其形成无籽的原因或是由于胚囊发育不良情况下的单性结实，或是由于受精后胚败育而不能发育成种子。著名的'无核白'葡萄就属于后一种情况。

种子中含有胚和胚乳，胚是种子的生长点，胚乳是营养库，种子萌发时由胚乳提供营养物质，由胚长出根和枝叶，成长为新的植株。

（四）浆果的生长与成熟

葡萄浆果受精坐果后开始生长，直到成熟状态或在延迟采收条件下的过熟状态，伴随着体积增大的同时，发生形态（颜色、硬度、形状等）变化和化学成分（糖、酸、多酚类物质等）变化。贯穿浆果的生长发育过程，可分为 3 个阶段：

①绿果期：坐果以后，幼果生长迅速，膨胀，保持绿色，质地坚硬，含有叶绿素，能进行同化作用，制造养分。浆果表现为生长的绿色组织。

②成熟期：浆果的颜色发生变化，果实的体积进一步扩大，并逐渐达到其独特的色泽。在成熟期中，浆果器官行为表现为转化器官，特别是贮藏器官。成熟期从浆果的颜色变化开始，直到浆果成熟为止。转色期是葡萄浆果着色时期，这一时期浆果果皮叶绿素大量分解，白色品种颜色变浅，开始失去绿色和微透明；有色品种的果皮开始积累花青素，逐渐从绿色变为红色、紫黑色、黑色或蓝色。

③过熟期：果实成熟后，由于水分的蒸发，果实的相对含糖量增加（总含糖量保持不变，但汁液变稠），果实进入过成熟期。过熟会增加果汁中糖的浓度，这是生产高酒精度葡萄酒所必需的。

1. 浆果的生长

（1）浆果生长的阶段

从坐果到成熟，葡萄浆果体积的增长可分为3个时期，即两个迅速生长期和它们之间的缓慢生长甚至是生长停止期（图5-7）。

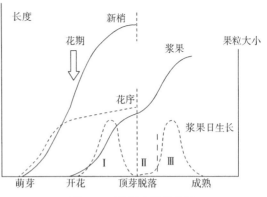

图5-7　浆果生长的阶段

①第Ⅰ期（迅速生长期）：果皮和种子生长迅速，细胞分裂和细胞膨大同时进行，果皮组织中的细胞分裂迅速（直到开花后20~25d），随后的生长主要依靠细胞膨大。此时期胚很小，期末时种子生长达最终大小。果皮不同组织细胞分裂停止的时期不同，果实组织由内向外逐渐停止细胞分裂，此特征在'玫瑰香'葡萄上典型表现。此期可持续5~7周。

②第Ⅱ期（缓慢生长期）：浆果的生长减慢，主要是由于种子的发育，表现为内果皮变硬，胚发育迅速，各部分分化完成。对于早熟品种，此期仅持续几天，而对于晚熟品种，此期可持续4周。

③第Ⅲ期（二次迅速生长期）：浆果再一次膨大，伴随着成熟。

（2）影响果实生长及膨大因素

葡萄果实最终大小决定于品种、气候条件、水分供应、栽培技术和植株的果穗数量等。

①气候条件：包括温度、降水、光照及其他（如灾害性气候等）。果实良好的生长需要足够的积温、较高的日温（20~25℃或以上）和较低的夜温（15~20℃）。温度和光照的综合作用促进浆果的生长，但是过高的温度会导致气孔关闭，不利于浆果的生长。此外，果粒的最终大小主要受花期到转色期间水分供应的影响。此期间良好的水分供应有利于提高产量，但如果干旱则会降低产量。

②植株状况：

品种：果粒的形状和大小是品种特征。一般而言，酿酒品种的果粒小，鲜食品种的果粒大。

叶面积：果粒的大小和产量决定于叶幕的生产能力和叶果比。如果总叶面积过小，不能满足数量过大的果穗的需求，则果粒小。所有影响叶面积（如种植密度、绑缚、摘心等）和果穗数量（如留芽量等）的栽培技术，都会影响果粒的生长、大小和成熟度，这将影响葡萄的产量和品质。

③种子数量：授粉后的花在不受精的条件下也能发育为果粒，但多为小果。一般而言，同一品种中，果粒大小与种子数量呈正比，无核果最小。

④栽培技术：葡萄园的栽植方式、架式和整形修剪、生长期植株管理，以及土肥水管理和病虫害防治等措施均对葡萄浆果的生长和成熟有显著影响。这种影响可以从植株表现加以判断。我国许多葡萄产区因成熟期高温多湿、病害发展严重，常常被迫提前采收，使葡萄达不到应有的品质。

2. 浆果在绿果期的代谢

在绿果期中，浆果的生长是与新梢和果梗的生长同时进行的。根据年份不同，浆果的生长可以更早、同时或更迟停止。

在绿果期中，浆果表现为绿色的生长组织，其呼吸作用很强，并在开花后的4周达到最强，然后逐渐降低至绿果期结束。

幼果是消耗性组织。绿色的幼果是叶片合成养分的需求中心，它们与新梢顶端的幼叶及副梢进行养分的竞争。进入幼果的养分主要是蔗糖，然后在幼果中分解成葡萄糖和果糖。这些养分首先来源于附近的叶片，其次来源于新梢中部的叶片。幼果也接收来源于叶片和根系的苹果酸以及部分源于幼叶的酒石酸。这些糖和有机酸被部分地用于幼果的生长和生物合成。

幼果也是生产性组织。在绿果时期，幼果也进行光合作用。虽然它通过光合作用形成的养分并不能满足自身的需求，但也不容忽视。这些光合产物同样参与幼果的生物化学转化。

幼果也会合成有机酸，主要是苹果酸和酒石酸。虽然叶片也利用CO_2合成苹果酸，但由于强烈的光合作用对CO_2的竞争，使其合成和输出的苹果酸量都较低。而在幼果中，苹果酸的合成量大于其分解量，从而贮藏在幼果中，并在以后成熟期间被转化为糖。而酒石酸的合成是在幼叶和幼果细胞旺盛分裂期进行的。

在绿果期结束时，果粒中的含糖量较低（10~20g/kg），而苹果酸和酒石酸含量很高，但品种和年份间也有所差异。

在生长的幼嫩器官中合成的生长素可以刺激细胞的分裂和膨大，GA_3也有利于细胞的膨大。根系合成运往生长组织，特别是幼果，细胞分裂素和生长素共同促进细胞分裂。细胞分裂素也促进氨基酸的合成。

在绿果期中，生长素、GA_3和细胞分裂素含量依次达到最大值，在绿果期结束时，它们的含量很低。在整个生长过程中，ABA的含量一直很低。ABA是由种子形成的，而生长量与种子的数量呈正比。

3. 浆果成熟期的代谢

成熟期间，浆果的外观和生物化学发生变化。绿色逐渐消失，开始变色，红色品种开始着色，白色品种的绿色逐渐褪色，变淡，变黄；果实中原不溶性的果胶转化为果胶，使果实由硬变软，再次膨大，成熟时多汁；化学成分在本期开始时变化很快，然后变慢，总酸下降，糖、酚类物质（单宁、色素）和芳香物质上升。

浆果成熟期始于一个较短的迅速变化过程（通常为8~12d），即转色期，然后逐渐变化，直到成熟。如果成熟后还不采收，浆果再继续变化，进入过熟期。

（1）含糖量上升

在正常情况下，新梢停止生长后，浆果开始成熟。在整个成熟期，植株代谢具有以下特点：

①光合作用强：叶面积大，如果没有影响蒸腾作用的因素（如干旱等），气候条件（温度、光照）也有利于光合作用。

②呼吸作用较弱：此期中的呼吸作用比新梢和幼果生长时的呼吸作用弱得多，因而所消耗的糖也少。

③营养运输量大：大量光合产物被运输到贮藏器官，如果穗、多年生部分和根系。

转色期是浆果含糖量迅速上升时期，同时伴随着果实颜色的改变。浆果中含糖量迅速上升的原因，一方面，是由于地面上的光合产物暂时停止向下输送，只向穗部输送；另一方面，根系贮存的养料也被输送到果实中。

在成熟过程中，随着光合作用产物和贮藏营养物质不断被运送到浆果中，浆果中的苹果酸被转化为糖，糖含量继续上升。但是，由苹果酸转化而产生的糖量较小。

葡萄糖和果糖在水果中积累。在绿果期，果实中糖主要是葡萄糖。转色期结束时，由于葡萄糖被优先用于呼吸，果糖含量增加，有的品种果糖含量甚至高于葡萄糖。

成熟时果实中的含糖量受品种、当年的气候条件、土壤以及栽培技术影响。

（2）含酸量下降

在生长期，叶片和幼果合成有机酸，而在浆果成熟期中，含酸量则不断下降，其原因表现在多个方面。

①呼吸分解：有机酸被用作呼吸底物，被呼吸作用分解。这种分解受到温度的影响。在夏季温度较高的年份，成熟葡萄的酸含量较低。在30℃时，主要是苹果酸分解；当温度高于30℃时，苹果酸和酒石酸均发生分解。

②苹果酸被转化为糖：用苹果酸合成糖，降低了含酸量，而提高了含糖量，但其转化量较小。

③稀释作用：在成熟过程中，浆果膨大，水分增加，从而降低有机酸的浓度。

④中和作用：浆果中的酸可以中和从根部运输来的金属离子，形成一种盐，从而减少酸的含量。

虽然由于上述4个方面的原因，浆果中的含酸量下降，但是，每种酸的含量却决定于来源与消耗间的平衡。在成熟过程中，对苹果酸来讲，由于输送到果穗中量小，而分解量大，所以其含量降低；对于酒石酸，由于输送到果实中的量与被分解的量相平衡，其含量基本稳定。在干旱季节，酒石酸含量低，而在下雨后，其含量升高。

葡萄的含酸量决定于下列因素：①温度：温度高，含酸量低，因为可促进酸的呼吸分解。②生长势：生长势越强，含酸量越高。因为生长势有利于在生长期中有机酸的合成，而不利于在浆果成熟期中的分解。③水分供应：在生长期中的水分供应有利于有机酸的合成，而在成熟后期的水分供应会通过稀释作用而降低含酸量。

（3）酚类物质的变化

在转色期，浆果中叶绿素开始分解，逐渐着色，在成熟期不断积累色素，以区别红色品种和白色品种。通常只有果皮中有色素，但染色品种的果肉也含色素。

除色素外，其他的酚类物质也逐渐在果皮、果肉、种子和果梗中出现。

多酚是含酚官能团物质。羟基（—OH）连在苯环（又叫芳香环）的化合物为酚。植物先合成芳香环，然后再合成酚类、多酚类以及一些非常复杂的物质，如木质素、单宁等。这些复杂的化合物是构成植物固体部分的主要物质。葡萄浆果含有多种酚类物质，它们参与构成葡萄酒的感官特征，主要有酚酸，花色素又叫花青素，是红色素，或呈蓝色，主要存在于红色品种；黄酮，是黄色素，在红色品种和白色品种中都有；单宁，葡萄酒颜色、结构和涩味构成成分。

在成熟时，上述物质在浆果各部分中的分布存在着一定的差异。果皮中主要是酚酸、

花青素、单宁和少量的黄酮；果肉则是酚酸、少量单宁，染色品种还含有花青素；种子中主要为酚酸和单宁。

在酚类中，最重要的是花青素和单宁。它们在成熟过程中的变化决定了葡萄的质量。

在果皮中，花青素在转色期开始出现，然后其含量逐渐上升；在接近成熟时，其上升速度减缓。但花青素的含量与果肉中的含糖量无相关性。同时，单宁含量上升。在种子中，单宁含量下降。在果梗中，单宁含量有所上升，但主要决定于其木质化程度，而其涩味提高，是因为单宁的聚合度不断提高。

过高的温度不利于浆果着色，过湿或干旱也不利于浆果着色；而光照可促进浆果着色。

根据酚类物质含量，可将葡萄品种分为3类：高（4~5g/kg），如"紫北塞""阿布里奥"等；中（2g/kg），如'赤霞珠''西拉''佳利酿'等；低（1g/kg以下），如'神索''品丽珠''阿拉蒙''黑比诺'等。

酚类物质的合成与植株的整体代谢相关。所有能保证叶幕光合作用、良好光照以及果穗不过高温度的栽培措施，都有利于酚类物质积累；相反，过高产量，以及叶面积过低，都不利于酚类物质的积累。

此外，在浆果成熟过程中还形成各种芳香物质。某些具有特殊香气的品种，如'玫瑰香'含有数十种挥发性芳香物质，决定玫瑰香味的主要物质是里那醇和牻牛儿醇。美洲葡萄（Vitis labrusca）草莓香气的决定物质是氨茴酸甲酯。葡萄品种的典型香味只有在浆果充分成熟时才能表现出来。

4. 葡萄果实生长至成熟期的管理

葡萄果实生长期是指从坐果稳定到果实成熟的时期。初期大多数品种的果肉细胞仍在进行分裂活动。果肉细胞的数量是决定果实大小的重要因素。一般情况下，果肉细胞越多，并且可以正常膨大，果实就会越大。

（1）生理特点

此阶段由上一年贮存的营养物质供给植株生长。同时，叶片光合作用产生的碳水化合物和根系吸收的营养物质逐渐增加。这些新产生的营养物质在根的生长、新梢的生长、果实的生长和树枝的增粗方面起着很大的作用。此期正值雨季，土壤水分充足，有利于根系对养分和水分的吸收。在此期间，容易出现营养缺乏的症状，应及时补充元素。雨后天晴，如果根系不能充分吸收水分，就可能会发生日烧。

（2）生长特点

从受精开始果穗就加速细胞分裂。果实生长的初期主要依靠细胞分裂，到开花后的10~15d，此后形成的果粒的增大主要取决于细胞体积的增大。硬核期过后，果粒中获得了足够的水分，果粒变软并开始变色。着色速度和着色质量因品种和栽培条件的不同而不同。在果实大小增大的前半期，新梢生长普遍较旺。如果遇到旱季，新芽的生长就会减弱。花谢后，果实大小增加，根系的生长进一步加快。新根发生的最繁盛时期与果实大小增长最快的时期相一致。

5. 栽培管理技术

（1）疏果粒

疏果是一种将每穗的果实颗粒调整到一定要求的工作。其目的是使果粒数量适宜，穗形整齐美观，穗大小适中，防止落粒，便于贮运，提高其商品价值。对于大多数品种来说，果实稳定后越早疏果，粒越好，增大果实大小的效果越明显。但对于树势过强、落花落果严重的品种，可以适当推迟疏果期。所有品种通常要求在开花后 7~30d 内完成这项工作。疏果有两种方法：一种是用剪刀把密集部分果粒一粒一粒地疏除；另一种是把小穗疏掉。一粒一粒地疏可以使籽粒间距合理，穗形整齐，是较好的做法，但费时费力。去除小穗时间偏晚，果穗的外观就会受损。早疏对外观几无影响，且节省劳力。

（2）果穗套袋

果穗套袋后，由于果袋的保护作用，避免了农药与水果表面的直接接触，有效减少了农药在水果上的残留。套袋可以减少水果病虫害防治中农药的用量和使用频率，降低病虫害防治成本。此外，套袋还有减少鸟类伤害的作用。白色木浆纸袋适用于大多数品种。黄色木浆纸袋透光率低，适用于黄绿色品种或我国西部等地区因光照过于强烈、着色过重的红色品种。为了预防和控制果穗病害，应尽早尽快进行套袋。在套袋前可使用 15%（质量分数）的苯醚甲环唑 1000 倍液等药剂处理果穗，药液干燥后立即套袋。在套袋前，将袋子有扎带的一端浸入水中，使纸张湿润软化，便于操作。套袋时把袋上口扎紧，防止雨水从此流入袋内，传染疾病。

（3）副梢处理

副梢是葡萄植株重要组成部分。副梢管理的目的是确保叶幕层合理，有足够的叶面积，增加光合作用强的新叶片面积，充分利用光能，提高光合作用，可以增加营养和通风，从而改善浆果品质。只留一个副梢在摘心口处，所有其他的副梢可全部抹除，所有在留下的副梢上再发出的二次副梢可全部抹除。当副梢长至 12 片叶左右时进行摘心。

（4）施肥浇水

葡萄果实套袋后，立即施一次肥，浇一次水，以促进果实膨大。施肥以三元平衡复合肥为主，施肥量 20kg/ 亩左右。

（5）采收期的确定

鲜食葡萄应该在葡萄完全成熟时采摘。果实进入转色期后，可每 2d 测定一次可溶性固形物含量。当可溶性固形物含量不增加，果实显示出品种固有的颜色时，就是适宜的收获期。如'夏黑无核'葡萄的果粒完全黑色，果实可溶性固形物含量达 20% 即可采收。

（6）成熟期管理

冬季为提高棚温，可在棚后墙面加装保温板，在前底角挖防寒沟，并加装内部保温板，有效提高棚温。对于穗部以上的新梢，留 1 片叶掐尖，其余留 4 片叶掐尖。细弱枝和下部枝早掐尖，留 1~2 片叶，上部枝晚掐梢，留 4 片叶。越早掐尖越好，后期的叶子面积越大。大约在 7 月，果实开始转色，这时，磷肥和钾肥被用于改善甜度和颜色。7 月中旬至 8 月进入成熟期。白天温度保持在 30℃ 左右，夜间温度保持在 15℃ 以下。果穗下面的 3 片叶子可以去掉以增加光照。果实成熟后采收和销售。收获后，可在叶片上施 0.3% 尿素保护叶片，也可在根部施氮肥（10~15kg/ 亩尿素）。

（7）采果后管理

在我国北方地区，葡萄如果回缩更新必须在 6 月 20 日之前结束，否则将影响枝条的成熟度。大更新可以留下 2~3 个芽眼平头。更新后，灌溉大量的水。以后的管理和第二年的管理与第一年相似，但在 2 月要注意防治红蜘蛛、白粉虱、褐斑病和炭疽病、坐果前防治蓟马，4~8 月防治霜霉病。严格控制不同时期的温度、湿度、肥料、水、光、病虫害防治。

第五节　树形及整形修剪

一、树形

（一）主干高度

栽培葡萄可以无主干，如砧木的栽培；主干也可以很长，如棚架栽培、庭院栽培；但在葡萄生产园中，主干的高度多在40~150cm，提高主干高度可降低春寒的危害和葡萄霜霉病侵染的可能性；在夏天和葡萄成熟期间，在通风透光的情况下，可减少果实病害和腐烂；因为叶片和果实离根系较远，会加重干旱的危害，土壤越浅，植株越年轻，长势越旺，枝条越下垂，干旱的危害越重；因为叶片和果实吸收的由土壤反射的太阳辐射能减少，会推迟果实成熟期。所以，除了有春寒的地区，葡萄主干不宜过高。相反，主干也不能过低，因为主干过低，可增加霜霉病的危害，以及冻害和寒害，同时，土壤管理也较难进行。如果要使用采收机，主干的高度必须大于60cm（李华，2008）。

（二）整形修剪

目前在露地栽培条件下，埋土防寒区常用的树形主要为倾斜式单龙蔓形（"厂"形）；非埋土防寒区常用树形包括单干双臂、单干单臂（倒"L"形）；设施栽培条件下常用树形包括"H"形树形、"一"字形（高干"T"形）。

选择整形修剪方式也就是选择植株的形状，果枝的分布及其长度。修剪方式，决定于种植密度、主干高度、品种的结实性以及留芽量等。

在法国夏郎德地区，对用于生产白兰地的'白玉霓'（3.2m×1.5m，单篱架）的研究结果表明，长梢弓形弯曲形，比单古约特形的产量高。

在法国地中海地区，对'梅尔诺'和'赤霞珠'（2.4m×1.5m，单篱架）的试验结果表明，对'梅尔诺'而言，双臂水平龙干形比单古约特形和双古约特形的长势和产量都高；而对于'赤霞珠'，双臂水平龙干形与双古约特形在长势和产量上没有显著差异，但它们均显著高于单古约特形（Reynier，1997）。

（三）绑缚

在萌芽以后，新梢开始进行垂直生长，随着新梢加长，重量增加，新梢逐渐下垂。新梢开始下垂的迟早，以及下垂的程度决定于品种特性和长势。新梢下垂，有利于副梢的生长发育，但影响葡萄园的管理。因此，将葡萄的地上部在一定的支架上进行绑缚，就可以引导新梢的生长，并将叶片和果穗在架面上进行合理的分布。

1.绑缚对葡萄生理和产量的影响

叶幕的功能是吸收光能并将之转化为以糖和其他有机物形式存在的化学能。但是，光能的转化率非常低，因为只有1%的入射光能被转化为化学能。而且该转化率还决定于光合强度以及有效叶面积的分布。

光合强度决定于光照（强度、日长）、温度（最佳为20~25℃，在30℃左右停止）和水分供应。

葡萄园的叶面积与其土地面积比就是叶面积系数，一般为2~6。

葡萄园的光合强度在一定范围内，随叶面积系数的上升而提高，但当叶面积系数过大时，由于叶幕层的荫蔽，光合强度也随之降低。

根据叶面积系数和叶幕层的荫蔽状况定义为地面覆盖均匀度。

如果叶幕层完全覆盖地面，且各点所接受的光照均等则为均匀覆盖。

如果叶幕层不能完全覆盖地面，且各点所接受的光照不等则为非均匀覆盖。

与均匀覆盖相比，非均匀覆盖降低了光能利用率和光合产量。

在高密度种植的情况下，由于植株长势弱，叶幕层透光好，覆盖较为均匀。相反，随着种植密度的降低，裸露的地面比例和叶幕层的荫蔽度加大，光能利用率降低。

一般用绑缚的方式来影响覆盖的均匀度以及微气候，以获得光能的最佳利用率。

2. 架式

对葡萄的枝蔓和叶果进行绑缚需要设立一定的支架。支架不同的形式，就是架式。

无支架栽培主要用于光照充足，降水量较少，果实能充分成熟，真菌病害较少的地区和果枝较短的葡萄品种。对于长势弱的品种，无支架栽培并没有困难。但对于长势强的品种，则较为困难。在后一种情况下，可根据不同的品种，进行相应的处理。如果品种的自然树势较为直立，则应降低主干高度（30~50cm），利用摘心的办法，防止新梢生长过长，影响行间的通行；如果品种的自然树势较为下垂，则应提高主干，使下垂新梢不接触地面，所形成的树冠为钟形。后一种方式在法国南部地区很常见。

（1）有支架栽培（集体支架）——垂直支架

所谓集体支架，就是将多株葡萄在同一支架上进行绑缚。绑缚的方向可以是垂直的，倾斜的，也可以是水平的。葡萄的枝条用铁丝在垂直方向进行固定。

①密植葡萄：一般密植葡萄的密度为 5000~10000 株 /hm²，行距为 1~2m，植株的长势较弱，需要绑缚的面积较小，这就是矮密栽培。在这种情况下，首先，树冠应接近地面，以充分利用地面反射光和土壤夜间散发出的热能，促进果实的成熟；其次，离地面的高度还决定于土壤管理技术、机械采收和寒害的可能性；再次，树冠的高度，应根据品种的长势而定。在这个前提下，为了接受更多的光能，应尽量加大树冠的面积。对于长势中庸的品种，最高的一根铁丝应该较高，摘心也不能太重。

②稀植葡萄：当密度较稀时，葡萄长势较旺，所需要绑缚的面积也较大，这就是高宽栽培。在这种情况下，行距为 3m 左右，主干高度为 0.8~1.5m，这种栽培方式可以提高产量，减少成本。

单架：植株的枝条都被垂直地绑缚在一个架面上，这是最常见的高宽栽培。由于树冠荫蔽，离地面较远，这种栽培方式推迟果实成熟，并且影响质量。

"V"形或"U"形支架：这两种绑缚方式都是开张式的双架绑缚，可以改善单架绑缚的通风透光条件，有利于植株的生长、果实的成熟和提高质量。

高宽垂栽培：除以上两种将新梢进行垂直绑缚的方式外，高宽垂栽培就是不进行新梢的绑缚，使新梢自然下垂，支架仅用于支撑主干和双臂，主干高 1.3~1.6m，铁丝的高度为1.3m 或 1.5m。这种绑缚方式的优点是简单、经济，但由于树冠荫蔽影响果实质量。

（2）有支架栽培——水平支架

新梢和叶片都被绑缚在一个水平架面上，架的高度一般为 2m，这种架式在意大利、土耳其和我国新疆等地常见。它很难保证叶片正常铺开，白粉病的侵染较重。这种架式只能用于日照充足的地区。

（3）有支架栽培—倾斜支架

这种支架界于垂直支架和水平支架之间，但其叶面积比垂直支架栽培要大，而且通风条件比水平支架要好。常见于意大利北部。我国河北等地的鲜食品种，也常用这种支架（李华，2008）。

（四）营养生长与生殖生长平衡的调节

留芽量的确定、叶幕的管理（引缚、截顶、摘除老叶）和产量控制（疏果、环剥）都是用于控制产量和质量的技术。

绿枝修剪是在生长季中进行的，所以又叫夏季修剪，其目的是补充冬季修剪，保证营养生长与生殖生长的平衡。它包括抹芽与定枝、摘心与截顶、副梢处理、在成熟期摘除果实附近的老叶、环剥、疏果或果穗修剪等（图5-8）。

根据不同情况，可用人工、机械或化学方法进行上述操作。

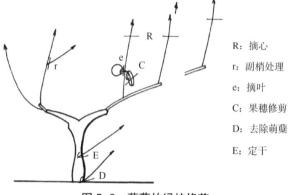

R：摘心
r：副梢处理
e：摘叶
C：果穗修剪
D：去除萌蘖
E：定干

图 5-8　葡萄的绿枝修剪

1. 留芽量

所谓留芽量就是冬季修剪后留下的芽眼数量，它决定了每株和每公顷葡萄的产量。在一定范围内，产量随留芽量的提高而提高，但到达一定限度后，留芽量的提高会降低萌芽率、植株的长势、芽眼的结实性、叶幕层的透光性和葡萄的质量。

2. 抹芽与定枝

在芽已萌动但尚未展叶时，对萌芽进行选择去留为抹芽。当新梢长到15~20cm、能辨别出有无花序时，对新梢进行选择去留为定枝。抹芽和定枝可将冬季修剪量进一步调整到更合理的水平上，并可除去那些从主干或砧木上长出的无用的新梢。

新梢的多少和长势决定于品种、植株长势和用于形成主干的枝条的长势。如'白玉霓'的新梢量少，而'神索''梅尔诺'和'鸽笼白'等品种的新梢量则较多。此外，最好选择那些节间长、节数少的枝条作为主干。

定枝应在萌芽和开花之间，当新梢基部尚未木质化时，分一到两次进行。过早，会漏掉那些后期生长的新梢，因此必须再次进行；过晚，定枝就会很困难，而且花费的时间也较长。

留枝量的多少，除应考虑其他因素外，一般决定于新梢在架面上的密度。对于新梢垂直引缚的单篱架，枝距一般为6~10cm；双篱架上的枝距为10~15cm；而新梢下垂的管理方式，其新梢密度可适当加大。

3. 摘心与截顶

摘心就是把主梢嫩尖至数片幼叶一块摘除。而截顶就是将高于预定叶幕层顶端的部分完全剪除。摘心和截顶的目的是去除新梢顶端的生长部分，能够防止落花落果（对于落花落果严重的品种）和干旱带来的危害，便于机械操作，改善果穗的通风透光条件，提高植株对真菌病害，特别是霜霉病的抗性，保持枝条的直立性。

摘心在将新梢引缚到架面后进行，其次数决定于长势、品种和产地的自然条件。

首次摘心很重要，必须选择适当的时机进行。实际上，在生长期，成熟叶片的光合产物向幼嫩组织、花序和新梢顶端输送，所以，这些组织之间存在着对养分的竞争。第一次摘心的目的是在花序最需要养分的时期，即受精期，将养分输送给花序，防止落花落果，提高坐果率。但是，如果第一次摘心太早，如在花期前或在花期刚开始时进行，就会促进副梢的生长，提高对养分的竞争强度，使落花落果更为严重。如果第一次摘心过晚，如在花期后进行，则对坐果没有作用。第一次摘心的最佳时期为开花盛期或开花末期。

以后的摘心则应根据新梢的生长和所须达到的目的而定。

除摘心的时期外，摘心程度也是非常重要的。所谓摘心程度，就是摘心时，在新梢上保留的叶片的多少，保留的叶片越少，摘心程度就越重。摘心程度适当，有利于坐果和植株的生长发育；但摘心程度过重，就会降低长势、产量和质量。

在摘心过重的情况下，虽然促进了副梢的生长，但仍会降低总叶面积；而且使成年叶片的表现幼龄化：气孔抗性降低，蒸腾量提高，光合产物总量降低；成年叶片和果穗的微气候暂时得到改善，但由于副梢的生长而很快恶化。由此还会使物候期推迟，降低质量。

总之，摘心不能过重。但对于矮密栽培，为了便于操作，防止行间遮阴和真菌病害，应在叶幕层的顶端进行截顶。

4. 副梢处理

在主梢摘心后，往往会促进副梢的生长。根据不同的地区和不同的情况，可对副梢进行不同的处理。

主梢摘心后，顶端留1~2个副梢延长生长至预定叶幕层顶端，以后截顶。对其上的2次副梢可全部抹除。对主梢中下部再次发出的副梢，可根据架面的枝、叶分布和通风透光状况，进行相应的处理。

主梢摘心后，分次抹除所有副梢，强迫主梢顶端的冬芽萌发，再将冬芽副梢反复摘心或截顶。

主梢摘心后，对所有副梢都留一叶摘心，同时抹除该叶的腋芽，使其丧失发生2次副梢的能力。

5. 摘叶

摘叶就是在葡萄成熟期，摘除果穗附近的叶片，以改善果穗的通风透光条件，提高其温度，防止果穗病害，提高果实的着色和成熟度，便于打药、采收等作业。但在光照强烈的地区，该项措施容易引起果实的日灼。

如果为了促进果实的成熟，就应在转色期进行；而要便于采收，则应在采收前进行。

摘除果穗附近光合能力低的老叶可获得良好的效果。如果摘叶太早或太多，就会降低有效叶面积，从而降低产量和质量。

6. 环剥

环剥就是环状剥除1年生枝或主干下部的韧皮组织（3~6mm宽），以使光合产物向果穗输送，有利于果实的成熟和提高外观质量。所以，环剥主要用于鲜食葡萄的生产。但通过环剥切断当年生部分与植株多年生部分的联系是暂时的，因为在4~6周后，随着新的韧皮组织的生长，环剥的效应就逐渐消除。

根据不同的目的，环剥的时间也不同。在花期进行环剥，有利于提高坐果率、果粒

的大小和产量，但常常伴随着含糖量的降低。在转色期进行环剥，则有利于着色和提高含糖量。

在冬季修剪时，应将环剥的部位剪除。

7. 果穗修剪

果穗修剪主要用于提高鲜食葡萄的外观质量（果穗形状和果粒大小），只有在产量过高的情况下，才以疏果的方式用于酿酒品种。果穗修剪包括去除部分果粒、保证果穗形状和剪除果穗。

对于鲜食葡萄，去除部分果粒，主要是剪除果穗内部的果粒。而狭义的果穗修剪则是通过剪除果穗外部或副穗，来调整果穗形状，使果粒大小均匀并合理分布，防止果穗过于紧密。

对于酿酒品种，如果产量过高，应在即将转色时剪除30%以上的果穗。疏果太早，会提高植株的长势和冬芽的结实性，从而导致来年的产量过高；疏果太迟，如在转色期以后，则只能降低产量，且不能提高质量。

疏果即在转色前疏除果穗或果粒30%左右。疏果程度如果低于25%，则对产量无明显的影响；若达到30%才有控产的效果。在30%以上控产的程度决定于疏果程度。但疏果后，由于留下的果实重量增加，疏果程度与控产的程度并非直线关系。疏果后，在降低产量的同时，可明显改善葡萄的质量（表5-1）。

表5-1　疏果对产量和质量的影响（Meyer and Brechbuhler, 1983）

品种	产量		葡萄汁比重		酸度 /（g/L）	
	对照	疏果	对照	疏果	对照	疏果
'托凯' /（kg/ 株）	3.32	2.68	1.093	1.106	5.29	4.90
'玫瑰香' /（kg/50 果穗）	4.94	5.70	1.071	1.076	3.52	2.94

二、葡萄的整形修剪

葡萄的整形修剪是葡萄栽培中的一项重要的农艺措施。在自然状态下，葡萄的长势很强，枝蔓密布，受极性现象的影响而向上发展，下部秃裸，大量养分消耗与营养生长，结果少，产量低，浪费空间。葡萄整形，就是通过修剪以及绑缚等措施使葡萄植株具有一定的形状。因此，整形是通过修剪来实现的。而修剪就是通过全部或部分地去除葡萄的某些器官，如新梢、1 年生枝、老枝、芽、叶或果穗。

整形修剪可以控制枝条和树形的伸长，保持树形，以减缓衰老并且使植株在预定的空间内生长；可以控制芽（或新梢）的数量，以调节和平衡植株的产量和长势。

修剪可分为冬季修剪和夏季修剪两种。整形主要在冬季修剪时进行（李华，2008）。

（一）冬季修剪的技术原理

1. 结果母枝的长度

在修剪时，根据修剪后所留下的1 年生枝的长度，可以将结果母枝分为仅 2~3 个芽眼的短梢，有 4 个以上芽眼的长梢（图 5-9）。

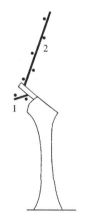

图 5-9　短梢（1）和长梢（2）

根据修剪后所留下的短梢或是长梢，可将修剪方式分为长梢修剪和短梢修剪两种。

芽的结实性根据其在植株上的位置而有差异，不同品种的结实性也有差异。因此，对于结实性差的品种（如'赤霞珠''黑比诺'等），由于基部的芽果穗很少，甚至没有果穗，应使用长梢修剪；相反，对于结实性强的品种（'如阿拉孟''佳利酿'等），如果使用长梢修剪，就会留下过多的果实，导致产量过高，影响质量，同时会引起植株早衰，适宜使用短梢修剪；对于结实性中等的品种，修剪方式则决定于其树势的强弱，而后者又受品种、砧木及土壤等因素的影响。

2. 防止多年生部分的伸长

葡萄植株多年生部分（主干、臂、主蔓等）的伸长，会加速植株的衰老。此外，在这些部位上，还留下很多修剪后的伤口。在这些伤口上，都会形成向内扎入深浅不一的锥状死组织，从而影响树液的流通。所以，应尽量限制多年生部分的伸长以及修剪伤口的数量。

在短梢修剪时，只要选择由第一个芽眼发育成的健壮枝条作为更新枝，即可达到以上目的。而对于长梢修剪，由于在上年留下的长梢上部枝条的长势，往往比较其基部枝条的长势强，基部枝条比较瘦弱而不适宜作为更新枝。在这种情况下，为了防止多年生部分和树形的伸长，可采取不同措施。

①长梢拉枝弯曲：将长梢拉平或弯曲，以降低生长极性的影响，促进枝条基部新梢的生长（图5-10）。弯曲的程度应既有利于基部新梢的生长，又不影响中上部新梢养分的供应。

②多年生臂上结果母枝的布局：可在长梢的下部留一短梢，以形成更新枝，这就是古约特修剪的基本原理（图5-11）。每年在修剪时，将着生长果枝老枝剪除，再在短梢上选择基部的枝条进行短梢修剪，另一枝条进行长梢修剪。

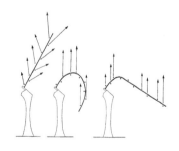

图 5-10　长梢拉枝弯曲对新梢生长的影响

1. 短梢　2. 长梢

图 5-11　古约特修剪原理

3. 留芽量的确定

留芽量是在冬剪时每个植株所留下的芽眼数量，它决定了次年冬季1年生枝的总量。产量还与芽的结实性及其在植株上的分布以及品种特性有关。最佳留芽量必须既能保证产量和质量，又能保证植株多年结果。留芽量过低会降低产量，因为在这样仅利用了部分生产潜能，同时会促进新梢及徒长枝的生长，使树势过旺；而过旺的树势又会引起落花落果，进一步破坏营养生长和生殖生长的平衡。相反，若留芽量过大，不仅产量过高，新梢量也会过大，导致果实和枝条的成熟度都低，植株早衰（图5-12）。

一般可以根据对葡萄园的认识和经验确定适宜留芽量。冬剪时将上年的留芽量 C（即

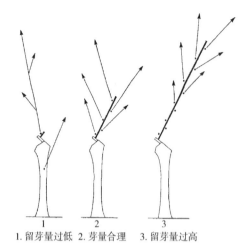

1. 留芽量过低 2. 芽量合理 3. 留芽量过高

图 5-12 不同留芽量的反应

所有 2 年生枝上的芽眼）与当年正常发育的 1 年生枝（包括徒长枝）的数量 N 进行比较。如果 N=C，说明留芽量合理，可以保持上年的留芽量；如果 N>C，说明上年的留芽量过低，应提高留芽量（1~2 个芽眼）；如果 N<C，说明留芽量过高，应减少留芽量。

在确定 1 年生枝的数量（N）时，应充分考虑一年生枝的长势：生长正常的一年生枝算 1 个，生长较弱的枝，两个算 1 个，而生长太弱的枝则不予计算。

4. 修剪时期

冬季修剪可以在整个葡萄休眠期进行，即从落叶后 2~3 周起直到萌芽前 1 周。但是，在实际确定修剪时期时，应考虑避免在霜期修剪，在霜期中枝条很脆，易断，而且剪口不平，剪口对霜冻很敏感；修剪越早，萌芽越早，所以在有春季霜冻的地区，应推迟修剪，以避免春季霜冻的危害；在有种植其他农作物的地区，早春是农忙季节，更应合理安排人工。

各地可在综合考虑上述因素的基础上，确定相应的修剪时期。在冬季埋土防寒的地区一般应在埋土前修剪，春季出土萌芽后适当复剪（李华，2008）。

（二）整形修剪方式

所谓整形修剪方式就是保留所有构成树形的主要骨架和着生 1 年生枝的一到几个主臂（主蔓）的修剪技术的总和。1 年生枝（结果母枝）上将着生结果枝。对 1 年生枝的修剪包括短梢修剪、长梢修剪和混合修剪（在同一植株上同时利用短梢修剪和长梢修剪）。

葡萄的主要整形方式有多种：

①单臂混合修剪整形（单古约特整形）：葡萄植株由主干、主干延伸形成的臂以及臂上一个长梢和一个短梢构成。

②扇形整形：葡萄植株由主干（或无主干）和分散在同一垂直面上的臂（蔓）构成，包括双臂混合修剪整形（双古约特整形）、双古约特弯曲整形、多主蔓扇形整形等。

③龙干形：葡萄植株由主干、双臂（龙干）和双臂上长度不同的多年生枝构成，包括华雅双臂单层整形（在多年生枝上着生短梢）和西尔沃日双臂单层整形（在多年生枝上着生长梢）。

④杯状整形：葡萄植株由主干和几个短臂构成，修剪后的植株成杯状，短臂上常为短梢，但有时也有长梢。

⑤ "V" 形或 "U" 形整形：葡萄植株由主干、相互交叉而改变方向的双臂以及每臂上一长一短的 1 年生枝构成。在葡萄生长季节，利用非固定双线随着新梢的生长向上引缚，整个树冠呈 "V" 形或 "U" 形。

1. 单臂混合修剪（单古约特）整形

单古约特整形和双古约特整形都是古约特（Guyot）开始利用而得名的。

传统的单古约特整形的架面较小，整个植株只有一长一短的 1 年生枝。长梢的长度根据植株的长势，植株密度而定，长梢始终在上，而短梢在下。其整形修剪第一年选择位置较好的枝条，剪留两个芽；第二年修剪同第一年；第三年对获得的两个枝条，将下面的剪留两个芽（即短梢修剪），将上面的根据需要剪留5~10个芽（即长梢修剪），并将其引缚在第一道铁丝上；第四年和以后的修剪短梢形成两个枝条，最上面的留作长梢，最下面的留作短梢，剪掉前一年的长梢及其着生的3年生枝。如果着生1年生枝的2年生枝只形成一个长枝，就将该长枝留成短枝，翌年再从它发出的枝中选择长梢（图5-13）。

这种修剪方式可以在最大程度上防止植株下部的秃裸，但如果留芽量过重，会造成植株的早衰。为了避免这些缺点，可进行混合古约特整形，即每一个植株有两个臂，一个臂着生长梢，另一臂着生短梢。因此，每年都要改变长结果母枝的引缚方向。这种修剪方式常用于矮密栽培（图5-14）。

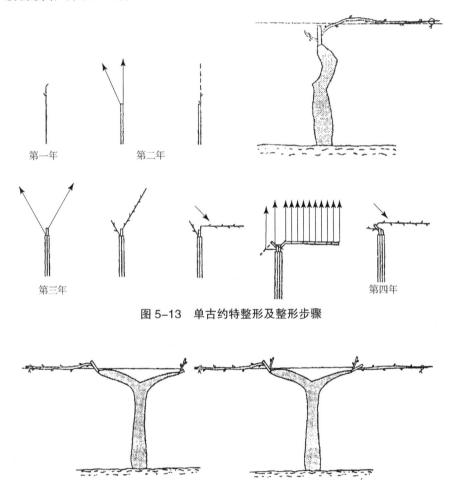

图 5-13　单古约特整形及整形步骤

图 5-14　混合古约特整形（左）双古约特整形（右）

2. 扇形整形

（1）双古约特整形

植株形状与混合居约整形相似，所不同的是植株的两个臂上都有一长一短的1年生枝，也常用于矮密栽培（图5-14）。

（2）双古约特弯曲整形

这种整形方式常用于垂直绑缚的高宽栽培，主干高，双臂，每臂上着生一弯曲的长梢，没有短梢，因为经弯曲的长梢下部发出的 1 年生枝足够健壮，可在翌年作为长梢（图 5-15）。第一年不修剪，仅在 20~25cm 处摘心。第二年选最直、最健壮的 1 年生枝剪留 3~4 芽，并引缚主枝。第三年根据植株的长势，将主枝在 100~140cm 处剪断，并将其固定在离地面 70~110cm 的铁丝上。第四年，长势强的植株在铁丝以上和主干的两端各选一个枝条，将其中一个剪留 5~6 芽，另一个剪留 8~9 芽，将其弯曲成弧形。较长的枝固定在第一道铁丝（70cm）上，较短的枝固定在第二道铁丝（110cm）上；长势较弱的植株将最直的枝剪留 5~8 个芽，并固定在铁丝上。第五年，长势强的植株每个臂上留一个长梢（或一长梢和一短梢）并将其弯曲，长势较弱的植株利用第一道铁丝上面的两个枝条使之形成两臂。

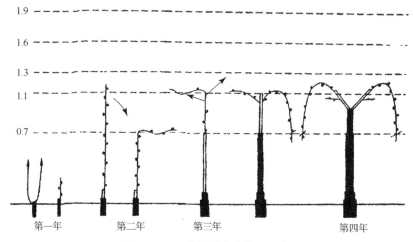

图 5-15 双古约特弯曲整形及步骤

（3）多主蔓扇形整形

这种整形方式的特点是主侧蔓多，在北方地区易于埋土防寒，但容易造成结果部位逐年上升，中下部秃裸。

整形方法是于定植当年培养 2~3 个粗壮新梢，冬季进行长梢修剪，各留长 45~55cm 并固定在第一道铁丝上，培养成 2~3 个主蔓。次年再从近地面选留 1~2 个粗壮新梢，形成具有 3~4 个主蔓的中型扇形树形，每个主蔓上配置 2~3 个长梢（4~8 芽，根据长势而定）和一个短梢（图 5-16）。

3. 龙干形

龙干是着生有均匀分布的结果母枝的多年生长蔓。我国河北、新疆等地的棚架栽培广

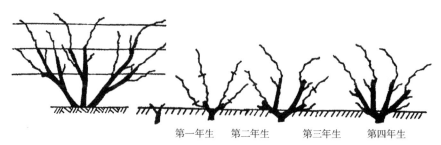

图 5-16 多主蔓扇形整形及步骤

泛采用这种树形（图 5-17）。

（1）华雅双臂单层整形（短结果母枝双臂单层整形）

主干顶端向两边水平分叉而形成双臂，双臂上有规律地着生多年生枝及其短结果母枝。这种整形修剪方式的优点是修剪简单、迅速，果穗较为分散，通风，透光条件好；其缺点是整形时间较

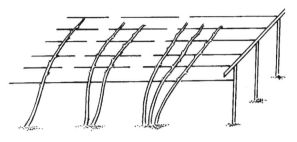

图 5-17　龙干形

长而且较难，双臂两端的枝条长势旺，而中间的长势弱，较难使之生长平衡。该整形方式由华雅（Royat）开始利用而得名，它可用于矮密栽培，也可用于高宽栽培。其整形步骤（图 5-18）为第一年选择强壮直立枝并剪留两芽。第二年把获得的两个 1 年生枝剪留 50cm，并将其水平地引缚在第一道铁丝上，使一行芽向上，而另一行芽向下，修剪时应注意使剪口处的芽向下。并将主干及 1 年生枝弯曲部分的所有芽抹除，同时还应抹除一年生枝除剪口处以外的其他所有向下的芽。剪口处的芽用于臂（龙干）的延伸。第三年春季除芽，将两臂上的一些新梢抹除，使新梢间的距离为 15~18cm，并向上引缚所留新梢；冬季修剪将两臂立直向上的 1 年生枝剪留两芽，对于留作两臂延长用的 1 年生枝，修剪方法同第二年。第四年春季除芽，对于两臂延长部分的除芽同第三年；冬季修剪时对于第三年所留短结果母枝上的两个 1 年生枝，只保留最下面一个，并剪留 2 个芽；如果两臂已足够长，将两臂延长部分上的 1 年生枝剪留 2 芽；如果两臂还需延长，对两臂延长部分的修剪同第二年和第三年。

（2）西尔沃日双臂单层整形（长结果母枝弯曲双臂单层整形）

由西尔沃日（Sylvoz）发明的一种整形方式，在意大利很常见。在春寒较为频繁的地区用在矮密葡萄上，为了获得高产时则用于高宽栽培。它与华雅双臂单层整形所不同的是：它利用经弯曲的长结果母枝，而后者利用短结果母枝。

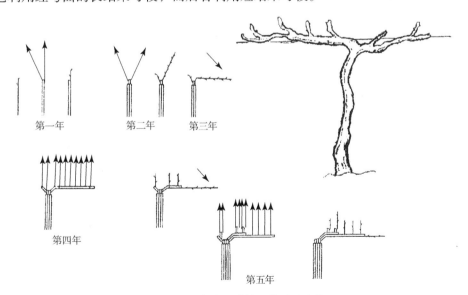

图 5-18　华雅双臂单层整形及步骤

图 5-19 杯状整形

4. 杯状整形

葡萄植株由主干和几个短臂构成，修剪后的植株成杯状（图 5-19），短臂上常为短结果母枝，但有时也有长结果母枝。

这种整形方式主要用于无架栽培的矮密葡萄，其整形方式第一年选一着生部位较好的枝条，剪留 2 芽。第二年在上一年留的 2 芽长出 2 个 1 年生枝，植株长势旺，将这 2 个 1 年生枝剪留 2 芽；植株长势较弱，只留一个 1 年生枝并剪留 2 芽。第三年如果有 4 个 1 年生枝，选择 3 个着生部位好的枝，并剪留 2 芽；如果只有两个 1 年生枝，剪留 2 芽。第四年如果有 6 个 1 年生枝，则选择 4 个枝并剪留 2 芽，从而形成 4 个臂；如果只有 4 个 1 年生枝，则选择 3 个枝并剪留 2 芽。

当树冠形成以后，每年每个臂上只留一个 1 年生枝并进行短梢修剪，如果树势较旺，可在有的臂上留两个短结果母枝，但多留枝的臂每年应轮换，以免使之早衰。

5. "V" 形或 "U" 形整形

这种整形方式主要用于高宽栽培，为双篱架形。

其整形步骤为选择健壮直立枝根据所需主干高度摘心，第二年修剪时，如果主干未达到要求高度，则继续培养主干；如果已达到，选择两个着生部位良好的 1 年生枝（在主干的两侧）进行交叉，并固定在植株两端的铁丝上，修剪时应注意剪口处两个 1 年生枝的芽应沿铁丝方向相反，并只留枝条顶端的 2 芽；第三年对每个臂上所长出两个 1 年生枝，一个进行长梢修剪，一个进行短梢修剪，两臂上着生的枝延伸方向相反，并把修剪后的长结果母枝引缚在铁丝上。长结果母枝的长度应根据长势和种植密度而定。翌年生长季节，将新梢向上倾斜引缚而成 "V" 形或 "U" 形。在冬季修剪时除去上一年留下的长结果母枝，将短结果母枝上的基部的 1 年生枝作长梢修剪，上部的 1 年生枝作短梢修剪，并将长梢修剪枝沿与上年相反的方向引缚（李华，2008）。

第六节　病虫害综合防治

一、葡萄主要病害

（一）葡萄霜霉病

葡萄霜霉病是世界上最严重的真菌病害之一，其病原菌为葡萄生单轴霉菌（*Plasmopara viticola*），是一种专性寄生菌。葡萄霜霉病菌起源于北美洲东部的野生葡萄上，在原产地，野生和栽培葡萄对它有一定的抗性，所以为害并不十分严重。19 世纪中期，由于欧洲葡萄产区发生了葡萄根瘤蚜，在 1870 年从美洲引入抗根瘤蚜砧木的同时，葡萄霜霉病菌也随着苗木传入欧洲并随葡萄酒产业发展扩散至世界。

葡萄霜霉病主要为害叶片，也能侵染新梢、幼果等幼嫩组织。叶片被害，初生淡黄色、水渍状、边缘不清晰的小斑点，以后逐渐扩大为褐色不规则形或多角形病斑，数斑相连变成不规则形大斑。天气潮湿时，于病斑背面产生白色霜状物，即病菌的孢囊梗和孢子囊。发病严重时病叶早枯早落，嫩梢受害，形成水渍状斑点，同样出现油（或水）浸状病斑，表面有黄白色霉状物，但较叶片稀少。病斑纵向扩展较快，后变为褐色略凹陷的病斑，潮湿时病斑也产生白色霜霉。病重时新梢扭曲，生长停止，甚至枯死。卷须、穗轴、叶柄有时也能被害，其症状与嫩梢相似。

幼果感病初期，病部变成淡绿色，后期病斑变深褐色下陷，产生一层霜状白霉，果实变硬萎缩。果实半大时受害，病部变褐凹陷，皱缩软腐易脱落，但不产生霉层，也没有少数病果干缩在树上。一般从着色到成熟期果实不发病。

葡萄霜霉病菌以卵孢子在病组织中越冬，或随病叶残留于土壤中越冬。次年在适宜条件下卵孢子萌发产生芽孢囊，再由芽孢囊产生游动孢子，借风雨传播，自叶背气孔侵入，进行初次侵染。经过7~12d的潜育期，在病部产生孢囊梗及孢子囊，孢子萌发产生游动孢子进行再次侵染。孢子囊萌发适宜温度为10~15℃。游动孢子萌发的适宜温度为18~24℃。秋季低温，多雨多露，易引起病害流行。果园地势低洼、架面通风不良、树势衰弱，易引起病害发生。

（二）葡萄白粉病

葡萄白粉病是葡萄栽培中最重要的真菌病害之一，在欧洲葡萄种植历史上与葡萄霜霉病和葡萄根瘤蚜并为三大病虫害，由白粉菌引起，曾导致法国的葡萄酒生产减产80%。温度20~30℃、大面积种植感病品种有利于病害流行，容易造成葡萄叶片、叶柄、嫩梢、新芽、幼果等受害。受害部位早期出现白色粉状物，中期是灰白色粉状物，后期是小黑点。白粉病除导致大幅减产外，还会影响果实及葡萄酒品质，降低葡萄酒的可溶性糖及色度，增加酸度并影响口感。潜伏期的白粉病不易察觉，一旦看到病斑就意味着到了暴发期，病菌繁殖量大，分布广泛而且多层次。一旦发生白粉病，就需要连续多次用药，病菌产生抗性，防效下降。新梢过密，喷药不均匀，没打药的地方反倒产生震动而助力白粉再次侵染。

（三）葡萄灰霉病

葡萄灰霉病俗称"烂花穗"，又叫葡萄灰腐病，是世界上对葡萄果实造成严重影响的病害之一。发生在葡萄开花期至幼果期，果实转色期至成熟期危害最重，该时期主要为害葡萄果穗部分，使果穗软腐，遇阴雨会长出一层灰白色霉层，造成果实腐烂脱落。花序幼果感病，先在花梗和小果梗或穗轴上产生淡褐色、水浸状病斑，后病斑变褐色并软腐，空气潮湿时，病斑上可产生鼠灰色霉状物，即病原菌的分生孢子梗与分生孢子。空气干燥时，感病的花序、幼果逐渐失水、萎缩，后干枯脱落，造成大量的落花落果，严重时，可整穗落光。发病规律为病菌以菌核、分生孢子及菌丝体随病残组织在土壤中越冬。

灰霉菌（*Botrytis cinerea*）是一种典型的腐生型真菌，隶属于核盘菌科，分有性态[*Botryotinia fuckeliana*（de Bary）Whetzel.]和无性态（*Botrytis cinerea* Pers.）两种，且寄主十分广泛。灰霉菌对植物的侵染主要分为几步：①它与植物叶片等组织的表面相接触，形成附着胞，以此穿透表皮的角质层；②灰霉菌会通过多种途径来诱发寄主细胞的死亡，包括分泌毒性代谢物、促进活性氧和草酸物质的积累等，同时导致病斑的产生；③病斑进一步扩散，组织出现更大面积的腐烂和坏死，并伴有大量新的孢子生成。此外，灰霉菌的侵染过程还涉及寄主细胞壁成分的变化以及二者体内复杂的信号转导。灰霉病会影响葡萄果实品质，染病果实若是用来酿酒，会造成葡萄酒颜色改变，酒质变劣，造成严重经济损失。

目前，自然界中未发现抗病葡萄植株，实验室内也很难培育出来。因此，20世纪70年代化学防治该病害使用抗微管杀菌剂，80年代使用渗透调节杀菌剂，90年代蛋氨酸合成抑制剂，到近代使用甾醇。此类病原菌极易产生抗药性及交互抗性，乙霉威有效率高，也可利用诱导抗性和重寄生的原理喷洒一定浓度哈茨木霉和绿色木霉进行生物防治。

灰霉病的特点是植株全年生长和鲜果贮存状态下都易侵染，花期、浆果期最易被侵染，果园地势、室内环境、管理方法都会影响病情，同一种化学药物不宜频繁重复使用。

（四）葡萄毛毡病

葡萄毛毡病由瘿螨寄生所致，主要为害叶片，严重时也为害嫩梢、幼果、卷须及花梗。叶片受害初期，叶背面产生许多不规则的白色病斑，扩大后叶表面隆起呈泡状，叶背面凹陷处密生一层毛毡状灰白色绒毛，后期斑块逐渐变成褐色，严重时叶片皱缩、变硬、干枯脱落。葡萄毛毡病不是病害，而是由缺节瘿螨为害所致，其症状很像病害，因此，人们习惯错将其列入病害，所以喷杀菌剂进行防治无效。

毛毡病主要发生在叶片上，叶片被害后，最初于叶背发生不规则的苍白色病斑，大小不等，病斑直径2~10mm，其后叶表面形成泡状隆起，似毛毡而得名。病斑上的绒毛由白色逐渐变茶褐色，最后变为暗褐色。受害严重时，叶片皱缩，质地变厚变硬，叶表面凹凸不平，有时干枯破裂，常引起早期落叶。

瘿螨以成螨在芽鳞或枝蔓粗皮缝隙内越冬，翌年春天随着芽的萌动，由芽内转移到嫩叶背面绒毛内潜伏为害，吸取叶液，刺激叶片产生绒毛，成螨在被害部绒毛里产卵繁殖。此后成螨、若螨在整个生长季同时为害，一般喜在新梢先端嫩叶上为害，严重时扩展到幼果、卷须、花梗上，全年以5~6月及9月受害较重，秋后，成螨陆续潜入芽内越冬。

二、葡萄病虫害综合防治

（一）防治原则

近年来，由于葡萄生产迅速发展，病虫害发生随之加重，发生原因也较复杂，必须注意病虫害防治工作。遵循"预防为主，综合防治，防重于治，防治结合"的方针。要合理配药，在使用药物和生物治疗时，可优先使用生物疗法，以更好地减少病虫害。过度使用化学药物会损害作物的生长，导致葡萄上农药残留，影响食物链安全，也会影响产地的声誉和销售量。因此，原则上要优先预防葡萄的病虫害，如果不幸感染，一定要尽快发现并积极治疗，减少病虫害造成的损失。

（二）病害成因

1. 葡萄霜霉病与天气状况有关

一般发生在每年5~10月雨水多、潮湿的阴天。发生病菌侵染的主要因素可能是由于果园种植的地方低洼、种植密度大或透光性差等。霜霉病发病环境温度在16~22℃，相对湿度为83%，在高温、干燥环境下，病菌在3~5d自然死亡。

2. 粉末霉菌及白粉病发生在温度20~25℃、相对湿度为35%~45%的条件下

由于粉状霉菌的生长温度与植物的生长环境相近，植物对粉状霉菌很敏感，所以葡萄幼苗、生长前期最易患病。

3. 灰霉病要求相对低温和高湿度

菌丝生长和孢子萌发适温21℃，与糖类或酸类物因素密切相关。入侵时间与温度有

很大关系，其在 16~21℃ 的温度条件下，18h 可完成侵入。温度过高或过低，侵染期延长。4℃需 36~48h，2℃ 则需要 72h。春季气温不太高，而在连续降雨和高湿度的情况下，花朵会腐烂掉落；其他敏感期则是果实成熟过程中与糖的转化有关，随着水分含量增加而减少抵抗力。磷肥和钾肥使用不足、机械损坏、虫害多等因素会导致葡萄园易发病，立地低、分枝长、通风不足和透光不足都会引起果园严重病害。

葡萄品种不同对灰霉病有不同的抗性。'红嘉雅''黑汉''海得利''奈加拉'为高抗品种，'白香蕉''梅古香''葡萄园皇后'为中度抗性品种，'巨峰''杨红蜜''新梅''白梅''胜利'为极易感品种。

（三）葡萄病虫害发生的基本特点

当前我国葡萄病虫害的发生频率较高，且种类较多，主要是发生在春夏之交的季节，影响种植户的经济效益，病虫害发生有显著特点。

1. 病虫害的种类多且病情较为严重

葡萄病虫害的种类包括黑痘病、霜霉病、灰霉病、褐斑病、白粉病等，在虫害方面经常受到天蛾、蚜虫、绿盲蝽、斑衣蜡蝉、蓟马、螨虫等危害。据相关统计显示，葡萄种植过程中病虫害的发病率可达 70% 及以上，每年都会有多个发病高峰期。

2. 病虫害发病期较长

葡萄的生长期为每年的 3~11 月，在生长周期均可能受到病虫害的影响。葡萄从萌芽开始会受到黑痘病的影响，在开花前期会受到霜霉病、灰霉病的影响，在花谢后还会受到炭疽病、白腐病等影响。在采摘期，则会受到大规模的虫害，如天蛾、金龟子等影响，即使在果实收获后，会有褐斑病、炭疽病等危害。

3. 病虫害的发生一般与雨季同期

每年雨季来临时，由于气候较为潮湿、气温较高等特点，易发生葡萄病虫害。在每年葡萄种植过程中病虫害高发期一般在雨季，若雨季较长，下雨频繁，会导致无法在田间喷药，加之高温潮湿等环境的影响，从而为病虫害的发生创造了条件，也给病虫害的防治带来了困难。

（四）病虫害综合防治措施

1. 苗木处理与检疫

新建园区宜选择脱毒苗，健壮苗，定植前对苗木消毒，减少或杜绝病原携带，可减少在栽培过程中病虫害的发生。葡萄根瘤蚜是植物检疫对象，苗木生产者必须进行严格遵守检疫制度。

2. 加强栽培管理

（1）合理选择架型

采用单臂篱架，适当增加行距，如行距增至 3m；及时排涝、耙地、除草、修剪副梢，使葡萄园通风透光，减少病虫害发生的机会。

（2）合理施用农药

在葡萄病虫害可能发生的关键时期合理用药，防病虫效果大于治。发芽前后、开花前后、套袋前后重点防治，特别是春季、冬季清园可杀灭大部分隐藏于枝干、芽鳞中的病虫，从而大大减轻当年或来年病虫为害。在选择农药时，应选择低毒、易降解、对周围环境污染小的，或生物农药。喷洒农药时要均匀、全面。

（3）清洁园区

葡萄收获后，必须对整个葡萄园进行彻底清理，将病枝叶修剪掉，清理葡萄园的枝叶并集中处理，以减少病虫基数。特别是雨后应及时排出田间多余的水分，并对种植环境进行干燥处理和通风。

（4）科学施肥

葡萄生长期间，应施用适当的肥料。合理控制氮肥施用量，增施磷钾肥；多施有机肥，重视基肥，可使葡萄植株生长健壮而不徒长，提高葡萄植株自身抗病能力。

（5）适时适度修剪枝条和摘心控生长

春季枝蔓生长期间，疏删过多营养枝、病虫枝和卷须能达到增强通风透光能力，减少营养消耗和降低病虫基数；根据品种不同对果枝适度摘心，控制其过度生长，可促进果穗发育，增强抗病力。

3. 物理机械方法防治

（1）诱杀

大多数害虫对灯光、颜色、气味等会产生特殊的反应，可使用相应的捕捉措施，如可以在园内安装诱虫灯，对灯光敏感的害虫进行捕杀。蚜虫喜欢鲜艳的黄颜色，可将黄色的黏虫板挂在果园内，对蚜虫进行捕杀。在葡萄园内，每隔100m设置频振式杀虫灯一台，灯距葡萄架顶50cm，设置期可从4月下旬至10月上旬，对蓟马、金龟子、成虫飞蛾等诱杀效果显著。

（2）糖醋液诱杀

用糖6份、醋3份、酒1份、水10份配制糖醋液，于害虫发生期，将糖醋液装在容器内，吊挂在树冠周围，每隔10m挂一个，诱虫效果明显。

（3）设置阻隔

可搭避雨棚，或运用防虫网、防鸟网防害虫及鸟类。覆盖地膜可阻挡过多雨水，当雨水过多时会随着隔离膜表面流入排水沟，不仅可确保土壤湿度，还可阻止杂草生长。

（4）人工防治

人工剪除病虫枝叶、清理病虫果、刮除害虫卵块、人工捕杀害虫、早春时刮掉老翘皮，并适度喷石硫合剂，可杀死病原菌及虫卵。

4. 生物防治

采用生物制剂或生物天敌，还原一个有机的生态环境，合理利用其他动植物改善园区环境。生物防治是综合的防治手段，主要方式包括利用葡萄病虫害的天敌、利用生物农药和行间生草等方式。主要的优势在于其不会对种植人员等产生危害，也不会对环境造成不良影响，但要注意对葡萄病虫害天敌的保护。在农药使用过程中，应注意使用生物农药，对病虫害可起到很好的预防与控制作用，也可降低对环境的影响。

葡萄园行间生草可以改善果园微气候，减少杂草。生草栽培即在葡萄园的行间或全园长期种植多年生植物的一种土壤管理办法。这种措施能改良葡萄园的土壤结构，提高土壤有机质含量，防止水土流失，提高葡萄品质。在实施生草栽培措施时，可以通过选择适宜葡萄园益虫生长的草种，通过增加益虫种类和数量，达到利用益虫抑制害虫的目的。但是，在降水量多的季节，采用该技术由于加大了葡萄园的水分含量，促进了因湿度过高引起的病虫害的发生和传播，对葡萄病虫害的防治可能起到反作用。

在生物防治环节要尽可能使用残留度较低、毒性较低的农药，从而提高葡萄虫害天敌的保护水平，也降低对水果及环境的污染水平，使消费者享用绿色安全的葡萄成为可能。

5. 化学防治

当病虫害大发生时，使用化学防治法能在短时间内迅速予以控制、歼灭病虫。快速高效是化学防治的最大优点，化学方法防治使用简单，便于大面积机械化操作，不受地域限制。缺点是容易引起污染环境、人畜中毒、杀伤天敌、破坏生态平衡，从而使植物发生药害，并且由于长期使用同一种农药，可使有些害虫产生不同程度的抗药性，可能导致病虫再次猖獗。宜通过发展选择性强、高效、低毒、低残留的农药以及通过改变施药方式，减少用药次数等措施，有效地克服化学防治方法的缺点，充分发挥化学防治的优越性，扬长避短，减少其毒副作用。

（五）几种主要病虫害的防治

1. 葡萄霜霉病

5月下旬至8月霜霉病多侵染，此时要随时检查叶片、新梢。在初侵染前喷施波尔多液的基础上，发病盛期可连喷40%乙磷铝300~400倍液或25%瑞毒霉500~600倍液。对霜霉病落叶要及时清理集中处理，深埋或焚烧。

2. 葡萄灰霉病

灰霉病是目前葡萄发生比较严重的一种病害，在所有贮藏期发生的病害中，它所造成的损失最为严重，可采用综合方法防治。

（1）药剂防治

防治贮藏葡萄灰霉病的为害，从花前到采收前，每隔10~15d喷1次500~800倍多菌灵或800~1000倍甲基托布津，能有效减少贮藏中灰霉病引起的腐烂。使用二氧化硫或亚硫酸盐等保鲜剂，可有效地控制灰霉病的发生与发展。

（2）合理施肥

控制氮肥，适度多施磷、钾肥，增强树势，提高整个树体的抗病力是最根本的方法。

（3）加强田间管理

供贮藏用的葡萄要合理留梢、留果，果穗紧密的品种要进行疏花疏果，及时剪除副梢；加强通风透光，降低葡萄园的湿度，也是有效的防治措施。及时剪除病果、病穗，可以减少病原菌的再次侵染。

（4）科学贮藏

供贮藏葡萄采收后迅速预冷和低温贮藏，可抑制灰霉菌的生长。

3. 葡萄黑腐病

葡萄黑腐病是生长季节发生的病害，采收时随果实进入库内，造成贮藏果实腐烂。可采用综合方法防治：

①葡萄园按时喷杀菌剂、及时剪除病枝病果，铲除病源。

②采收前一周喷一遍杀菌剂，采收时彻底剪除病果，可减轻病害。

4. 葡萄螨类虫害的防治

主要有普通红叶螨、葡萄短须螨、葡萄瘿螨。防治方法：

①冬季清园，清除残叶，剥除老翘树皮，减少虫源。

②休眠期喷洒 3~5°Bé 石硫合剂。5~8 月，喷洒 15% 哒螨灵 3000 倍液或 20% 三唑锡悬浮剂 1000 倍液防治。

第七节　果园防御自然灾害的工程设施

一、葡萄园自然灾害

葡萄在全球都有广泛分布，在其生长过程中会面临着来自自然界的各种风险灾害，特别是随着全球气候变暖而产生的气候改变，极端天气频发，使得这些自然风险变得更加明显。

进入 21 世纪，极端天气事件发生频率更是日益增加，霜冻、风沙、暴雨、梅雨、地震、火山喷发、洪水、鸟害、冰雹及极端高温或低温等突发性灾害对葡萄的产量和品质造成严重影响。随着葡萄栽培规模的日趋扩大，单一种植带来问题也日益突出，葡萄园自然灾害的防御变得愈发重要。

全球主要葡萄生产国家的主要自然灾害有明显地域性特点。例如，意大利常发生冰雹、霜冻、地震、火山喷发、洪水等灾害，法国易发生冰霜、冰雹、风暴，美国较多发生霜冻、地震、风暴，西班牙易遭受冰雹、冰霜、热害较重，澳大利亚则以霜冻、风暴、冰雹、山火喷发多见。

根据自然灾害风险指数来看，冰雹风险最大的一些地区有门多萨（阿根廷）、皮尔蒙特和意大利阿尔卑斯山、卡胡尔（摩尔多瓦）、格鲁吉亚、阿拉贡（西班牙）等；霜冻风险最大的地区有法国、意大利北部、德国、中国、美国北部等；火山喷发风险最大的地区有南非、葡萄牙、智利、澳大利亚、哈萨克斯坦、摩尔多瓦等；地震灾害风险最大的地区有加利福尼亚州（美国）、智利、日本、土耳其、希腊、阿尔巴尼亚等。

二、葡萄园自然灾害的防御设施

（一）冻害

我国是世界同一纬度地区中夏季最炎热、冬季最寒冷的地区，这样的气候导致我国北方葡萄常常发生越冬冻害和霜冻。

越冬伤害是指葡萄植株在越冬过程中，长期处于 0℃ 以下的低温环境中，由于丧失生理活动而受到损害或死亡的现象，其在很大程度上阻碍了我国北方葡萄产业的快速发展。

霜冻的形成是当气温急剧下降，地表温度降到 0℃ 以下时，发生霜冻伤害。在较为寒冷凉爽的葡萄酒产区中，霜冻已经成为影响葡萄生长发育的重要因素之一，尤其是春季霜冻，常称为倒春寒。

1. 冻害的危害

葡萄植株的不同部位的抗寒抗冻能力不同，通常来讲，欧亚种酿酒葡萄枝蔓可耐受 -25~-20℃ 的低温，芽眼可耐受 -23~-18℃ 的低温，而根系一般在 -4℃ 时出现冻害，在 -7~-5℃ 时则会死亡。在我国北方，气温低于 -15℃ 的地区，务必要做好埋土防寒措施，否则就会发生越冬冻害。越冬冻害频繁发生导致我国北方贺兰山东麓产区、河西走廊产区和新疆产区葡萄产量降低且不稳定，损失严重。

葡萄在遭受霜冻伤害后，葡萄的萌发在受霜害程度较轻时延迟，萌发后叶芽发育不完全或畸形，当损害程度严重时，葡萄不发芽，或出现僵芽或枯萎芽。幼叶受冻后大多呈黄褐色，叶脉干燥，失水而收缩，严重受损时幼叶全部死亡（彩图40）；冻伤的枝条从表皮到木质部逐渐失去水分，腐烂而干枯。

2. 冻害的防御

（1）防寒物覆盖

为了降低冻害对于葡萄正常生长发育带来的危害，采用葡萄树叶、秸秆、锯末、草帘等加塑料膜覆盖具有明显的保温和保湿效果，可以提高葡萄枝蔓附近的土壤温度、含水量，保障枝条萌芽率，同时减少机械损伤，有利于葡萄第二年的芽萌发及生长发育（邓恩征，2015）。

埋土防寒是传统有效的越冬防冻措施，覆盖保温被近年来也得到应用。塑料薄膜防寒是现在普遍使用的防寒方式，其是将塑料薄膜［PVC（聚氯乙烯）膜、EVA（聚乙烯 - 聚醋酸乙烯酯共聚物）膜、PE（聚乙烯）膜等］覆于捆绑好的葡萄枝条上，薄膜四周用土埋压，其上再覆盖树叶杂草等，保温效果好且相对较为简便；现有的新型覆盖方式都是在原有的基础上改进的，通过更换新型的保温效果更好及更低成本的保温材料（如玻璃棉、彩布条）来代替塑料薄膜。无胶棉被外加覆膜的越冬方式能使覆盖物下 0~60cm 深度的土温提高 1.08~1.57℃，略强于传统覆土模式；来源于废弃物再利用的聚苯乙烯泡沫具有质量轻、易卷放等诸多优点，保温效果最好，可在生产中广泛推广；玻璃棉保温被的保温效果略次于聚苯乙烯泡沫保温被，但成本较低。

（2）大棚设施

大棚常被用于防寒的设施，其分为单栋大棚和连栋大棚，单栋大棚空间小、储热少、晚间降温快，到凌晨时棚内温度与外界基本一样，有时甚至更低。当低温来临时发生冻害的风险要大，且靠棚边和门的区域，对于葡萄冻害的预防作用甚微。连栋大棚空间大、储热效果好，植株受冻害程度轻，常主要发生在靠近边缘的行，越靠近中间位置冻害越轻（郭绍杰等，2012）。

（3）建造防护林

①葡萄防护林的作用：建造防护林是一种较好的防寒措施，防护林具有阻碍冷空气的作用，当冷空气遇到防护林时会爬升，此外，防护林本身的呼吸作用会释放一定的能量，使林带附近的温度升高，对葡萄植株起到一定的抵御寒冷的危害。

营造葡萄防护林，其主要目的是保护葡萄，改善葡萄园小气候，调节气温和湿度、降低风速、改良土壤，保持水土、减少污染等，具体表现在 5 个方面：

一是降低风速、防风固沙，涵养水源，减免干热风、台风等自然灾害对葡萄的直接危害。

二是改善葡萄园小气候，调节气温，使葡萄免受或少受极端高温与极端低温的危害。

三是调节空气湿度，减少土壤蒸发与葡萄蒸腾，提高土壤含水量，减轻土壤与大气干旱带来的不良影响，使葡萄在较好的水分平衡状态下生长和发育。

四是降低地下水位，改良盐土，防止发生次生盐渍化。

五是增加生物多样性，减少病虫害对葡萄的侵害。

②营造葡萄防护林的技术要求：营造防护林必须根据"因地制宜，因需设防，适地适树"的原则。防护林要设主林带和副林带，要求林网、林带完整，分布均匀，四面有林

图 5-20 防护林

带，树种结构合理，林相整齐，病虫害危害轻。一般林带占地面积为果园总面积的 10% 左右（图 5-20）。

（4）增温设施

在冻害多发季节要及时关注天气预报，在寒冷即将到来之前，对于采用大棚栽培的葡萄园，可将热风机、电油管、白炽灯、电暖风或专门加热设备等置于棚内，使棚内温度升高到可以保护葡萄不被冻伤或适宜葡萄生长发育的温度，在棚外，可以在棚膜上覆盖树叶、秸秆、锯末、草帘等和压帘物，减少热量的散失（郝燕等，2013）。

（二）高温

1. 高温的危害

适宜的温度对于葡萄生长起着十分重要的作用，但是当气温达到 38℃ 以上时，葡萄的生长发育会受到阻碍甚至停止生长。高温不仅会增强呼吸消耗，而且气孔长时间处于打开状态，植株体内的水分过度蒸腾流失，养分积累也逐渐被消耗减少。此外，植株的叶绿素被破坏，葡萄进行光合作用的能力下降甚至无法进行；如果秋天的温度较高，葡萄会出现营养生长过度的现象，导致新梢成熟度差，越冬性差。

我国 7、8 月正值高温干燥的季节，葡萄果实在盛夏高温时，强烈的阳光直射葡萄果皮的表面，局部温度快速升高，果粒因水分亏缺失调而发生病害甚至腐烂。常见的高温病害主要有气灼病、日灼病。

（1）气灼病

气灼病通常发生在果实发育和成熟至转色期的中后期。当果实被高温损坏时，果粒的表皮最初会呈现出大小不一的浅棕色或深灰色斑点，然后逐渐收缩下陷呈深棕色或紫黑色病变。病患处的表面和维管束呈褐色，果肉干燥而坚硬，木栓化，木栓化部分与内层果肉有空隙，病变处凹陷但不脱落。

（2）日灼病

日灼病的发生是由于阳光直接照射下的果穗的向阳部位在高温天气下受到了强烈的阳光照射，果皮表面发生软化褐变而逐渐病变为僵果脱落。因日灼病与炎热夏季时期的阳光暴晒有着密不可分的关系，而此时正处于果实的重要生长周期，如何防止高温带来的日灼病病害是果农们不得不考虑的关键问题。日灼病的发病迅速，由初期的果粒基部发生淡褐色病变会迅速扩散至整个果实，使果实呈现红棕色至深红色。

2. 高温的防御

（1）遮阳网

塑料遮阳网又叫遮阳网、遮阴网或寒冷纱。其主要是银灰色网和黑色网，添加防老化剂和各种色料，遮阳网在生产上广泛应用。

夏季覆盖遮阳网后，可以将光照强度降低到适合作物生长的范围，从而促进光合作用。遮阳网可应用于温室、塑料大棚的覆盖。其中，连栋式温室可采用温室遮阳网覆盖，可在温室的阳光照射区域覆盖遮阳网，覆盖遮阳网可有效减缓植株的衰老，延长开花结果，提高果实产量和品质；对于大棚，可以在棚上搭建遮阳网，也可将遮阳网覆盖在大棚骨架或棚膜上，前者遮阳降温效果好，但需要另外搭建骨架，后者遮阳效果明显，但降温效果不及前者（图5-21）；还可将遮阳网挂在大棚内距地面1.3m处，既有利通风，又无需每天揭盖。

（2）果实套袋

在我国北方很多葡萄产区，7~8月气候大都相对高温干燥，葡萄普遍提早成熟，采用套袋或套伞的措施对于篱架、"Y"形架的两侧直接暴露于阳光下的果穗具有一定的防止高温灼伤的作用。具体套袋时间与拆袋时间，因葡萄的品种、果实生长发育状况及成熟采收时间不同而有所差异。需要注意的是，套袋前要及时关注天气预报，将套袋处理安排在晴天进行，不可在雨后、高温天气下立即套袋，否则袋内温度会急剧增加，葡萄日灼危险性增加。

图5-21　遮阳网

（三）风沙

1.风沙的危害

风沙是我国北方的自然灾害之一，大风和沙会对葡萄的生长发育、坐花坐果带来不利影响，在春季的4~6月是葡萄萌芽、发育、开花的关键季节，此时若出现过大的风沙天气，常常会导致葡萄植株的叶片破碎脱落、枝条藤蔓折断、出现严重的落花落果现象，进而使葡萄的产量和品质大打折扣。

2.风沙的防御

（1）防风固沙林

防风林的建造应选用抗风性能强、根系发达的树种，种植成林、成网，以达到最好的防风、防沙的效果。根据研究，结构合理的林带防风距离可达树高的25~30倍，在15~20倍的距离内效果最佳。研究表明，在森林带的背风面高15倍的地方，平均风速比荒野低40%~50%，在森林高20倍的地方，风速可以降低20%。若按树高20m计算，每条防护林带的防护距离达300~400m。

（2）防风网

架设防风网也是一种降低大风危害的挡风设施。防风网的防风效果因风速和距离葡萄植株距离不同而不同。当防风网外界环境的风速在1~4m/s波动时，防风网阻风效果由不明显而逐渐增加为40m的防护距离，当风速在4~6m/s时，防风网可将大部分风沙阻挡在防风网外，防风效果十分明显。

（3）风障

相对于防风林网而言，防风障是一种控制风蚀的有效方法，它利用各种高秆植物的茎秆种植栅栏式设施，增加地面的动态粗糙度，干扰风流场，从而降低风速，拦截风沙流中的沙物质，减缓风蚀设置的障碍物。风障可以使风障前方近地面的气流相对稳定，风速越

大，防风效果越好。

此外，风障所采用的植物茎秆可以充分利用太阳能，增加葡萄园地太阳辐射的面积，使热量扩散于风障前，从而提高园地内的温度。更重要的是，采用风障防风，空气流动均匀，从而可以将风障前的温度保持在一定的范围内。

（四）降水

降水季节空气湿度大、气温高，如若不做好防御措施，会导致葡萄病虫害滋生，进而导致产量降低、品质下降。

避雨栽培是设施栽培的形式之一，其是将塑料薄膜覆盖在葡萄树体上方进行栽培从而达到防降水目的的一种方法，它是介于温室、日光温室、塑料大棚等设施栽培与露地栽培的中间类型。避雨栽培可明显地保护叶片，有利于提高果实产量和质量，同时能够避免由于降水带来的操作不便，提高劳动效率。避雨棚种类主要有窄棚（单行棚）和宽棚（多行棚）2 种（图 5-22）。

图 5-22　窄棚、宽棚

（五）旱灾

我国是个水资源短缺的国家，农业用水量占总供水量的 64%，目前农业灌溉水利用系数为 46%，与西方发达国家的 70% 有很大的差距。宁夏、新疆、甘肃等都是世界闻名的葡萄生产基地，但该地区水资源匮乏成为葡萄优质高产及经济发展的主要制约因素。

1. 旱灾的危害

葡萄休眠期间，若枝干水分不足，则植株营养消耗多，造成植株营养不良，影响花芽进一步分化，减弱树势；且容易造成萌芽和开花期提前、开花不整齐、坐果率降低等不良后果。

2. 旱灾的防御

（1）种草种树，改善旱区农业生态环境

草地和林木具有生物覆盖、生物穿透、生物固氮（部分草种和树种）、生物富集、生物转化、防风固沙、保持水土等多方面的生态功能和明显的经济效益，它既是一个保护性的生态系统，又是一个生产性的生态系统。因此，北方旱区保有一定的草林面积，是抗御干旱、调控生态平衡、改善农业生产环境必不可少的保证条件。我国旱区农业一部分在草原地带和部分森林草原地带，在年降水量 <400mm 的地区的草原地带适宜大面积种草和耐旱灌木，不适宜大面积种植乔木林，农田宜实行草田轮作。我国北方年降水量 400mm 左右的地区已到了种植业和乔木林适宜发展的边缘，在无灌溉或无地下水补给的情况下，大面积种植的杨树林多成"小老树"，故干旱地区造林应以草、灌为主，但在水分条件好的地方（如沟岔、川滩、"四旁"、阴坡等地）可以适当种乔木。在旱坡地注意发展柠条、酸

刺、红柳、枸杞、紫穗槐等既耐旱又可供作燃、饲、肥料的灌木。在降水量 50mm 左右的地区，也要草、灌、乔或灌乔结合。以林护农，以草养畜，以牧促农，农林牧综合发展，这是我国北方旱农区近年来调整农林牧结构，防御干旱，改善生态环境，实现农业稳产高产的一条重要经验。

（2）兴修水利，搞好农田基本建设

有条件的地区，建设大、中、小型水利工程，逐步提高水利化的程度，发展灌溉，可以部分或大部分解决降水季节分配不均造成的季节性干旱。在旱地，平整上地、修筑梯田、改良土壤、提高土壤持水能力，也能将雨季部分降水贮存起来，伏雨春用。据中国科学院水土保持研究所测定，经改良、培肥的黄土，每米土层的持水能力可达 200~300mm。另外，培肥地力，能促进作物根系发育，增加"根找水"的能力，达到以"肥调水"的作用。例如，高肥地的小麦根深可达 3m 多，可利用上壤深层水，增强抗旱力。我国北方旱区，平均每生产 500g 粮食在高肥地上只需消耗 0.5~1.0mm 的降水，而在低肥地则需 2~3mm 以上的降水，这说明以肥调水，可以使旱地有限的自然降水资源发挥更大的经济效益。

（3）节约灌溉用水，提高水的利用率

因不合理灌溉和渠道渗漏而浪费水很大，如华北地区，当前灌溉水的利用率只有 30%~40%。如采取一系列节水措施，把利用率提高到 60%~70%，则现有 533 万 hm² 水浇地每年可省下 100 亿 m³ 水，可缓和部分工农业用水的紧张。主要节约用水的办法有推广喷灌、滴灌、渗灌技术，搞好渠道防渗，掌握作物需水规律，合理灌溉。华北冬小麦抓住关键期灌水还可节约用水，提高经济效益；采用抑制土面蒸发和作物蒸腾的某些防旱方法（如薄膜覆盖等）可大大提高水的利用率。

（4）选育抗旱品种

通过科学研究，选择与培育抗旱性强的品种，在生产中推广应用。

（六）鸟害

随着全民环境保护意识的增强，打鸟、捕鸟行为受到限制，鸟的种类、数量有了明显增加。一方面对维持生态平衡起到了积极作用；另一方面一些杂食性鸟类啄食葡萄果实，不仅直接影响果实的产量和质量，而且导致病菌在被啄果实的伤口处大量繁殖，使许多正常果实生病。鸟类为害已成为影响葡萄生产的一大问题。调查显示，露地栽培葡萄遭受鸟害后，减产在 30% 以上。为害葡萄的鸟类很多，常见的有白头翁、麻雀、乌鸦等。由于加强环保，不提倡使用毒饵诱杀，应采用防鸟网保护；在鸟害常发区，适当多保留叶片，遮盖果穗，并注意果园周围卫生状况，也能明显减轻鸟害的发生；另外，果穗套袋也能减少鸟类的啄食。

1. 葡萄园鸟害发生的特点

鸟类危害与葡萄的栽培方式密切相关。据调查，采用篱架栽培的鸟害明显重于棚架，而在棚架上，外露的果穗受害程度又较内膛果穗重。套袋栽培葡萄园的鸟害程度明显减轻，减轻程度与果袋质量有直接关系，因此应注意选用质量好的果袋。

鸟类危害表现出季节性的差异。在一年之中，鸟类在葡萄园中活动最多的时节是在果实上色到成熟期，其次是发芽初期到开花期。在一天之中，早、晚是两个明显的鸟类活动的高峰期。

鸟类危害与葡萄园的地理位置有关。葡萄园建在树林旁、河水旁和以土木建筑为主的村舍旁时，鸟害较为严重，因这些地方距鸟类的栖息地、繁衍地较近。

2. 防护对策

（1）果穗套袋

果穗套袋是最简便的防鸟害方法，同时也防病虫、农药、尘埃等对果穗的影响。但灰喜鹊、乌鸦等体型较大的鸟类，常能啄破纸袋啄食葡萄，因此一定要用质量好的防鸟袋。在鸟类较多的地区也可用尼龙丝网袋进行套袋，不仅可以防止鸟害，而且不影响果实上色。

（2）架设防鸟网

防鸟网既适用于大面积葡萄园，也适用于面积小的葡萄园或庭院葡萄。其方法是先在葡萄架面上0.75~1.0m处增设由8~10号铁丝纵横成网的支持网架，网架上铺设用尼龙丝制作的专用防鸟网，网架的周边垂下地面并用土压实，以防鸟类从旁边飞入。由于大部分鸟类对暗色分辨不清，因此应尽量采用白色尼龙网，不宜用黑色或绿色的尼龙网。在冰雹频发的地区，调整网格大小，将防雹网与防鸟网结合设置，是一个事半功倍的好措施。

（3）增设隔离网

大棚、日光温室进出口及通风口、换气孔应设置适当规格的铁丝网或尼龙网，以防止鸟类进入。

（4）改进栽培方式

在鸟害常发区，适当多留叶片，遮盖果穗，并注意果园周围卫生状况，也能明显减轻鸟害发生。

（5）驱鸟

人工驱鸟。鸟类在清晨、中午、黄昏3个时段危害果实较严重，果农可在此前到达果园，及时把来鸟驱赶到园外。15min后应再检查、驱赶1次，每个时段一般需驱赶3~5次。

音响驱鸟。将鞭炮声、鹰叫声、敲打声、鸟的惊叫声等用录音机录下来，在果园内不定时地大音量放音，以随时驱赶散园中的散鸟。声音设施应放置在果园的周边和鸟类入口处，以利用风向和回声增大声音防治设施的作用。

置物驱鸟。在园中放置假人、假鹰或在果园上空悬浮画有鹰、猫等图形的气球，可短期内防止害鸟入侵。置物驱鸟最好和声音驱鸟结合起来，以使鸟类产生恐惧，起到更好的防治效果。同时使用这两种方法应及早进行，一般在鸟类开始啄食果实前开始防治，以使一些鸟类迁移到其他地方筑巢觅食。

反光膜驱鸟。地面铺反光膜，反射的光线可使害鸟短期内不敢靠近果树，同时也有利于果实着色。

烟雾和喷水驱鸟。在果园内或园边施放烟雾，可有效预防和驱散害鸟，但应注意不能靠近果树，以免烧伤枝叶和熏坏果树。有喷灌条件的果园，可结合灌溉和"暮喷"进行喷水驱鸟。

（七）冰雹

冰雹是一种强对流灾害性天气现象，冰雹直径一般为5~10mm，最大直径达20mm以上；发生时常伴有雷雨大风，瞬时风速可达17~18m/s，最大风速达22m/s。雹、雨、风等相互作用能对冰雹所经过的果园造成折枝、落叶和果实大量脱落、损伤，给果实和植株造成严重伤害。由于冰雹来势急，以砸伤为主，每年都给葡萄生产造成重大损失。葡萄的不同部位所能承受的压强各不相同，果实、新梢节间、叶片对冰雹等外力的耐受压强依次降低；不同品种葡萄各器官所能承受的压强也各不相同。从高空直接落下的 0.3~0.7cm 的冰雹会对葡萄叶片、嫩梢造成伤害，0.8cm 的冰雹则会对葡萄地上部所有器官造成伤害，随着冰雹的加大，其形成的撞击压强呈几何倍数增长。一旦遭遇降雹，葡萄植株的部分器官便会受到伤害，因此降雹后必须加强管理，防止病害的发生（刘俊等，2012）。

1. 防雹措施

架设防雹网是防雹的有力措施。在经常发生雹灾的地区，可设立防雹网，可在葡萄架上设高出架面 70cm 左右的支柱，支柱顶拉 10 号铁丝。全园纵横交叉，组成大网络，然后把防雹网平铺其上。这项措施可使雹灾损失大大减轻，且投资较少。

进行果穗套袋。果穗套袋可以有效地防止较轻或个头较小的冰雹的袭击，减轻雹灾为害。套袋时间于生理落果结束后进行。

2. 补救措施

（1）较轻雹灾

不同生长阶段发生的冰雹的补救措施应有所区别。

遇到危害程度较轻的雹灾时，把伤病叶、果下树，深埋处理。因雹灾造成枝叶破碎，容易感染各种病虫害，应及时打药防病。此外，还要加强肥水管理和植株管理，以利于恢复树势。及时喷 10% 苯醚甲环唑 1500 倍液 +50% 嘧菌酯 3000 倍液进行防治，隔 5~7d 再喷施 1 次，预防霜霉病和白腐病等发生。肥水管理按照正常管理即可。葡萄叶片 50% 以上脱落或严重受损，多数枝条断裂，视为严重受灾，雹灾严重果园更需要灾后补救。

架防雹网对葡萄的保护作用显著。在架设防雹网后，由于网面距离葡萄架面近，冰雹在撞击防雹网的网线后再次下落时速度减小了很多，此时撞击葡萄形成的压强很小，大都不足以形成对葡萄植株的伤害，只有 3cm 的大冰雹才会形成再次伤害，而此种规格的冰雹可全部被拦截在网上（架网规格上限 1.5cm×1.5cm）。架设防雹网会对葡萄园内的光照产生一定影响，但仍可满足葡萄正常生长对光照强度的需要，还可对葡萄园起到降温保湿的作用，而对葡萄萌芽率、果枝率及果实品质不会造成显著影响。

防雹网也具有降温保湿的功能。网眼规格不同，其降温保湿的效果也不同，网眼越小则效果越好。网眼规格为 1.0cm×1.0cm 的防雹网可降温 4℃ 以上，园内湿度增加 4% 以上。降温保湿可促进光合作用，减少蒸腾，这对全年相对干旱、雨热同期、夏秋高温产地的葡萄生长十分有利。

（2）6 月底前遇较重的冰雹灾害

6 月底前遇较重的冰雹灾害后，立即清除受伤叶片和果穗，在健壮的新梢上留 4~6 个芽进行短截，逼冬芽萌发，进行二茬果生产，同时要采取促早熟措施，使果实在下霜前成熟。另外要增施磷钾肥，促使枝条木质化，以利第二年生产。花期前后遭受冰雹灾害，可采取刺激二次果的措施，弥补当年损失。具体措施为：将所有当年生枝条平茬或留 2 个芽眼；全园打一遍广谱性的杀菌剂防治病害发生；平茬一周后开始萌芽，30d 后新梢叶片长到 10 片时，进行新梢摘心，去除所有副梢，顶端萌发出的冬芽副梢部分会带有花序，以后的管理可以按照正常程序进行。欧美杂种较欧亚种的成花能力强。欧亚种品种由于花芽分化能力弱，严重受灾后，以保植株为主，对当年生枝条平茬后，控制病害发生，其他管

理措施可相应参照当年定植的幼树管理方法，保证第二年产量不受影响。

（3）7月或以后遇到雹灾

在7月或以后遇到雹灾，再进行二茬果生产已不能成熟，当年的损失已不可挽回，但此时也不应放弃，要注意保护好新长的叶片，重点做好霜霉病的防治，并加强后期肥水管理，增施磷钾肥，促使枝条成熟，这样可以保证第二年植株能正常生长、结果。果实膨大期遭受冰雹灾害，应剪掉被冰雹打烂的果实后及时清园，喷布杀菌剂以防染病；理顺和绑缚新梢；对于折断、劈裂的新梢在伤口处剪平；对于重新萌发的副梢，除保留前端的1~2个新梢继续生长外，其他副梢留两片叶摘心；中耕松土，增加土壤透气性，及时补充施用水溶性肥料，促进果实着色和枝蔓成熟；叶面喷施0.3%~0.5%磷酸二氢钾，增加植株营养储备，提高植株抗性。特别提醒，这个时期不要采取二次结果的办法来弥补损失，葡萄花芽往往是在前一年形成，二次果在后期也很难完全成熟，而且采取二次结果的办法会过分消耗植株的养分，影响来年葡萄的开花、结果。

（4）果实成熟期遭受冰雹灾害

葡萄果实成熟期发生严重雹灾，应采取适当措施。若果穗严重受损，果实应尽快采摘销售，以减少当年损失；然后全园喷施防治霜霉病的药剂1~2次；若果穗仍具有商品价值，则尽可能将果实销售完毕后，再进行药剂防治，以免影响果穗安全性；对因冰雹受伤严重的叶片且已老化的叶片及时剪除，减少养分损失，提高架面透光率。

（八）洪涝灾害

1. 涝灾对葡萄的危害

连续降水极易使葡萄产生涝害，突出表现为树叶发黄，严重的导致落叶落果，使葡萄生长结果受到影响，根部较长时间处于水浸状态，因通气不良造成烂根，甚至还会出现死树现象。

2. 葡萄园涝灾后管理

①疏通渠道，及时排出葡萄园的积水，清除淤泥浆，扶正植株：长时间受水浸泡的葡萄园，主蔓可用1:10的石灰水刷白，并用稻草或麦秸包扎，防止因暴晒造成树皮开裂。

②及时中耕，改善土壤墒情。水淹后，葡萄园土壤容易板结，引起根系缺氧。当土壤稍干后，应抓紧时间中耕。中耕时要适当增加深度，将土壤混匀、土块捣碎。对于雨水浸泡时间较长的园区，排水后，扒开树盘周围的土壤晾晒、散墒，经过1~3个晴好天气，及时覆土，防止葡萄根系长时间暴露在外。

③追肥。葡萄受涝后，根系容易受到损伤，吸收肥水的能力降低，不宜立即进行根部施肥。可采用0.1%~0.2%磷酸二氢钾或0.3%尿素溶液进行叶面追肥。待树势恢复后，再施用腐殖酸类肥料、腐熟的人畜粪尿、饼肥，促发新根。

④及时修剪。及时剪除断裂的枝蔓，清除落叶、病果和烂果。对伤根严重的树，及时疏枝、剪叶、去果，以减少蒸腾量，防止树株死亡。

⑤防治病害。涝后，对于中、晚熟或早熟套袋葡萄园区，可选择晴好天气，全园喷施一次高效杀菌剂，防止病害滋生蔓延。

⑥适时采收。对受淹时间较长的葡萄园，要提前采收；受灾较轻和未受灾的果园要分级、分批采收；对晚熟品种尽量不要早采（赵连军，2014）。

【本章小结】

　　新建葡萄园需要做好规划设计，选择好品种。根据当地自然条件、市场需求与栽培目的等选择适宜的生产模式及品种，培肥土壤，培育或选购优质种苗。设施促早栽培多选用中早熟葡萄品种。成年园的栽培管理技术包括土肥水管理、花果管理、整形修剪、病虫害的综合防治与自然灾害的防控等。生产中需要根据葡萄的生物生态学特性，与当地环境条件及栽培技术水平相结合。合理施肥浇水，不同生长发育阶段采取相应的技术手段，一般"前促后控"，春季生长初期促进营养生长，花果期以保花保果为中心工作，花后控制营养生长、促进果实稳定膨大，采收后以保障枝条木质化、强壮树势、满足安全越冬需求为目标，冬季采取适当防寒越冬的技术措施。通过合理肥水、整形修剪、产量控制等调整好葡萄营养生长与生殖生长的平衡，调节好植株地上部与根系生长的平衡，保障葡萄生产稳产、优质与高效。

思考与练习

　　1.葡萄按照成熟期分类的标准是什么，各成熟期有哪些代表性品种？

　　2.新建葡萄园如何选择品种？

　　3.我国目前生产上的葡萄主栽品种有哪些？

　　4.新建葡萄园应注意哪些问题？建园流程是什么？

　　5.试论述葡萄园土肥水日常管理。

　　6.简述土壤改良的重要性及方法。

　　7.简述葡萄花果期栽培管理的技术要点。

　　8.简述葡萄整形修剪的概念及方法。

本章推荐阅读书目

　　1.葡萄学.贺普超编著.中国农业出版社，1999.

　　2.中国葡萄志.孔庆山主编.中国农业科学技术出版社，2004.

　　3.葡萄栽培学.李华编著.中国农业出版社，2008.

　　4.中国葡萄品种.刘崇怀，马小河，武岗主编.中国农业出版社，2014.

　　5.北方葡萄减灾栽培技术.刘俊主编.河北科学技术出版社，2012.

　　6.葡萄园生产与经营致富一本通.牛生洋，刘崇怀主编.中国农业出版社，2018.

　　7.图说葡萄高效栽培.孙海生，张亚冰主编.机械工业出版社，2018.

　　8.果树栽培学总论.第3版.郗荣庭主编.中国农业出版社，1997.

第六章

我国防灾减灾法律法规与保障

【内容提要】在介绍我国防灾减灾有关法律法规的基础上，重点介绍与干旱和洪涝灾害相关的防灾减灾法律法规。介绍我国农业保险的种类、特点、作用及制约因素，详细介绍《农业保险条例》部分内容，农业保险的办理与索赔相关步骤、注意事项，最后列举了几项与葡萄种植有关的农业保险相关项目。

【学习目标】掌握农业灾害的分类及特点，我国农业防灾减灾相关法律法规。熟悉农业保险的种类及制约因素、农业保险办理及索赔的步骤，了解部分葡萄保险项目的内容及注意事项。

【基本要求】了解并熟悉农业防灾减灾相关法律法规，树立法律观念，农业保险的种类以及办理步骤。

第一节　防灾减灾法律法规

　　我国是传统农业大国，也是世界上农业灾害影响最严重的国家之一。农业灾害频繁发生对我国农业生产构成严重威胁。为了更好地推进农业防灾减灾救灾工作，我国制定了一系列与之相关的法律法规，并陆续出台有关政策措施支持农业保险的发展。

一、农业自然灾害

　　农业灾害是指直接危害农业生物、农业设施和农业生产环境，影响农业生产正常进行，影响人类生存或利益的灾害。农业生产受自然条件影响相对较大，因此农业自然灾害会给农业生产造成较大的损失。农业自然灾害主要指对作物生长发育有直接或间接影响且造成危害的环境异常现象。我国农业自然灾害类型多样、成因复杂、发生频率高、影响范围广且突发性强。农业自然灾害主要分为农业气象灾害、农业生物灾害、农业环境灾害和农业地质灾害4类。

（一）农业气象灾害

　　农业气象灾害是指给农业造成损失的不利气象条件。我国农业气象灾害不仅种类多、活动范围广，且发生频率高。气象灾害占自然灾害的70%左右，其中农业气象灾害占气象灾害的60%。随着全球气候变暖，极端天气气候事件频发，农业气象灾害对农业的影响越来越大。

　　农业气象灾害按成因可以分为5类（表6-1），以干旱和洪涝危害最为严重。据统计，旱灾对我国农业影响最大，占气象灾害的50%左右，其次是洪涝，再次是风雹（戚晶晶等，2018）。

表6-1　农业气象灾害分类

成因	农业气象灾害
水分异常	干旱、湿害、暴雨、洪涝、冻涝、冰雹、暴风雪、雪害、冻雨
温度异常	低温冻害、霜冻、冷害、寒害，高温热浪
光照异常	阴害、日灼、日烧
气流异常	大风、龙卷风、风沙、沙尘暴
复合灾害	连阴雨、台风、干热风

（二）农业生物灾害

　　农业生物灾害是指严重危害作物生长发育的病、虫、草、鼠等的暴发或流行对农业造成损失。农业生物灾害发生范围广、危害程度重，严重制约着作物的产量和品质。近年来，由于全球气候变暖等因素，我国农业病虫害频发，局地逐年加重。从2007年开始，一般每年因病虫危害造成的粮食损失（防治后挽回损失和实际损失之和）在1.2亿t左右，高的年份超过1.3亿t（刘万才等，2016），对我国粮食安全构成巨大威胁（郑思宁等，2019）。

（三）农业环境灾害

　　农业环境灾害是指由人类不合理活动所引起的一切危害农业生物生命活动和农事活动

正常进行的现象。农业环境灾害是人类农业生产发展到一定阶段，人类农事活动范围、规模、程度不断扩展以后才出现或逐步加重的。农业环境灾害具有缓慢性、潜在性、间接性和长期性的特点。所造成的损失直观表现为农业减产、绝收或者农业生产设施损坏等，潜在表现为农业土壤污染、水体污染和大气污染等，通过污染的农业环境作用于植物，最终危害人类。

（四）农业地质灾害

农业地质灾害是地质灾害在农业上的表现，凡直接或间接危害农业、农村、农民的地质灾害即为农业地质灾害。农业地质灾害主要是一些季节性、多发性、持续性的危害，如崩塌、滑坡、泥石流、水土流失、土地"三化"、水资源污染等。农业地质灾害会摧毁农田与作物、农业水利等基础设施，对农民人身及财产安全造成威胁。

二、防灾减灾法律法规

农业是我国基础性产业，农业灾害损失是影响我国农业可持续发展的重要因素，因此实施农业灾害防治立法具有重要意义。我国正处于建设社会主义新农村的关键时期，完善农业灾害防治立法、"依法减灾"是加强我国农业灾害防治的必由之路。建立完善的农业灾害防治法律体系，把提高农业风险应对能力加以法治化，切实保障农业经济的持续快速稳定发展，是有效减轻灾害损失，提高农民收入，保证我国农业长期、稳定发展的重要前提。

（一）构建农业防灾减灾法律制度

农业防灾减灾法律制度是由不同层次、不同类别、结构合理有序的调整农业防灾减灾的法律规范组成的有机整体。既包括国家立法机关制定的有关农业防灾减灾的法律，又包括国家最高行政机关颁布的行政法规和农业主管部门与其他有关部门单独或联合制定的有关农业灾害的部门规章。建立农业防灾减灾法律制度的根本目的是保护农民生命、财产安全，增加农民收入，维护农村稳定和促进农村发展。

我国农业防灾减灾法律制度总体分 3 个部分：灾前法律规制、受灾过程中的法律规制和灾后法律规制。灾前重在预防，通过对自然灾害进行监测、对民众进行转移、对农作物进行保护等来最大程度减少灾害带来的损失。灾前预防是农业防灾减灾法律制度构建的重点，只有充分做好灾前应急工作，才能有效地降低自然灾害造成的巨大损失。当农业遭受严重灾害袭击农作物减产时，农民遭受损失，灾中法律法规旨在保证一切有条不紊地进行。灾后主要是救助工作，帮助农民摆脱灾害所带来的负面影响，稳定农村经济的发展（程方，2012）。

（二）防灾减灾法律法规

1. 我国灾害管理立法的发展

1994 年 3 月 25 日，国务院第 16 次常务会议讨论通过了《中国 21 世纪议程——中国 21 世纪人口、环境与发展白皮书》，明确提出了我国建立防灾减灾法律法规的必要性和紧迫性。白皮书中从"提高对自然灾害的管理水平""加强防灾减灾体系建设，减轻自然灾害损失"和"减少人为因素诱发、加重的自然灾害" 3 个方面专门讨论了我国"防灾减灾"问题。白皮书指出"灾害管理水平的提高有赖于灾害管理体制的健全。而我国灾害管理法制尚不健全，缺乏防灾的总体规划，灾害管理体系与制度建设有必要加强"。因此，

要制定综合的灾害管理基本法，洪水等重大灾害的灾害管理法，部分配套法规，加强地方减灾立法等。1998年4月，我国政府总结灾害管理的经验与教训，制定了我国第一部减灾规划。2004年3月，宪法修正案对由重大自然灾害等引起的紧急状态做了原则规定，为我国包括自然灾害在内的突发事件应急法律制度提供了宪法依据。

2007年，《中华人民共和国突发事件应对法》的颁布标志着应急管理法律体系初步建立。2007年7月，国务院办公厅颁布《关于进一步加强气象灾害防御工作的意见》，这是第一个灾害整体防御工作的重要法律文件。2008年1月，国务院发布了《国家突发公共事件总体应急预案》，在法律层面上明确了政府在自然灾害等事件处理过程中的主导和核心作用（严文，2011）。2010年1月，为了加强气象灾害的防御，避免、减轻气象灾害造成的损失，保障人民生命财产安全，国务院通过了《气象灾害防御条例》，这是我国第一部规范气象灾害防御工作的综合性行政法规。

2. 我国防灾减灾法律法规

目前，我国已制定关于防灾减灾的法律35件，行政法规37件，部门规章55件，相关文件111件（方印等，2011）。与农业灾害相关的法律法规主要分为以下3类（表6-2）：①水旱灾害管理法律法规，如《中华人民共和国水法》《中华人民共和国防洪法》等；②气象管理法律法规，包括《中华人民共和国气象法》《中华人民共和国气象条例》等；③生物灾害管理法律法规，如《中华人民共和国草原法》《中华人民共和国森林病虫害防治条例》等。其中《中华人民共和国突发事件应对法》是适用于所有灾害情况的综合型防灾减灾法律法规，其余都是单一型立法。

表6-2 我国有关农业防灾减灾的法律法规

农业灾害类别	法律法规
水旱灾害管理法律法规	《水法》《防洪法》《防汛条例》《河道管理条例》《特大防汛抗旱补助费使用管理暂行办法》《水库大坝安全管理条例》《中央级防汛岁修经费使用管理办法》《水利工程质量管理规定》《水利建设基金筹集和使用管理暂行办法》等
气象管理法律法规	《气象法》《防沙治沙法》《防雷减灾管理办法》《气象条例》《发布天气预报管理暂行办法》《关于进一步加强突发性天气短时预报服务工作的意见》《人工影响天气管理条例》《沙尘天气预警业务服务暂行规定》《人工影响天气安全管理规定》《港口大型机械防阵风防台风管理规定》等
生物灾害管理法律法规	《草原法》《森林法》《森林法实施条例》《森林病虫害防治条例》《林业病虫害防治补助费管理规定》《农作物病虫预报管理暂行办法》等

（1）防洪相关的法律法规

洪水是我国主要农业气象灾害之一，其对农业造成的损失程度不可估量，主要体现为农田被淹，农业设施被冲毁，作物减产，农民收入减少。随着全球气候变化，极端天气事件增多，洪水灾害影响变得越来越严重，其防范措施需求也越来越紧迫。

为了防御、减轻洪涝灾害带来的损失，1997年8月第八届全国人民代表大会常务委员会第27次会议通过《中华人民共和国防洪法》（以下简称《防洪法》）。根据《中华人民共和国水法》与2005年7月《国务院关于修订〈中华人民共和国防汛条例〉的决定》，修订《中华人民共和国防汛条例》。《防洪法》是我国防洪工作的基本法律依据，是调整防治洪水活动中各种社会关系的强制性规范，为依法防洪奠定了基础，标志着我国防洪事业走

表 6-3　洪水管理相关法律法规

名称	发布单位	颁布年月	主要内容
《水法》	全国人民代表大会常务委员会	1988 年 1 月 2002 年 10 月修订	水资源规划、开发利用，水工程保护，水资源配置和节约使用，水事纠纷处理与执法监督检查
《河道管理条例》	国务院	1988 年 6 月	河道整治与建设，河道保护，河道清障
《蓄滞洪区安全建设指导纲要》	国务院	1988 年 10 月	基本工作，警报，预报，人口控制，就地避洪措施，安全撤离措施，防洪基金，洪水保险制度
《防汛条例》	国务院	1991 年 7 月 2005 年 7 月修改	防汛组织，防汛准备，防汛与抢险，防汛经费，善后工作
《防洪法》	全国人民代表大会常务委员会	1998 年 1 月	防洪规划，治理与防护，防洪区与防洪设施管理，保障措施，法律与责任
《蓄滞洪区运用补偿暂行办法》	国务院	2000 年 5 月	补偿对象、范围、标准、程序，罚则

上了依法防洪的新阶段（表 6-3）。

防洪法律法规还有《黄河、长江、淮河、永定河防御特大洪水方案》《蓄滞洪区安全与建设指导纲要》《水库大坝安全管理条例》《蓄滞洪区运用补偿暂行办法》等。近年来，我国已经在大力加强政策法规和制度方面的建设，各级地方人民政府根据国家有关防汛的法规条例制定了本地区的实施细则及有关配套法规，修订了《防汛条例》，制定了《国家防汛抗旱总指挥部工作制度》和《国家防汛抗旱总指挥部成员单位职责》，对《各级地方人民政府行政首长防汛抗旱职责》进行了补充修订；组织制定了《防洪减灾经济效益计算办法》《防汛储备物质验收标准》《中央级防汛》等一系列工作制度和规章，初步形成了国家和地方防洪法制体系，使我国的洪水风险管理逐步规范化、制度化和法制化。

（2）干旱相关防灾减灾法律法规

干旱是全球发生频率最高、持续时间最长、影响面积最广的自然灾害。我国位于亚洲季风气候区，加之三级阶梯状的地貌格局，本质上决定了我国是世界上干旱灾害损失最严重的国家之一。1950—1990 年，我国有 11 年发生了特大干旱，发生频次为 27%。1991—2010 年，我国有 9 年发生了重大干旱，发生频次为 45%（秦鹏等，2013）。2009年，国务院发布了《中华人民共和国抗旱条例》，从管理体制、灾害预防、灾害管理、灾后恢复和法律责任等方面系统阐述了对旱灾的应对工作，是我国第一部规范抗旱工作的行政法规。它填补了我国抗旱法律的空白，也为各省、自治区、直辖市制定细则提供了法律基础。

目前，我国与旱灾防治有关的法律主要有：《中华人民共和国水法》《中华人民共和国抗旱条例》《气象灾害防御条例》《中华人民共和国水土保持法》等。《水法》是有关水资源的综合法律，由于水与干旱有直接联系，所以也从侧面促进了我国干旱管理。例如，"规划的制订，必须进行水资源综合科学考察和调查评价"（第十六条），意味着干旱地区水资源规划也需符合当地情况，以防止旱灾形成。也有直接关于干旱的条文，如"在干旱和半干旱地区开发、利用水资源，应当充分考虑生态环境用水需要"（第二十一条），这促使政府做出与水资源管理有关的决定时考虑对干旱地区特殊对待。但《水法》具体实施起来着重于协调水资源合理利用，并未提及旱灾防治的具体措施，只能作为一部辅助性法律干预干旱管理。《水土保持法》是以预防为主，加强水土保持，以防止水土流失以及相关灾害发生的法律，通过各种涵养水土的措施间接保证生态脆弱地区水资源保有量，有利于预防旱灾的发生，但同《水法》一样，只能间接辅助旱灾的防治。《气象灾害防御条例》是一部预防性法规，这部行政法规从总体上规范了各种气象灾害的防御和处理措施，包括旱灾。也专门提到气象台要监测旱情并及时向主管部门报告，但总体看来，这部法规是为了防御和处理突发气象灾害，对于旱灾这种需要一定时间才能看到后果和危害的灾害不够重视。

《抗旱条例》是第一部专门规范旱灾管理的法规，它的出现弥补了我国抗旱法制建设方面的空白，加强了抗旱法律保障，对规范抗旱工作，保障我国农业全面协调发展有着重要意义。它比以上三部法律法规更有针对性，其中规定了有关旱灾预防、抗旱减灾、灾后恢复等一系列较为具体的措施，为今后具体实施各项抗旱举措建立良好的基础。但一部行政法规依旧不能统领建立我国庞大的防旱抗旱体系。

（3）气象灾害法律法规

为了防御气象灾害，1999年10月31日第九届全国人民代表大会常务委员会第12次会议通过《中华人民共和国气象法》，自2000年1月1日起施行。《气象法》的颁布与实施标志着我国气象灾害防御管理从行政化到法律化的转变。此后，我国相继颁行了《人工影响天气管理条例》（2002年）、《中华人民共和国突发事件应对法》（2007年）、《国家气象灾害防御预案》（2009年）、《国家气象灾害防御规划》（2010年）、《气象灾害防御条例》（2010年）、《气象设施和气象探测环境保护条例》（2012年）。这些法律法规对我国近年气象灾害防御管理工作起到了重要作用，标志着我国气象灾害防御管理法律体系基本形成。

《中华人民共和国气象法》是我国第一部规范气象活动的法律，也是规范我国气象工作的基本法律。《气象法》规范的对象不仅仅是各级气象主管机构和各级气象台站，还规定了各级人民政府在气象防灾减灾工作中的权利和义务。《气象灾害防御条例》是我国继《人工影响天气管理条例》之后，制定的第二部与《气象法》相配套的气象行政法规，其适用范围与《气象法》保持一致，是对《气象法》内容的补充。《人工影响天气管理条例》确立了政府统一领导协调，气象主管机构具体负责，有关部门协作配合的管理体制。这为人工影响天气工作的有序进行提供了法律依据，标志着我国人工影响天气工作有法可依。《气象灾害防御条例》从国务院行政法规层面规定了气象灾害的预防工作。该条例作为一部调整气象灾害防御过程中各种社会关系的行政法规，根本目的是加强气象灾害防御工作，避免、减轻因气象灾害造成的损失，保障人民生命财产安全。《气象设施和气象探测环境保护条例》将强化管理作为有效保护气象设施和气象探测环境的重要手段，明确了重要气象台站探测环境的具体要求。

当前我国农业灾害防治立法仍存在一些问题：①农业灾害防治法律体系不完善，缺乏规范农业灾害防治管理的基本法；②现有防灾减灾立法的指导思想与科学发展观存在偏差；③现行法律对农业灾害管理部门的职能定位不明确；④农业应急法律制度不健全。

第二节 农业保险

我国农村地区因灾致贫是造成农村家庭贫困的主要诱因之一，占总贫困人口的20%。农业保险作为分散农业生产经营风险的重要举措，具有稳定农民收入、助力乡村振兴战略持续推进及加快实现农业发展现代化等一系列作用。2020年中央一号文件依然关注"三农"领域，并对农业保险提出进一步发展要求。目前，我国农业保险业务规模仅次于美国，居全球第二。

一、农业保险

农业保险是专为农业生产者在从事种植业、林业、畜牧业和渔业生产过程中，遭受自然灾害、意外事故疫病、疾病等保险事故所造成的经济损失提供保障的一种保险，是世界各国管理本国农业风险、维持本国农业稳定发展、提高农业竞争力和农民社会福利的重要措施。近年来，在党中央、国务院正确领导下，我国各地区、各部门积极推动农业保险发展，不断健全农业保险政策体系，取得了明显成效。

但农业保险发展仍面临一些困难和问题，与服务"三农"的实际需求相比仍有较大差距。2019年10月9日，为加快农业保险高质量发展，国家财政部等部门联合印发《关于加快农业保险高质量发展的指导意见》，明确提出加快农业保险高质量发展，推动我国农业保险改革发展，提高保障水平，优化运行机制，完善大灾风险分散机制。

（一）农业保险的特点

农业保险主要体现在：①收益的外部性。农业保险的社会收益高而经营者的实际收益低。农业保险有助于增加农产品供给，降低农产品价格，提升社会福利，并使生产者剩余减少并向消费者转移。②保险标的生命性。农业保险的标的大多是活的生物。③季节性和周期性。与农业生产的季节性和灾害的周期性密切相关。④技术难度大。农业灾害损失在不同年份的差异很大，分散经营的农户往往缺乏对农作物生产的详细记录，保险公司难以获得准确可靠的长期农作物收获量以及损失程度资料。⑤地域性。由于每个区域的地形、土壤和气候等自然条件的差异以及生产技术的不同，使农业生产具有鲜明的地域差异，从而要依据每个地区的实际情况确定农业保险的具体运行方式。⑥连续性。农业保险的对象都是有生命的，它们在生长过程中相互影响、相互制约，并且紧密相连持续不断，这就要求农业保险应长期保持动态的经营理念，从而保障农业保险业务的正常发展。⑦不可分割性。政府是支持农业在各种风险中发展的重要支柱，投保者与承保者也需要承担相应的职责，这样均可受益，体现出农业保险的效用具有不可分割性。

（二）农业保险的作用

农业保险可以促进农业经济发展，作为国家的一种政策工具对农业起到保护和扶持作用，有效解决农业经济的不稳定性，分散灾害事故给农业生产带来的风险损失，促进农业发展，大大降低农业收入波动。农业保险虽然不能消除自然灾害，但可以减弱其给农民和农业所带来的巨大损失，提高农民抗风险和防风险的能力，有效地落实"三农"政策。

农业保险可以增加国际竞争力。国外农产品的品质、价格和品牌优势，在一定程度上冲击着我国农产品市场，大大影响我国农业经济发展和农民收入。通过政府进行农业保险制度

补贴，使农民收入稳定，增强农产品的国际竞争力，为我国农业经济可持续发展提供保障。

农业保险可以弥补财政救灾资金的不足。农业保险能在一定程度上聚集社会资金，减轻灾后救灾资金压力。而且在农业保险的保障下，农民可以增加投入，扩大再生产规模，创造更大的经济效益，使投保意愿更强，投保人数增加同时会使保费增加，国家能聚集更多的农业风险资金，这样形成良性循环，可以避免在大灾之年资金支出紧张。

农业保险可以改善农民生产生活的困境。农业是一种高投入和高风险的产业，一旦受灾就会损失严重，农业保险有助于缓解灾害损失的打击，减轻农民对未来自然灾害损失不确定性的担忧，稳定生活收入来源，农民可利用索赔额来恢复农业生产，开始灾后新生活。因此，农民可在生产前放心大胆地进行生产活动，在农业保险的保障下，银行也会更加放心给农民放贷。

（三）制约我国农业保险发展的因素

我国农业保险在补偿农业灾害损失方面所起的作用有限，制约我国农业保险发展的因素主要有需求、供给、政府3个方面。

1. 需求方面

农户是农业保险的需求方，在自愿投保的情况下，大部分农户没有经济能力或者对农业保险不了解，不愿意购买，造成农业保险有效需求不足，影响了我国农业保险的发展。一方面由于农业灾害的频繁发生，严重影响了农业生产的稳定性，我国农户的收入水平相对较低。再加上农业风险往往是巨灾风险，保险公司为了维持经营的稳定，要求较高的保险费率，使得部分农户失去购买农业保险的欲望。另一方面，对农业保险的宣传力度不足，农户的保险意识和法律意识都非常薄弱，不愿意或不知道购买农业保险。

2. 供给方面

保险机构是农业保险的供给者。农业保险标的大多是活的生物，使得农业保险的保险利益不是既得利益，而是预期利益，无法准确衡量保险金额；保险标的的生长与种植者的行为密切相关，使农业保险易受道德风险的影响，难以准确厘定保险费率；农作物受到损害后有一定的自我修复能力，难以准确定损，确定理赔额度；农业保险具有较强的地域性，逆向选择风险大；我国土地面积辽阔，各地区的农业发展水平参差不齐，灾害种类及频率和强度也各不相同，这些加大了保险机构经营的不稳定性，因此大部分商业保险公司不愿意经营农业保险，且农业保险产品种类单一，造成我国农业保险供给不足。

3. 政府方面

政府对农业保险的态度和政策，对农业保险的发展至关重要。农业保险发展30年来，我国缺乏专门的农业保险相关法律，没有形成有效的法律体系。2015年新修订的《中华人民共和国保险法》，仅在第184条规定："国家支持发展为农业生产服务的保险事业。农业保险由法律、行政法规另行规定。强制保险，法律、行政法规另有规定的，适用其规定。"《农业保险条例》是我国目前唯一的规范和指导农业保险工作、明确政府及相关部门保险工作中职责的法律性文件。但是条例对补贴险种、补贴比例、补贴方式没有做明确的规定，对地方政府给予农业保险补贴没有做硬性规定，没有组建有效的监管机构，导致政府在对农业保险进行补贴时协同效应和工作效率较低，补贴效果不尽如人意。

（四）种植业保险

农业保险按农业种类不同，分为种植业保险、养殖业保险；按保障程度分为成本保险、产量或产值保险；按危险性质分为自然灾害损失保险、病虫害损失保险、疾病死亡保险、意外事故损失保险；按保险责任范围不同，可分为基本责任险、综合责任险和一切险；按赔付办法可分为种植业损失险和收获险。农业保险的保险标的包括农作物栽培（农业）、营造森林（林业）、畜禽饲养（畜牧业）、水产养殖、捕捞（渔业）等。

种植业保险是指以农作物及林木为保险标的，对在生产或初加工过程中发生约定灾害事故造成的经济损失承担赔偿责任的保险。

种植业保险按承保的对象可以分为：①农作物保险。以稻、麦等粮食作物和棉花、烟叶等经济作物为对象，以作物在生长期间因自然灾害或意外事故使收获量价值或生产费用遭受损失为承保责任的保险。②收获期农作物保险。以粮食作物或经济作物收割后的初级农产品价值为承保对象，即作物处于晾晒、脱粒、烘烤等初级加工阶段时的一种短期保险。③森林保险。以天然林场和人工林场为承保对象，以林木生长期间因自然灾害和意外事故、病虫害造成的林木价值或营林生产费用损失为承保责任的保险。④经济林、园林苗圃保险。保险承保的对象是生长中的各种经济林种，如各种果树、橡胶树、茶树以及商品性树木等，保险公司对这些林种及其产品受自然灾害或病虫害所产生的损失进行补偿。

种植业保险按保障的风险、范围不同可以分为传统农业保险和指数型保险。

1. 传统农业保险

自 2004 年我国恢复农业保险业务以来，一直以传统政策性农业保险为主，即由政府主导、组织和推动，由财政给予保费补贴，按商业保险规则运作，以支农、惠农和保障"三农"为目的的一种农业保险。传统型农业保险以承担生产风险为主，属于以成本为基础的产量保险。

传统农业保险产品是根据农户生产遭受灾害时的实际损失情况进行核损定灾，而后进行赔付设计的保险产品。

（1）作物指定险

该产品是特定灾害发生后，按照实地测量的产量损失比例计算赔付金额的作物保险产品。某种灾害发生后的赔付金额 =（产量损失比例 – 免赔率）× 单位面积保险金额 × 投保面积。保险金额是根据生产成本或预期收入来确定的，单位面积保险金额是双方事先商定好的。该类保险产品主要应用于雹灾保险，也可应用于霜冻或降水量过多。

（2）作物多种险

该产品是根据投保作物历年平均产量的成数确认保险产量，灾害发生后进行赔付的保险产品。如果实际产量低于投保产量，赔付金额 =（保险产量 – 实际产量）×（1– 免赔率）× 单位产量保险金额。投保产量一般是投保作物历年平均产量的成数，如 50%~70%。单位产量保险金额是双方事先商定好的。这类作物保险涵盖了多种风险造成的损失。作物多种险适宜造成农作物损失原因复杂的地区，如多种风险相互影响的地区。

随着农业保险业务的发展，传统查勘定损型农业保险的弊端逐渐显露，如信息不对称、定损缺乏准确依据、赔付标准难确定、承保理赔程序烦琐、理赔时间长、道德风险和逆向选择等。这些问题长期存在并困扰着农业保险的长远发展，为改变农业保险的经营困境，我国开始发展农业气象指数保险（陈文辉，2015）。

2. 指数型保险

随着农业保险业务的不断发展与完善，2009 年，我国开始试点发展指数型农业保险。

指数型保险是指在保险事故发生时，不依据具体的产量损失来确定赔付，而是以与农产品产量、收入损失、价格涨跌等密切相关的客观指数作为具体的理赔依据，确定投保农户的损失程度并给予赔偿。指数保险包括区域产量指数保险、天气指数保险、标准化植被指数／卫星指数保险3种主要产品形态（陈盛伟等，2017）：

（1）区域产量指数保险

区域产量指数保险是在以单个农户产量损失为理赔依据基础上发展起来的一种团体农作物保险产品。基于区域历史平均产量，即"指数"来进行灾后的赔付。该种产品在20世纪50年代初期首先被瑞典采用。区域产量指数保险的投保产量是该区域历史平均产量的成数，如区域平均产量的80%，如果该区域实际平均产量少于投保产量，就会按农户投保面积，而不是损失程度进行赔付。因此，相对于传统农作物保险而言，区域产量指数保险可以有效控制逆选择与道德风险发生，保险公司无须逐户定损、理赔，交易成本低，且保险合同标准化、透明化。

（2）天气指数保险

在农业生产中，农作物产量一般与天气状况表现出较强的关联度，如气温高低或降水量过多、过少都会导致作物产量变化。天气指数保险就是选择一个或几个与农作物损失高度相关且可测量的气象条件作为指数，保险合同约定指数保险触发的阈值，当气象站测量到的实际指数达到保险合同约定的触发值时，保险公司将按照合同约定赔偿参保农户相同的金额。以降水量为例，大体上分为两种情况：一类是降水不足指数保险，即"指数"低于阈值（如在作物播种期35d内降水量80mm为阈值）；另一类是降水过多指数保险，即"指数"高于阈值（如在作物收获期15d内降水量112mm为阈值），无论作物实际产量是否受到损失，都应实行赔付。赔付金额＝（实际"指数"-"指数"阈值）×单位"指数"保险金额 × 投保面积。

天气指数保险被广泛接受和应用，主要原因是：①气象因素是这些地区农作物损失风险的主要原因；②历史天气数据质量比历史产量数据质量高；③建立测量地方天气事件系统的成本比建立可信的估算地区产量的系统成本要低（杨晓娟等，2012）。

农业天气指数保险在全国各地蓬勃发展的同时也存在诸多问题：①由于农户对保险产品认知不足以及中国保险行业不甚规范，使得有效需求不足，农业天气指数保险发展缓慢；②保本而非保损，保障水平较低，依旧存在难以有效弥补农户损失的问题；③保险产品开发种类有限，产品单一，设计不足，创新力度不够；④科技与农业天气指数保险结合度不高；⑤政府的引导和扶持力度不足。

（3）标准化植被指数／卫星指数保险

该产品应用于几个国家的牧场。植被指数保险作为一款创新型农业保险产品，通过卫星探测植物对红光波段与近红外波段的反射率建立植被指数，以植被指数作为基础，衡量某一地区平均产草量，当该地区植被指数低于约定水平时，被保险人可以根据保险合同的约定获得相应赔偿，能够弥补农户因自然灾害而导致产草量受到的损失，节省不得不去额外购买草料用于畜牧的成本。

（五）《农业保险条例》

2012年10月24日，国务院第222次常务会议通过《农业保险条例》（以下简称《条例》），自2013年3月1日起施行。填补了《农业法》和《保险法》未涉及的农业保险领域的法律空白，为农业保险经营提供了法律依据，结束了依靠政策经营农业保险的时代，标志着我国农业保险业务发展进入了有法可依的阶段，对我国农业保险的发展具有里程碑式的意义。

《条例》第二条规定，经营农业保险的保险机构"是指保险公司以及依法设立的农业互助保险等保险组织"，确立了农业互助保险组织的经营主体地位。农业互助保险组织是指所有参加保险的人为自己办理保险而合作成立的法人组织，其特征在于出资人和投保人（以及被保险人）往往是同一批人，买保单即入股。在这种经营模式中，投保人与保险人在经济利益上具有一致性，很大程度上抑制了道德风险和逆向选择所带来的负面影响。

《条例》第四条规定："国务院保险监督管理机构对农业保险业务实施监督管理。国务院财政、农业、林业、发展改革、税务、民政等有关部门按照各自的职责，负责农业保险推进、管理的相关工作。"确立了银保监会对于农业保险的主要监管职责，理顺了过去长期纷乱不清的农业保险监管关系。规定了政府机关在农业保险中的职责和作用，突出体现了农业保险政策性的一面。

《条例》第十七条第二款规定："未经依法批准，任何单位和个人不得经营农业保险业务。"因此，经营农业保险必须取得银保监会的审批。明确了农业保险的特殊经营原则，有效防止农险经营性风险的发生。

《条例》第十八条规定："保险机构经营农业保险业务，应当与其他保险业务分开管理，单独核算损益。"对于财政补贴型农业保险，因其具有一定的政策性特点，故而在条款和费率设计上，不能完全像商业保险一样由保险机构自行决定。《条例》第十九条规定："保险机构应当公平、合理地拟订农业保险条款和保险费率。属于财政给予保险费补贴的险种的保险条款和保险费率，保险机构应当在充分听取省、自治区、直辖市人民政府财政、农业、林业部门和农民代表意见的基础上拟订。"《条例》第二十条规定："保险机构经营农业保险业务的准备金评估和偿付能力报告的编制，应当符合国务院保险监督管理机构的规定。农业保险业务的财务管理和会计核算需要采取特殊原则和方法的，由国务院财政部门制定具体办法。"《条例》要求农业保险的准备金和偿付能力管理应符合银保监会的有关监管规定，改变了过去农业互助保险组织等经营主体在准备金和偿付能力管理上无法可依的状况。

针对协办模式下保险公司委托农业基层组织办理业务并支付代理费用的问题，《条例》第二十一条规定："保险机构可以委托基层农业技术推广等机构协助办理农业保险业务。保险机构应当与被委托协助办理农业保险业务的机构签订书面合同，明确双方权利义务，约定费用支付，并对协助办理农业保险业务的机构进行业务指导。"

我国农业保险立法框架安排较为简单，条款内容较为粗疏，只能为农业保险提供最基本的制度供给。这是因为我国农业保险实践经验尚不足，对一些相关问题尚未达成共识。随着该条例的实施，大量立法空白必然出现，需要在实践中不断总结并及时修改补充，完善框架体系，制定配套规章，增强其可操作性，完善我国农业保险立法。

《条例》是我国目前唯一一部专门扶持农业保险的法规，但其法律位阶低于"法律"，不能有效地规制农业保险违法行为，在监管方面存在一定的漏洞。对农业保险的补贴标准未做统一规定，在实施税收减免办法的具体落实上缺少操作性。应进一步明确农险监管机构职能，细化财税支持政策（韩笑，2019）。

二、办理与索赔

（一）农业保险的办理与索赔

为进一步规范农业保险承保理赔业务管理，切实维护参保农户利益，防范农业保险经营风险，保障农业保险持续健康发展，我国于2015年制定了《农业保险承保理赔管理暂行办法》。

1. 农业保险的办理

（1）投保人提出投保申请，由保险公司进行承保前验标，并向投保人履行告知明示义务，介绍相关条款费率，包括具体险种、责任范围和责任免除等内容，确保农户的知情权，不欺骗误导农户。

（2）投保人确定投保后，由保险公司业务人员指导投保人填写投保单，须填写投保人、被保险人、标的信息、保险期限、保险金额和保险费等相关信息，由投保人签字或盖章确认，并向保险公司提供投保相关材料。

（3）投保单核保通过后，保险公司出具"缴费通知单"，投保人确认保险单保费无误后，在"缴费通知单"规定时限内缴纳保险费。

（4）保险公司缮制保险单后交于投保人，投保人应及时核对确认保单信息，若发现有出入应尽快通知保险公司修改。

（5）后续遇到有批改变更保险单内容的事宜，须由投保人提供批改申请书及批改相关材料，保险公司同样根据承保流程进行处理。

2. 农业保险的理赔

农业保险理赔流程主要为4个步骤：

第一，报案与受理。农户被保地块受灾后，通过村协保员、乡（镇）保险代理员向投保保险公司报案，同时保护好标的物。

第二，现场查勘。保险公司查勘人员到达现场后，查明作物受损原因、拍摄受损现场、核定受损数量、确定损失率。对于重大理赔案件，保险公司应联合农业、植保、财政、气象等部门专家组成查勘小组，由乡（镇）配合进行现场勘查。

第三，确定赔偿金额。保险公司现场查勘结束后，根据种植业保险条款进行确定赔偿金额，分散的农户可直接赔付。大面积灾害损失，由地方政府和保险公司根据查勘损失情况，双方协议确定赔偿责任、赔偿金额和赔偿方式。

第四，支付赔款。赔偿确定金额后，保险公司应按规定及时将赔款支付给被保险人。赔款实行张榜公布制度。

保险公司会设置起赔点和绝对免赔率。如理赔起点为30%，即承保的农作物因自然灾害造成损失率达到30%（含30%）以上到80%时，按农作物生长期划分保险金额和损失率计算赔款，并实行15%的绝对免赔率，理赔计算公式为：赔偿金额＝各生长期保险金额×（损失率−15%）；对于损失率达到80%以上时，按该农作物生长期保险金额全额赔付。

（二）葡萄保险产品

2017年，中华联合财险推出葡萄种植保险，保障期限自保险葡萄发芽至开始收获时止。单位面积葡萄保险金额参照葡萄生长期内所发生的直接物化成本，由投保人与保险人协商确定，并在保险单中载明，但最高不得超过当地平均水平的 80%。保险金额 = 单位面积保险金额 × 保险面积，保险面积以保险单载明为准。在保险期间内，由暴雨、洪水（政府行蓄洪除外）、内涝、风灾、雹灾、冻灾原因直接造成保险葡萄的损失，损失率达到 20% 以上的，保险人按照保险合同的约定负责赔偿。

2017 年，中华联合财险公司在葡萄种植的保险产品上增加了葡萄种植保险附加险。只有在投保了葡萄种植保险的基础上，才可以投保附加险。附加险分：①附加旱灾保险。在保险期限内，由农业干旱直接造成保险葡萄的损失，且损失率达 70% 以上，保险人按照此附加险约定赔偿。由人为造成水土失控，如作物播种面积超出常年灌溉用水量或人为原因造成水量减少导致保险葡萄的损失，保险人不负责赔偿。②附加病虫害保险。在保险期间内，由于病虫害直接造成保险葡萄的损失，损失率达到 70% 以上，保险人按照此附加险约定负责赔偿。损失率未达到 70% 的，其他不属于保险责任范围内的损失保险人不负责赔偿。发生附加保险责任范围内的损失，保险人根据损失面积与本附加险项下的每亩保险金额，均按照主险赔偿处理方式计算赔偿。

2018 年，人保财险浙江分公司面向葡萄品控生产企业，设计开发了全省首个葡萄价格指数综合保险。该保险包括葡萄价格指数保险和食品安全责任保险，每亩保费 2400 元，由政府补贴六成，农户只需自付四成。按照保险条款，责任期间内，葡萄上市季地头平均收购价低于保险合同约定的地头收购价时，保险公司按差价乘以保险产量和保险面积进行赔偿；对因保险葡萄质量问题，造成消费者相关损失，依照法律该由被保险人承担的经济赔偿责任，保险公司也会按照保险合同约定负责赔偿。

为更好满足"三农"灾害保障，切实保护农民利益，维护农业发展，应逐步提高保障水平，扩大保险种类与面积；统筹平衡财政资源，因地制宜完善机制；发展特色创新品种；强化协同配合，从而加快农业保险高质量发展。

【本章小结】

我国农业防灾减灾法律制度总体分 3 个部分：灾前法律规制、受灾过程中的法律规制和灾后法律规制。灾前重在预防。我国已制定百余件关于防灾减灾方面的法律法规文件，与农业灾害相关的法律法规主要有《水法》《防洪法》《气象法》《气象条例》《草原法》《森林病虫害防治条例》等。我国各地区、各部门积极推动农业保险发展，不断健全农业保险政策体系，已经取得了明显成效。农业保险具有收益的外部性，保险标的生命性，季节性和周期性，技术难度大，地域性，连续性，不可分割性等特点。加速与完善我国农业保险体系具有重要的意义。

思考与练习

1. 农业灾害可以分为哪几类？
2. 简述防灾减灾的必要性。
3. 我国与农业气象灾害相关的法律法规有哪些？
4. 我国有关旱涝灾害的法律法规有哪些？

5.我国农业保险的种类有哪些?

6.制约我国农业保险发展的因素有哪些?

7.我国农业保险办理与索赔的大致步骤是什么?

本章推荐阅读书目

1.灾害科学研究.傅志军主编.陕西人民教育出版社,1997.

2.灾害对策学.庞德谦,周旗,方修琦主编.中国环境科学出版社,1996.

3.灾害大百科全书·生态灾害卷.彭珂珊,张俊飚主编.山西人民出版社,1996.

4.气候变化国家评估报告.气候变化国家评估报告编写委员会编.科学出版社,2007.

5.中国海平面上升及其影响评估.施雅风.科学出版社,1994.

6.农林气象灾害监测预警与防控关键技术研究.王春乙著.科学出版社,2015.

7.气象防灾减灾.许小峰主编.气象出版社,2012.

8.环境污染与治理.张永明主编.机械工业出版社,1996.

9.农业重大气象灾害综合服务系统开发技术研究.庄立伟,何延波,侯英雨编著.气象出版社,2008.

参 考 文 献

艾琳，张萍，胡成志，2004. 低温胁迫对葡萄根系膜系统和可溶性糖及脯氨酸含量的影响 [J]. 新疆农业大学学报，27（04）：47-50.

白莹，王军，2013. 新疆葡萄主产区生产风险评估及保险费率厘定 [J]. 新疆财经（02）：20-25.

毕志波，盛会，陈恒峰，等，2016. 我国葡萄越冬埋藤机械的综述 [J]. 河北农机（08）：45-46.

卞凤娥，孙永江，牛彦杰，等，2017. 高温胁迫下根施褪黑素对葡萄叶片叶绿素荧光特性的影响 [J]. 植物生理学报，53（02）：257-263.

蔡军社，王爱玲，白世践，等，2018. 高温干燥气候下不同摘叶方式对'赤霞珠'葡萄果实品质的影响 [J]. 北方园艺（22）：37-42.

曹建东，陈佰鸿，王利军，等，2010. 葡萄抗寒性生理指标筛选及其评价 [J]. 西北植物学报，30（11）：2232-2239.

查倩，奚晓军，蒋爱丽，等，2016. 高温胁迫对葡萄幼树叶绿素荧光特性和抗氧化酶活性的影响 [J]. 植物生理学报，52（04）：525-532.

晁无疾，周敏，王俊朝，等，2001. 北京地区葡萄冻害调查 [J]. 中国农学通报，17（05）：14-17.

朝鲁门，2018. 基于卫星遥感的冰雹灾害监测研究 [J]. 农村经济与科技，29（19）：50-51.

车怀敏，尤潜，雍朝吉，2006. 用矩阵回归方法作德阳春季寒潮预报 [J]. 四川气象（01）：11-13.

陈佰鸿，张彪，毛娟，等，2014. 葡萄枝条水分含量变化与抗寒性关系 [J]. 植物生理学报，50（04）：535-541.

陈德亮，2012. 气候变化背景下中国重大农业气象灾害预测预警技术研究 [J]. 科技导报，30（19）：3.

陈景顺，董存田，孙耀中，1990. 气象因素对葡萄枝条越冬死亡的影响 [J]. 中国农业气象，11（01）：7-9.

陈静，桑志勤，1996. 四川盆地中期寒潮预报概念模型及自动预报系统研究 [J]. 四川气象（01）：11-15.

陈盛伟，牛浩，2017. 农业气象指数保险产品研发的特点与技术难题 [J]. 世界农业（06）：232-235.

陈文辉，2015. 我国农业保险发展改革理论与实践研究 [M]. 杭州：浙江出版集团数字传媒有限公司.

程建徽，魏灵珠，李琳，等，2012. 浙东南沿海地区葡萄避灾抗台栽培关键技术 [J]. 中外葡萄与葡萄酒（03）：31-33.

崔腾飞，王晨，2018. 近10年来中国葡萄新品种概况及其育种发展趋势分析 [J]. 江西农业学报（30）：41-48.

邓恩征，张军翔，张光弟，2015. 我国北方葡萄覆盖防寒越冬研究进展 [J]. 河北林业科技（04）：103-105.

邓凤飞，杨双龙，龚明，2015. 细胞信号分子对非生物胁迫下植物脯氨酸代谢的调控 [J]. 植物生理学报，51（10）：1573-1582.

邓丽璇，2014. 对福建省葡萄产业发展的思考 [J]. 现代农业科技（18）：124-125.

邓令毅，王洪春，1982. 葡萄的膜脂和脂肪酸组分与抗寒性关系的研究 [J]. 植物生理学报，8（03）：273-283.

董兴全，亓桂梅，2013. 2012 年世界葡萄干主产国的生产、消费及贸易概况 [J]. 中外葡萄与葡萄酒（02）：64-69.

董玉祥，1994. 我国北方沙漠化灾害程度评价初探 [J]. 灾害学（04）：40-45.

范一大，2016. 防灾减灾从 "+ 互联网" 到 "互联网 +" [J]. 中国减灾（05）：12-15.

方印，陈浩，2017. 我国防灾减灾思想理念的历史考梳及修法意义 [J]. 贵州大学学报（社会科学版），35（06）：104-110，139.

方印，兰美海，2011. 我国《防灾减灾法》的立法背景及意义 [J]. 贵州大学学报（社会科学版），29（02）：22-26.

房玉林，孙伟，万力，等，2013. 调亏灌溉对酿酒葡萄生长及果实品质的影响 [J]. 中国农业科学，46（13）：2730-2738.

冯锐，纪瑞鹏，武晋雯，等，2010. 基于 ArcGIS Engine 的干旱监测预测系统 [J]. 中国农学通报，26（20）：366-372.

冯玉香，何维勋，夏满强，1995. 作物霜冻与低温强度和冰核密度的关系研究 [J]. 应用气象学报，6（01）：90-94.

冯玉香，1990. 黄瓜霜冻与冰核活性细菌的关系 [J]. 园艺学报，17（03）：211-216.

傅志军，1997. 灾害科学研究 [M]. 西安：陕西人民教育出版社 .

郭绍杰，陈恢彪，李铭，等，2012. 鲜食葡萄冻害研究进展 [J]. 农业灾害研究，2（02）：77-79.

韩笑，2019.《农业保险条例》实施中的问题与解决方案 [J]. 中国保险（07）：6-12.

郝停停，李妍琪，徐炎，等，2016.23 个葡萄砧木的抗寒性比较与评价 [J]. 中外葡萄与葡萄酒（03）：13-17.

郝燕，张坤，马麒龙，等，2013. 甘肃河西走廊酿酒葡萄晚霜冻害成因及补救措施 [J]. 甘肃农业科技（02）：60-61.

郝燕，王玉安，张辉元，2011.2010 年甘肃天水葡萄晚霜冻害调查 [J]. 中国果树（03）：66-68.

何宁，赵保璋，方玉凤，等，1981. 葡萄种间杂交抗寒育种的性状遗传 [J]. 园艺学报，8（01）：1-8.

贺普超，晁无疾，1982. 我国葡萄属野生种质资源的抗寒性分析 [J]. 园艺学报，9（03）：17-21.

贺普超，牛立新，1989. 我国葡萄属野生种抗寒性的研究 [J]. 园艺学报，16（01）：81-88.

黄晚华，杨晓光，李茂松，等，2010. 基于标准化降水指数的中国南方季节性干旱近 58a

演变特征 [J]. 农业工程学报，26（07）：50-59.

简令成，1992. 植物抗寒机理研究的新进展 [J]. 植物学通报，9（03）：17-22.

江东，王乃斌，杨小唤，等，2001. 地面温度的遥感反演：理论、推导及应用 [J]. 甘肃科学学报（04）：36-40.

姜建福，马寅峰，樊秀彩，等，2017. 196 份葡萄属（*Vitis* L.）种质资源耐热性评价 [J]. 植物遗传资源学报，18（01）：70-79.

金菊良，宋占智，崔毅，等，2016. 旱灾风险评估与调控关键技术研究进展 [J]. 水利学报，47（03）：398-412.

孔庆山，2004. 中国葡萄志 [M]. 北京：中国农业科学技术出版社 .

孔维萍，成自勇，张芮，等，2014. 不同时期亏水对设施延后栽培葡萄生长特性与品质的影响 [J]. 广东农业科学，41（17）：33-37.

蒯传化，刘崇怀，2016. 当代葡萄 [M]. 郑州：中原农民出版社 .

来红州，2018. 防灾减灾救灾体制机制改革思考系列之一：关于强化民政部在防灾减灾救灾领域有关工作职能的建议 [J]. 中国减灾（05）：46-51.

黎贞发，王铁，宫志宏，等，2013. 基于物联网的日光温室低温灾害监测预警技术及应用 [J]. 农业工程学报，29（04）：229-236.

李国翠，刘黎平，张秉祥，等，2013. 基于雷达三维组网数据的对流性地面大风自动识别 [J]. 气象学报，71（06）：1160-1171.

李华，王华，2019. 中国葡萄酒地图 [M]. 2 版 . 杨凌：西北农林科技大学出版社 .

李华，2008. 葡萄栽培学 [M]. 北京：中国农业出版社 .

李华，2001. 现代葡萄酒工艺学 [M]. 2 版 . 西安：陕西人民出版社 .

李凯，商佳胤，黄建全，等，2015. 调亏灌溉对玫瑰香葡萄与葡萄酒酚类物质的影响 [J]. 华北农学报（S1）：500-506.

李鹏程，郭绍杰，李铭，等，2014. 不同材料覆盖越冬对葡萄枝蔓及根系抗寒生理指标的影响 [J]. 西南农业学报，27（01）：253-258.

李鹏程，李铭，郭绍杰，等，2012. 无胶棉覆盖葡萄越冬对根区土壤温度的影响 [J]. 黑龙江农业科学（12）：39-40.

李润宇，闵卓，房玉林，2019. 独脚金内酯对干旱胁迫'赤霞珠'葡萄幼苗生长的影响 [J]. 西北农林科技大学学报（自然科学版），47（05）：67-77.

李欣，李玉鼎，王国珍，等，2012. 贺兰山东麓酿酒葡萄栽培主要自然灾害及规避措施 [J]. 中外葡萄与葡萄酒（01）：39-41，43.

李雅善，赵现华，王华，等，2013. 葡萄调亏灌溉技术的研究现状与展望 [J]. 干旱地区农业研究，31（01）：236-241.

李永祥，2015. 论防灾减灾的概念、理论化和应用展望 [J]. 思想战线，41（04）：16-22.

林玉友，蒋春光，庞占荣，等，2008. 提高葡萄抗寒性研究进展 [J]. 中外葡萄与葡萄酒（04）：51-53.

刘崇怀，马小河，武岗，2014. 中国葡萄品种 [M]. 北京：中国农业出版社 .

刘丹，殷世平，于成龙，等，2012. 利用环境减灾卫星遥感监测冰雹灾害初探 [J]. 西北农林科技大学学报（自然科学版），40（09）：128-132.

刘德祥，董安祥，邓振镛，2005.中国西北地区气候变暖对农业的影响 [J].自然资源学报，20（01）：119-125.

刘凤之，2017.中国葡萄栽培现状与发展趋势 [J].落叶果树（01）：1-2.

刘江，许秀娟，2002.气象学 [M].北京：中国农业出版社.

刘俊，晁无疾，亓桂梅，等，2020.蓬勃发展的中国葡萄产业 [J].中外葡萄与葡萄酒（01）：1-8.

刘俊，2012.北方葡萄减灾栽培技术 [M].石家庄：河北科学技术出版社.

刘敏，成正龙，张晋升，等，2017.遮阳网对酿酒葡萄果实及葡萄酒品质的影响 [J].西北植物学报，37（09）：1764-1772.

龙文军，温闽赟，2009.我国农业保险机制与农业防灾救灾措施及政策建议 [J].农业现代化研究，30（02）：189-194.

栾庆祖，董鹏捷，叶彩华，2019.面向气象指数保险的水果冰雹灾害灾损评估方法 [J].中国农业气象，40（06）：402-410.

罗国光，2010.中国葡萄产业面临的历史任务：加快由数量型向质量型转变 [J].果树学报，27（03）：431-435.

罗海波，马荟，段伟，等，2010.高温胁迫对'赤霞珠'葡萄光合作用的影响 [J].中国农业科学，43（13）：2744-2750.

罗正德，2020.江南地区葡萄避雨栽培关键技术及注意事项 [J].果树资源学报，1（02）：31-34，45.

马小河，唐晓萍，董志刚，等，2013.6个酿酒葡萄品种抗寒性比较 [J].山西农业大学学报（自然科学版），33（01）：1-5.

孟庆瑞，杨建民，赵树堂，等，2002.冰核活性细菌（INA bacteria）对杏花器官 ABA、IAA 和可溶性蛋白质含量的影响 [J].果树学报，19（04）：243-246.

穆维松，李程程，高阳，等，2016.我国葡萄生产空间布局特征研究 [J].中国农业资源与区划，37（02）：168-176.

牛锦凤，王振平，李国，等，2006.几种方法测定鲜食葡萄枝条抗寒性的比较 [J].果树学报，23（01）：31-34.

牛生洋，刘崇怀，2018.葡萄园生产与经营致富一本通 [M].北京：中国农业出版社.

庞德谦，周旗，方修琦，1996.灾害对策学 [M].北京：中国环境科学出版社.

彭珂珊，2000.我国主要自然灾害的类型及特点分析 [J].北京联合大学学报，14（03）：59-65.

彭睿，汪晶晶，党转转，等，2018.葡萄干国内消费特征及市场潜力预测 [J].林业经济，40（02）：63-66，106.

戚晶晶，王军，王怀军，等，2018.中国主要农业气象灾害时空分布特征研究 [J].气候变化研究快报，7（03）：187-198.

气候变化国家评估报告编写委员会，2007.气候变化国家评估报告 [M].北京：科学出版社.

秦鹏，李亚菲，2013.论我国旱灾防治法律体系之不足与完善——比较法的视角 [J].西南民族大学学报（人文社会科学版），34（12）：99-102.

秦琴，2014.我国防灾减灾领域学科发展及其专业设置——从学位管理制度谈起 [J].防灾科技学院学报，16（04）：90-94.

施雅风，1994. 中国海平面上升及其影响评价 [M]. 北京：科学出版社.

苏李维，李胜，马绍英，等，2015. 葡萄抗寒性综合评价方法的建立 [J]. 草业学报，24（03）：70-79.

孙海生，张亚冰，2018. 图说葡萄高效栽培 [M]. 北京：机械工业出版社.

田淑芬，李世诚，王世平，等，2008. 南方强降雪天气对我国葡萄产业影响及灾后春季恢复生产措施 [J]. 中外葡萄与葡萄酒（02）：26-28.

田淑芬，亓桂梅，2016. 美国葡萄与葡萄酒产业概况及发展动态 [J]. 中外葡萄与葡萄酒（02）：42-47.

田淑芬，苏宏，聂松青，2019. 2018 年中国鲜食葡萄生产及市场形势分析 [J]. 中外葡萄与葡萄酒（02）：95-98.

王春乙，王石立，霍治国，等，2005. 近 10 年来中国主要农业气象灾害监测预警与评估技术研究进展 [J]. 气象学报（05）：659-671.

王春乙，2015. 农林气象灾害监测预警与防控关键技术研究 [M]. 北京：科学出版社.

王金政，韩明玉，李丙智，等，2014. 苹果产业防灾减灾关键技术 [M]. 济南：山东科学技术出版社.

王丽雪，李荣富，马兰青，等，1994. 葡萄枝条中淀粉、还原糖及脂类物质变化与抗寒性的关系 [J]. 内蒙古农牧学院学报，15（04）：1-7.

王秀芬，李敬川，刘俊，等，2009. 防雹网在葡萄上的防雹效果调查 [J]. 中外葡萄与葡萄酒（07）：40-43.

王依，靳娟，罗强勇，等，2015. 4 个酿酒葡萄品种抗寒性的比较 [J]. 果树学报，32（04）：612-619.

王莺，沙莎，王素萍，等，2015. 中国南方干旱灾害风险评估 [J]. 草业学报，24（05）：12-24.

王勇，梁宗锁，龚春梅，等，2014. 干旱胁迫对黄土高原 4 种蒿属植物叶形态解剖学特征的影响 [J]. 生态学报，34（16）：4535-4548.

王正平，刘榆，刘效义，等，2004. 宁夏地区葡萄晚霜冻害调查报告 [J]. 中外葡萄与葡萄酒（06）：29-31.

王忠，2003. 植物生理学 [M]. 北京：中国农业出版社.

王忠跃，2017. 葡萄健康栽培与病虫害防控 [M]. 北京：中国农业科学技术出版社.

吴久赟，廉苇佳，刘志刚，等，2019. 不同葡萄品种叶绿素荧光参数的高温响应及其耐热性评价 [J]. 西北农林科技大学学报（自然科学版），47（06）：80-88.

郗荣庭，1997. 果树栽培学总论 [M]. 3 版. 北京：中国农业出版社.

许小峰，2012. 气象防灾减灾 [M]. 北京：气象出版社.

阎峰，李茂松，覃志豪，2006. 我国农业灾害统计中存在的问题 [J]. 自然灾害学报，15（03）：85-90.

杨江山，2016. 甘肃河西走廊地区葡萄晚霜冻害预防与补救措施 [J]. 中外葡萄与葡萄酒（06）：46-47.

杨文渊，廖明安，陈善波，2007. INA 细菌种类及其冰核活性与"不知火"果实霜冻关系

的研究 [J]. 四川农业大学学报，25（04）：489-492.

杨晓娟，刘布春，刘园，2012. 我国农业保险近 10 年来的实践与研究进展 [J]. 我国农业科技导报，14（02）：22-30.

由佳辉，高林，王海鸥，等，2020. 干旱胁迫对 9 个葡萄砧木品种生理指标的影响 [J]. 经济林研究，38（03）：180-189.

云建英，杨甲定，赵哈林，2006. 干旱和高温对植物光合作用的影响机制研究进展 [J]. 西北植物学报，26（03）：641-648.

张国军，王晓玥，任建成，等，2019. 从批发市场品种和价格变化看我国鲜食葡萄产业格局之变换 [J]. 中国果树（06）：13.

张剑侠，2019. 葡萄种质资源对晚霜冻害的抗性表现 [J]. 果树学报，36（02）：137-142.

张俊环，黄卫东，2007. 葡萄幼苗在温度逆境交叉适应过程中活性氧及抗氧化酶的变化 [J]. 园艺学报，34（05）：1073-1080.

张琳，吕晓英，2020. 中国葡萄出口竞争力研究 [J]. 商业经济（06）：87-88.

张倩，刘崇怀，郭大龙，等，2013. 5 个葡萄种群的低温半致死温度与其抗寒适应性的关系 [J]. 西北农林科技大学学报（自然科学版），41（05）：149-154.

张睿佳，李瑛，虞秀明，等，2015. 高温胁迫与外源油菜素内酯对'巨峰'葡萄叶片光合生理和果实品质的影响 [J]. 果树学报，32（04）：590-596.

张亚红，平吉成，王文举，等 . 2007. 宁夏酿酒葡萄不同埋土方式越冬效果的比较 [J]. 果树学报，24（04）：449-454.

张永明，1996. 环境污染与治理 [M]. 北京：机械工业出版社 .

张振文，陈武，2011. 终霜冻对新疆北疆地区酿酒葡萄冻害和产量的影响 [J]. 西北农业学报，20（09）：123-128.

张正红，成自勇，张国强，等，2014. 调亏灌溉对设施延后栽培葡萄光合速率与蒸腾速率的影响 [J]. 灌溉排水学报，33（02）：130-133.

赵德英，程存刚，李敏，等，2010. 果树常见灾害及防灾减灾技术 [J]. 中国果树（06）：66-68.

赵荣艳，付占芳，李绍华，等，2005. INA 细菌与杏花期霜冻害研究进展 [J]. 果树学报，22（03）：265-270.

郑思宁，魏炜，郑逸芳，2019. 农业组织与有害生物风险管理研究综述 [J]. 生态学报，39（02）：460-473.

中华人民共和国国家质量监督检验检疫总局，中国国家标准化管理委员会，2017. GB/T 21987—2017 寒潮等级 [S]. 北京：中国标准出版社 .

庄立伟，何延波，侯英雨，2008. 农业重大气象灾害综合服务系统开发技术研究 [M]. 北京：气象出版社 .

AHMEDULLAH M，1985. An analysis of winter injury to grapevines as a result of two severe winters in Washington[J]. Fruit Varieties Journal，39（04）：29-34.

ALSINA M M，DE HERRALDE F，ARANDA X，et al，2007. Water relations and vulnerability to embolism in eight grapevine cultivars[J]. Vitis，46（01）：1-6.

ANDREY V，KAJAVA，STEVEN E，et al，1993. A model of the three-dimensional structure of ice nucleation proteins[J]. Journal of Molecular Biology，232（03）：709–717.

BARTLETT M K，SCOFFONI C，SACK L，2012. The determinants of leaf turgor loss point and prediction of drought tolerance of species and biomes：a global meta–analysis[J]. Ecology Letters，15（05）：393–405.

BINDON K A，DRY P R，LOVEYS B R，2007. Influence of plant water status on the production of C13–norisoprenoid precursors in *Vitis vinifera* L.cv.Cabernet Sauvignon grape berries[J]. Journal of Agricultural and Food Chemistry，55（11）：4493–4500.

BOUSSADIA O，MARIEM F B，MECHRI B，et al，2008. Response to drought of two olive tree cultivars（cv koroneki and meski）[J].Scientia Horticulturae，116（04）：388–393.

BRIGHENTI A F，ALLEBRANDT R，CIPRIANI R，et al，2017. Using delayed winter pruning to prevent spring frost damage in 'Chardonnay' cultivar[J].Acta Horticulturae（1157）：389–392.

BRILLANTE L，MARTÍNEZ–LÜSCHER J，KURTURAL S K，2018. Applied water and mechanical canopy management affect berry and wine phenolic and aroma composition of grapevine（*Vitis vinifera* L.，cv.Syrah）in Central California[J].Scientia Horticulturae，227：261–271.

CÁCERES–MELLA A，RIBALTA–PIZARRO C，VILLALOBOS–GONZÁLEZ L，et al，2018. Controlled water deficit modifies the phenolic composition and sensory properties in Cabernet Sauvignon wines[J].Scientia Horticulturae，237：105–111.

CARBONNEAU A，1985. The early selection of grapevine rootstocks for resistance to drought conditions[J].Am J Enol Vitic，36：195–198.

CATOLA S，MARINO G，EMILIANI G，et al，2016. Physiological and metabolomic analysis of *Punica granatum*（L.）under drought stress[J].Planta，243（02）：441–449.

CENTINARI M，GARDNER D M，SMITH D E，et al，2018. Impact of amigo oil and KDL on grapevine post–budburst freeze damage，yield components，and fruit and wine composition[J]. American Journal of Enology and Viticulture，69（01）：77–88.

CHAVES M M，COSTA J M，ZARROUK O，et al，2016. Controlling stomatal aperture in semi–arid regions—The dilemma of saving water or being cool[J].Plant Sci，251：54–64.

CHOAT B，BRODRIBB T J，BRODERSEN C R，et al，2018. Triggers of tree mortality under drought[J].Nature，558：531–539.

COSTA J M，ORTUÑO M F，LOPES C M，et al，2012. Grapevine varieties exhibiting differences in stomatal response to water deficit[J].Functional Plant Biology，39：179–189.

D MOLITOR，A CAFFARRA，P SINIGOJ，et al，2014. Late frost damage risk for viticulture under future climate conditions：a case study for the L uxembourgish winegrowing region[J]. Australian Journal of Grape and Wine Research，20（01）：160–168.

DAVID ALEXANDER，J C GAILLARD，ILAN KELMAN，et al，2021. Academic publishing in disaster risk reduction：past，present，and future[J]. Disasters，45（01）：5–18.

EDWARDS A R，VAN DEN BUSSCHE R A，WICHMAN H A，et al，1994. Unusual pattern of bacterial ice nucleation gene evolution[J]. Molecular Biology and evolution，11（06）：911–920.

EHLERINGER J R, HALL A E, FARQUHAR G D, 1993. Introduction : Water use in relation to productivity[M]. New York : Academic Press.

FAHAD S, BAJWA A A, NAZIR U U, et al, 2017. Crop production under drought and heat stress : plant responses and management options[J]. Front Plant Sci, 8 : 1147.

FERRANDINO A, LOVISOLO C, 2017. Abiotic stress effects on grapevine (*Vitis vinifera* L.) : focus on abscisic acid-mediated consequences on secondary metabolism and berry quality[J]. Environ Exp Bot, 103 : 138-147.

FILHO J, ALLEBRANDT R, DE BEM B, et al, 2016. Damage to 'Cabernet Sauvignon' after late frost in the southern Brazilian highlands[J].Acta Horticulturae (1115) : 211-216.

GAMBETTA G A, HERRERA J C, DAYER S, et al, 2020. The physiology of drought stress in grapevine : towards an integrative definition of drought tolerance[J].Journal of Experimental Botany, 71 (16) : 4658-4676.

GILL S S, TUTEJA N, 2010. Reactive oxygen species and antioxidant machinery in abiotic stress tolerance in crop plants[J]. Plant Physiol Biochem, 48 : 909-930.

GIOVANNI SGUBIN, DIDIER SWINGEDOUW, GILDAS DAYON, et al, 2018. The risk of tardive frost damage in French vineyards in a changing climate[J]. Agricultural and Forest Meteorology, 250-251 : 226-242.

GREER D H, WEEDON M M, 2012. Modelling photosynthetic responses to temperature of grapevine (*Vitis vinifera* cv.Semillon) leaves on vines grown in a hot climate[J]. Plant Cell Environ, 35 (06) : 1050-1064.

GRIMES D W, WILLIAMS L E, 1990. Irrigation effects on plant water relations and productivity of Thompson Seedless grapevines[J]. Crop Science, 30 (02) : 255-260.

HARDIE W J, CONSIDINE J A, 1976. Response of grapes to water-deficit stress in particular stages of development[J].American Journal of Enology and Viticulture, 27 : 55-61.

HERRERA J C, HOCHBERG U, DEGU A, et al, 2017. Grape metabolic response to postveraison water deficit is affected by interseason weather variability[J]. Journal of Agricultural and Food Chemistry, 65 (29) : 5868-5878.

HETHERINGTON A M, WOODWARD F I, 2003. The role of stomatal in sensing and driving environmental change[J].Nature, 424 (6951) : 901-908.

HOCHBERG U, WINDT C W, PONOMARENKO A, et al, 2017. Stomatal closure, basal leaf embolism, and shedding protect the hydraulic integrity of grape stems[J]. Plant Physiology, 174 (02) : 764-775.

INTRIGLIOLO D S, PÉREZ D, RISCO D, et al, 2012. Yield components and grape composition responses to seasonal water deficits in Tempranillo grapevines[J]. Irrigation Science, 30 (05) : 339-349.

IPCC, 2014. Climate change 2014 : impacts, adaptation, and vulnerability[M]. Cambridge : Cambridge University Press.

JU Y L, YUE X F, ZHAO X F, et al, 2018. Physiological, micro-morphological and metabolomic analysis of grapevine (*Vitis vinifera* L.) leaf of plants under water stress[J]. Plant

Physiology and Biochemistry，130：501–510.

KARL E Z，ERLEND K，2000. Ice nucleation and antinucleation in nature[J]. Cryobiology,41（04）：257–279.

KEENAN T，SABATS，GRACIA C，2010. Soil water stress and coupled photosynthesis–conductance models：Bridging the gap between conflicting reports on the relative roles of stomatal，mesophyll conductance and biochemical limitations to photosynthesis[J]. Agric For Meteorol，150：443–453.

KOUNDOURAS S，TSIALTAS I T，ZIOZIOU E，et al，2008. Rootstock effects on the adaptive strategies of grapevine（*Vitis vinifera* L.cv.Cabernet–Sauvignon）under contrasting water status：leaf physiological and structural responses[J]. Agric Ecosyst Environ，128（1–2）：86–96.

LAMAOUI M，JEMO M，DATLA R，et al，2018. Heat and drought stresses in crops and approaches for their mitigation[J]. Front Chem，6：26.

LAVOIE–LAMOUREUX A，SACCO D，RISSE P A，et al，2017. Factors influencing stomatal conductance in response to water availability in grapevine：a meta–analysis[J]. Physiologia Plantarum，159（04）：468–482.

LIPIEC J，DOUSSAN C，NOSALEWICZ A，et al，2013. Effect of drought and heat stresses on plant growth and yield：a review[J]. International Agrophysics，27（04）：463–477.

LOVISOLO C，PERRONE I，CARRA A，et al，2010. Drought–induced changes in development and function of grapevine（*Vitis* spp.）organs and in their hydraulic and non–hydraulic interactions at the whole–plant level：a physiological and molecular update[J]. Functional Plant Biology，37（02）：98–116.

LYONS J M，1973. Chilling injury in plants[J]. Annual review of plant physiology，24（01）：445–466.

MARGUERIT E，BRENDEL O，LEBON E，et al，2012. Rootstock control of scion transpiration and its acclimation to water deficit are controlled by different genes[J].New Phytol，194：416–429.

MATHUR S，AGRAWAL D，JAJOO A，2014. Photosynthesis：response to high temperature stress[J].J Photochem Photobiol B Biol，137：116–126.

MCADAM S A M，BRODRIBB T J，2018. Mesophyll cells are the main site of abscisic acid biosynthesis in water–stressed leaves[J]. Plant Physiology，177（03）：911–917.

MEDRANO H，ESCALONA J M，CIFRE J，et al，2003. A ten year study on the physiology of two Spanish grapevine cultivars under field conditions：effects of water availability from leaf photosynthesis to grape yield and quality[J]. Functional Plant Biology，30（06）：607–619.

MILLER G，SUZIKI N，CIFTCI–YILMAZ S，et al，2010. Reactive oxygen species homeostasis and signalling during drought and salinity stresses[J]. Plant Cell Environ，33（04）：453–467.

MIRÁS–AVALOS J M，INTRIGLIOLO D S，2017. Grape composition under abiotic constrains：water stress and salinity[J]. Frontiers in Plant Science，8：851.

MORIYAMA H，2011. Engineering analysis of grape rain shelter's structure damaged by strong wind[J]. Journal of the Society of Agricultural Structures，39：223–229.

MOVAHED N，2013. Effects of global warming on berry composition of cv.Sangiovese：

biochemical and molecular aspects and agronomical adaptation approaches[J]. Journal of the Acoustical Society of America, 133（05）：1–116.

OBATA H, TAKINAMI K, TANISHITA J, et al, 1990. Identification of a new ice–nucleating bacterium and its ice nucleation properties[J]. Agricultural and Biological Chemistry, 54（03）：725–730.

PETRUZZELLIS F, SAVI T, BACARO G, et al, 2019. A simplified framework for fast and reliable measurement of leaf turgor loss point[J]. Plant Physiology and Biochemistry, 139：395–399.

ROSSDEUTSCH L, EDWARDS E, COOKSON S J, et al, 2016. ABA–mediated responses to water deficit separate grapevine genotypes by their genetic background[J]. BMC Plant Biol, 16（01）：91.

SAVOI S, WONG D C J, DEGU A, et al, 2017. Multi–omics and integrated network analyses reveal new insights into the systems relationships between metabolites, structural genes, and transcriptional regulators in developing grape berries（*Vitis vinifera* L.）exposed to water deficit[J]. Frontiers in Plant Science, 8：1124.

SAVOI S, WONG D C, ARAPITSAS P, et al, 2016. Transcriptome and metabolite profiling reveals that prolonged drought modulates the phenylpropanoid and terpenoid pathway in white grapes（*Vitis vinifera* L.）[J].BMC Plant Biology, 16（01）：67.

SHARMA A, KUMAR V, SHAHZAD B, et al, 2019. Photosynthetic response of plants under different abiotic stresses：a review[J]. J. Plant Growth Regul, 39（02）：509–531.

SOAR C, SPEIRS J, MAFFEI S, et al, 2004. Gradients in stomatal conductance, xylem sap ABA and bulk leaf ABA along canes of *Vitis vinifera* cv.Shiraz：molecular and physiological studies investigating their source[J]. Funct Plant Biol, 31（06）：659–669.

SZABADOS L, SAVOURE A, 2010. Proline：a multifunctional amino acid[J]. Trends in Plant Science, 15（02）：89–97.

VENIOS X, KORKAS E, NISIOTOU A, et al, 2020. Grapevine responses to heat stress and global warming[J]. Plants（Basel, Switzerland）, 9（12）：1754.

WAHID A, GELANI S, ASHRAF M, et al, 2007. Heat tolerance in plants：an overview[J]. Environmental & Experimental Botany, 61（03）：199–223.

WILLIAMS L E, AYARS J E, 2005. Grapevine water use and the crop coefficient are linear functions of the shaded area measured beneath the canopy[J]. Agricultural and Forest Meteorology, 132（3–4）：201–211.

ZHANG L, MARGUERIT E, ROSSDEUTSCH L, et al, 2016. The influence of grapevine rootstocks on scion growth and drought resistance[J]. Theoretical & Experimental Plant Physiology, 28（02）：143–157.

ZHU S, HUANG C, SU Y, et al, 2014. 3D ground penetrating radar to detect tree roots and estimate root biomass in the field[J]. Remote Sensing, 6（06）：5754–5773.

霜冻预警图例：蓝色、黄色、橙色预警

冰雹预警图例：橙色、红色预警

干旱预警图例：橙色、红色预警

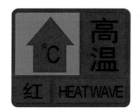

高温预警信号分三级，分别以黄色、橙色、红色表示

大风（除台风外）预警信号分四级，分别以蓝色、黄色、橙色、红色表示

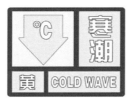

寒潮预警信号分四级，分别以蓝色、黄色、橙色、红色表示

彩图 1　预警等级及图例

暴雪预警信号分四级，分别以蓝色、黄色、橙色、红色表示

暴雨预警信号分四级，分别以蓝色、黄色、橙色、红色表示

雷电预警信号分三级，分别以黄色、橙色、红色表示

大雾预警信号分三级，分别以黄色、橙色、红色表示

沙尘暴预警信号分三级，分别以黄色、橙色、红色表示

台风预警信号分四级，分别以蓝色、黄色、橙色和红色表示

彩图 1 预警等级及图例（续）

道路结冰预警信号分三级，分别以黄色、橙色、红色表示

彩图 1　预警等级及图例（续）

彩图 2　葡萄霜霉病症状（叶片、果穗、幼果）（刘三军图）

彩图 3　葡萄园越冬冻害（左：受冻害的葡萄园；右：未发生冻害的葡萄园）（刘三军图）

彩图 4　枝蔓受冻截面（左：冻害；右：正常）（刘三军图）

彩图5　红地球葡萄　　　　　彩图6　红艳无核　　　　　彩图7　户太8号

彩图8　金手指　　　　　彩图9　京亚　　　　　彩图10　巨峰

彩图11　巨玫瑰　　　　　彩图12　克瑞森无核　　　　　彩图13　玫瑰香

彩图 14　美人指

彩图 15　蜜光

彩图 16　瑞都红玫

彩图 17　沈农金皇后

彩图 18　藤稔

彩图 19　无核白

彩图 20　无核翠宝

彩图 21　夏黑

彩图 22　阳光玫瑰

彩图 23　北冰红

彩图 24　赤霞珠

彩图 25　梅鹿辄

彩图 26　品丽珠

彩图 27　黑比诺

彩图 28　北醇

彩图 29　烟 73

彩图 30　霞多丽

彩图 31　雷司令

彩图 32　索维浓

彩图 33　赛美蓉

彩图 34　420A

彩图 35　5BB

彩图 36　SO4

彩图 37　抗砧 3 号

彩图 38　抗砧 5 号

彩图 39　贝达

彩图 40　霜冻危害对葡萄新芽、幼叶的影响